Alla memoria di mio nonno Roberto,
cimbro del Cansiglio

A. Azzalini

Inferenza statistica

Una presentazione basata sul concetto di verosomiglianza

2a edizione

ADELCHI AZZALINI
Dipartimento di Scienze Statistiche
Università di Padova

Springer-Verlag Italia fa parte di Springer Science+Business Media GmbH

springer.it

1a ristampa 2004

ISBN 88-470-0130-7

Riprodotto da copia camera-ready fornita dall'Autore
Progetto grafico della copertina: Simona Colombo, Milano
Impianti : Photo Life, Milano
Stampato in Italia: Staroffset, Cernuco S/N, Milano

SPIN: 10785872

Prefazione

Esistono, ormai anche in lingua italiana, molti testi di introduzione alla teoria dell'inferenza statistica e viene quindi abbastanza spontaneo chiedersi il perché di un altro libro ancora. Questo testo, che riflette un'esperienza didattica presso la Facoltà di Scienze Statistiche dell'Università di Padova, nasce avendo in mente i seguenti obiettivi.

◇ Si è cercato di selezionare quegli argomenti che da un lato dovrebbero essere di più facile comprensione per chi è nuovo ai temi dell'inferenza e dall'altro sono i più fruttuosi per la costruzione di procedimenti operativi. Questa scelta ha portato a dare ampio spazio a taluni argomenti e a tralasciarne altri; in particolare ciò spiega la mancanza di una trattazione della teoria dell'inferenza ottimale.

◇ Ci si è allo stesso tempo prefissi di presentare il corpo disciplinare dell'inferenza statistica come un'entità per quanto possibile unificata, tentando di evitare di dare l'impressione, che così spesso gli studenti riportano, di un agglomerato di tecniche, seppure sensate, sostanzialmente slegate tra loro. In parte per questo motivo — e anche per contenere il lavoro (per me!) in termini accettabili — non sono trattati i metodi non parametrici e semi-parametrici; un'impostazione di questi temi che mantenesse chiaro il legame con l'inferenza parametrica avrebbe comportato una trattazione né breve né elementare.

Nello sviluppo di questo programma assumono un ruolo preminente il concetto di verosimiglianza e i metodi che discendono da questa. Del resto ogni studioso della disciplina è consapevole di quanto rilevante sia la posizione che l'odierna letteratura statistica assegna ai metodi desunti dalla funzione di verosimiglianza.

Questo libro costituisce un'evoluzione di un precedente lavoro scritto in collaborazione con Romano Vedaldi. Ci siamo successivamente accordati cosicché io rielaborassi le parti che avevo a suo tempo curato più direttamente, e riscrivessi *ex novo* quelle scritte da lui. Naturalmente anche il testo attuale ha giovato degli interessanti dibattiti che abbiamo avuto a suo tempo.

Per quanto riguarda il livello matematico, si è scelto di evitare un taglio estremamente generale, cercando un punto di equilibrio tra rigore matematico e semplicità di argomentazione, in modo da non oscurare l'essenza del ragionamento sottostante. I presupposti richiesti sono quelli di analisi matematica, di calcolo delle probabilità e, in misura minore, di algebra lineare; sono utili, ma non essenziali, nozioni di statistica descrittiva.

Come per qualunque libro di testo, anche questo può essere utilizzato leggendolo progressivamente dalla prima pagina all'ultima. Comunque l'Appendice è dedicata a dei complementi di calcolo delle probabilità che, volendo, possono essere omessi in prima lettura, tornandovi poi quando necessario. La prima parte del Capitolo 5 (§ 5.1 e § 5.2) può essere letta subito dopo il Capitolo 1. Il resto del materiale è invece organizzato secondo una sequenzialità abbastanza stretta che è bene rispettare.

Guido Masarotto e Alessandra Salvan hanno compiuto un'accurata opera di revisione della prima stesura del libro, di cui sono molto grato. Naturalmente gli errori che restano sono di mia responsabilità. Ringrazio anche mio fratello Luca per aver scritto un programma che ha facilitato considerevolmente la costruzione dell'indice analitico. Anche se formulato in una forma forzatamente generica, ma non per questo percepito così genericamente da me, desidero esprimere il mio ringraziamento a tutti quelli — maestri, colleghi e studenti — con cui in questi anni ho discusso costruttivamente di Statistica e temi connessi.

A. A.

Padova, dicembre 1991

Prefazione alla seconda edizione

Le modifiche apportate in questa edizione sono state diverse. Per quanto riguarda i contenuti tecnici, è stato aggiunto un nuovo capitolo sui modelli lineari generalizzati; inoltre sono stati inseriti vari altri paragrafi, come ad esempio quello sulla verosimiglianza profilo e quello sulla scelta del modello. Un'altra rilevante novità riguarda l'inclusione di un buon numero di esempi numerici, molti dei quali relativi a raccolte di dati relativi ad rilevazioni reali; questo dovrebbe aiutare la percezione della rilevanza operativa dei contenuti teorici. Quindi sostanzialmente si è allineato il libro alla sua edizione in inglese, ma con l'occasione sono stati inseriti ulteriori aggiustamenti e migliorie in alcuni punti.

A. A.

Padova, agosto 2000

Indice

Capitolo 1

La Strada da Percorrere

1.1 Inferenza Statistica

Questo testo si occupa di teoria dell'inferenza statistica, o per lo meno di una parte rilevante di tale teoria. Per spiegare che cosa si intenda con il termine 'inferenza statistica', prendiamo le mosse dalla voce 'Statistica' di un'enciclopedia.

> **Statistica**
> Può definirsi come quel complesso di metodi che presiede all'astrazione, dai dati osservati, di informazioni sintetiche che servono a caratterizzare il fenomeno studiato per la parte ritenuta essenziale a certi scopi particolari. La statistica trova pertanto largo campo di applicazione nello studio di tutti i fenomeni in cui si suppongono operanti, a fianco di fattori sistematici di cui si desidera mettere in luce gli effetti, dei fattori di disturbo; avviene così che sulla manifestazione dei primi fattori, che di per sé avrebbe potuto essere descritta con un 'legge matematica', viene a sovrapporsi una variabilità che trasforma detta legge in 'regolarità statistica'.
>
> Per raggiungere lo scopo d'individuare le caratteristiche essenziali del fenomeno, la metodologia statistica ricorre ampiamente alle tecniche proprie del calcolo delle probabilità, specie quando le rilevazione effettuate non si estendono a tutte le pos-

sibili manifestazioni del fenomeno in esame. Hanno così origine i problemi detti di 'inferenza statistica', in cui ci si prefigge d'indurre le caratteristiche di un aggregato dall'osservazione di una parte di esso. (...)

Quando l'aggregato di dati viene considerato come parte di un insieme ignoto (campione estratto a caso da una popolazione statistica), le informazioni desiderate possono trascendere l'aggregato stesso e riguardare l'insieme.

(A. Naddeo, 1963)

Per condurre un'indagine statistica, è quindi necessario chiarire esattamente qual è il fenomeno oggetto di studio, esplicitando quali sono gli elementi caratteristici osservabili, che chiameremo *variabili*, rilevanti ai nostri fini. È anche necessario esplicitare l'insieme delle possibili casi di cui vorremo occuparci, dato che di un certo fenomeno potremmo essere interessati solo entro un particolare ambito geografico o temporale. Tale insieme viene chiamato *popolazione*; i suoi elementi sono denominati in vari modi: *individui* o *soggetti* o talvolta anche *casi*, ma il nome piú consono è *unità statistiche*. Questa terminologia è dovuta a ragioni storiche, in quanto la Statistica si è originariamente sviluppata in forte interazione con la Demografia, ma al giorno d'oggi i termini 'individuo' e 'popolazione' non fanno più necessariamente riferimento a esseri umani, se utilizzati in senso tecnico.

In talune indagini la popolazione viene esaminata completamente; si parla allora di indagine censuaria o censimento. In altri casi invece si esamina solo un *campione*, cioè una parte della popolazione, e tuttavia obiettivo della nostra indagine continuano ad essere le caratteristiche dell'*intera* popolazione. L'operazione mediante la quale le informazioni rilevate sul campione vengono utilizzate per indurre le caratteristiche del fenomeno complessivo costituisce *l'inferenza statistica*. Questo testo si occupa della teoria e dei metodi che presiedono a tale operazione.

È conveniente illustrare i concetti esposti mediante un esempio che, pur nella sua semplicità, consente di evidenziare i punti rilevanti. Un'industria che produce pompe idrauliche acquista molte componenti necessarie per la sua produzione da varie industrie fornitrici; in particolare, le guarnizioni in materiale plastico usate nel raccordo degli elementi meccanici vengono fornite da un'industria chimica con un contratto di forniture periodiche di 5000 guarnizioni alla volta. Ovviamente l'industria acquirente ha l'esigenza di valutare per ogni partita di merce la qualità dei pezzi forniti, per eliminare o almeno diminuire sostanzialmente la possibilità che una guarnizione difettosa venga utilizzata; infatti, anche se il costo della singola guarnizione è limitato, il costo di revisione di una pompa che risulti difettosa al collaudo finale è ben più elevato. Del resto anche il tempo e quindi il costo di collaudo di queste guarnizioni, le quali devono essere fatte funzionare sotto pressione elevata e per un certo periodo di tempo, fa sì che non convenga procedere all'esame di tutti i pezzi forniti, ma solo di un piccolo numero, diciamo 50, e dall'esame di questi si vuole valutare la frazione di pezzi difettosi dell'intera partita, ed eventualmente respingere la fornitura. Nel fare ciò dobbiamo tenere conto del fatto che generalmente il campione esaminato non conterrà pezzi difettosi esattamente nella stessa proporzione presente nella popolazione, e pertanto questo elemento di variabilità deve esser tenuto in considerazione nell'operazione di inferenza.

In questo esempio possiamo identificare la partita di 5000 pezzi con la popolazione oggetto di indagine. Ciascuna guarnizione rappresenta un soggetto e di questo soggetto siamo interessati, almeno in questa fase, solo alla sua 'conformità alle specifiche', carattere che può presentarsi nella modalità 'conforme' oppure 'non conforme' (ovvero difettoso). Dell'intera popolazione vengono esaminati i 50 pezzi che costituiscono il campione, e tramite questi si vuole valutare la frazione di elementi conformi nell'intera popolazione. Le rilevazioni sugli elementi del campione non sono di interesse di per sé, ma solo nella misura in cui esse forniscono informazione sulle caratteristiche della popolazione.

Vediamo più in dettaglio i motivi per cui spesso non è conveniente o possibile esaminare la popolazione in modo censuario, operazione che avrebbe il vantaggio di eliminare ogni indeterminatezza circa il fenomeno di interesse, almeno se condotta in modo ideale.

- ◇ Il costo di ispezione dell'intera popolazione in taluni casi può essere eccessivo, o perché il costo di ispezione del singolo soggetto è alto, o perché il numero di soggetti della popolazione è elevato. Anche quando le risorse economiche consentirebbero un'indagine censuaria, può facilmente succedere che il danno causato da una imprecisa valutazione del fenomeno sulla base di un'indagine campionaria sia minore del costo di un censimento.

◇ L'esame dell'intera popolazione può richiedere molto tempo, mentre vi possono essere esigenze di tempestività che non consentono questo tipo di indagine. Ad esempio, il censimento generale della popolazione (umana) di una nazione viene effettuato solo saltuariamente (per molte nazioni ogni dieci anni), e i relativi risultati vengono pubblicati molto tempo dopo. Vi sono peraltro molti problemi economici e sociali, come ad esempio quelli relativi all'inflazione dei prezzi al consumo o sulle forze lavoro, per i quali un'informazione così dilazionata e ritardata non consente un efficace intervento agli organismi competenti. Si preferisce quindi procedere mediante indagini campionarie di dimensione relativamente limitata e quindi di più rapido espletamento.

◇ In moltissimi casi la popolazione è *virtuale*, e quindi sostanzialmente infinita; sono i casi in cui il fenomeno è replicabile quante volte si voglia. Ad esempio se si vuole studiare la capacità di un certo farmaco di abbassare la pressione sanguigna nell'uomo, allora la popolazione potenzialmente rilevante è l'insieme di tutte le persone cui è potenzialmente possibile somministrare il farmaco e osservare l'eventuale abbassamento di pressione; si tratta quindi dell'intera popolazione umana, presente e futura. È chiaro che nel in questi casi si deve necessariamente ricorrere ad un'indagine campionaria.

◇ Talvolta l'ispezione degli elementi campionari distrugge gli elementi stesso; si parla allora di campionamento distruttivo. Ad esempio, determinare la durate di funzionamento di una partita di lampadine comporta farle funzionare finché si rompono o per lo meno farle funzionare per un tempo abbastanza lungo per cui dopo la prova le lampadine esaminate risulteranno di qualità degradata. Se si facesse ciò per tutte le lampadine della fornitura in questione, l'informazione finale sulla percentuale di lampadine difettose sarebbe sì esente da errore, ma ormai priva di utilità. Quindi, anche nel caso di campionamento distruttivo, è necessario ricorrere ad un'indagine campionari se la popolazione è finita e se si richiede che la popolazione stessa sussista dopo l'indagine.

1.2 Campionamento

È intuitivo che, per poter estendere le caratteristiche del campione alla popolazione, il campione stesso deve riprodurre per quanto possibile le caratteristiche della popolazione. Si dice talvolta che il campione deve essere *rappresentativo* della popolazione.

Supponiamo ad esempio che i membri di un'associazione di volontariato vogliano effettuare un sondaggio sull'orientamento e sul comportamento degli abitanti della loro città rispetto al problema del razzismo. In prima battuta, i membri dell'associazione potrebbero pensare di utilizzare come campione degli abitanti tutte le loro conoscenze personali, e somministrare a queste persone un questionario sul problema del razzismo.

È però facile vedere le ragioni per cui tale procedimento è grossolanamente inadatto. I membri dell'associazione costituiscono un gruppo di persone che tendenzialmente condividono delle caratteristiche rilevanti, quali formazione religiosa, simpatie politiche, e altro ancora. Anche se in forma indebolita, questi elementi comuni si propagano anche ai loro parenti, amici, vicini di casa, colleghi di lavoro.

Allora questo modo per selezionare gli elementi del campione è tale per cui hanno maggior probabilità di inclusione soggetti che condividono talune caratteristiche, e per di più queste caratteristiche non sono affatto indipendenti dal tipo di risposta che queste persone darebbero sul problema del razzismo. Insomma in questo modo si otterrebbe proprio un campione *non* rappresentativo.

Per ottenere un campione soddisfacente bisogna quindi scegliere gli elementi in modo che l'inclusione sia indipendente dalle caratteristiche che si vogliono esaminare. D'altra parte non si può includere o escludere i soggetti sulla base di una qualche altra caratteristica, perché generalmente non si sa con certezza quali sono le caratteristiche che soddisfano questo requisito di indipendenza.

Escludendo allora la selezione dei soggetti sulla base di qualche caratteristica di cui sono portatrici, si capisce che un modo di procedere che certamente assicura l'indipendenza richiesta è quello di scegliere gli elementi del campione *in modo casuale,* e quindi *per definizione* indipendentemente dalle caratteristiche dei soggetti selezionati, in particolare in modo indipendente dalla caratteristica oggetto di studio.

Si può allora istituire un *esperimento casuale ausiliario* che seleziona i soggetti da includere nel campione. Nella sua forma più semplice esso portrebbe essere *idealizzato* nella estrazione di tante palline quanti sono gli elementi campionari richiesti da un'urna che contiene palline numerate in numero pari agli elementi della popolazione (eventualmente infinite palline). I numeri presenti sulle palline estratte rappresentano i soggetti selezionati.

Già il modo di selezione precedente, pur nella sua semplicità, si presta a due varianti: con e senza reinserimento delle palline già estratte. Teniamo inoltre presente che 'casualmente' non significa 'con probabilità uguale per tutti': allora ulteriori varianti nascono se si assegnano probabilità di estrazione diverse alle varie palline, oppure se l'estrazione di una pallina modifica in modo disuguale le probabilità di estrazione delle altre, oppure se si istituiscono più urne e l'estrazione si effettua prima selezionando casualmente un'urna e poi traendo da questa una pallina, oppure altri modi ancora.

Come si vede gli schemi di campionamento sono molti, e alcuni di questi sono molto articolati. Per buona parte di questo testo ci limiteremo al caso più semplice, quello di estrazione con reinserimento, detto anche *campionamento casuale semplice,* non solo per la sua particolare importanza pratica, ma anche perché già con questo semplice schema si possono illustrare tutti i concetti di inferenza statistica che ci proponiamo. Verranno comunque considerate anche situazioni di campionamento di tipo diverso.

1.3 Statistica e Probabilità

Abbiamo già rilevato che l'operazione di inferenza è soggetta ad un certo, inevitabile grado di incertezza, in quanto è impensabile che il campione preservi perfettamente tutte le caratteristiche della popolazione. La maggiore o minore corrispondenza esistente tra caratteristiche del campione e della popolazione è soggetta alle leggi del calcolo delle probabilità, e si può quindi intuire il ruolo essenziale che tale capitolo della matematica gioca nella teoria della inferenza statistica, tanto che in taluni casi diventa difficile stabilire il confine tra una disciplina e l'altra.

Si osservi che è proprio il fatto di selezionare il campione secondo uno schema casuale che ci consente di valutare matematicamente il grado di corrispondenza tra campione e popolazione. Un'analisi di tale genere non sarebbe possibile usando altri modi di formazione del campione, come ad esempio la selezione soggettiva delle unità statistiche ad opera dell'investigatore oppure l'auto-selezione del campione, cioè una situazione in cui le unità stesse si propongono per la rilevazione.

Per cominciare a chiarire in modo più specifico come la teoria della probabilità entri nell'inferenza statistica, riprendiamo l'esempio precedente di un campione di 50 guarnizioni da una partita di 5000. Per schematizzare il ragionamento, può tornare utile identificare l'intera partita con un'urna contenente 5000 palline, di cui una proporzione ignota θ è costituita da palline nere (che rappresentano i pezzi difettosi) e la parte rimanente da palline bianche. Delle 50 palline estratte, un certo numero y risultano nere e le altre bianche; ad esempio supponiamo che sia risultato $y = 4$. Per valutare il numero x di palline nere nell'urna, o equivalentemente la frazione θ, un ragionamento elementare porta a considerare la proporzione

$$4 : 50 = x : 5000, \tag{1.1}$$

per cui

$$\theta = 4/50.$$

Si affacciano però immediatamente varie domande.

- ◇ Ci sono altri modi di procedere, cioè altre scelte ragionevoli per θ?
- ◇ Quanto accurata è la nostra valutazione della reale frazione θ di palline nere presenti nell'urna? Qual è un intervallo di valori plausibili per θ?
- ◇ Se si fossero estratte 100 palline di cui 8 fossero risultate nere, la valutazione sarebbe stata 8/100 che è lo stesso numero di 4/50. La valutazione basata su 100 estrazioni fornisce però qualche informazione in

più che quella basata su 50? Dovrebbe essere così, ma il solo rapporto $8/100$ o $4/50$ non riflette questa diversa entità di 'informazione'.

◇ Se il fornitore ha garantito una percentuale di pezzi difettosi non superiore al 5%, mentre il campione ne contiene $4/50$=8%, ci sono elementi per contestare la fornitura e spedirla indietro? Teniamo presente che il fornitore facilmente obbietterebbe che abbiamo solo trovato un campione 'sfortunato', che 8% non è così diverso da 5% e che se sondassimo l'intera partita di merce di sicuro troveremmo una percentuale di difettosi non superiore al 5%.

◇ La proporzione (1.1) è indubbiamente un criterio ragionevole, ma può essere applicato solo per valutare numerosità di sottopopolazioni, quale x in questo caso, o loro trasformazioni quale θ. È possibile individuare un criterio *generale* applicabile ad ogni situazione, anche molto più complessa di quella esemplificata prima? Un esempio di problema statistico meno banale di quello precedente è il seguente, fatte salve alcune semplificazioni: a dei soggetti affetti da un certo tipo di tumore viene somministrato un trattamento chemioterapico a due o più componenti, ad esempio cisplatino, adriomicina e velban, ma ripartendo in modo diverso il dosaggio per cercare di diminuire la tossicità collaterale indotta dal trattamento, tenuto comunque fermo che il dosaggio complessivo deve essere sufficientemente elevato affinché abbatta il tumore e quindi ripetendo il trattamento per più cicli se necessario. Una volta che tutti i soggetti sono stati trattati e dimessi, si vuole valutare la relazione tra l'insorgenza di fenomeni di tossicità grave in un soggetto (tale da metterne il pericolo la vita) e il bilanciamento tra le componenti di trattamento chemioterapico che gli è stato somministrato, tenendo anche conto del diverso effetto del trattamento a seconda di taluni fattori concomitanti, quali età del soggetto, stadio della malattia, tipo istologico del tumore. È palese che un problema di questo genere, peraltro non particolarmente complesso dal punto di vista statistico, non può essere affrontato in termini semplicemente della proporzione (1.1).

Per dare risposta a questi problemi è necessario analizzare in dettaglio la relazione (in termini probabilistici) esistente tra numero di palline nere presenti nell'urna (ovvero la proporzione θ) e numero y di palline nere osservate.

Notiamo anzitutto che, nella visione adottata, l'individuazione del numero y di palline nere costituisce, nella terminologia propria del calcolo delle probabilità, un *esperimento casuale*. Questo esperimento casuale dà vita ad una variabile casuale (v.c.) Y di cui il valore osservato y di palline nere costituisce una determinazione.

La distribuzione di tale v.c. è determinata in parte dalle *caratteristiche della popolazione* in esame, in particolare l'ignota proporzione θ di palline nere, e in parte dal *tipo di campionamento utilizzato*. Nell'esempio in questione la distribuzione di Y sarà di tipo binomiale o ipergeometrico a seconda che l'estrazione sia stata con o senza reinserimento, cioè di tipo casuale semplice o in blocco. Tuttavia, data la bassa frazione di campionamento cioè di elementi sondati (50 su 5000), le due distribuzioni sono sostanzialmente equivalenti e quindi, per semplicità di esposizione, ci limitiamo a considerare il caso in cui Y si distribuisca come una v.c. binomiale, ovvero assumendo che il campionamento sia casuale semplice. Risulta allora che, *a priori rispetto all'estrazione*, la probabilità di estrarre y palline nere era

$$\mathbb{P}\{Y = y\} = \binom{50}{y} \theta^y \, (1 - \theta)^{50-y} \tag{1.2}$$

dove y è un numero intero tra 0 e 50. Qui l'insieme dei possibili valori di θ è l'insieme delle frazioni $k/5000$ con $k = 0, 1, \ldots, 5000$; comunque questo insieme è sufficientemente fitto per dire che θ può assumere "tutti" i valori nell'intervallo tra 0 e 1. Variando θ nell'intervallo $(0, 1)$ la (1.2) genera un'intera famiglia di distribuzioni di probabilità; naturalmente il valore di y realmente osservato è prodotto dalla v.c. associata al *vero*, ignoto valore di θ.

> *A questo punto l'operazione di inferenza sul valore di θ è vista come inferenza non più su una caratteristica della popolazione indagata, ma sul valore del* parametro θ *che individua una specifica distribuzione di Y nell'insieme delle distribuzioni del tipo (1.2).*

Pertanto d'ora in poi non parleremo più di popolazioni, ma solo di v.c. e inferenza sui parametri delle distribuzioni di tali v.c., essendo sottointesa la relazione tra popolazione e v.c..

1.4 Alcuni Problemi e Metodi Tipici

Di fatto il resto di questo libro si propone di dare risposta ai quesiti posti nel § 1.3. Per semplicità di comprensione è comunque opportuno abbozzare qui una prima esposizione dei concetti che saranno espressi più compiutamente nel seguito.

1.4.1 Verosimiglianza e Stime

Iniziamo dall'ultimo quesito posto nel § 1.3, che sostanzialmente chiedeva di fornire un criterio generale per la costruzione di *stime dei parametri*, intendendo con stima l'individuazione di un valore plausibile, diciamo $\hat{\theta}$, per l'ignoto parametro di interesse θ.

Una volta *fissato il valore osservato*, ad esempio $y = 4$, la (1.2) è funzione del solo ignoto parametro θ e precisamente vale

$$L(\theta) = \binom{50}{4} \theta^4 (1-\theta)^{46} \qquad (0 \leq \theta \leq 1)$$

il cui grafico è rappresentato in Figura 1.1.

Tale funzione esprime la probabilità che a priori esisteva di osservare il valore poi realmente osservato. In altri termini essa fornisce un grado di 'accordo' tra valore di θ e osservazione empirica. Ciò spiega il nome di *verosimiglianza di* θ che si dà a $L(\theta)$.

A questo punto è naturale, dovendo scegliere un valore di θ, prendere quello con verosimiglianza più elevata, cioè scegliere quel valore di θ tale per cui $L(\theta)$ è massima. Un semplice esercizio di analisi matematica porta a dire che il massimo di $L(\theta)$ si ha per θ pari a

$$\hat{\theta} = 4/50,$$

lo stesso valore già fornito dalla (1.1) ed è detto *stima di massima verosimiglianza* per ovvî motivi.

Fig. 1.1: Una verosimiglianza

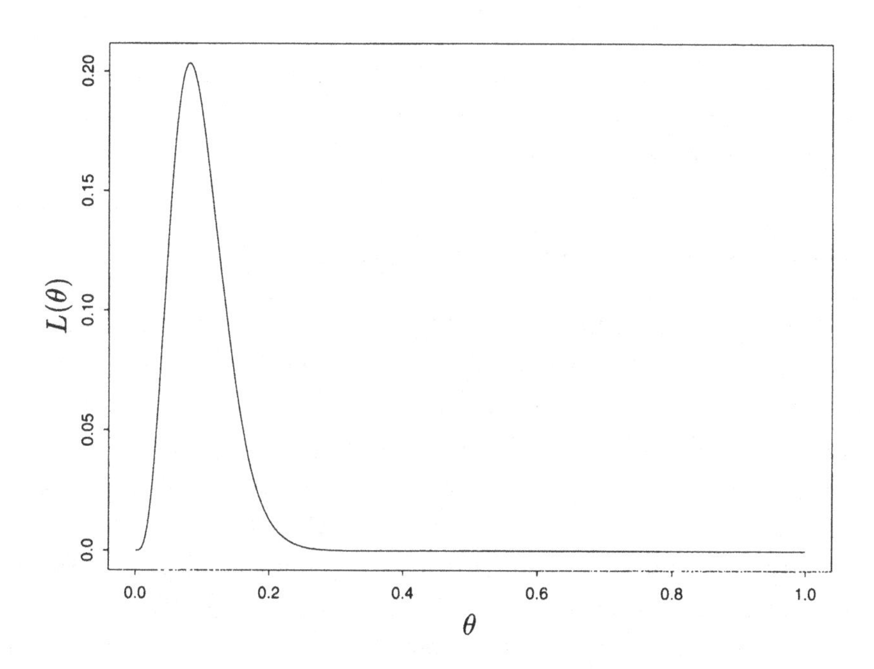

Se consideriamo il caso un poco più generale in cui il numero di elementi del campione è un numero naturale n e il numero di elementi difettosi è indicato con y (dove y è un intero tra 0 e n), allora la v.c. Y che genera i dati è di tipo binomiale di indice n e parametro θ per cui si ottiene che la verosimiglianza è

$$L(\theta) = \binom{n}{y} \theta^y (1-\theta)^{n-y} \qquad (0 \leq \theta \leq 1) \tag{1.3}$$

e la corrispondente stima di massima verosimiglianza è data da

$$\hat{\theta} = y/n. \tag{1.4}$$

Per evitare malintesi, è forse opportuno sottolineare che, anche se ogni ordinata di $L(\theta)$ è una probabilità, ciò non significa che la funzione $L(\theta)$ costituisca una distribuzione di probabilità.

Anche se nella fattispecie il criterio di massimizzare la verosimiglianza non ha prodotto niente di nuovo rispetto a quanto facevamo prima, esso ha tuttavia il grandissimo vantaggio di essere utilizzabile non solo quando ha senso la (1.1), ma ogni volta che si può scrivere la verosimiglianza delle osservazioni fatte, cosa che è possibile per un numero sconfinato di situazioni.

I capitoli dal 2 al 5 presenteranno una gran numero di esemplificazioni di utilizzo del concetto di verosimiglianza e del metodi ad essa connessi, tra cui la stima di massima verosimiglianza.

1.4.2 Stima Intervallare e Verifica d'Ipotesi

Anche se all'inizio può sembrare un poco sorprendente, abbiamo visto al § 1.3 che il problema della stima non esaurisce gli obiettivi dell'inferenza statistica; in particolare al § 1.3 sono stati menzionati alcuni altri problemi, che adesso riprendiamo ed esaminiamo un poco più da vicino.

Più specificamente, dato che un stima non può in generale coincidere con il vero valore del parametro, c'è l'esigenza di accompagnare la stima stessa con un intervallo di valori plausibili del parametro. Se la nostra stima di θ è $4/50$, tenuto conto che questa è comunque soggetta ad un certo grado di imprecisione, entro quale ambito possiamo ritenere che θ si collochi? Ovviamente esso sarà sempre tra 0 e 1, ma si può individuare un intervallo più ristretto, attorno a $4/50$? La scelta di tale intervallo è detta costituire una *stima intervallare.*

Un problema diverso, ma per certi aspetti simile, è quello di confrontare la stima ottenuta con un valore prefissato di riferimento, come era 5% nella discussione al § 1.3 e chiedersi se la discrepanza tra valore della stima e valore di riferimento rientra nell'ambito della discrepanza che ci si deve attendere tra stima e vero valore del parametro. Se la risposta è affermativa, non c'è evidenza empirica contro l'affermazione che il parametro θ sia pari al valore di riferimento, nel nostro esempio il 5%; in caso contrario tale evidenza empirica esiste e si provvederà come opportuno. La risposta a questo genere di quesito, relativo alla conformità tra osservazione empirica e un valore prefissato del parametro, è detto costituire un problema di *verifica di ipotesi.*

Vediamo, almeno a livello intuitivo, perché il problema della stima intervallare e quello della verifica d'ipotesi sono in qualche modo simili. Se una stima di tipo intervallare per θ ha portato a scegliere ad esempio l'intervallo (θ_1, θ_2) con θ_1 e θ_2 valori esplicitamente calcolati, allora ogni valore di θ entro questo intervallo è in qualche modo compatibile con l'evidenza empirica. D'altro canto, se il valore di riferimento 5% relativo ad un problema di verifica d'ipotesi si trova entro l'intervallo (θ_1, θ_2), allora l'ipotesi che θ valga 5% *non è contraddetta* dai dati.

Per scegliere l'intervallo (θ_1, θ_2) ricorriamo ancora alla funzione di verosimiglianza introdotta prima. Se è vero che $\hat{\theta}=4/50$ è il punto in qualche modo preferibile perché di massima verosimiglianza, è anche vero che gli altri valori dell'intervallo (0, 1) sono più o meno plausibili a seconda del valore associato della verosimiglianza. In altri termini, il criterio di selezione è quello di includere nella stima intervallare quei valori di θ che hanno verosimiglianza più alta.

Dovendo confrontare ogni verosimiglianza con il valore massimo, è conveniente dividere ogni valore della verosimiglianza per tale massimo, cioè considerare

$$L^*(\theta) = \frac{L(\theta)}{L(\hat{\theta})} \tag{1.5}$$

che prende valori tra 0 e 1; essa è detta verosimiglianza relativa. La Figura 1.2 rappresenta la verosimiglianza relativa corrispondente alla verosimiglianza della Figura 1.1, limitatamente ai valori di θ in cui la verosimiglianza stessa non è trascurabile. Chiaramente si tratta della stessa curva di prima, solo divisa per il fattore $L(\hat{\theta})$, costante rispetto a θ.

Se vogliamo scegliere un intervallo di valori di θ di maggiore plausibilità, potremmo scegliere ad esempio quelli per cui

$$L^*(\theta) > 1/2$$

oppure quelli per cui

$$L^*(\theta) > 1/5.$$

La Figura 1.2 evidenzia la stima intervallare corrispondente a questa seconda scelta.

Adottando la seconda scelta riteniamo plausibili quei valori di θ che hanno verosimiglianza non minore di $1/5$ del massimo. In particolare per il valore che ci interessa, θ=5%, abbiamo che la verosimiglianza relativa vale

Fig. 1.2: Una verosimiglianza relativa

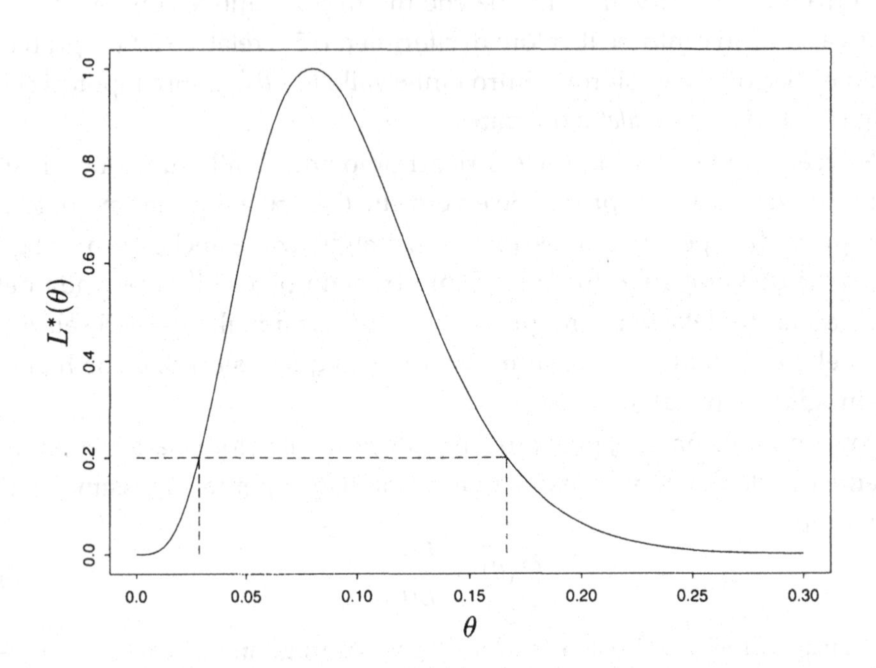

0,668 che è piuttosto alto, e quindi il valore 5% per θ non sembra incompatibile con i risultati sperimentali. È chiaro che la plausibilità o meno di un valore specifico, quale appunto θ=5%, è determinata dal fatto che quel dato valore di θ appartenga alla stima intervallare.

È interessante rilevare che cosa succede se si aumenta la numerosità campionaria (e quindi la "informazione" disponibile), mantenendo la stessa stima del parametro. Continuando con il nostro esempio, supponiamo allora che la numerosità campionaria passi da 50 a 100 e che corrispondentemente il numero di pezzi difettosi passi da 4 a 8, per cui la stima $\hat{\theta}$ resta la stessa. Naturalmente, anche se $\hat{\theta}$ non cambia, cambia la funzione di verosimiglianza, calcolata tramite la (1.3) e poi normalizzata mediante la (1.5). Il grafico corrispondente è riportato nella Figura 1.3, assieme alla precedente verosimiglianza relativa per il caso $n = 50$.

Si può osservare che l'effetto dell'aumento della numerosità campionaria, a parità di frazione di elementi difettosi, è di rendere i valori di θ diversi

Fig. 1.3: Due verosimiglianze relative, per diversi valori di n

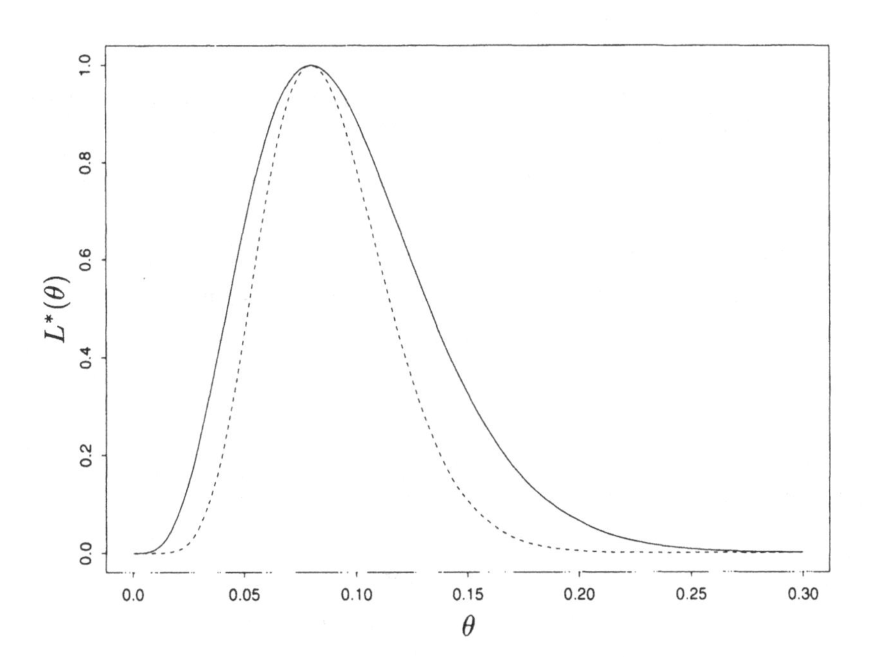

da $\hat{\theta}$ meno verosimili; si dice spesso che la verosimiglianza è *più concentrata* attorno a $\hat{\theta}$.

In particolare il valore della verosimiglianza relativa nel punto $\theta = 5\%$ scende da 0,668 a 0,446. Anche se non bassissimo, questo nuovo valore è comunque sensibilmente inferiore al precedente, riflettendo il fatto che, quanto più alta è la numerosità campionaria, tanto maggiore è la nostra fiducia nel valore osservato di $\hat{\theta}$, e corrispondentemente diminuisce la nostra disponibilità ad accettare come plausibili valori di θ diversi da $\hat{\theta}$.

Questo è il tipo di ragionamento con cui affronteremo il quesito posto a questo proposito al § 1.3, anche se la soluzione è ancora da perfezionare, cosa di cui ci occuperemo nei capitoli successivi.

1.4.3 Principio del Campionamento Ripetuto

Finora abbiamo argomentato a favore delle tecniche introdotte mostrandone la ragionevolezza sostanzialmente in base a considerazioni intuitive, per quanto ampiamente condividibili.

Vogliamo però anche valutare le nostre tecniche su una base diversa, studiandone certe proprietà matematiche. Per realizzare questo obiettivo si adotta il criterio di *considerare anche le stime (o altre quantità desunte da tecniche statistiche) come determinazioni di variabili casuali.* Ad esempio, la stima $\hat{\theta}$ è data da y/n dove y è il numero di pezzi difettosi e n la numerosità campionaria; siccome y è una determinazione di una v.c. allora anche $\hat{\theta} = y/n$ lo è. Questa impostazione dà luogo al *il principio del campionamento ripetuto,* il quale consiste nel valutare l'adeguatezza di $\hat{\theta}$ considerandolo come determinazione di una v.c. e studiando le proprietà di tale v.c..

Il nome di campionamento *ripetuto* nasce dal fatto che, se noi effettivamente replicassimo l'estrazione del campione per molte e molte volte, e per ogni campione calcolassimo ad esempio la stima di massima verosimiglianza, allora effettivamente uno specifico valore della stima rappresenterebbe una determinazione di una v.c.. Nella grande maggioranza delle situazioni reali questa replica dell'esperimento non ha luogo, ma noi ragioniamo *come se* si verificasse.

L'adozione di tale principio è una scelta indipendente dal fatto di individuare una tecnica statistica mediante la funzione di verosimiglianza: si può utilizzare il principio del campionamento ripetuto anche per tecniche che prescindono dal concetto di verosimiglianza, così come si può accettare una tecnica statistica su base 'speculativa', non utilizzando il principio del campionamento ripetuto.

Per venire ad un utilizzo esemplificativo del principio del campionamento ripetuto, consideriamo la stima (1.4) associata ad una v.c. Y binomiale di indice n e parametro θ. Allora, *trattando $\hat{\theta}$ come una v.c.*, è immediato ottenere la relazione

$$\mathbb{E}\left\{\hat{\theta}\right\} = \mathbb{E}\left\{\frac{Y}{n}\right\} = \frac{\mathbb{E}\{Y\}}{n} = \theta,$$

la quale dice che *mediamente* $\hat{\theta}$ si colloca sul vero valore del parametro. Naturalmente ciò non ci garantisce che proprio il valore che noi abbiamo osservato di $\hat{\theta}$ si collochi in corrispondenza del vero valore del parametro, ma almeno ci assicura l'assenza di fattori sistematici di distorsione.

Anche se non si può avere la sicurezza che la stima osservata coincida con il valore del parametro, è comunque utilissimo avere un'indicazione sul grado di scostamento presumibile. Siccome la varianza fornisce un indice della variabilità di una v.c. calcoliamo

$$\operatorname{var}\left\{\hat{\theta}\right\} = \operatorname{var}\left\{\frac{Y}{n}\right\} = \frac{\operatorname{var}\{Y\}}{n^2} = \frac{\theta(1-\theta)}{n}.$$

La prima confortante considerazione è che questa varianza tende a 0 quando n diverge, come è auspicabile. Per avere una valutazione numerica di tale varianza possiamo sostituire a θ la sua stima $\hat{\theta}$.

1.5 Inferenza Statistica e Problemi Reali

La teoria dell'inferenza statistica si occupa dei principi e dei metodi generali che governano le operazioni di inferenza, e da questi vengono derivate tecniche specifiche che possono essere utilizzate per affrontare problemi che sorgono dal mondo reale.

Il percorso logico che parte dai principi basilari e raggiunge la soluzione di problemi pratici è quanto mai lungo, e attraversa territori molto diversi. Infatti il primo tratto si sviluppa essenzialmente nel reame delle deduzioni logico-formali, anche se considerazioni pratiche entrano parzialmente. Invece nel secondo tratto si deve contemperare il prodotto delle operazioni matematiche precedenti con la realtà empirica.

Questo libro esplora solo la prima delle due fasi che abbiamo detto, anche se con qualche sporadica sortita nell'altro campo.

Quando poi si vuol passare all'applicazione delle tecniche sviluppate qui ai problemi reali, vi sono problemi impegnativi da affrontare, in quanto ci si scontra con la difficile operazione di collegare il mondo delle idee e della deduzione formale con quello dell'osservazione empirica.

Nel corso degli anni, gli statistici più direttamente coinvolti nelle applicazini pratiche hanno sviluppato un'ampia gamma di strumenti che possono aiutare in questa fase. Taluni di questi strumenti sono estremamente potenti e sofisticati, arrivando fino all'uso di tecniche dell'intelligenza artificiale. Tuttavia, anche se questi ulteriori metodi sono estremamente utili, essi non eliminano il problema, lo spostano solo più avanti, in quanto la non insensata applicazione applicazione delle tecniche di inferenza ai problemi reali richiede anche un certo grado di comprensione del fenomeno in esame, e dei principi che regolano la disciplina sostanziale che lo riguarda. Nei casi più semplici, è sufficiente tener conto di nozioni generali alla portata di chiunque; nei casi più complessi, sarà necessaria la collaborazione con un esperto di quella disciplina.

L'integrazione di tali competenze in modo armonico è un obiettivo generalmente non facile da conseguire. Essa richiede ad ambedue gli interlocutori, lo statistico e l'esperto della disciplina sostanziale, la disponibilità culturale ad accettare concetti e metodi da una disciplina diversa da quella familiare.

Sia nel caso che lo statistico operi da solo sia in collaborazione con un esperto della disciplina sostanziale, è un requisito fondamentale che le tecniche statistiche siano utilizzate in modo da tener conto dei principi di quella disciplina. In taluni casi la motivazione per l'analisi statistica è più di natura pragmatica che esplorativa del fenomeno, e spesso non esiste alcuna 'disciplina di contesto' a cui fare riferimento; tuttavia in quasi ogni situazione esiste almeno una certa informazione di contorno sul fenomeno in esame. In tutti i casi in cui è presente una certa informazione di contesto, lo statistico ha il dovere di farne uso, evitando la tentazione di una cieca manipolazione numerica dei dati ispirata solo da considerazioni interne alla Statistica, perché questo atteggiamento produrrebbe risultati privi di significato per l'interlocutore. F. C. Mills (1965, pag. 5) ha espresso questo requisito in modo conciso ed efficace:

> *"If such [statistical] techniques are to be well and wisely employed they must be adapted, with understanding, to the materials under study."*

Esercizi

1.1 Si scriva la verosimiglianza associata alla stessa situazione considerata nel § 1.3, ma per il parametro x invece che θ.

1.2 Si scriva la verosimiglianza relativa alla stessa situazione considerata nel § 1.3, ma per il caso di campionamento in blocco.

1.3 Nel caso che $n = 100$ ottenere la stima intervallare per θ associata alla condizione $L^*(\theta) > 1/5$ o in modo approssimato per via grafica, facendo riferimento alla Figura 1.3, o più accuratamente per via numerica.

1.4 Valutare, seguendo il principio del campionamento ripetuto, $\mathbb{E}\{R\}$ e $\text{var}\{R\}$, dove $R = y/n$, nel caso che il campione sia tratto in blocco.

1.2 [illegible] e comunque [illegible] alle [illegible] [illegible]
[illegible] per [illegible] o campo [illegible]

1.3 [illegible] della condizione [illegible] approssimato per [illegible]
[illegible] sperimentale [illegible] più accuratamente [illegible]
[illegible]

1.4 [illegible] e segnando [illegible] la temperatura [illegible]
[illegible] dove [illegible] il campione [illegible]

Capitolo 2

Verosimiglianza

Questo capitolo ha l'obiettivo di formulare un quadro di riferimento generale ed una base teorica su cui poggiano le specifiche tecniche statistiche, le quali verranno sviluppate concretamente nei capitoli successivi.

2.1 Il Modello Statistico

2.1.1 Introduzione

Il nostro presupposto è che un'indagine o esperimento od osservazione empirica abbia dato luogo ad una certa collezione di dati, che chiameremo *campione* e indicheremo sinteticamente con y. Nella maggior parte dei casi y è costituito da una sequenza di valori, cioè $y = (y_1, \ldots, y_n)^\top$, oppure anche da una struttura più articolata, ma per molti dei nostri scopi è inutile, e forse anzi fuorviante, pensare ad esso come ad un'entità complessa: per il momento conviene piuttosto considerarlo un ente unico, salvo analizzarlo in dettaglio quando sarà specificamente necessario.

L'assunto fondamentale consiste nel considerare y come *determinazione di una certa v.c. Y e nel voler utilizzare y per trarre conclusioni sulla distribuzione F_0 di Y*, operazione che viene comunemente detta "fare inferenza" su F_0. Per questo motivo ci riferiremo alla procedura che ha generato y, sia questa un esperimento o uno studio osservazionale o altro, con il termine generico di *esperimento casuale.* Naturalmente le nostre conclusioni su F_0 sono soggette a incertezza in quanto la natura casuale di Y, che determina

y, si ripercuote sulle nostre affermazioni. Nostra preoccupazione è di fare in modo che:

- ◇ il grado di incertezza sia il più piccolo possibile compatibilmente con la natura casuale di Y,
- ◇ siamo in grado di valutare il grado di incertezza cui siamo sottoposti.

La natura del fenomeno che ha generato il dato y, lo schema di campionamento adottato e altre eventuali informazioni sul fenomeno delimitano l'insieme delle possibili alternative per F_0. Tale insieme, indicato con $\mathcal{F}$, è detto costituire il *modello statistico.* È intuitivo che la nostra inferenza sarà tanto più accurata quanto meglio noi sappiamo delimitare la classe $\mathcal{F}$ compatibilmente con la condizione $F_0 \in \mathcal{F}$.

In molti casi si può assumere che Y sia una v.c. a componenti indipendenti e identicamente distribuite, ovvero y costituisce un campione casuale semplice di Y. Pur essendo questa la situazione più semplice e quella di cui ci occuperemo più spesso, è bene chiarire che molta parte di quanto diremo vale anche al di fuori di questa situazione.

2.1.2 Modelli Parametrici

In linea di principio $\mathcal{F}$ può essere un qualunque insieme di funzione di ripartizione, ma vi è un tipo di situazione che riveste un'importanza del tutto preminente, sia dal punto di vista teorico che applicativo. Si tratta del caso in cui gli elementi di $\mathcal{F}$ sono tutte funzioni dello stesso tipo, distinte tra loro unicamente dal valore θ che è libero di variare entro l'insieme numerico Θ; allora $\mathcal{F}$ può essere scritta come

$$\mathcal{F} = \{F(\cdot\,;\theta) : \theta \in \Theta \subseteq \mathbb{R}^k\}$$

dove, per ogni fissato θ, $F(\cdot\,;\theta)$ è una funzione di ripartizione definita su $\mathbb{R}^n$, con k e n numeri naturali.

In moltissimi casi, e comunque tutti quelli di cui ci occuperemo noi, tali funzioni di ripartizione corripondono tutte o ad una v.c. discreta o ad una continua. Allora la classe $\mathcal{F}$ può essere specificata tramite le corrispondenti funzione di densità o funzioni di probabilità; nel seguito useremo spesso l'espressione funzione di densità in ambedue i casi, del resto ciò è legittimo quando si interpreti il termine funzione di densità nel senso della teoria della misura. In questo caso possiamo allora definire $\mathcal{F}$ come insieme di funzioni di densità invece che di funzioni di ripartizione e scrivere

$$\mathcal{F} = \{f(\cdot\,;\theta) : \theta \in \Theta \subseteq \mathbb{R}^k\} \tag{2.1}$$

per una qualche funzione di densità f; nel seguito sarà questo il modo in cui specificheremo un modello statistico. La quantità θ è detta *parametro*, l'insieme Θ è detto *spazio parametrico* e la classe (2.1) è detta *classe parametrica* o *modello (statistico) parametrico*. Il corrispondente capitolo della teoria si chiama *Statitica parametrica* , che costituisce il tema conduttore della nostra trattazione.

Allora in sostanza gli elementi di $\mathcal{F}$ sono in corrispondenza con gli elementi di Θ. In particolare esiste un valore $\theta_0 \in \Theta$ che è associato a F_0; ci riferiremo a θ_0 come al "vero valore" del parametro e l'operazione di inferenza riguarderà appunto θ_0.

Naturalmente non tutti i modelli statistici sono di tipo parametrico. Ad esempio non lo sono le classi

$$\mathcal{F}_1 = \{\text{l'insieme di tutte le funzioni di densità in una variabile derivabili}\},$$

$$\mathcal{F}_2 = \mathcal{F}_1 \cap \{\text{l'insieme di tutte le funzioni positive con logaritmo concavo}\},$$

che pertanto costituiscono esempi di modelli *non parametrici*. Il trattamento di situazioni di questo genere riguarda appunto un diverso, ampio capitolo della Statistica, detta appunto *Statistica non parametrica*, che esula dagli obiettivi di questo libro.

Connesso al concetto di modello statistico vi è quello di *spazio campionario* che è l'insieme $\mathcal{Y}$ di tutti i possibili valori del campione compatibili con un dato modello statistico, ovvero l'insieme dei possibili valori di y. Formalmente, se si indica con $\mathcal{Y}_\theta$ il supporto[1] della distribuzione $f(\cdot\,;\theta)$, lo spazio campionario è

$$\mathcal{Y} = \bigcup_{\theta\in\Theta} \mathcal{Y}_\theta.$$

[1] In termini informali il supporto può esser definito come l'insieme dei possibili valori assunti di un v.c.; più formalmente può essere definito come l'intersezione di tutti gli insiemi chiusi a cui la distribuzione data assegna probabilità 1.

In molti casi peraltro $\mathcal{Y}_\theta$ è lo stesso per tutti i possibili valori di θ, e questo insieme coincide allora con $\mathcal{Y}$.

Esempio 2.1.1 Sia $Y \sim Bin(n, \theta)$ dove n è un numero naturale specificato, $\theta \in (0,1)$. Allora $\mathcal{Y}_\theta$ è lo stesso per tutti i valori di θ e coincide con lo spazio campionario, che è

$$\mathcal{Y} = \{0, 1, \ldots, n\}.$$

Non è peraltro necessario che $\Theta = (0,1)$, cioè che Θ coincida con l'insieme di tutti i valori matematicamente ammissibili per θ.

Esempio 2.1.2 Si traggono in modo indipendente due valori da $N(\theta, 1)$, allora $y = (y_1, y_2)$ con $y_i \in \mathbb{R}$ $(i = 1, 2)$,

$$\mathcal{Y} = \mathbb{R} \times \mathbb{R}, \quad Y \sim N_2\left(\begin{pmatrix}\theta \\ \theta\end{pmatrix}, I_2\right),$$

dove I_2 è la matrice identità di ordine 2, e

$$f(y;\theta) = \phi(y_1 - \theta)\,\phi(y_2 - \theta) \quad \text{per } y \in \mathcal{Y}$$

dove ϕ indica la funzione di densità $N(0,1)$; si veda (A.7). Se non vi sono restrizioni su θ allora $\Theta = \mathbb{R}$, ma se ad esempio è noto che $\theta > 0$ allora $\Theta = \mathbb{R}^+$.

Esempio 2.1.3 Si consideri la classe parametrica formata da tutte le distribuzioni individuate dalle funzione di densità in una variabile

$$g(t; \lambda, \omega) = \begin{cases} \lambda e^{-\lambda(t-\omega)} & \text{per } t > \omega, \\ 0 & \text{altrimenti,} \end{cases}$$

con $\lambda > 0$, le quali costituiscono una famiglia di posizione e scala. In questo caso

$$\Theta = \{\theta : \theta = (\lambda, \omega), \lambda \in \mathbb{R}^+ . \omega \in \mathbb{R}\},$$
$$\mathcal{Y}_\theta = \{t : t \in \mathbb{R}, t > \omega\}$$

e, unendo gli insiemi $\mathcal{Y}_\theta$, si ha che $\mathcal{Y} = \mathbb{R}$. Dicendo che la funzione di densità è funzione di una sola variabile, abbiamo in pratica detto che y è costituito da una sola estrazione da Y. Se si effettuano n estrazioni indipendenti dalla medesima v.c., allora Θ resta immutato, $\mathcal{Y} = \mathbb{R}^n$ e la classe $\mathcal{F}$ è data dall'insieme delle funzioni (in n variabili) che si ottengono moltiplicando n volte la funzione g (in una variabile).

2.1.3 Parametrizzazioni

Nella specificazione operativa di $\mathcal{F}$ noi possiamo scegliere varie formulazioni equivalenti, cioè diverse *parametrizzazioni*. Se h è una funzione biunivoca da Θ in Ψ, possiamo riscrivere la (2.1) come

$$\begin{aligned}\mathcal{F} &= \{f(\cdot\,;\psi) : \psi = h(\theta), \theta \in \Theta\} \\ &= \{f(\cdot\,;\psi) : \psi \in \Psi\}.\end{aligned}$$

con

$$\Psi = \{\psi : \psi = h(\theta), \theta \in \Theta\}.$$

Trattandosi di formulazioni equivalenti, la scelta tra l'una o l'altra è in parte di convenienza; ad esempio una parametrizzazione può essere più semplice di un'altra da trattare matematicamente.

In taluni casi la scelta della opportuna parametrizzazione è guidata da motivazioni fisiche, nel senso che il parametro ha una più chiara interpretazione fisica. In altri casi invece la scelta della parametrizzazione ha un certo grado di arbitrarietà.

Visto peraltro che la scelta della parametrizzazione non è univoca, è allora auspicabile che le conclusioni inferenziali siano *invarianti* rispetto alla parametrizzazione adottata, siano cioè sempre le stesse quale che sia la parametrizzazione. Vi sono peraltro talune tecniche statistiche che *non* sono indifferenti alla scelta della parametrizzazione, come vedremo nel seguito.

Esempio 2.1.4 Sia Y una variabile casuale che assumiamo appartenere alla classe delle v.c. esponenziali negative. Allora la sua funzione di densità in t, per $t > 0$, può essere scritta come $\lambda e^{-\lambda t}$ dove $\lambda > 0$, oppure la stessa funzione di densità può essere scritta come $\psi^{-1} e^{-t/\psi}$ con $\psi = 1/\lambda$. Se Y rappresenta il tempo di inter-arrivo tra due eventi in un processo di Poisson, allora ambedue i parametri hanno un significato, in quanto ψ rappresenta il tempo medio di attesa tra eventi e λ rappresenta il numero medio di eventi in un'unità di tempo.

Esempio 2.1.5 Se $Y \sim N(\mu, \sigma^2)$, il parametro μ è espresso direttamente nella stessa scala della variabile Y, e raramente si verifica che sia opportuno riparametrizzarlo. Se si introduce un cambio di parametrizzazione per convenienza dell'analisi statistica, poi le conclusioni finali saranno riportate sulla scala originaria.

Come indici di variabilità sia lo *scarto quadratico medio* σ che la *varianza* σ^2 sono dei candidati. Lo scarto quadratico medio ha il vantaggio di essere espresso sulla stessa scala di Y, ma anche σ^2 è usato spesso.

Affinché non sorgano ambiguità è necessario che valori distinti di θ corrispondano a distribuzioni di probabilità distinte. Se questo requisito non fosse soddisfatto, potrebbero esistere diversi valori di θ che corrispondono alla stessa distribuzione F_0, rendendo così impossibile distinguere qual è il vero valore del parametro. Allora, in termini formali, chiediamo che, presi due qualunque punti distinti θ_1 e θ_2 di Θ, esista almeno un insieme B dello spazio campionario tale che

$$\mathbb{P}\{Y \in B; \theta_1\} \neq \mathbb{P}\{Y \in B; \theta_2\},$$

dove $\mathbb{P}\{A; \theta\}$ significa che la probabilità dell'evento A è calcolata relativamente alla misura associata al valore specificato di θ. Questa proprietà è detta *identificabilità* del modello.

Osservazione 2.1.6 Il termine 'insieme' nella definizione appena data dovrebbe essere sostituito da 'insieme misurabile' per essere accurati. Qui, come in altre parti del testo, per semplicità di esposizione si è preferito evitare di addentrarsi in certi dettagli matematici. Stabiliamo fin d'ora che *in tutto questo libro* valgono le sequenti convenzioni: 'funzione' sta per 'funzione misurabile', 'insieme' sta per 'insieme misurabile'; con queste convenzioni le affermazioni sono corrette. Una scrittura del tipo

$$\int_{\mathcal{Y}} g(y)\, \mathrm{d}\nu(y)$$

è da intendersi come integrale di Riemann o come somma a seconda della natura continua o discreta della v.c. Y associata a $\mathcal{Y}$. Naturalmente si può intendere la scrittura nel senso proprio della teoria della misura con ν misura definita su $\mathcal{Y}$.

2.2 La Verosimiglianza Statistica

2.2.1 La Funzione di Verosimiglianza

Per un fissato modello statistico del tipo (2.1), una volta che il valore campionario y è determinato, la corrispondente funzione di densità è una funzione $f(y;\theta)$ di θ soltanto. Tale funzione ci dà la (densità di) probabilità che, a priori rispetto all'esperimento, avevamo di *osservare ciò che poi è stato effettivamente osservato.*

Dovendo attribuire una preferenza relativa a due valori θ' e θ'' di Θ questa è determinata dal rapporto $f(y;\theta')/f(y;\theta'')$, assumendo per un momento che il denominatore non si annulli. Siccome peraltro tale rapporto non varia se ambedue i termini sono moltiplicati per una costante positiva c non dipendente da θ, allora per confrontare tra loro gli elementi di Θ ciò che conta è $f(y;\theta)$ a meno di una costante moltiplicativa.

Definizione 2.2.1 *Relativamente al modello statistico (2.1) di cui è stato osservato il campione $y \in \mathcal{Y}$, si chiama* funzione di verosimiglianza *o semplicemente* verosimiglianza *la funzione da Θ in $\mathbb{R}^+ \cup \{0\}$*

$$L(\theta) = L(\theta; y) = c(y)f(y;\theta) \tag{2.2}$$

con $c(y)$ costante positiva non dipendente da θ.

La notazione $L(\theta; y)$ è introdotta perché in taluni casi vorremo sottolineare che $L(\theta)$ dipende da y. Si noti anche che scrivere c o $c(y)$ nella (2.2) è perfettamente lo stesso, visto che la verosimiglianza è una funzione di θ.

In realtà la funzione di verosimiglianza è una famiglia di funzioni che differiscono per il valore della costante c; più precisamente si tratta di una *classe di equivalenza* di funzioni. Ne segue che due punti dello spazio campionario che danno luogo a verosimiglianze tra loro proporzionali determinano *la stessa* verosimiglianza, anche se noi parleremo di verosimiglianze *equivalenti.*

Naturalmente, anche se ogni valore di $L(\theta)$ è determinato essenzialmente da una distribuzione di probabilità, e a dispetto dell'apparenza grafica della Figura 1.1, la funzione di verosimiglianza *non è* una distribuzione di probabilità.

Siccome $L(\theta)$ è una quantità non negativa, e anzi spesso è positiva q.c. su tutto Θ, ha senso trattare con la funzione di *log-verosimiglianza* definita come

$$\ell(\theta) = \log L(\theta) = c + \log f(y; \theta)$$

con l'eventuale convenzione che $\ell(\theta) = -\infty$ se $L(\theta)$=0. Si tratta quindi di un famiglia di funzioni, tutte "parallele" tra loro, cioè che differiscono per una costante additiva. Vedremo nel capitolo successivo che è la log-verosimiglianza (e le sue derivate) piuttosto che la verosimiglianza stessa ad esprimere l'informazione relativa ad un dato esperimento casuale e a determinare le proprietà delle tecniche statistiche connesse.

Esempio 2.2.2 Estendendo l'Esempio 2.1.2 precedente, si consideri un campione casuale semplice $y = (y_1, \ldots, y_n)^\top$ da una v.c. $N(\mu, \sigma^2)$, dove $\theta = (\mu, \sigma^2)$ è libero di variare su tutti i valori ammissibili e quindi $\Theta = \mathbb{R} \times \mathbb{R}^+$. Per l'indipendenza delle componenti abbiamo allora che

$$\begin{aligned} L(\theta) &= c \prod_{i=1}^{n} \frac{1}{\sigma} \phi\left(\frac{y_i - \mu}{\sigma}\right) \\ &= c \prod_{i=1}^{n} \frac{1}{\sqrt{2\pi}\sigma} \exp\left\{-\frac{1}{2}\left(\frac{y_i - \mu}{\sigma}\right)^2\right\} \\ &= c\, \sigma^{-n} \exp\left\{-\frac{1}{2\sigma^2}\left(\sum_i y_i^2 - 2\mu \sum_i y_i + n\mu^2\right)\right\} \end{aligned}$$

adottando la convenzione di indicare con c una generica costante che non dipende dal parametro, per cui in realtà il c della terza relazione *non è uguale* ai due precedenti: si tratta solo di un modo per indicare "qualcosa che non dipende da θ"; in seguito utilizzeremo tale convenzione senza ulteriore commento. La corrispondente funzione di log-verosimiglianza è

$$\ell(\theta) = c - \frac{n}{2} \log \sigma^2 - \frac{1}{2\sigma^2}\left(\sum_i y_i^2 - 2\mu \sum_i y_i + n\mu^2\right).$$

Esempio 2.2.3 Si consideri ora un campione casuale semplice $y = (y_1, \ldots, y_n)^\top$ da una v.c. $U(0, \theta)$ con $\theta > 0$. La funzione di densità relativa ad un generico termine y_i vale $1/\theta$ per $y_i \in (0, \theta)$, ma nel fare il prodotto di tali densità non possiamo limitarci a moltiplicare i termini $1/\theta$ senza tener conto della condizione "per $y_i \in (0, \theta)$". Per questo motivo scriviamo allora la funzione di densità relativa ad una singola osservazione come

$$\frac{1}{\theta} I_{(0,\theta)}(t) \quad \text{per } t \in \mathbb{R}$$

Fig. 2.1: Verosimiglianza per un campione bernoulliano da $U(0, \theta)$

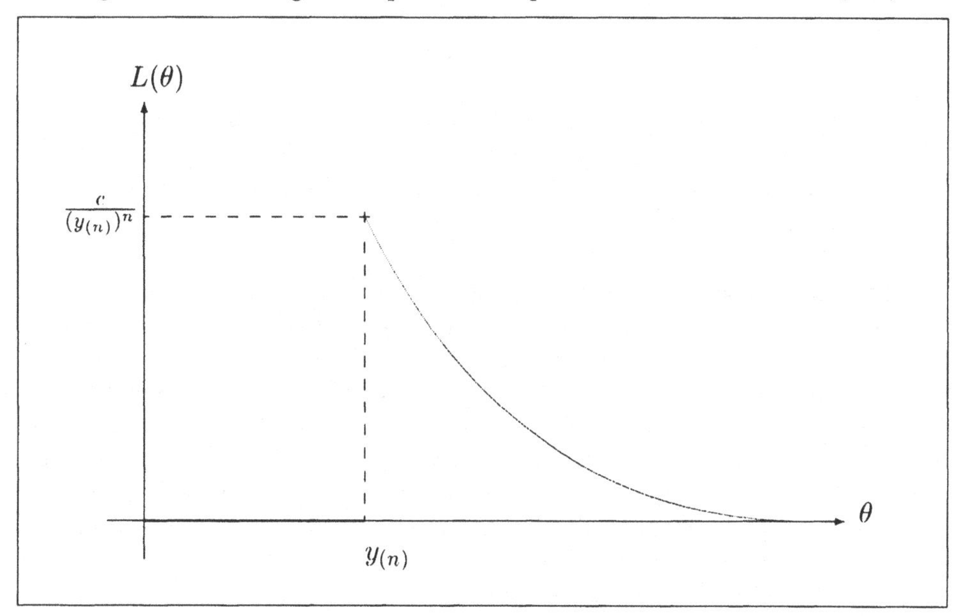

dove $I_A(\cdot)$ è la funzione indicatrice dell'insieme A. Naturalmente sarebbe stato lo stesso usare $I_{[0,\theta]}$ o $I_{[0,\theta)}$ dato che ciò non altera la distribuzione di probabilità. Quindi la verosimiglianza vale

$$
\begin{aligned}
L(\theta) &= c \prod_{i=1}^{n} \frac{1}{\theta} I_{(0,\theta)}(y_i) \\
&= \frac{c}{\theta^n} \prod_{i=1}^{n} I_{(0,1)}(y_i/\theta) \\
&= \frac{c}{\theta^n} I_{(0,1)}(y_{(n)}/\theta) \\
&= \frac{c}{\theta^n} I_{(1,\infty)}(\theta/y_{(n)}) \\
&= \frac{c}{\theta^n} I_{(y_{(n)},\infty)}(\theta)
\end{aligned}
$$

dove si è tenuto conto del fatto che il prodotto dei termini $I_{(0,1)}(y_i/\theta)$ vale 1 quando θ è maggiore di tutti gli y_i e quindi quando θ è maggiore del valore massimo $y_{(n)}$. Allora la funzione di verosimiglianza è nulla a sinistra di $y_{(n)}$, ha un salto in corrispondenza a $y_{(n)}$ e poi descresce geometricamente, come illustrato dalla Figura 2.1. La corrispondente funzione di log-verosimiglianza vale

$$\ell(\theta) = \begin{cases} -\infty & \text{per } \theta \leq y_{(n)}, \\ c - n \log \theta & \text{per } \theta > y_{(n)}, \end{cases}$$

ma si noti che il valore in corrispondenza al punto $y_{(n)}$ può essere cambiato liberamente in $c - n \log \theta$, visto che fin dall'inizio potevamo utilizzare $I_{(0,\theta]}$ come funzione indicatrice nell'espressione della funzione di densità di una singola osservazione.

Esempio 2.2.4 Vi sono moltissime situazioni in cui si ha solo un'informazione parziale sul valore assunto dalla variabile di interesse e ciò può avvenire in svariate forme. Una delle forme più comuni di informazione parziale si verifica quando è noto che la variabile di interesse cade in un certo intervallo, ma non si sa precisamente quale valore essa ha assunto entro questo intervallo; si dice allora che i dati sono soggetti a *censura* e il campione contenente alcuni o tutti dati censurati è detto *campione censurato.* Il fenomeno della censura si può poi presentare in un'ampia gamma di varianti, ma come al solito qui ci limiteremo ad un caso piuttosto semplice, illustrandolo con un problema tratto dall'ambito medico, dove peraltro sorge con frequenza.

Con il termine *sopravvivenza* si intende genericamente la durata di tempo che intercorre tra due eventi, diciamo uno iniziale ed uno terminale; tipici esempi sono il tempo che intercorre tra un trapianto di organo e il suo rigetto oppure il tempo tra la remissione di un paziente affetto da un certo tipo di tumore e la sua prima recidiva.

È però molto comune che l'evento terminale non sia osservabile al momento in cui si analizzano i dati. Supponiamo infatti che n pazienti siano stati sottoposti a trapianto di rene alle date $(d_1, \ldots, d_n)$ e si voglia studiare la funzione di densità della v.c. U relativa al tempo di sopravvivenza dell'organo trapianato cioè il tempo che intercorre tra il trapianto e il rigetto. Esigenze di tempestività dello studio impediscono di attendere che tuti i pazienti abbiano rigettato l'organo, e per di più alcuni di questi possono morire per motivi assolutamente indipendenti dal trapianto o dal rene stesso. Succede così che, se si analizzano i dati alla data odierna, per taluni pazienti il rigetto dell'organo si è verificato e quindi è nota la determinazione u_i della v.c. U corrispondente, mentre per altri il rigetto non si è ancora verificato e quindi si sa solo che il valore corrispondente di u_i è un numero che giace in $(v_i, +\infty)$, dove v_i è il tempo trascorso tra la data d_i e oggi; questo secondo gruppo di dati è quindi censurato.

Se indichiamo con $(y_1, \ldots, y_n)$ i tempi di sopravvivenza comunque osservati (censurati o no), è chiaro che essi non possono essere utilizzati come se fossero determinazioni della v.c. U per fare inferenza sulla sua distribuzione, in quanto la presenza di dati censurati condurrebbe ad una distorsione delle stime. È pertanto necessario scrivere la verosimiglianza adeguata al problema in questione. Per semplicità di ragionamento assumiamo che le v.c. in gioco siano continue con funzione di densità continua. Indichiamo con $f(\cdot;\theta)$ la funzione di densità del tempo di sopravvivenza U e con $g(\cdot)$ la funzione di densità del tempo di censura V. La notazione adottata riflette il fatto che solo la distribuzione di U è in esame, mentre quella di V non contiene parametri di interesse. Allora le osservazioni di cui si dispone sono determinazioni delle v.c.

$$Y = \min(U, V), \quad Z = \begin{cases} 1 & \text{se } U < V, \\ 0 & \text{se } U > V. \end{cases}$$

La variabile Y fornisce il tempo di sopravvivenza osservato (cioè effettivo o censurato) mentre la variabile indicatrice Z dice se il valore di Y è la effettiva sopravvivenza ($Z = 1$) o è un dato censurato ($Z = 0$).

Per potere scrivere la verosimiglianza otteniamo prima la distribuzione congiunta della coppia (Y, Z), in quanto è questa la variabile osservabile, mentre (U, V) non lo è. Sotto l'ipotesi di indipendenza di U e V, e cioè assumendo che il momento in cui avviene la censura non sia influenzato dalla durata della sopravvivenza, possiamo scrivere

$$\begin{aligned} \mathbb{P}\{Y \in (y, y + \mathrm{d}y), Z = 1\} &= \mathbb{P}\{U \in (y, y + \mathrm{d}y), V > y + \mathrm{d}y\} \\ &= f(y;\theta)\{1 - G(y)\}dy + o(\mathrm{d}y), \\ \mathbb{P}\{Y \in (y, y + \mathrm{d}y), Z = 0\} &= \mathbb{P}\{V \in (y, y + \mathrm{d}y), U > y + \mathrm{d}y\} \\ &= g(y)\{1 - F(y;\theta)\}\mathrm{d}y + o(\mathrm{d}y), \end{aligned}$$

dove F e G sono le funzioni di ripartizione corrispondenti rispettivamente a f e g. Indicate con $((y_1, z_1), \ldots, (y_n, z_n))$ le osservazioni disponibili, la verosimiglianza per θ risulta pertanto

$$L(\theta) = c \prod_{i=1}^{n} f(y_i;\theta)^{z_i} \{1 - F(y_i;\theta)\}^{1-z_i} \tag{2.3}$$

incorporando nella costante c i termini che contengono $G(y_i)$ e $g(y_i)$. Naturalmente per essere utilizzata operativamente la (2.3) richiede che sia specificata la famiglia parametrica di f.

Il problema pratico precedente era tratto dall'ambito medico, ma ciò non esaurisce certamente il campo di interesse dei dati censurati e/o relativi a problemi di sopravvivenza. In particolare, problemi di sopravvivenza sorgono spesso nel campo delle applicazioni industriali, specificamente in quel settore che studia l'affidabilità dei prodotti o dei componenti; in questo caso il tempo di sopravvivenza è tipicamente il tempo di corretto funzionamento del prodotto o del componente fino al momento in cui si guasta.

2.2.2 Il Principio di Verosimiglianza

La verosimiglianza combina l'informazione presperimentale espressa nella scelta del modello statistico con l'informazione sperimentale contenuta in y. Quindi in un certo senso essa contiene tutto ciò che è noto sul dato problema inferenziale, fatte salve eventuali opinioni personali sul valore di θ. Questa considerazione motiva l'adozione del

> **principio di verosimiglianza:** *con riferimento ad un dato modello statistico* $\{f(\cdot\,;\theta) : \theta \in \Theta\}$*, due punti* y, $z \in \mathcal{Y}$ *tali che* $L(\theta; y) \propto L(\theta; z)$ *devono condurre alle medesime conclusioni inferenziali.*

Quello che abbiamo appena enunciato è la versione debole del principio di verosimiglianza; ne esiste una versione più radicale che chiede la coincidenza delle conclusioni inferenziali anche quando le due osservazioni si riferiscono a modelli e spazi campionari diversi. Specificamente, abbiamo il

> **principio forte di verosimiglianza:** *data un'osservazione* y *relativa al modello statistico* $\{f(\cdot\,;\theta) : \theta \in \Theta\}$ *e un'osservazione* z *relativa al modello statistico* $\{g(\cdot\,;\theta) : \theta \in \Theta\}$ *tali che* $L_f(\theta; y) \propto L_g(\theta; z)$*, le conclusioni inferenziale devono essere le medesime.*

Esempio 2.2.5 Si considerino due esperimenti casuali in cui si effettuano prove successive, ciascuna con la medesima probabilità di successo θ e in modo indipendente tra loro. Nel primo esperimento il numero complessivo n di prove è prefissato e il valore campionario è dato dal numero di successi (e simmetricamente anche da quello degli insuccessi). Nel secondo esperimento viene prefissato il numero di successi che si vogliono ottenere e si conta il numero di insuccessi subiti prima di conseguire il dato numero di successi. Allora le distribuzioni di probabilità che reggono i due esperimenti casuali sono rispettivamente la binomiale e la binomiale negativa. Precisamente, indicato con y il numero di successi e con z il numero di insuccessi subiti nei due esperimenti, le due funzioni di densità sono

$$f(y;\theta) = \binom{n}{y}\theta^y(1-\theta)^z \qquad (y = 0,\ldots,n),$$
$$g(z;\theta) = \binom{y+z-1}{z-1}\theta^y(1-\theta)^z \qquad (z = 0,1,\ldots)$$

da cui si ricava che ambedue le verosimiglianze sono pari a

$$L(\theta) = c\,\theta^y(1-\theta)^z$$

se il valore di y e di z coincidono nei due esperimenti, e quindi per il principio forte di verosimiglianza dovrebbero dar luogo alla medesima inferenza.

Il fatto di aver enunciato i due precedenti principî non deve indurre a credere che tutto quanto diremo si conformerà ad essi. La teoria della Statistica è evoluta come un compromesso tra esigenze diverse, cercando di comporre rigore logico-formale con necessità pratiche e applicative. In particolare risulterà che molta parte di quanto diremo segue il principio debole di verosimiglianza, ma ben poco si adegua a quello forte.

2.3 Statistiche Sufficienti

2.3.1 Statistiche

Si può dire semplicisticamente che obiettivo della teoria della Statistica è di individuare quali sono le "operazioni" da compiere sui dati y affinché il risultato di tali "operazioni" sia adatto ai nostri scopi. Siccome di queste operazioni o *trasformazioni* dei dati noi ne considereremo un grande numero e varietà, è opportuno introdurre un termine specifico.

Definizione 2.3.1 *Una funzione $T(\cdot)$ da $\mathcal{Y}$ in $\mathbb{R}^r$, per un qualche r naturale, tale che $T(y)$ non dipenda da θ è detta* statistica *e il valore $t = T(y)$ corrispondente al valore osservato y è detto* valore campionario *della statistica.*

La condizione che $T(y)$ non dipenda da θ serve per garantire la effettiva computabilità della statistica. Sono allora esempi di statistiche di un campione $(y_1,\ldots,y_n)$, avente elementi in $\mathbb{R}$, le seguenti funzioni: $T_1 =$

$\sum y_i$, $T_2 = \sum \exp(y_i)$, $T_3 = (\sum y_i, \sum y_i^2)$, dove nel primo caso la statistica è a valori in $\mathbb{R}$, nel secondo in $\mathbb{R}^+$, mentre nel terzo caso la funzione è a valori in $\mathbb{R}^2$.

Utilizzeremo talvolta gli insiemi formati dalle anteimmagini dei valori t di una statistica $T(y)$, vale a dire gli insiemi

$$A_t = \{y : y \in \mathcal{Y}, T(y) = t\},$$

i quali costituiscono una partizione dello spazio campionario. Ci riferiremo a tale partizione come alla partizione indotta da $T(y)$. Ad esempio, se $T = \sum y_i$, gli elementi $\{A_t\}$ sono degli iperpiani tra loro paralleli; un singolo insieme A_t è costituito dai punti $y = (y_1, \ldots, y_n)^\top \in \mathbb{R}^n$ soddisfacenti all'equazione

$$y_1 + \cdots + y_n = t.$$

Esempio 2.3.2 Tra le varie statistiche che utilizzeremo alcune sono di uso particolarmente frequente e meritano speciale menzione. Con riferimento ad un campione $(y_1, \ldots, y_n)$, chiameremo momento campionario r-mo la statistica da $\mathcal{Y}$ in $\mathbb{R}$

$$m_r = \frac{1}{n}\sum_{i=1}^{n} y_i^r \qquad (r = 1, 2, \ldots),$$

e in particolare m_1 costituisce la media (aritmetica) campionaria, spesso indicata anche con $\bar{y}$. Si chiama inoltre varianza campionaria la statistica

$$s_*^2 = \frac{1}{n}\sum_{i=1}^{n}(y_i - \bar{y})^2 = m_2 - m_1^2,$$

che prende valori in $\mathbb{R}^+ \cup \{0\}$. Tutte queste statistiche possono essere viste come particolari valori medi della distribuzione di probabilità definita dalla funzione di ripartizione campionaria, introdotta al § A.7.4.

2.3.2 Statistiche Sufficienti

Notiamo che nell'Esempio 2.2.2 la funzione di verosimiglianza è determinata una volta che si conoscono i due valori $(\sum y_i, \sum y_i^2)$; quindi non è necessario conoscere i singoli elementi $(y_1, \ldots, y_n)$ per individuare la verosimiglianza, ma bastano i due valori che si ottengono per trasformazione dei dati originari. Ci si domanda se una tale situazione favorevole è estendibile in generale o almeno a certe situazioni, e in questo caso a quali. È infatti evidente che è molto conveniente ridurre la dimensionalità dell'entità su cui operiamo da n ad un numero minore di termini.

Allora per il resto di questa sezione ci occuperemo principalmente di individuare e studiare le proprietà di statistiche che siano in grado di riassumere l'informazione contenuta nella verosimiglianza senza "disperderne" una parte.

Definizione 2.3.3 *Con riferimento al modello statistico (2.1), una statistica $T(y)$ è detta* sufficiente *per θ se essa assume lo stesso valore in due punti dello spazio campionario solo se questi due punti hanno verosimiglianze equivalenti, cioè se per ogni $y, z \in \mathcal{Y}$*

$$T(y) = T(z) \quad \Longrightarrow \quad L(\theta, y) \propto L(\theta, z) \text{ per ogni } \theta \in \Theta.$$

A prima vista può sembrare sorprendente che una trasformazione non biunivoca contenga "tutta l'informazione" presente nei dati originari, ma bisogna tener conto del fatto che la proprietà di essere statistica sufficiente è legata alla scelta del modello statistico: se questo venisse cambiato, una certa statistica cesserebbe, in generale, di essere sufficiente.

Esiste sempre una statistica sufficiente, qualunque sia il modello statistico adottato, ed è y, ma ciò è banale e di fatto non viene considerato.

Esempio 2.3.4 Si consideri il caso in cui θ può assumere solo due valori, diciamo 0 e 1 (ma potrebbero essere due numeri qualsiasi), ai quali sono associate due distribuzioni di probabilità discrete, secondo la tabella seguente.

	$\mathbb{P}\{Y = 0\}$	$\mathbb{P}\{Y = 1\}$	$\mathbb{P}\{Y = 2\}$
$\theta = 0$	8/12	1/12	3/12
$\theta = 1$	4/12	2/12	6/12

Essa è tale per cui il punto $y = 1$ e il punto $y = 2$ hanno associate verosimiglianze equivalenti, come si desume notando che la terza colonna delle probabilità è il triplo della seconda. Pertanto $T(y) = I_{\{0\}}(y)$, cioè la funzione che vale 1 per $y = 0$ e vale 0 per $y \neq 0$, è una statistica sufficiente per θ.

Esempio 2.3.5 Si consideri una classe parametrica il cui generico elemento $f(\cdot\,;\theta)$ è una funzione di densità relativa ad un campione casuale semplice da una v.c. con funzione di densità $g(\cdot\,;\theta)$ non ulteriormente specificata. Allora la verosimiglianza per un campione $y = (y_1, \dots, y_n)^\top$ può essere scritta come

$$L(\theta) = c \prod_{i=1}^{n} g(y_i; \theta) = c \prod_{i=1}^{n} g(y_{(i)}; \theta)$$

dove l'ultima scrittura moltiplica i termini del prodotto dopo averli permutati in accordo alla statistica ordinata. Pertanto due campioni aventi la stessa statistica ordinata (e quindi che differiscono per una permutazione degli elementi) hanno la stessa verosimiglianza. Ne segue che, nel caso di un campione casuale semplice da *qualunque* funzione di densità $g(\cdot\,;\theta)$, la statistica ordinata è una statistica sufficiente.

Se $T(\cdot)$ è una statistica sufficiente, allora $L(\theta)$ dipende da y solo tramite $T(y)$, ovvero esiste una funzione g tale che

$$L(\theta) \propto g(T(y); \theta).$$

Siccome peraltro $L(\theta) \propto f(y;\theta)$, ne segue che $f(y;\theta)/g(T(y);\theta)$ non dipende da θ, ma dipende solo da y; chiamiamo $h(y)$ tale rapporto. Quindi, se T è una statistica sufficiente, allora necessariamente vale la relazione

$$f(y;\theta) = h(y)\, g(T(y);\theta) \tag{2.4}$$

per delle opportune funzioni g e h. Del resto, se vale la (2.4), chiaramente $L(\theta)$ è funzione di y solo tramite $T(y)$ e quindi $T(y)$ è sufficiente. Allora in definitiva abbiamo ottenuto il risultato seguente.

Teorema 2.3.6 (di fattorizzazione di Neyman) *Con riferimento al modello statistico (2.1), la statistica $T(\cdot)$ è sufficiente per θ se e solo se $f(y;\theta)$ può essere scritta nella forma (2.4).*

Osservazione 2.3.7 Dalla (2.4) segue che la funzione di densità di T in t vale

$$\begin{aligned} f_T(t;\theta) &= \int_{\{y:T(y)=t\}} f(y;\theta)\, d\nu(y) \\ &= g(t;\theta) \int_{\{y:T(y)=t\}} h(y)\, d\nu(y) \\ &= g(t;\theta)\, h^*(t) \end{aligned}$$

e quindi $g(t;\theta)$ è la funzione di densità di T per la parte che dipende da θ. Perciò un altro modo di leggere la definizione di statistica sufficiente è il seguente: se noi conoscessimo solo il valore campionario $t = T(y)$ e costruissimo la verosimiglianza $L_T(\theta;t)$ relativa al modello statistico individuato dalla distribuzione di T, tale verosimiglianza risulterebbe equivalente a $L(\theta)$.

Esempio 2.3.8 Per illustrare l'osservazione precedente, consideriamo un campione casuale semplice $y = (y_1, \ldots, y_n)^\top$ da una v.c. $Bin(1,\theta)$, la cui corrispondente verosimiglianza è

$$L(\theta) = c\prod_{i=1}^{n} \theta^{y_i}(1-\theta)^{1-y_i} = c\,\theta^{T(y)}(1-\theta)^{n-T(y)}$$

con $T(y) = \sum y_i$ statistica sufficiente. D'altra parte la distribuzione di T è $Bin(n,\theta)$ e, se dell'esperimento casuale si registrasse solo il numero di successi invece che l'intera sequenza di valori, ciò darebbe luogo alla classe parametrica di funzione di densità

$$\binom{n}{t}\theta^t(1-\theta)^{n-t}$$

dove t è il valore del numero di successi, e quindi alla stessa verosimiglianza. Per questo motivo nel seguito non sarà necessario distinguere tra i due modi di registrare gli esiti sperimentali.

Teorema 2.3.9 *Con riferimento al modello statistico (2.1), la statistica $T(\cdot)$ è sufficiente per θ se e solo se la distribuzione di Y condizionata al valore assunto da T non dipende da θ.*

Dimostrazione. Supponiamo $T(\cdot)$ sufficiente; allora per il teorema di fattorizzazione di Neyman vale la (2.4). Calcoliamo quindi la funzione di densità di un punto y di $\mathcal{Y}$, condizionata al fatto che $T = t$. Se $T(y) \neq t$ allora tale funzione di densità vale 0; altrimenti, se $T(y) = t$, utilizzando l'espressione ottenuta nella Osservazione 2.3.7 per la funzione di densità di T abbiamo

$$\begin{aligned} f(y|T=t) &= \frac{f(y;\theta)}{f_T(t;\theta)} \\ &= \frac{h(y)\,g(T(y);\theta)}{h^*(t)\,g(t;\theta)} \\ &= h(y)/h^*(t) \end{aligned}$$

che non dipende da θ.

Supponiamo ora che $f(y|T = t)$ non dipenda da θ e chiamiamo $h_*(y, t)$ tale funzione. Allora

$$\begin{aligned} f(y;\theta) &= f(y|T = t) f_T(t;\theta) \\ &= h_*(y, t)\, h^*(t)\, g(t;\theta) \end{aligned}$$

che è una fattorizzazione del tipo (2.4) e quindi $t = T(y)$ è sufficiente. *QED*

Osservazione 2.3.10 Un'implicazione del risultato precedente è che si può guardare l'esito y dell'esperimento casuale come ottenuto in due fasi: una prima fase genera il valore t ovvero sceglie l'insieme $A_t = \{y : T(y) = t\}$ secondo una legge di probabilità $g(t;\theta)$ che *dipende* da θ, mentre la seconda fase sceglie un elemento $y \in A_t$ secondo una legge h_* che *non dipende* da θ.

Osservazione 2.3.11 Per una statistica sufficiente $T(y)$ si consideri la partizione indotta e si indichi con A_t il suo generico elemento. Allora, per due elementi $y,\ z \in \mathcal{Y}$ abbiamo che

$$y, z \in A_t \quad \Longrightarrow \quad L(\theta; y) \propto L(\theta; z)$$

cioè elementi appartenenti allo stesso insieme della partizione hanno associata la stessa verosimiglianza. Si vede allora dalla definizione di statistica sufficiente che ciò che è rilevante non è tanto il suo *valore* numerico $t = T(y)$, quanto l'elemento A_t che la statistica individua; infatti, una volta noto A_t, siamo in grado di specificare la verosimiglianza associata a y nell'insieme delle possibili verosimiglianze associate all'intero spazio campionario, cioè $\{L(\theta; y) : y \in \mathcal{Y}\}$. Questa considerazione implica che se noi consideriamo una funzione *biunivoca* $U(\cdot)$ di $T(y)$, allora $U(T(y))$ individua la medesima partizione dello spazio campionario e quindi $U(T(y))$ è ancora una statistica sufficiente.

Esempio 2.3.12 Nell'Esempio 2.2.2 abbiamo ottenuto che

$$(t_1, t_2) = \left(\sum_i y_i, \sum_i y_i^2\right)$$

è una statistica sufficiente per il modello statistico considerato. Peraltro la coppia formata da media e varianza campionaria

$$(\bar{y}, s_*^2) = \left(\frac{t_1}{n}, \frac{t_2 - t_1^2/n}{n}\right) = \left(\frac{\sum y_i}{n}, \frac{\sum (y_i - \bar{y})^2}{n}\right)$$

è una funzione di (t_1, t_2) ed è invertibile; infatti

$$t_1 = n\bar{y}, \quad t_2 = ns_*^2 + n\bar{y}^2$$

e quindi anche $(\bar{y}, s_*^2)$ è una statistica sufficiente.

Esempio 2.3.13 Si consideri un campione casuale semplice $y = (y_1, \ldots, y_n)^\top$ da una v.c. $U(\theta, 2\theta)$ con $\theta > 0$. Mediante argomentazioni analoghe a quelle dell'Esempio 2.2.3, scriviamo la funzione di densità relativa ad una singola osservazione come

$$\frac{1}{\theta} I_{(\theta,2\theta)}(t) \qquad \text{per } t \in \mathbb{R}$$

e la verosimiglianza risulta

$$\begin{aligned} L(\theta) &= c \prod_{i=1}^{n} \frac{1}{\theta} I_{(\theta,2\theta)}(y_i) \\ &= \frac{c}{\theta^n} \prod_{i=1}^{n} I_{(1,2)}(y_i/\theta) \\ &= \frac{c}{\theta^n} \prod_{i=1}^{n} I_{(\frac{1}{2},1)}(\theta/y_i) \\ &= \frac{c}{\theta^n} I_{(y_{(n)}/2, y_{(1)})}(\theta) \end{aligned}$$

dove per ottenere l'ultima uguaglianza si è tenuto conto che

$$\begin{aligned} \frac{1}{2} < \frac{\theta}{y_i} \ \text{per ogni } i &\iff \frac{1}{2}\max(y_1, \ldots, y_n) < \theta, \\ \frac{\theta}{y_i} < 1 \ \text{per ogni } i &\iff \theta < \min(y_1, \ldots, y_n). \end{aligned}$$

Pertanto la coppia $(y_{(1)}, y_{(n)})$ è una statistica sufficiente per θ.

Esempio 2.3.14 Consideriamo ora un caso in cui il campione $(y_1, \ldots, y_n)$ *non è* casuale semplice nel senso che le varie componenti non sono osservazioni di v.c. identicamente distribuite, anche se manteniamo l'ipotesi di indipendenza. Il fatto che le distribuzioni di probabilità associate alle varie osservazioni non siano uguali significa che le sottostanti popolazioni statistiche sono diverse da osservazione a osservazione. Si può pensare ad un tale tipo di campione come ad un campione *a due stadi*: nel primo stadio si selezionano le popolazioni (secondo uno schema di tipo casuale o meno), nel secondo si traggono gli elementi campionari all'interno delle popolazioni selezionate.

In particolare supponiamo che la componente y_i sia determinazione di una v.c. di Poisson di valor medio θx_i $(i = 1, \dots, n)$ dove $(x_1, \dots, x_n)$ sono delle costanti positive note. Allora la corrispondente log-verosimiglianza vale

$$\begin{aligned} \ell(\theta) &= c + \log \prod_{i=1}^{n} \frac{e^{-x_i\theta}(x_i\theta)^{y_i}}{y_i!} \\ &= c - \theta \sum x_i + \sum y_i \log \theta \end{aligned}$$

e quindi $T = \sum y_i$ costituisce una statistica sufficiente per θ.

Osservazione 2.3.15 Il percorso logico seguito in questo testo è diverso da quello più comunemente adottato, anche se equivalente a quello. Usualmente il teorema 2.3.9 costituisce la definizione di statistica sufficiente e la definizione data qui viene dedotta come conseguenza. La scelta adottata ha lo scopo di privilegiare il ruolo della verosimiglianza.

2.3.3 Statistiche Sufficienti Minimali

Siccome il nostro obiettivo è quello di ottenere il massimo di sintesi dei dati, allora il nostro interesse è rivolto a quella statistica sufficiente che corrisponde al massimo "grado di aggregazione".

Definizione 2.3.16 *Con riferimento al modello statistico (2.1), una statistica $T(y)$ è detta* sufficiente minimale per θ *se essa è sufficiente per θ e se assume valori distinti solamente in punti dello spazio campionario a cui corrispondono verosimiglianze non equivalenti, cioè se per ogni $y, z \in \mathcal{Y}$*

$$T(y) = T(z) \quad \Longleftrightarrow \quad L(\theta, y) \propto L(\theta, z) \ \text{ per ogni } \theta \in \Theta.$$

Ci si domanderà se una statistica di questo tipo esista. Per convincersi che la risposta è affermativa, si consideri la partizione, detta *partizione di verosimiglianza*, i cui elementi sono gli insiemi formati dai punti dello spazio campionario che conducono a verosimiglianze equivalenti. Una qualunque funzione T che assume valore costante sullo stesso elemento della partizione di verosimiglianza e valori distinti su elementi distinti di tale partizione è *per costruzione* sufficiente minimale.

Da questa osservazione si deduce anche che la statistica sufficiente minimale è essenzialmente unica, ovvero che le statistiche sufficienti minimali sono tutte funzioni l'una dell'altra, in quanto tutte condividono la stessa partizione indotta, che è quella di verosimiglianza; per questo motivo diremo comunemente *la* (invece che *una*) statistica sufficiente minimale. Una seconda conclusione che si può trarre immediatamente è che la statistica sufficiente minimale è *funzione di ogni altra statistica sufficiente.*

Resta ancora da rispondere alla domanda: come si fa operativamente a stabilire se una certa statistica sufficiente T è minimale? Affinché ciò valga deve verificarsi che due punti $y, z \in \mathcal{Y}$ abbiano verosimiglianze equivalenti se e solo se $T(y) = T(z)$. In altre parole

$$L(\theta; y)/L(\theta; z)$$

deve essere una funzione non dipendente da θ se e solo se $T(y) = T(z)$.

Esempio 2.3.17 Riconsideriamo l'Esempio 2.2.2, dove si è visto che $T = (t_1, t_2) = (\sum y_i, \sum y_i^2)$ è una statistica sufficiente, e scegliamo due punti $z, w \in \mathcal{Y}$, con valori rispettivi della statistica sufficiente $(t_1^{(z)}, t_2^{(z)})$ e $(t_1^{(w)}, t_2^{(w)})$. Allora

$$\frac{L(\theta; z)}{L(\theta; w)} = c \exp\left(-\frac{1}{2\sigma^2}[(t_2^{(z)} - t_2^{(w)}) - 2\mu(t_1^{(z)} - t_1^{(w)})]\right)$$

non dipende da θ se e solo se il termine entro [ ] è nullo, cioè se $(t_1^{(z)}, t_2^{(z)}) = (t_1^{(w)}, t_2^{(w)})$. Ciò vuole dire che punti di $\mathcal{Y}$ hanno verosimiglianze equivalenti se e solo se le componenti di T coincidono; quindi T è sufficiente minimale.

Esempio 2.3.18 Consideriamo un campione casuale semplice $y = (y_1, \ldots, y_n)^\top$ da una v.c. di Cauchy, introdotta al § A.2.7, con parametro di scala 1 e parametro di posizione θ. La relativa funzione di verosimiglianza è data da

$$L(\theta) = c \prod_{i=1}^{n} \frac{1}{1 + (y_i - \theta)^2}$$

di cui già sappiamo, in base all'Esempio 2.3.5, che la statistica ordinata costituisce una statistica sufficiente per θ. Consideriamo il rapporto tra la precedente verosimiglianza e la analoga funzione relativa ad un altro punto z

dello spazio campionario, cioè

$$\frac{L(\theta; y)}{L(\theta; z)} = c\,\frac{\prod_i[1 + (z_i - \theta)^2]}{\prod_i[1 + (y_i - \theta)^2]},$$

che è il rapporto tra due polinomi di grado $2n$, e studiamo sotto quali condizioni esso è indipendente da θ. Il rapporto tra due polinomi è in generale indipendente dalla variabile se e solo se i due polinomi sono uno multiplo dell'altro. Siccome nel nostro caso il termine costante di ambedue i polinomi è 1 (tralasciando il termine c), il precedente rapporto è indipendente da θ se e solo se i due polinomi coincidono, cioè hanno gli stessi coefficienti. Ciò richiede che i valori $(z_1, \ldots, z_n)$ e i valori $(y_1, \ldots, y_n)$ coincidano a meno di una permutazione e questo implica che i due campioni hanno la stessa statistica ordinata. Allora la statistica ordinata è sufficiente minimale.

2.4 Famiglie Esponenziali

Nella sezione precedente abbiamo riscontrato che talvolta la minima statistica sufficiente ha dimensione inferiore a quella n del campione, mentre in altri casi ciò non si verifica. Vogliamo ora considerare più in dettaglio una importante categoria di casi in cui ha luogo tale riduzione di dimensionalità.

2.4.1 Introduzione

Definizione 2.4.1 *Diremo che la classe parametrica (2.1) costituisce una* famiglia esponenziale *se i suoi elementi sono del tipo*

$$f(y; \theta) = q(y) \exp\left(\sum_{i=1}^{r} \psi_i(\theta)\, t_i(y) - \tau(\theta)\right) \tag{2.5}$$

dove $t_1(y), \ldots, t_r(y), q(y)$ sono funzioni di y che non dipendono da θ, mentre $\psi_1(\theta), \ldots, \psi_r(\theta), \tau(\theta)$ sono funzioni di θ che non dipendono da y.

Siccome il termine $\exp(\cdot)$ della (2.5) è sempre positivo, $f(y; \theta)$ sarà nulla solo dove lo è $q(y)$; ciò implica che tutti gli elementi di una stessa famiglia esponenziale hanno lo stesso supporto. Sono pertanto escluse le classi parametriche degli Esempi 2.1.3, 2.2.3 e 2.3.13.

Esempio 2.4.2 Taluni degli esempi visti in precedenza sono rappresentabili nella forma di famiglia esponenziale, specificando opportunamente le componenti della (2.5):

(a) se y è una determinazione da una v.c. $Bin(n, \theta)$ come nell'Esempio 2.1.1, si ha $r = 1$ e

$$t(y) = y, \qquad q(y) = \binom{n}{y},$$
$$\psi(\theta) = \log\left(\frac{\theta}{1-\theta}\right), \quad \tau(\theta) = -n\log(1-\theta);$$

(b) per il caso considerato nell'Esempio 2.2.2, si ha $r = 2$ e

$$t_1(y) = \sum y_i, \quad t_2(y) = \sum y_i^2, \qquad q(y) = (2\pi)^{-n/2},$$
$$\psi_1(\theta) = \frac{\mu}{\sigma^2}, \quad \psi_2(\theta) = -\frac{1}{2\sigma^2}, \quad \tau(\theta) = \frac{n\mu^2}{2\sigma^2} + \frac{n}{2}\log\sigma^2;$$

(c) per le distribuzioni di Poisson dell'Esempio 2.3.14, $r = 1$ e

$$t(y) = \sum y_i, \quad q(y) = \frac{\prod x_i^{y_i}}{\prod y_i!},$$
$$\psi(\theta) = \log\theta, \quad \tau(\theta) = \theta\sum x_i.$$

A prima vista la necessità di dover rappresentare una classe parametrica nella forma (2.5) è solo un fastidio, ma vedremo che vi sono anche sostanziali vantaggi, nel senso che saremo in grado di trarre immediatamente conclusioni su un certa classe parametrica senza doverle ricavare esplicitamente di volta in volta.

Per evitare inutili complicazioni, supponiamo senza perdita di generalità che le funzioni $\{1, \psi_1(\theta), \ldots, \psi_r(\theta)\}$ siano linearmente indipendenti in Θ, cioè che non vi sia nessuna combinazione lineare di queste che si annulla identicamente per $\theta \in \Theta$; ciò implica che nessuna di queste è esprimibile come funzione lineare delle altre. Se così non fosse, ad esempio se

$$\psi_r(\theta) = a_0 + a_1\psi_1(\theta) + \cdots + a_{r-1}\psi_{r-1}(\theta)$$

con $a_0, a_1, \ldots, a_{r-1}$ costanti, allora potremmo sostituire il termine dipendente con una combinazione lineare degli altri, diminuendo il valore di r. Quando nessuna ulteriore diminuzione di dimensione è possibile, diremo che la famiglia esponenziale è scritta in forma ridotta e chiameremo r *ordine* della famiglia.

Teorema 2.4.3 *Se la famiglia esponenziale (2.5) è in forma ridotta, la statistica* $(t_1(y), \ldots, t_r(y))$ *è sufficiente minimale per* θ.

Dimostrazione. La sufficienza di $T = (t_1, \ldots, t_r)$ è immediata in quanto la (2.5) è del tipo (2.4). Per dimostrare la minimalità, si considerino due campioni $w, z \in \mathcal{Y}$ con valori rispettivi di T pari a $(t_1^{(w)}, \ldots, t_r^{(w)})$ e $(t_1^{(z)}, \ldots, t_r^{(z)})$. Allora la differenza tra le log-verosimiglianze è

$$\ell(\theta; z) - \ell(\theta; w) =$$
$$= [t_0^{(z)} - t_0^{(w)}] + \psi_1(\theta)\,[t_1^{(z)} - t_1^{(w)}] + \cdots + \psi_r(\theta)\,[t_r^{(z)} - t_r^{(w)}]$$

dove $t_0 = \log(cq(\cdot))$. Il membro di destra di questa relazione è identicamente nullo solo quando sono nulli tutti i termini $[t_j^{(z)} - t_j^{(w)}]$ per $j = 0, 1, \ldots, r$, in base all'indipendenza lineare delle funzioni $\{1, \psi_1(\theta), \ldots, \psi_r(\theta)\}$. Allora $L(\theta; z) \propto L(\theta; w)$ implica che $[t_j^{(z)} - t_j^{(w)}] = 0$ per $j = 1, \ldots, r$ e questo significa che $(t_1, \ldots, t_r)$ è sufficiente minimale. *QED*

Questo teorema consente di stabilire la sufficienza minimale di una statistica non appena la classe parametrica è scrivibile nella forma (2.5), senza dover ricorrere all'applicazione diretta della Definizione 2.3.16, operazione che è piuttosto laboriosa, come si è visto dagli Esempi 2.3.17 e 2.3.18.

Esempio 2.4.4 Consideriamo nuovamente il caso in cui $Y = (Y_1, \ldots, Y_n)^\top$ è costituito da v.c. binomiali elementari indipendenti $Bin(1, \omega_i)$ per $i = 1, \ldots, n$, ma non più identicamente distribuite in quanto le probabilità ω_i variano da componente a componente. In particolare assumiamo che

$$\omega_i = \mathbb{P}\{Y_i = 1\} = \frac{\exp(\alpha + \beta x_i)}{1 + \exp(\alpha + \beta x_i)} \qquad (i = 1, \ldots, n)$$

dove $(x_1, \ldots, x_n)$ sono delle costanti specificate e α, β sono dei parametri ignoti. Questa funzione prende il nome di *logistica*, e il suo andamento in funzione di x è mostrato nella Figura 2.2, per alcune scelte di α e β.

Equivalentemente, invertendo la relazione tra ω e $\alpha + \beta x$, scriviamo anche

$$\text{logit}(\omega_i) = \alpha + \beta x_i$$

dove la funzione *logit* è definita come

$$\text{logit}(x) = \log \frac{x}{1 - x} \qquad (0 < x < 1).$$

Fig. 2.2: La funzione logistica per alcune scelte dei parametri

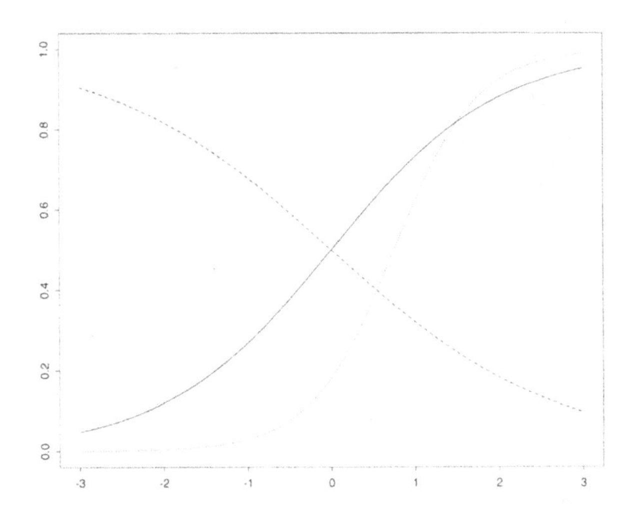

Allora la funzione di verosimiglianza relativa al vettore di valori osservati $y = (y_1, \ldots, y_n)^\top$ è

$$\begin{aligned} L(\alpha, \beta) &= c \prod_{i=1}^{n} \left(\frac{\exp(\alpha + \beta x_i)}{1 + \exp(\alpha + \beta x_i)} \right)^{y_i} \left(\frac{1}{1 + \exp(\alpha + \beta x_i)} \right)^{1-y_i} \\ &= c \exp \left(\alpha \sum_i y_i + \beta \sum_i x_i y_i - \sum_i \log\{1 + \exp(\alpha + \beta x_i)\} \right) \end{aligned}$$

che ha la struttura di una famiglia esponenziale di ordine 2. Possiamo allora concludere immediatamente che $(\sum y_i, \sum x_i y_i)$ è la statistica sufficiente minimale per il parametro (α, β).

La formulazione di una relazione del tipo appena descritto tra gli ω_i e i valori $(x_1, \ldots, x_n)$ è detta costituire un modello di *regressione logistica*. Tale modello viene spesso adottato quando di ritiene che la probabilità di successo di un certo evento sia influenzata dal valore assunto da un'altra variabile. Ad esempio la v.c. Y_i potrebbe valere 0 o 1 a seconda che una cavia sopravviva o meno per 24 ore dopo la somministrazione di una certa sostanza tossica, mentre x_i potrebbe rappresentare il dosaggio di sostanza somministrato a quella stessa cavia; obiettivo dello studio è valutare come il dosaggio influenzi la probabilità di sopravvivenza. Per approfondimenti sul modello di regressione logistica si veda ad esempi Cox & Snell (1989).

Un'altra importante proprietà delle famiglie esponenziali è la riproducibilità rispetto alla replicazione dell'esperimento se le repliche avvengono in modo indipendente. Si supponga di disporre di n osservazioni $(y_1, \ldots, y_n)$ ognuna delle quali sia prodotta da un modello del tipo (2.5) e che tali n osservazioni siano condotte in modo indipendente, ossia che le v.c. associate siano stocasticamente indipendenti (e si ricordi che ciascun y_i può essere m-dimensionale!). Allora la verosimiglianza relativa all'intero gruppo di osservazioni vale

$$\begin{aligned} L(\theta) &= c \prod_{j=1}^{n} f(y_j; \theta) \\ &= c \exp\left(\psi_1(\theta) \sum_j t_1(y_j) + \cdots + \psi_r(\theta) \sum_j t_r(y_j) - n\tau(\theta) \right) \end{aligned}$$

che è ancora dello stesso tipo della (2.5), con statistica sufficiente minimale

$$\left(\sum_j t_1(y_j), \ldots, \sum_j t_r(y_j) \right)$$

la quale — si noti — è sempre di dimensione r, indipendentemente dal valore n del numero delle repliche; l'Esempio 2.4.2(b) può essere visto in questo senso. Quindi nel caso di variabili casuali indipendenti e identicamente distribuite la denominazione di famiglia esponenziale può essere riferita indifferentemente anche alla singola componente giacché n repliche danno luogo ancora ad una verosimiglianza di tipo esponenziale.

Vista la forte connessione esistente tra famiglie esponenziali e statistiche sufficienti ci si può domandare se l'esistenza di una statistica sufficiente non banale (cioè di dimensione minore di y) implichi che la classe parametrica ha struttura esponenziale. Senza ulteriori ipotesi, la risposta è negativa, come evidenziato dagli Esempi 2.2.3 e 2.3.13. Con particolari ipotesi sulla natura della v.c. Y, tra cui che sia a componenti indipendenti e identicamente distribuite e che il supporto non dipenda da θ, è tuttavia possibile mostrare che l'esistenza di una statistica sufficiente di dimensione inferiore a Y implica che la distribuzione di Y è del tipo (2.5).

Enunciamo infine senza dimostrazione due importanti proprietà delle famiglie esponenziali:

- la funzione $\tau(\theta)$ della (2.5) ammette derivate di ogni ordine rispetto a θ, se le $\psi_j(\theta)$ sono derivabili;

- per integrali del tipo

$$\int_{\mathcal{Y}} g(y)\, f(y;\theta)\, \mathrm{d}\nu(y)$$

con f dato dalla (2.5), si può scambiare l'operazione di integrazione con quella di derivazione rispetto a θ per ogni ordine per cui ha senso l'integrazione.

2.4.2 Famiglie Esponenziali Regolari

La teoria matematica connessa alle famiglie esponenziali è molto ricca e anche complessa; non è perciò possibile trattarla qui in modo esauriente. Ci limiteremo quindi a qualche accenno in una forma particolarmente semplificata e adattata alla natura didattica di questo testo. Diremo che una famiglia esponenziale del tipo (2.5) è *regolare* se

- lo spazio parametrico Θ coincide con l'intero insieme per cui (2.5) è integrabile cioè l'insieme

$$\left\{\theta : \int_{\mathcal{Y}} q(y) \exp\left(\sum \psi_i(\theta) t_i(y)\right) \mathrm{d}\nu(y) < \infty\right\}$$

ed esso è un intervallo aperto di $\mathbb{R}^k$,

- la dimensione di Θ e della minima statistica sufficiente coincidono, cioè $r = k$,

- la funzione da θ in $\psi = (\psi_1(\theta), \ldots, \psi_r(\theta))$ è invertibile;

- le funzioni $\psi_1(\theta), \ldots, \psi_r(\theta)$ ammettono derivate di ogni ordine rispetto alle componenti di θ.

Gli esempi visti finora di famiglie esponenziali sono di tipo regolare, se Θ include tutti i valori ammissibili di θ.

Esempio 2.4.5 Consideriamo ora un caso in cui il campione osservato y non è casuale semplice in quanto le componenti non sono determinazioni di v.c. indipendenti, anche se sono identicamente distribuite.

Siano $Y_1, \dots, Y_T$ v.c. soddisfacenti alle equazioni ricorsive

$$Y_t = \rho Y_{t-1} + \varepsilon_t \qquad (t = 2, \dots, T; |\rho| < 1)$$

dove $Y_1 \sim N(0, \sigma^2/(1-\rho^2))$ e $\varepsilon_2, \dots, \varepsilon_T$ sono v.c. $N(0, \sigma^2)$ indipendenti tra loro e da Y_1. Si può allora verificare con un po' di algebra che

$$Y = (Y_1, \dots, Y_T)^\top \sim N_T\left(0, \frac{\sigma^2}{1-\rho^2}\Omega\right).$$

dove

$$\Omega = \begin{pmatrix} 1 & \rho & \rho^2 & \dots & \rho^{T-1} \\ \rho & 1 & \rho & \dots & \rho^{T-2} \\ \rho^2 & \rho & 1 & \dots & \rho^{T-3} \\ \vdots & \vdots & \vdots & \ddots & \vdots \\ \rho^{T-1} & \rho^{T-2} & \rho^{T-3} & \dots & 1 \end{pmatrix}$$

è la matrice di correlazione. Si dice che Y costituisce un processo normale autoregressivo del primo ordine. È possibile anche introdurre processi autoregressivi di ordine due, tre, etc. rispettivamente del tipo

$$\begin{aligned} y_t &= \alpha_1 y_{t-1} + \alpha_2 y_{t-2} + \varepsilon_t, \\ y_t &= \alpha_1 y_{t-1} + \alpha_2 y_{t-2} + \alpha_3 y_{t-3} + \varepsilon_t. \\ &\vdots \end{aligned}$$

i quali costituiscono una categoria fondamentale di modelli nell'analisi statistica delle serie storiche. Per una trattazione sistematica delle serie storiche si veda Priestley (1981).

Supponiamo ora di disporre di una determinazione $y = (y_1, \dots, y_T)^\top$ di tale processo autoregressivo del primo ordine. La log-verosimiglianza è data da

$$\ell(\rho, \sigma^2) = c - \tfrac{1}{2}\log|\Omega| - \tfrac{1}{2}T\log\left(\frac{\sigma^2}{1-\rho^2}\right) - \frac{1-\rho^2}{2\sigma^2}y'\Omega^{-1}y$$

che però richiede l'inversione di Ω per diventare utilizzabile. Nel caso specifico si può evitare di invertire esplicitamente Ω. Notiamo infatti che, per la definizione data, $Y_1 \sim N(0, \sigma^2/(1-\rho^2))$ e, condizionatamente a $Y_1, \dots, Y_{t-1}$, si ha $Y_t \sim N(\rho Y_{t-1}, \sigma^2)$. Quindi, usando le note regole per il calcolo della densità congiunta, abbiamo che la densità di Y in y è

$$\frac{1}{\sqrt{2\pi\sigma^2/(1-\rho^2)}}\exp\left(-\frac{1-\rho^2}{2\sigma^2}y_1^2\right)\prod_{t=2}^{T}\frac{1}{\sqrt{2\pi}\sigma}\exp\left(-\frac{(y_t-\rho y_{t-1})^2}{2\sigma^2}\right)$$

e quindi la log-verosimiglianza, moltiplicata per 2, è

$$2\ell(\rho,\sigma^2) = c + \log(1-\rho^2) - T\log\sigma^2 - \sigma^{-2}(d_{00} - 2\rho d_{01} + \rho^2 d_{11})$$

dove

$$d_{rs} = \sum_{t=s+1}^{T-r} y_t y_{t+r-s} \quad (r,s=0,1).$$

Si noti che si tratta di una distribuzione della famiglia esponenziale con statistica sufficiente (d_{00}, d_{01}, d_{11}) di dimensione tre e parametro (ρ,σ^2) di dimensione due; quindi si tratta di una famiglia esponenziale non regolare.

Deduciamo ora alcune interessanti proprietà per famiglie esponenziali regolari di ordine 1, per le quali $k = r = 1$, e quindi con densità del tipo

$$f(y;\theta) = q(y)\exp\{\psi(\theta)\,t(y) - \tau(\theta)\}. \tag{2.6}$$

Scambiando l'operazione di integrazione e di derivazione otteniamo

$$0 = \frac{\mathrm{d}}{\mathrm{d}\theta}\int_{\mathcal{Y}} f(y;\theta)\,\mathrm{d}\nu(y) = \int_{\mathcal{Y}} \frac{\partial}{\partial\theta} f(y;\theta)\,\mathrm{d}\nu(y)$$

e quindi, sostituendo l'espressione (2.6), otteniamo

$$\int_{\mathcal{Y}} f(y;\theta)\{t(y)\,\psi'(\theta) - \tau'(\theta)\}\,\mathrm{d}\nu(y) = \mathbb{E}\{t(Y)\,\psi'(\theta) - \tau'(\theta)\} = 0;$$

allora in definitiva abbiamo

$$\mathbb{E}\{t(Y)\} = \frac{\tau'(\theta)}{\psi'(\theta)} \tag{2.7}$$

e il denominatore non si annulla per l'invertibilità di $\psi(\theta)$. Abbiamo così ottenuto una semplice espressione per il valor medio della statistica sufficiente che ci evita una esplicita integrazione.

Si può ripetere lo stesso tipo di calcolo con la derivata seconda dell'integrale della (2.6), ottenendo

$$\int_{\mathcal{Y}} [\{t(y)\,\psi'(\theta) - \tau'(\theta)\}^2 + \{t(y)\,\psi''(\theta) - \tau''(\theta)\}]\, f(y;\theta)\,\mathrm{d}\nu(y) = 0.$$

L'integrale del primo addendo è il momento secondo della v.c. $\{t(Y)\,\psi'(\theta) - \tau'(\theta)\}$; tale v.c. ha valor medio nullo, in base alle relazioni ottenute poco fa e quindi il momento secondo coincide con la varianza. Possiamo quindi scrivere

$$\begin{aligned} \mathrm{var}\{t(Y)\,\psi'(\theta) - \tau'(\theta)\} &= -\,\mathrm{E}\{t(Y)\,\psi''(\theta) - \tau''(\theta)\} \\ &= -\frac{\tau'(\theta)}{\psi'(\theta)}\psi''(\theta) + \tau''(\theta) \\ &= \frac{\psi'(\theta)\,\tau''(\theta) - \psi''(\theta)\,\tau'(\theta)}{\psi'(\theta)} \end{aligned}$$

e in definitiva otteniamo

$$\mathrm{var}\{t(Y)\} = \frac{\psi'(\theta)\,\tau''(\theta) - \psi''(\theta)\,\tau'(\theta)}{\psi'(\theta)^3}. \tag{2.8}$$

Procedendo allo stesso modo con derivate di ordine superiore dell'integrale della (2.6) si possono ottenere espressioni dei momenti superiori della v.c. $t(Y)$. Si vede peraltro come la (2.7) e la (2.8), e ancor più le espressioni dei momenti superiori, si semplificano notevolmente se $\psi(\theta) = \theta$. Ciò è sempre possibile parametrizzando opportunamente la (2.6); si parla in tale caso di *parametrizzazione naturale* della famiglia esponenziale. Ad esempio, se Y è un'osservazione da una v.c. $Bin(n, \theta)$, il parametro naturale è la funzione *logit*, $\log\{\theta/(1-\theta)\}$.

Relazioni del tipo (2.7) e (2.8) sono estendibili a famiglie esponenziali di ordine superiore, ma di ciò non daremo dimostrazione. Anche il concetto di parametrizzazione naturale si estende a famiglie di ordine superiore: si tratta delle r funzioni $\psi_i(\theta)$.

Per ulteriori elementi sulle famiglie esponenziali si vda Pace & Salvan (1996, cap. 5); un testo specifico sulle famiglie esponenziali è quello di Brown (1986).

Esercizi

2.1 Verificare l'affermazione del testo che la funzione di verosimiglianza costituisce una classe di equivalenza di funzioni.

2.2 Per un campione casuale semplice di due elementi da un v.c. $U(0, \theta)$, qual è lo spazio campionario? quali sono gli elementi A_t della partizione di verosimiglianza?

2.3 Si consideri un campione casuale semplice di n elementi da una v.c. con funzione di densità in t

$$g(t;\theta) = \begin{cases} e^{-(t-\theta)} & \text{per } t > 0, \\ 0 & \text{altrimenti,} \end{cases}$$

per $\theta \in \mathbb{R}$.

(a) Qual è lo spazio campionario?

(b) Scrivere la corrispondente funzione di verosimiglianza.

2.4 Per la classe parametrica (2.1) sia θ_0 un elemento fissato di Θ. Provare che, se vale la relazione

$$\frac{f(y;\theta)}{f(y;\theta_0)} = g\{u(y), \theta\}$$

per una qualche funzione g e una qualche funzione u, dove $u(y)$ non dipende da θ, allora $u(y)$ è una statistica sufficiente per θ.

2.5 Sia p_k la probabilità di avere esattamente k figlie femmine in una famiglia con 3 bambini (per $k = 0, \ldots, 3$) e sia θ la probabilità di nascere femmina, assumendo che vi sia indipendenza di eventi tra nascite successive. In un campione di n famiglie di 3 figli ciascuna, indichiamo che y_k il numero di famiglie con k figlie femmine ($y_0 + \cdots + y_3 = n$).

(a) Scrivere la corrispondente funzione di verosimiglianza.

(b) Si tratta di una famiglia esponenziale?

(c) Qual è la statistica sufficiente minimale?

2.6 Si consideri una v.c.discreta con funzione di probabilità

$$f(t;\theta) = \frac{\theta^t}{c_\theta\, t} \quad \text{per } t = 1, 2, \ldots$$

con c_θ costante di normalizzazione opportuna.

(a) Determinare c_θ.

(b) Spiegare perché la distribuzione si chiama *della serie logaritmica*.

(c) Scrivere tale distribuzione in forma esponenziale.

2.7 È data una determinazione y da una v.c. $N(\theta, \theta)$ con $\theta > 0$. Mostrare che y stessa è sufficiente per θ, ma che y^2 è minimale. *[Quindi non è detto che una statistica sufficiente unidimensionale sia minimale.]*

2.8 È dato un campione casuale semplice $y = (y_1, \ldots, y_n)$ da una v.c. $N(\theta, \theta^2)$ con $\theta > 0$. Si scriva la corrispondente verosimiglianza in forma esponenziale e se ne determini l'ordine. Si tratta di una famiglia esponenziale regolare?

2.9 Per il modello statistico dell'Esempio 2.3.14 si ottengano valor medio e varianza della statistica sufficiente. Qual è il parametro naturale?

2.10 In talune applicazioni la variabile di interesse rappresenta un angolo, ad esempio si potrebbe trattare della direzione del vento registrata in una fissata località in varie giornate. Si parla allora di dati di direzione. In questi casi è necessario utilizzare distribuzioni di probabilità che abbiano come supporto $(0, 2\pi)$ e in aggiunta siano tali che i punti 0 e 2π siano in effetti coincidenti, ovvero si tratti di funzioni periodiche di periodo 2π. Una delle distribuzioni più utilizzate in questo ambito è quella di von Mises la quale ha funzione di densità

$$f(t; \kappa, \alpha) = \frac{1}{2\pi I_0(\kappa)} \exp\{\kappa \cos(t - \alpha)\} \qquad (0 \leq t < 2\pi)$$

dove $0 \leq \alpha < 2\pi$, $\kappa \geq 0$, e

$$I_0(\kappa) = \sum_{j=0}^{\infty} \frac{(\frac{1}{2}\kappa)^{2j}}{(j!)^2}$$

è la funzione di Bessel modificata di ordine 0.

(a) Mostrare che α è la moda della distribuzione e che κ è un indice di variabilità.

(b) Rappresentare la funzione di densità in forma esponenziale e stabilirne l'ordine.

2.11 Sia $(y_1, \ldots, y_n)$ un campione casuale semplice della $N_k(\mu, \Omega)$ con $\mu \in \mathbb{R}^k$ e Ω matrice simmetrica definita positiva di ordine k, ma per il resto qualsiasi. Vale a dire che la coppia (μ, Ω) è libera di variare su tutto l'insieme ammissibile. Scrivere la corrispondente verosimiglianza in forma esponenziale, determinarne l'ordine e la minima statistica sufficiente.

Capitolo 3

Stima di Massima Verosimiglianza

3.1 Introduzione

3.1.1 Stime e Stimatori

Il nostro primo obiettivo è scegliere un valore di θ che meglio di altri rende conto dei dati osservati y, cioè che meglio di altri spiega perché sono stati osservati i valori y piuttosto che altri. Un tale valore di θ si chiamerà *stima* di θ; talvolta si utilizza il termine "stima puntuale", che è una povera (ma purtroppo ormai consolidata) traduzione del termine inglese *point estimate*.

Un procedimento di stima fa corrispondere ad ogni elemento $y \in \mathcal{Y}$ un valore in Θ; si tratta quindi di una funzione da $\mathcal{Y}$ in $\Theta \subseteq \mathbb{R}^k$, cioè di una statistica[1] che nella fattispecie prende il nome di *stimatore*.

Esistono diversi metodi generali per la costruzione di stimatori, ma in questo testo ci occuperemo solo dei più rilevanti. Uno dei più vecchi criteri per la costruzione di stimatori è il *metodo dei momenti* ampiamente usato da Karl Pearson e dalla sua scuola all'inizio del XX secolo. Si consideri il caso di una v.c. scalare Y appartenente ad una classe parametrica k-dimensionale tale per cui esistano k funzioni che mettono in relazione

[1]Assumiamo implicitamente la misurabilità della funzione, ma questa è usualmente garantita dal fatto che uno stimatore è una funzione continua delle osservazioni campionarie.

il parametro $\theta = (\theta_1, \ldots, \theta_k)$ con i primi k momenti di Y, e precisamente valgano le relazioni

$$\begin{aligned} g_1(\theta_1, \ldots, \theta_k) &= \mu'_1 \\ g_2(\theta_1, \ldots, \theta_k) &= \mu'_2 \\ &\vdots \\ g_k(\theta_1, \ldots, \theta_k) &= \mu'_k \end{aligned}$$

dove

$$\mu'_r = \mathbb{E}\{Y^r\} \qquad (r = 1, \ldots, k)$$

sono i primi k momenti dall'origine di Y. Nel caso che si disponga di un campione casuale semplice da Y, il metodo dei momenti procede sostituendo μ'_r con il momento campionario m_r (per $r = 1, \ldots, k$) e risolvendo le equazioni rispetto a $\theta_1, \ldots, \theta_k$; le soluzioni così ottenute costituiscono le stime.

Il metodo dei momenti ha il pregio della semplicità sia per quanto riguarda la concezione sia per l'attuazione pratica (le equazioni in questione sono spesso equazioni algebriche di soluzione accessibile). Vi sono però anche importanti svantaggi: è di applicabilità limitata ai casi in cui le componenti del campione hanno la stessa distribuzione, altrimenti la relazione tra μ'_r e m_r svanisce; inoltre esso è in generale meno efficiente, rispetto ai criteri che vedremo in seguito, del metodo della massima verosimiglianza; infine, se k è elevato, diventa instabile in quanto una piccola variazione in uno o pochi dati campionari viene molto amplificata dall'elevamento a potenza k-ma, alterando sensibilmente le stime. Per questi motivi non approfondiremo questo metodo, dirigendo la nostra attenzione verso altri criterî.

3.1.2 Stime di Massima Verosimiglianza

Definizione 3.1.1 *Per una funzione di verosimiglianza $L(\theta)$ con $\theta \in \Theta$, chiameremo* stima di massima verosimiglianza *di θ un valore $\hat{\theta} \in \Theta$ che rende massima la funzione $L(\theta)$ sullo spazio Θ, cioè tale per cui*

$$L(\hat{\theta}) = \sup_{\theta \in \Theta} L(\theta). \tag{3.1}$$

Spesso useremo l'abbreviazione SMV per stima o stimatore di massima verosimiglianza. Il concetto di SMV è stato introdotto da Sir Ronald A. Fisher (1922, 1925), anche se sporadici esempi del suo uso si fanno risalire a Daniel Bernoulli nel 1777. Una nota sulle origini della SMV è fornita da Edwards (1974). La motivazione intuitiva della SMV è che "(a parità di altri fattori) scegliamo il sistema [valore del parametro] che dà la massima probabilità ai fatti che abbiamo osservato" (Ramsey, 1931, p. 209).

Vi sono parecchi elementi da mettere in luce nella definizione precedente.

(a) Non è strettamente necessario che Θ sia un insieme numerico, cioè che si sia in presenza di un modello parametrico, ma noi ci limiteremo a considerare appunto questo caso.

(b) Non è detto che la SMV esista.

(c) Se vi sono diversi valori di θ che rendono massima $L(\theta)$, allora la SMV non è unica.

(d) La funzione di verosimiglianza va massimizzata sullo spazio Θ specificato e non per l'intero spazio dei valori di θ che danno un senso matematico a $L(\theta)$.

(e) Spesso $\hat{\theta}$ non è esprimibile esplicitamente come funzione dei dati campionari. Ciò significa che, anche se al variare di y in $\mathcal{Y}$ la SMV definisce implicitamente una funzione da $\mathcal{Y}$ in Θ, tale funzione (cioè lo stimatore) non è rappresentabile esplicitamente.

(f) Nel caso accennato sopra che lo stimatore non consenta una rappresentazione esplicita, è necessario ottenere la SMV per via numerica, per il valore osservato di y. Quando si procede alle specifiche applicazioni questi aspetti assumono rilevanza dando luogo a interessanti problemi di calcolo numerico (o di *Statistica computazionale*). In questo testo problemi di tale natura saranno accennati solo brevemente, per esemplificazione.

(g) Se $T(y)$ è una statistica sufficiente per θ, allora $\hat{\theta}$ è funzione di $T(y)$. Infatti per la (2.4) possiamo scrivere

$$L(\theta) = L(\theta; y) = c(y) g(T(y); \theta)$$

dove il termine $c(y)$ non dipende da θ e quindi possiamo limitarci a massimizzare $g(T(y); \theta)$ che dipende da y solo tramite $T(y)$. Questo fatto implica tre immediati corollari:

- la SMV è funzione della statistica sufficiente minimale;
- se trasformiamo y in $U(y)$ con $U(\cdot)$ biunivoca, allora $U(y)$ è una statistica sufficiente e quindi la SMV dedotta dal nuovo campione $U(y)$ è la stessa di quella ottenuta da y;
- se ciò ci torna utile, possiamo pensare che la riduzione a statistica sufficiente sia già stata effettuata, e cioè che y sia una statistica sufficiente di un qualche altro campione y^*.

Ferme restando le osservazioni (b) e (c) precedenti, è tuttavia vero che, nella grande maggioranza dei casi, la SMV esiste ed è unica, inoltre lo spazio Θ cui si fa riferimento è l'intero spazio ammissibile per θ; in virtù di questa sostanziale "unicità", diremo comunemente *la* stima di massima verosimiglianza. Gli esempi che seguono hanno lo scopo di illustrare le osservazioni precedenti. Per questo motivo l'accento è sugli aspetti patologici della SMV; esempi più "normali" si trovano nel § 3.1.4 e § 3.1.5.

Esempio 3.1.2 La verosimiglianza di un campione casuale semplice di n elementi $(y_1, \ldots, y_n)$ da una v.c. $N(\theta, 1)$ è

$$L(\theta) = \exp\left\{-\frac{1}{2}\sum_{i=1}^{n}(y_i - \theta)^2\right\}$$

Non è rilevante l'aver tolto il termine $c(y)$ che usualmente appare nel membro di destra, giacché questo non altera il problema di massimizzazione; nel seguito faremo ciò senza ulteriore commento.

(a) Supponiamo inizialmente che θ varî su tutto l'asse reale. Siccome $\exp(\cdot)$ è una funzione strettamente crescente, il massimo di $L(\theta)$ si ottiene minimizzando

$$h(\theta) = \sum_{i=1}^{n}(y_i - \theta)^2 = n\,(m_2 - 2\theta m_1 + \theta^2)$$

Fig. 3.1: Somma di scarti quadratici

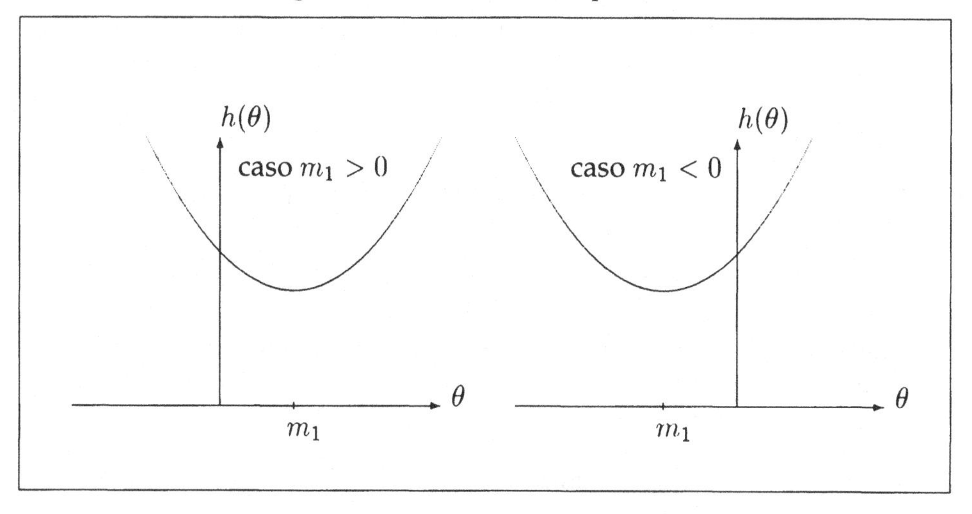

dove m_1, m_2 sono i primi due momenti campionari; è immediato verificare che questa quantità è minima per θ pari a

$$\hat{\theta} = m_1 = \frac{\sum_{i=1}^{n} y_i}{n},$$

che è appunto la SMV ed è unica.

(b) Supponiamo ora invece che $\theta \in [0, \infty)$. Allora la soluzione si modifica; infatti dobbiamo minimizzare $h(\theta)$ sull'insieme dei reali non negativi. Il minimo globale della parabola si ha appunto in corrispondenza di m_1. Tuttavia, se $m_1 < 0$, m_1 non è un valore ammissibile e il minimo di $h(\theta)$ su $[0, \infty)$ si ha nell'origine, come illustrato dalla Figura 3.1. In definitiva abbiamo

$$\hat{\theta} = \begin{cases} m_1 & \text{se } m_1 \geq 0, \\ 0 & \text{se } m_1 < 0. \end{cases}$$

(c) Consideriamo ora il caso in cui $\theta \in (0, \infty)$. Vale il ragionamento precedente, con l'eccezione che 0 non è un valore ammissibile per θ. D'altro canto, se $m_1 < 0$, per ogni valore prefissato positivo θ' di θ, si può trovare un altro valore positivo θ'' di θ tale che $0 < \theta'' < \theta'$ con $L(\theta'') > L(\theta')$. Quindi in definitiva

$$\hat{\theta} = \begin{cases} m_1 & \text{se } m_1 > 0, \\ \text{non esiste} & \text{se } m_1 \leq 0. \end{cases}$$

Tuttavia, in una situazione di questo genere, siccome $\theta = 0$ è un valore per il quale la verosimiglianza ha senso matematico, si usa porre $\hat{\theta} = 0$;

nel seguito faremo ciò senza ulteriore commento. La situazione però cambierebbe qualora la verosimiglianza crescesse avvicinandosi ad un valore per il quale la verosimiglianza stessa non esiste (ad esempio $\theta = \infty$); in questo caso la SMV non esisterebe in modo irreparabile.

Esempio 3.1.3 Sia $(y_1, \ldots, y_n)$ un campione casuale semplice da una v.c. con distribuzione di Laplace cioè con funzione di densità in t

$$\tfrac{1}{2}\exp\{-|t-\theta|\} \qquad (-\infty < t < \infty)$$

dove θ è un parametro che varia sull'intero asse reale. La funzione di verosimiglianza è

$$L(\theta) = \exp\left(-\sum_{i=1}^{n}|y_i - \theta|\right) = \exp\left(-\sum_{i=1}^{n}|y_{(i)} - \theta|\right)$$

avendo indicato con $y_{(i)}$ la i-ma statistica ordinata ($i = 1, \ldots, n$). Il massimo di $L(\theta)$ si ha in corrispondenza del valore che rende minima

$$h(\theta) = \sum_{i=1}^{n}|y_{(i)} - \theta|.$$

Notiamo innanzitutto che $h(\theta)$ è una funzione convessa perché somma di n funzioni convesse. Studiamo $h(\theta)$ distinguendo il caso di n pari e quello di n dispari.

(a) Caso di n dispari, diciamo $n = 2k - 1$, con k naturale. Allora si ha che

$$h(y_{(k)}) = \sum_{j=1}^{k-1}(y_{(k)} - y_{(j)}) + \sum_{j=k+1}^{2k-1}(y_{(j)} - y_{(k)}).$$

Scegliamo ora un valore positivo ε tale che $y_{(k)} + \varepsilon < y_{(k+1)}$. Allora

$$\begin{aligned} h(y_{(k)} + \varepsilon) &= \sum_{j=1}^{k}(y_{(k)} + \varepsilon - y_{(j)}) + \sum_{j=k+1}^{2k-1}(y_{(j)} - y_{(k)} - \varepsilon) \\ &= h(y_{(k)}) + 2\varepsilon. \end{aligned}$$

Quindi la funzione $h(\theta)$ cresce a destra di $y_{(k)}$. In modo analogo si mostra che $h(\theta)$ cresce a sinistra di $y_{(k)}$ e quindi concludiamo che $y_{(k)}$ è il punto di minimo assoluto, tenendo presente la convessità di $h(\theta)$.

(b) Caso di n pari, diciamo $n = 2k$, con k naturale. Scegliamo due valori θ' e $\theta'' = \theta' + \varepsilon$ ambedue nell'intervallo $(y_{(k)}, y_{(k+1)})$. Allora

$$\begin{aligned} h(\theta') &= \sum_{j=1}^{k}(\theta' - y_{(j)}) + \sum_{j=k+1}^{2k}(y_{(j)} - \theta'), \\ h(\theta'') &= \sum_{j=1}^{k}(\theta' + \varepsilon - y_{(j)}) + \sum_{j=k+1}^{2k}(y_{(j)} - \theta' - \varepsilon) \\ &= h(\theta') \end{aligned}$$

e quindi $h(\theta)$ è costante in $(y_{(k)}, y_{(k+1)})$. Scegliamo ora ε in modo che $\theta'' = \theta' + \varepsilon \in (y_{(k+1)}, y_{(k+2)})$. Si ha che

$$\begin{aligned} h(\theta'') &= \sum_{j=1}^{k+1}(\theta' + \varepsilon - y_{(j)}) + \sum_{j=k+2}^{2k}(y_{(j)} - \theta' - \varepsilon) \\ &= \sum_{j=1}^{k+1}(\theta' - y_{(j)}) + (k+1)\varepsilon + \sum_{j=k+2}^{2k}(y_{(j)} - \theta') - (k-1)\varepsilon \\ &= h(\theta') + 2\varepsilon - 2(y_{(k+1)} - \theta') \\ &> h(\theta') \end{aligned}$$

e un risultato simile vale se θ'' giace in $(y_{(k-1)}, y_{(k)})$. Pertanto $h(\theta)$ cresce al di fuori di $(y_{(k)}, y_{(k+1)})$ e la convessità garantisce che questo intervallo è quello dove $h(\theta)$ è minima. La Figura 3.2 riassume la situazione.

In definitiva abbiamo che: (a) se n è dispari la SMV esiste, è unica, e vale $y_{(k)}$; (b) se n è pari ogni valore di θ in $(y_{(k)}, y_{(k+1)})$ è SMV. In altre parole $\hat{\theta}$ è la mediana campionaria, così come è definita nel § A.7.1.

Esempio 3.1.4 Sulla falsariga dell'Esempio 2.2.3 otteniamo che la verosimiglianza di un campione casuale semplice da una v.c. $U(0, \theta)$ è

$$L(\theta) = \theta^{-n} I_{[y_{(n)}, \infty)}(\theta)$$

dove $y_{(n)}$ rappresenta il più grande valore del campione. Siccome θ^{-n} è una funzione strettamente decrescente, allora la SMV di θ è $y_{(n)}$ stesso, se θ è libero di variare su tutto il semiasse positivo. Se θ viene ristretto ad un sottoinsieme di $\mathbb{R}^+$, andranno fatti gli aggiustamenti del caso, analogamente all'Esempio 3.1.2.

Fig. 3.2: Somma di scarti assoluti

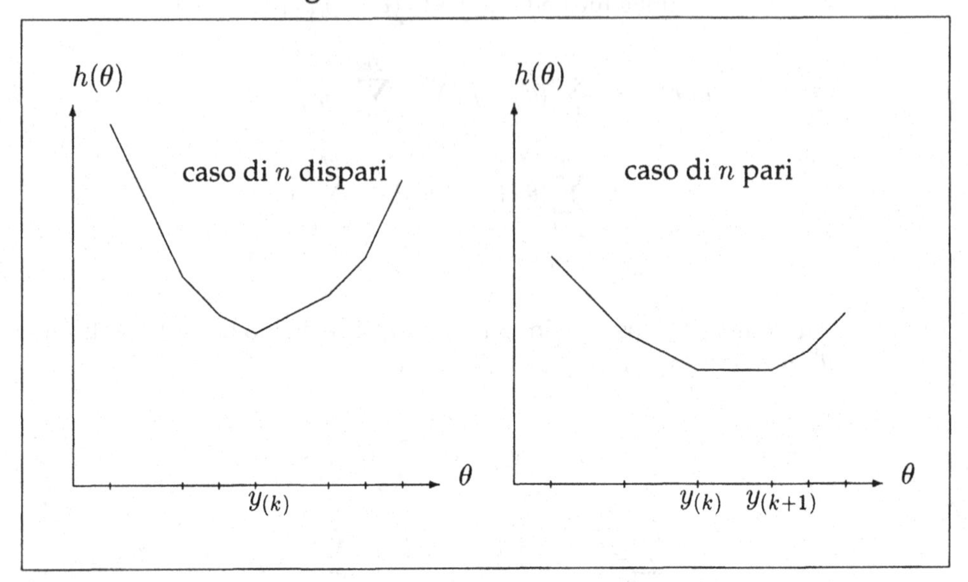

Esempio 3.1.5 Riconsideriamo l'Esempio 2.3.13 per cui

$$L(\theta) = \theta^{-n} I_{(y_{(n)}/2, y_{(1)})}(\theta)$$

che è positiva solo nell'intervallo $(y_{(n)}/2, y_{(1)})$ e quindi $\hat{\theta} = y_{(n)}/2$ a causa del fattore θ^{-n}. In questo caso $\hat{\theta}$ ha dimensione inferiore alla minima statistica sufficiente; quindi $\hat{\theta}$ è funzione della statistica sufficiente minimale, ma $\hat{\theta}$ stesso *non è* statistica sufficiente minimale.

Esempio 3.1.6 (Feller, 1968, p. 45–47). Per stimare la numerosità di una popolazione mobile si utilizzano tecniche dette di cattura e ricattura, di cui la versione più semplice è come segue. Supponiamo ad esempio di voler stimare il numero N di pesci presenti in un lago. Se ne estrae un certo numero M e, dopo averli marchiati, questi vengono rimessi nel lago. Dopo qualche tempo si fa una seconda pesca; indichiamo con n il numero di pesci della seconda pesca, dei quali un certo numero m risulteranno marchiati.

Considerando come esperimento casuale l'esito della seconda pesca, per cui M è trattato come un valore prefissato, e supponendo per semplicità che la probabilità di essere pescati sia uguale per tutti i pesci, sia alla prima che alla seconda pesca[2], la distribuzione di probabilità del numero m di pesci marchiati che si riscontrano nella seconda pesca è di tipo ipergeometrico (A.19)

[2] L'ipotesi di equiprobabilità potrebbe essere messa in discussione (i pesci marchiati sono

e pertanto la corrispondente log-verosimiglianza è

$$\ell(N) = c + \log\left(\frac{(N-M)!\,(N-n)!}{(N-M-n+m)!\,N!}\right) \quad \text{con } N \text{ intero, } N \geq M+n-m.$$

È possibile mostrare che questa funzione è crescente per $N < M\,n/m$ ed è decrescente per $N > M\,n/m$, il che significa che il massimo si ottiene in corrispondenza ad uno dei due valori di N interi adiacenti a $M\,n/m$. Questo risultato analitico ha anche una semplice interpretazione probabilistica: se supponiamo la seconda estrazione bernoulliana, il che è ragionevole se N è molto maggiore di n, possiamo scrivere

$$L(N) \approx \binom{n}{m} p^m (1-p)^{n-m}$$

dove $p = M/N$. Questa approsimazione conduce appunto alla stima approssimata $\tilde{N} = M\,n/m$, che peraltro in generale non è un intero.

È il caso di notare che questo è un altro esempio in cui il campionamento, essendo in blocco, non è casuale semplice.

3.1.3 Proprietà di Equivarianza

Teorema 3.1.7 *Sia $\psi(\cdot)$ una funzione biunivoca dallo spazio Θ nello spazio Ψ. Allora la* SMV *di $\psi(\theta)$ è $\psi(\hat{\theta})$, se $\hat{\theta}$ è la* SMV *di θ relativa alla verosimiglianza $L(\theta)$.*

Dimostrazione. Indichiamo con $L_\Psi(\cdot)$ la funzione di verosimiglianza sullo spazio Ψ. In base alla definizione stessa di verosimiglianza abbiamo che

$$L_\Psi(\psi_0) = L(\psi^{-1}(\psi_0)).$$

per un generico valore $\psi_0 \in \Psi$. Pertanto

$$L_\Psi(\psi(\hat{\theta})) = L(\hat{\theta})$$

che è massima. *QED*

Questa proprietà della SMV è detta di equivarianza; essa è importante sia dal punto di vista computazionale (come illustrato dall'esempio seguente), sia da quello concettuale, perché evita incongruenze passando da una parametrizzazione ad un'altra.

forse quelli più propensi alla cattura), ma qui stiamo solo illustrando l'idea-base: su questa si può elaborare per costruire un procedimento più raffinato.

Taluni chiamano questa proprietà "invarianza", ma questo nome non è del tutto appropriato, poiché significherebbe che la stima non varia dopo la trasformazione ψ. Il termine equivarianza è invece usato in Statistica per indicare una proprietà che, al di là di apparenti differenze formali, è appunto equivalente a quella considerata in questo paragrafo. In realtà, l'equivarianza della SMV rispetto alle trasformazioni del parametro assicura l'invarianza delle conclusioni inferenziali.

Esempio 3.1.8 Si consideri di nuovo la situazione dell'Esempio 3.1.2 (non importa quale dei tre sottocasi) e si voglia stimare $\psi = \mathbb{P}\{Y_1 < 0\} = \Phi(-\theta)$. La stima di ψ direttamente dalla definizione non è agevole, ma la proprietà di equivarianza assicura che $\hat{\psi} = \Phi(-\hat{\theta})$, se $\hat{\theta}$ esiste (altrimenti né $\hat{\theta}$ né $\hat{\psi}$ esistono).

Osservazione 3.1.9 Che cosa succede quando ψ non è biunivoca? Ad esempio, se y è un elemento estratto da $Y \sim Bin(n, \theta)$, quale è la SMV di $\psi = \theta(1-\theta)/n = \text{var}\{Y\}$? Si sarebbe tentati di dire che è $\hat{\psi} = \hat{\theta}(1-\hat{\theta})/n$, con $\hat{\theta} = y/n$. In realtà questo non discende dalla proprietà di equivarianza perché ψ non è in relazione biunivoca con θ, né anzi ha senso procedere a partire dalla definizione perché per un fissato valore di ψ esistono in corrispondenza due valori di θ e questi due valori di θ attribuiscono probabilità diverse al valore osservato y.

Il dilemma può venire risolto introducendo il concetto di verosimiglianza indotta, definita come

$$L_\Psi(\psi_0) = \sup_{\{\theta:\psi(\theta)=\psi_0\}} L(\theta),$$

che ha il suo massimo in $\hat{\psi} = \psi(\hat{\theta})$; cfr. Zehna (1966). Una definizione di SMV, che evita l'introduzione di concetti aggiuntivi quali la verosimiglianza indotta ed è anche più generale perché si presta a trattare ad esempio con problemi di stima non parametrica, è stata data da Sholz (1980).

3.1.4 Equazioni di Verosimiglianza

Essendo la funzione logaritmo strettamente monotona, massimizzare $L(\theta)$ è equivalente a massimizzare la log-verosimiglianza $\ell(\theta)$. Inoltre, se supponiamo $L(\theta)$ e quindi $\ell(\theta)$ derivabile, avremo che nella maggior parte dei casi $\hat{\theta}$ si ottiene risolvendo l'equazione (o il sistema di equazioni, nel caso multidimensionale)

$$\frac{d}{d\theta}\ell(\theta) = 0. \tag{3.2}$$

che prende il nome di *equazione (o sistema di equazioni) di verosimiglianza.*

Ovviamente una soluzione della (3.2) non è necessariamente il punto di massimo globale di $L(\theta)$. Lo è se stiamo trattando con una famiglia esponenziale regolare, negli altri casi abbiamo un problema da tenere presente. Facciamo qualche considerazione al proposito nell'ipotesi che Θ sia un insieme aperto di $\mathbb{R}^k$.

In certi casi, si può stabilire che $\ell(\theta)$ è una funzione concava, e allora effettivamente la soluzione (necessariamente unica) della (3.2) è effettivamente la SMV.

In qualche caso si può provare che la log-verosimiglianza è localmente concava in ogni punto di stazionarietà, vale a dire che la matrice hessiana

$$\left.\frac{d^2}{d\theta\, d\theta^\top}\ell(\theta)\right|_{\theta=\hat{\theta}}$$

è definita negativa in *ogni* punto $\hat{\theta}$ di soluzione della (3.2). Nel caso $k = 1$, questa condizione è sufficiente ad assicurare che l'unica soluzione trovata è di massimo assoluto.

Nel caso multi-dimensionale, la condizione suddetta non costituisce una condizione sufficiente per garantire l'unicità del punto di massimo, anche se trovare dei controesempi richiede una buona dose di immaginazione. Qualche ulteriore condizione deve essere imposta; un requisito adeguato al caso è che la funzione tenda a C quando l'argomento si avvicina alla frontiera, essendo C una costante reale o $-\infty$. Questo ulteriore requisito è molto tenue se la funzione è una funzione di log-verosimiglianza regolare, dato che in quasi ogni caso la condizione indicata risulta verificata da $C = -\infty$. Per approfondimenti si veda Mäkeläinen, Schmidt & Styan (1981).

Quando non si riesce a stabilire l'unicità del punto di massimo, è buona pratica ispezioanre graficamente la funzione di log-verosimiglianza. Questa operazione è generalmente agevole nel caso $k = 2$. Per $k > 2$ può tornare utile il concetto di verosimiglianza profilo, che vedremo al Capitolo 4.

Esempio 3.1.10 Come già visto nell'Esempio 2.2.2, la log-verosimiglianza di un campione casuale semplice $(y_1, \ldots, y_n)$ da una v.c. $N(\mu, \sigma^2)$ è data da

$$\begin{aligned}\ell(\mu, \sigma^2) &= -\tfrac{1}{2} n \log \sigma^2 - \sum_{i=1}^{n} (y_i - \mu)^2 / (2\sigma^2) \\ &= -\tfrac{1}{2} n \log \sigma^2 - n(m_2 - 2m_1\mu + \mu^2)/(2\sigma^2)\end{aligned}$$

dove m_1 e m_2 indicano rispettivamente il primo e il secondo momento campionario. Consideriamo come spazio Θ dei parametri l'intero insieme ammissibile $\mathbb{R} \times \mathbb{R}^+$. Il sistema di equazioni di verosimiglianza è

$$\begin{aligned}\frac{\partial \ell}{\partial \mu} &= -\frac{n}{2\sigma^2}(-2m_1 + 2\mu) = 0, \\ \frac{\partial \ell}{\partial \sigma^2} &= -\frac{n}{2\sigma^2} + \frac{n(m_2 - 2m_1\mu + \mu^2)}{2\sigma^4} = 0.\end{aligned}$$

di cui la prima equazione fornisce l'unica soluzione

$$\hat{\mu}_1 = m_1$$

che, sostituita nella seconda, dà la soluzione (unica)

$$\hat{\sigma}^2 = m_2 - m_1^2.$$

Siccome si vede subito che $\ell(\mu, \sigma^2) \to -\infty$ quando ci si avvicina alla frontiera di Θ, le equazioni di verosimiglianza forniscono appunto la SMV. In alternativa, si può mostrare che la matrice hessiana è definita negativa. Quindi, nel caso considerato, la media e la varianza campionaria forniscono la SMV della media e della varianza della popolazione.

Esempio 3.1.11 Si consideri nuovamente la situazione dell'Esempio 2.4.5 relativo ad un processo autoregressivo del primo ordine. Le equazioni di verosimiglianza sono

$$\begin{aligned}\frac{\partial\, 2\ell}{\partial\, \sigma^2} &= -T\sigma^{-2} + \sigma^{-4}(d_{00} - 2\rho d_{01} + \rho^2 d_{11}) = 0, \\ \frac{\partial\, 2\ell}{\partial\, \rho} &= -2\rho/(1-\rho^2) - \sigma^{-2}(-2d_{01} + 2\rho d_{11}) = 0.\end{aligned}$$

Dalla prima si ottiene

$$\hat{\sigma}^2 = (d_{00} - 2\hat{\rho} d_{01} + \hat{\rho}^2 d_{11})/T.$$

che, sostituita nella seconda, dopo qualche semplificazione, porta all'equazione cubica per $\hat{\rho}$

$$\frac{T-1}{T} d_{11}\hat{\rho}^3 - \frac{T-2}{T} d_{01}\hat{\rho}^2 - (d_{11} + d_{00}/T)\hat{\rho} + d_{01} = 0.$$

Detto $C(\hat{\rho})$ il membro di sinistra di questa equazione, abbiamo che

$$\begin{aligned} C(1) &= -T^{-1}(d_{00} + d_{11} - 2d_{01}) \\ &= -T^{-1}\sum_{t=2}^{T}(y_t - y_{t-1})^2 < 0 \quad \text{(q.c.)}, \\ C(-1) &= T^{-1}(d_{00} + d_{11} + 2d_{01}) \\ &= T^{-1}\sum_{t=2}^{T}(y_t + y_{t-1})^2 > 0 \quad \text{(q.c.)}. \end{aligned}$$

Tenendo presente che il coefficiente di $\hat{\rho}^3$ è positivo q.c., possiamo concludere che l'equazione cubica $C(\hat{\rho}) = 0$ ha tre radici reali, una per ciascuno degli intervalli aperti $(-\infty, -1)$, $(-1, 1)$, $(1, \infty)$, di cui ovviamente quella del secondo intervallo è la SMV. Si potrebbe anche ottenere l'espressione esplicita di tale radice, usando le formule per la soluzione di equazioni cubiche.

3.1.5 Aspetti Computazionali

Abbiamo già accennato alla difficoltà che talora si riscontra nell'effettivo calcolo della SMV in quanto spesso non si riesce a esprimere la SMV in forma esplicita in funzione dei dati osservati.

Diventa allora necessario ricorrere a metodi di calcolo numerico. Questa esigenza di utilizzo di metodi onerosi dal punto di vista computazionale è stata storicamente il principale ostacolo alla diffusione del metodo della massima verosimiglianza. Attualmente le risorse di calcolo offerte dai moderni calcolatori sono tali per cui il problema del calcolo numerico si è molto ridimensionato.

L'impiego di metodi numerici può aver luogo in modi diversi. In taluni casi si impiegano metodi di ottimizzazione per la massimizzazione diretta della verosimiglianza o, più facilmente, della log-verosimiglianza. In altri casi è possibile derivare analiticamente la log-verosimiglianza e il problema si riduce a quello della soluzione delle equazioni di verosimiglianza. Quando tale derivazione analitica della log-verosimiglianza è possibile conviene procedere per questa seconda via, in quanto la soluzione di un'equazione non lineare (o sistema di equazioni non lineari) costituisce un problema numerico di tipo più semplice che quello della massimizzazione di una funzione.

Chiaramente non fa parte degli scopi di questo libro la presentazione di algoritmi per la soluzione di equazioni non lineari, ma è il caso di accennare almeno al metodo di Newton–Raphson, con maggiore attenzione alla sua versione per il caso di un'equazione in una variabile. Si consideri il problema di risolvere rispetto alla variabile x l'equazione

$$g(x) = 0$$

con $g(\cdot)$ funzione derivabile, partendo da un'approssimazione iniziale x_0 a tale soluzione. Il metodo di Newton–Raphson fornisce un'approssimazione successiva x_1 alla soluzione mediante la formula

$$x_1 = x_0 - \frac{g(x_0)}{g'(x_0)}. \tag{3.3}$$

Questa regola trova la sua origine nell'approssimazione, basata sullo sviluppo in serie di Taylor fino al primo termine,

$$g(x_1) \approx g(x_0) + (x_1 - x_0)g'(x_0)$$

che una volta uguagliata a 0 e risolta rispetto a x_1 fornisce appunto la (3.3).

Applicando la (3.3) con x_0 sostituito da x_1 si ottiene un'ulteriore approssimazione x_2. Procedendo iterativamente in questo modo si costruisce una successione di valori $x_0, x_1, \ldots, x_s, \ldots$ che sotto opportune condizioni converge alla soluzione cercata. Un elemento che può risultare cruciale per il verificarsi di tale convergenza è la scelta del valore iniziale x_0.

All'atto pratico tale successione di approssimazioni deve venire arrestata dopo un numero finito di termini, generalmente al valore di s per cui $|x_s - x_{s-1}|$ è minore di un errore prefissato, oppure quando $g(x_s)$ è sufficientemente prossimo a 0, o in base ad una combinazione dei due criterî precedenti.

Se $g(x)$ indica un vettore di k funzioni differenziabili di argomento k-dimensionale, il metodo di Newton–Raphson assume la forma

$$x_{s+1} = x_s - \left(\frac{\mathrm{d}}{\mathrm{d}x^\top} g(x_s)\right)^{-1} g(x_s) \qquad (s = 0, 1, \ldots) \tag{3.4}$$

dove s indica la s-ma approssimazione al vettore soluzione e non la s-ma componente di x. Per una discussione più approfondita del metodo di

Newton–Raphson, si raccomanda la consultazione di un testo di metodi numerici.

Per venire all'impiego che ci riguarda del metodo di Newton–Raphson, per lo più si tratta di risolvere l'equazione di verosimiglianza (3.2) o equazioni connesse a questa. Nel caso di un'equazione di verosimiglianza, la (3.3) dà luogo alla formula

$$\hat{\theta}_{s+1} = \hat{\theta}_s - \frac{\ell'(\hat{\theta}_s)}{\ell''(\hat{\theta}_s)}, \qquad \text{per } s = 0, 1, \ldots,$$

oppure, nel caso k-dimensionale, a

$$\hat{\theta}_{s+1} = \hat{\theta}_s - \left(\frac{\mathrm{d}^2}{\mathrm{d}\theta\, \mathrm{d}\theta^{\mathsf{T}}} \ell(\hat{\theta}_s) \right)^{-1} \frac{\mathrm{d}}{\mathrm{d}\theta} \ell(\hat{\theta}_s), \qquad \text{per } s = 0, 1, \ldots. \tag{3.5}$$

Per essere utilizzate, queste espressioni hanno bisogno di una stima iniziale $\hat{\theta}_0$, generalmenre scelta mediante un metodo alternativo a quello della massima verosimiglianza, ad esempio quello dei momenti.

Una trattazione sistematica delle tecniche computazionali in uso in Statistica, cioè di quel capitolo che costituisce la Statistica computazionale, è fornita da Thisted (1988).

Esempio 3.1.12 Sia $(y_1, \ldots, y_n)$ un campione casuale semplice da una v.c. gamma con valore medio μ e indice ω $(\mu > 0, \omega > 0)$; quindi la funzione di densità di un singolo elemento campionario è

$$\frac{e^{-\omega y/\mu} y^{\omega - 1}}{\Gamma(\omega)} \left(\frac{\omega}{\mu} \right)^{\omega}$$

per y positivo e $(\omega, \mu) \in \mathbb{R}^+ \times \mathbb{R}^+$. Questa parametrizzazione è diversa da quella considerata nel § A.2.3, ma la proprietà di equivarianza ci assicura che tale cambio di parametrizzazione non causa problemi. La log-verosimiglianza è

$$\ell(\omega, \mu) = -\frac{\omega}{\mu} \sum_i y_i + (\omega - 1) \sum_i \log y_i + n\omega(\log \omega - \log \mu) - n \log \Gamma(\omega)$$

e si vede che $\ell(\omega, \mu) \to -\infty$ quando (ω, μ) si avvicina alla frontiera di $\mathbb{R}^+ \times \mathbb{R}^+$, tenendo tra l'altro presente la formula di Stirling (A.10). Le equazioni di verosimiglianza sono

$$\begin{aligned} \frac{\partial \ell}{\partial \mu} &= \frac{\omega \sum_i y_i}{\mu^2} - \frac{n\,\omega}{\mu} = 0, \\ \frac{\partial \ell}{\partial \omega} &= -\frac{\sum_i y_i}{\mu} + \sum \log y_i + n(\log \omega + 1 - \log \mu) - n\psi(\omega) = 0, \end{aligned}$$

dove

$$\psi(x) = \frac{\mathrm{d}}{\mathrm{d}x} \log \Gamma(x)$$

è la funzione *digamma*, il cui andamento è sostanzialmente analogo alla funzione logaritmo. Dalla prima equazione otteniamo l'unica soluzione

$$\hat{\mu} = \frac{1}{n} \sum_{i=1}^{n} y_i$$

che, sostituita nella seconda equazione, porta all'equazione in ω

$$g(\omega) = \sum \log y_i + n(\log \omega - \log \hat{\mu}) - n\psi(\omega) = 0,$$

che deve essere risolta per via numerica. In questo caso, anche se il parametro è bidimensionale, si è potuto ridurre il problema della soluzione delle equazioni di verosimiglianza a quello della soluzione di un'unica equazione non lineare. La dimostrazione per via diretta dell'esistenza e unicità di tale soluzione non è del tutto agevole, poiché coinvolge alcune proprietà della funzione digamma, ma è comunque assicurata da un risultato generale sulle famiglie esponenziali che vedremo in seguito.

Illustriamo il metodo di Newton–Raphson risolvendo l'equazione $g(\omega) = 0$ precedente nel caso in cui il campione di numerosità $n = 10$ sia formato dai valori

0.07 0.27 0.15 0,36 1,25 0,26 0,14 1,51 0.25 0.24

e si scelga il valore iniziale $\hat{\omega}_0 = 1$. L'espressione della derivata

$$g'(\omega) = \frac{n}{\omega} - n\psi'(\omega)$$

include la funzione *trigamma* $\psi'(\cdot)$ per il cui calcolo, come per la digamma, si possono utilizzare le formule approssimate riportate ad esempio da Abramowitz e Stegun (1965, cap. 6).

La Tabella 3.1 riporta, per alcune iterazioni dell'algoritmo, i valori di $\hat{\omega}_k$ e i corrispondenti valori di $g(\cdot)$, $g'(\cdot)$ e anche quelli della verosimiglianza stessa $\ell(\hat{\omega}_k, \hat{\mu})$. Si può constatare che già dopo poche iterazioni il valore di $\hat{\omega}_k$ si è stabilizzato, il corrispondente valore di $g(\hat{\omega}_k)$ è sostanzialmente nullo, e la verosimiglianza (che è in realtà ciò che maggiormente interessa) non varia praticamente più. Si possono perciò arrestare le iterazioni e tenere l'ultimo valore di $\hat{\omega}_k$ come SMV di ω.

Esempio 3.1.13 Sia y_i una determinazione di una v.c. esponenziale Y_i di parametro di scala ρ_i, tale che

$$\log \rho_i = \alpha + \beta x_i \quad \text{per } i = 1, \ldots, n,$$

Tabella 3.1: Alcune iterazioni con il metodo di Newton–Raphson per un campione casuale semplice da una v.c. gamma.

k	$\hat{\omega}_k$	$g(\hat{\omega}_k)$	$g'(\hat{\omega}_k)$	$\ell(\hat{\omega}_k, \hat{\mu})$
0	1,00000	1,37853	-6,44934	5,76289
1	1,21375	0,26105	-4,23466	7,59222
2	1,27539	0,01362	-3,80417	8,08001
3	1,27897	0,00004	-3,78118	8,10788
4	1,27898	0,00000	-3,78111	8,10796

dove le x_i sono costanti note non tutte uguali, α e β sono parametri reali qualsiasi da stimare; assumiamo che le v.c. Y_i siano indipendenti. Senza perdita di generalità possiamo assumere $\sum x_i = 0$. Infatti, se così non fosse, potremmo porre

$$\log \rho_i = \alpha^* + \beta(x_i - \overline{x})$$

dove $\overline{x} = \sum x_i/n$, $\alpha^* = \alpha + \beta\overline{x}$, e la condizione risulterebbe soddisfatta dalle nuove costanti $x_i - \overline{x}$. La log-verosimiglianza è

$$\begin{aligned} \ell(\alpha, \beta) &= \sum_{i=1}^{n} \{\alpha + \beta x_i - y_i \exp(\alpha + \beta x_i)\} \\ &= n\alpha - e^{\alpha} \sum \{y_i \exp(\beta x_i)\} \end{aligned}$$

per la quale non esistono statistiche sufficienti non banali. Per ottenere la SMV consideriamo

$$\begin{aligned} \frac{\partial \ell}{\partial \alpha} &= n - e^{\alpha} \sum y_i e^{\beta x_i}, \\ \frac{\partial \ell}{\partial \beta} &= -e^{\alpha} \sum x_i y_i e^{\beta x_i}. \end{aligned}$$

Uguagliando a 0 la prima espressione abbiamo

$$\hat{\alpha} = \log \left(\frac{n}{\sum y_i e^{\hat{\beta} x_i}} \right)$$

mentre per la seconda dobbiamo risolvere

$$g(\hat{\beta}) = \sum_i x_i y_i e^{\hat{\beta} x_i} = 0$$

la cui soluzione va poi sostituita nell'equazione per $\hat{\alpha}$. L'equazione $g(\hat{\beta}) = 0$ non ammette soluzione esplicita, ma possiamo comunque affermare che essa ha un'unica radice reale perché:

Tabella 3.2: Alcune iterazioni con il metodo di Newton–Raphson per un campione da v.c. esponenziali di parametri dipendenti da una seconda variabile.

k	$\hat{\beta}_k$	$g(\hat{\beta}_k)$	$g'(\hat{\beta}_k)$	$\hat{\alpha}_k$	$\ell(\hat{\alpha}_k, \hat{\beta}_k)$
0	1,00000	0,26407	1,88050	0,43604	–5,63958
1	0,85957	–0,00436	1,94638	0,43888	–5,61117
2	0,86181	–0,00000	1,94514	0,43888	–5,61116
3	0,86181	–0,00000	1,94514	0,43888	–5,61116
4	0,86181	0,00000	1,94514	0,43888	–5,61116

- il membro di sinistra della equazione, $g(\hat{\beta})$, è somma di n funzioni monotone crescenti,
- per $\hat{\beta} \to \infty$ tutti i termini $x_i y_i \exp(\hat{\beta} x_i)$ con $x_i > 0$ divergono, mentre quelli con $x_i < 0$ si annullano, per cui $g(\hat{\beta}) \to \infty$,
- per $\hat{\beta} \to -\infty$ succede il contrario e $g(\hat{\beta}) \to -\infty$.

Quindi in definitiva la soluzione di $g(\hat{\beta}) = 0$ esiste ed è unica. La matrice hessiana della log-verosimiglianza è

$$\begin{pmatrix} -e^{\alpha} \sum y_i e^{\beta x_i} & -e^{\alpha} \sum x_i y_i e^{\beta x_i} \\ -e^{\alpha} \sum x_i y_i e^{\beta x_i} & -e^{\alpha} \sum x_i^2 y_i e^{\beta x_i} \end{pmatrix}$$

i cui elementi diagonali sono negativi e il determinante è

$$e^{2\alpha} \left\{ \sum y_i e^{\beta x_i} \sum x_i^2 y_i e^{\beta x_i} - \left(\sum x_i y_i e^{\beta x_i} \right)^2 \right\}$$

che è positivo almeno nel punto di soluzione delle equazioni di verosimiglianza perché l'ultimo termine si annulla. Pertanto le equazioni di verosimiglianza forniscono un'unica soluzione, e questa è un punto di massimo. Siccome si vede facilmente che $\ell(\alpha, \beta) \to -\infty$ per $\alpha, \beta \to \pm\infty$, allora esiste un unico punto di massimo.

Anche in questo caso la soluzione delle equazioni di verosimiglianza richiede una soluzione numerica. A scopo illustrativo la Tabella 3.2 riporta alcune iterazioni del metodo di Netwon-Raphson relative ai dati

$$\begin{aligned} x &= (-0{,}49 \quad 0{,}50 \quad 0{,}67 \quad -0{,}27 \quad -0{,}43 \quad -1{,}06 \quad -0{,}27 \quad 0{,}50 \quad 0{,}61 \quad 0{,}24)^{\mathsf{T}} \\ y &= (\ 1{,}26 \quad 0{,}21 \quad 0{,}32 \quad 0{,}18 \quad 0{,}45 \quad 1{,}76 \quad 1{,}28 \quad 1{,}09 \quad 0{,}01 \quad 0{,}70)^{\mathsf{T}} \end{aligned}$$

Dalla tabella si vede che, anche in questo caso, dopo poche iterazioni i valori delle stime e quello della verosimiglianza si sono stabilizzati e possiamo interrompere l'algoritmo. Le stime $(\hat{\alpha}, \hat{\beta})$ risulatano abbastanza prossime ai valori reali con cui i dati sono stati prodotti, $(\frac{1}{2}, 1)$. Si tenga anche conto che la limitatezza dei dati a disposizione (solo 10 coppie) non consente una stima molto accurata dei parametri.

L'aver presentato il metodo di Newton–Raphson per la soluzione dell'equazione di verosimiglianza non significa ovviamente che esso sia l'unico metodo adatto allo scopo. Ad esempio, se $\ell''(\cdot)$ è molto complessa da calcolare, si può preferire un altro metodo che prescinda da tale calcolo.

Pur con lo straordinario sviluppo sia dei calcolatori che degli algoritmi numerici, resta comunque il fatto che una soluzione numerica è una soluzione *specifica*, nel senso che, cambiando anche un solo dato, il problema di calcolo deve essere ripercorso interamente. Inoltre la mancanza di una soluzione esplicita non consente delle manipolazioni algebriche talvolta utili per capire le caratteristiche delle entità su cui operiamo. Allora la soluzione analitica della (3.2) deve essere ricercata tutte le volte in cui è percorribile.

3.2 Informazione di Fisher

3.2.1 Informazione Osservata di Fisher

Finora abbiamo visto alcune eleganti proprietà formali della SMV, quale ad esempio l'equivarianza, ma non abbiamo detto ancora nulla circa la loro "accuratezza" nello stimare il vero parametro θ_0, che è poi l'aspetto che più interessa. È chiaro anzitutto che l'esatta quantità $\hat{\theta} - \theta_0$ non si può conoscere in linea di principio, a parte casi degeneri. Tutto quello che possiamo fare è associare a $\hat{\theta}$ una qualche misura della sua attendibilità quale stima di θ_0.

Se la funzione di log-verosimiglianza è sufficientemente regolare, noi possiamo scrivere, per θ scalare,

$$\begin{aligned} \ell(\theta) &= \ell(\hat{\theta}) + \ell'(\hat{\theta})(\theta - \hat{\theta}) + \tfrac{1}{2}\ell''(\hat{\theta})(\theta - \hat{\theta})^2 + \cdots \\ &= \ell(\hat{\theta}) + \tfrac{1}{2}\ell''(\hat{\theta})(\theta - \hat{\theta})^2 + \cdots \end{aligned} \tag{3.6}$$

dove i termini $\ell(\hat{\theta})$ e $\ell''(\hat{\theta})$ sono costanti rispetto a θ. Allora il comportamento di $\ell(\theta)$ in un intorno di $\hat{\theta}$ è determinato da $\ell''(\hat{\theta})$ che è una misura della curvatura locale della log-verosimiglianza.

La quantità non negativa $\mathcal{I}(\hat{\theta}) = -\ell''(\hat{\theta})$ prende il nome di *informazione osservata* di Fisher. Essa può essere vista come un indice della rapidità di caduta della log-verosimiglianza a mano a mano che ci si allontana da $\hat{\theta}$ e quindi, per converso, del grado relativo di preferenza che la verosimiglianza assegna a $\hat{\theta}$ rispetto ad altri valori di θ.

Nel caso in cui il parametro θ sia multidimensionale, la definizione di informazione osservata generalizza ovviamente nell'espressione

$$\mathcal{I}(\hat{\theta}) = -\frac{\mathrm{d}^2}{\mathrm{d}\theta\,\mathrm{d}\theta^\top}\,\ell(\theta)|_{\theta=\hat{\theta}}$$

dove l'apice indica trasposizione; essa è una matrice semidefinita positiva.

3.2.2 Principio del Campionamento Ripetuto

Tutte le considerazioni precedenti lasciano peraltro completamente disattesa una domanda di notevole importanza: la SMV costituisce nel suo complesso una valida strategia per affrontare problemi di stima?

Una prima risposta a questa domanda può essere di natura qualitativa, portando cioè argomentazioni di natura logica e filosofica a sostegno del principio di verosimiglianza e quindi della SMV. Una lettura in tal senso è il testo di Edwards (1972).

Noi ci proponiamo invece di dare un diverso tipo di risposta alla domanda precedente, nel senso di derivare alcune proprietà formali relative all'accuratezza della SMV quale procedimento generale di stima.

Per fare ciò ritorniamo al fatto che il campione y è trattato come determinazione di v.c. e quindi $\hat{\theta}$ stesso è determinazione di una v.c. essendo funzione di y. Se noi pensiamo ad una ipotetica successione di replicazioni dell'esperimento che ha prodotto y (e la conseguente successione di valori $\hat{\theta}$), abbiamo che $\hat{\theta}$ stesso è una v.c., per la quale possiamo parlare di distribuzione, valor medio e così via. Una visione di questo genere si colloca nell'ambito del *principio del campionamento ripetuto*. Se risulta che la v.c. scarto $\hat{\theta} - \theta_0$ ha distribuzione fortemente concentrata attorno allo 0, allora a priori rispetto all'esperimento noi possiamo ritenere che la determinazione di $\hat{\theta}$ che osserveremo sarà tendenzialmente prossima a θ_0, anche se naturalmente ciò non è assicurato caso per caso, campione per campione. Molta parte della letteratura corrente si occupa infatti di valutare le proprietà della SMV (così come di altre tecniche di diversa origine) dal punto di vista del campionamento ripetuto.

Obiettivo complessivo della restante parte del capitolo sarà appunto lo studio, da diversi punti di vista, della distribuzione della v.c. $\hat{\theta} - \theta_0$.

Una prima semplice aspettativa rispetto a tale v.c. è che essa sia posizionata attorno allo 0. Matematicamente possiamo esprimere questo fatto richiedendo che

$$\mathbb{E}\left\{\hat{\theta};\theta\right\} = \theta \qquad \text{per ogni } \theta \in \Theta$$

ammesso che il valore medio esista; se tale condizione è soddisfatta diremo che lo stimatore è *non distorto* (in media) e corrispondentemente che il valore campionario di $\hat{\theta}$ è una stima non distorta (in media) di θ. Se la condizione richiesta non è soddisfatta, chiameremo *distorsione* la differenza $\mathbb{E}\left\{\hat{\theta}\right\} - \theta$. Un requisito un poco meno stringente è che

$$\lim_{n\to\infty} \mathbb{E}\left\{\hat{\theta};\theta\right\} = \theta \qquad \text{per ogni } \theta \in \Theta$$

dove n è la dimensione campionaria; se questa condizione è soddisfatta, parleremo allora di stima e stimatore *asintoticamente non distorti.*

Esempio 3.2.1 Consideriamo di nuovo il caso dell'Esempio 3.1.10 di un campione casuale semplice da una v.c. $N(\mu, \sigma^2)$. In base ai risultati del § A.5.7, $\hat{\mu}$ è una stima non distorta di μ, mentre

$$\begin{aligned} \mathbb{E}\{\hat{\sigma}2\} &= \frac{1}{n}\mathbb{E}\left\{\sum_{i=1}^{n}(Y_i - m_1)^2\right\} \\ &= (1 - 1/n)\sigma^2 \end{aligned}$$

avendo indicato con Y_i la v.c. di cui y_i è determinazione. Quindi $\hat{\sigma}^2$ è una stima distorta di σ^2; tuttavia la distorsione è di ordine $1/n$ e quindi converge rapidamente a 0 per n crescente. Comunemente si usa la *varianza campionaria corretta*

$$s^2 = \frac{n}{n-1}\,\hat{\sigma}^2 = \frac{\sum_i (y_i - m_1)^2}{n-1} \tag{3.7}$$

che è non distorta.

Un conteggio esatto del tipo appena visto è possibile solo in taluni casi dalla struttura particolarmente semplice, ma diventa proibitivo nei casi in cui $\hat{\theta}$ è una funzione complicata dei dati (si tenga presente che spesso $\hat{\theta}$ non ha neppure una rappresentazione esplicita in funzione dei dati!). Inoltre a noi interessa

- ◇ ottenere risultati sulle proprietà della SMV che siano valide in generale, non da calcolare caso per caso,
- ◇ valutare anche altri aspetti della v.c. $\hat{\theta}-\theta_0$, non solo il suo valor medio.

Per poter condurre tale analisi è necessario da un lato introdurre qualche condizione sulla natura di $L(\theta)$, dall'altro sviluppare alcuni risultati generali che esulano dal contesto della SMV, cosa di cui ci occuperemo per il resto di questa sezione.

3.2.3 Problemi Regolari di Stima

Diremo che siamo nel contesto di un problema regolare di stima quando sono verificate le seguenti condizioni.

(a) Il modello statistico sia identificabile, secondo la definizione data al §2.1.3.

(b) Lo spazio parametrico Θ è un intervallo aperto dello spazio euclideo $\mathbb{R}^k$.

(c) Le funzioni di densità (o di probabilità) specificate dal modello (2.1) abbiano tutte lo stesso supporto.

(d) Per la funzione f si può scambiare due volte il segno di integrale con quello di derivata rispetto a θ, cioè

$$\text{(d.1)} \qquad \int_{\mathcal{Y}} \frac{\partial}{\partial\theta} f(y;\theta)\, d\nu(y) = \frac{\mathrm{d}}{\mathrm{d}\theta} \int_{\mathcal{Y}} f(y;\theta)\, \mathrm{d}\nu(y)$$

$$\text{(d.2)} \qquad \int_{\mathcal{Y}} \frac{\partial^2}{\partial\theta^2} f(y;\theta)\, \mathrm{d}\nu(y) = \frac{\mathrm{d}^2}{\mathrm{d}\theta^2} \int_{\mathcal{Y}} f(y;\theta)\, \mathrm{d}\nu(y).$$

Nel caso che $k > 1$ la (d.2) prende la forma

$$\text{(d.2*)} \qquad \int_{\mathcal{Y}} \frac{\partial^2}{\partial\theta\, \partial\theta^\top} f(y;\theta)\, \mathrm{d}\nu(y) = \frac{\mathrm{d}^2}{\mathrm{d}\theta\, \mathrm{d}\theta^\top} \int_{\mathcal{Y}} f(y;\theta)\, \mathrm{d}\nu(y).$$

Tutte queste assunzioni sono quanto mai ragionevoli. La condizione (a) richiede che a diversi valori di θ corrispondano diverse distribuzioni di probabilità, per i motivi detti al § 2.1.3. In modelli di una certa complessità, specialmente quando $\dim(Y_i) > 1$, può capitare di incappare in problemi di non identificabilità; è allora necessario riparametrizzare il modello e/o restringere Θ ad un suo opportuno sottoinsieme. La condizione (b) di fatto chiede solo che il vero valore del parametro sia un punto interno di Θ, in quanto ciò consente di ridefinire Θ privandolo della frontiera, se necessario. Le condizioni (c) e (d) sono solo condizioni di regolarità matematica e sono soddisfatte nella maggior parte dei casi pratici.

3.2.4 Informazione Attesa di Fisher

La funzione di *punteggio di Fisher*, definita come

$$u(\theta) = u(\theta; y) = \frac{\partial}{\partial\theta}\ell(\theta; y), \tag{3.8}$$

riveste un'importanza fondamentale nella teoria della Statistica. Usando l'assunzione (d.1) precedente abbiamo che

$$\begin{aligned}
\mathbb{E}\{u(\theta); \theta\} &= \mathbb{E}\left\{\frac{\partial}{\partial\theta}\log f(Y; \theta); \theta\right\} \\
&= \int_{\mathcal{Y}} \left(\frac{1}{f(y; \theta)}\frac{\partial}{\partial\theta} f(y; \theta)\right) f(y; \theta)\, \mathrm{d}\nu(y) \\
&= \frac{\mathrm{d}}{\mathrm{d}\theta}\int_{\mathcal{Y}} f(y; \theta)\, \mathrm{d}\nu(y) = \frac{\mathrm{d}}{\mathrm{d}\theta}\, 1 = 0
\end{aligned}$$

e quindi, per $k = 1$,

$$\mathrm{var}\{u(\theta; Y); \theta\} = \mathbb{E}\left\{u(\theta; Y)^2; \theta\right\}$$

quantità che prende il nome di *informazione attesa* di Fisher e indicheremo con $I(\theta)$. Nel caso di k generico avremo che $I(\theta)$ è la matrice simmetrica di ordine k

$$I(\theta) = \mathbb{E}\left\{u(\theta)\, u(\theta)^\top; \theta\right\} \tag{3.9}$$

dove si intende che il valore medio di una matrice di v.c. è dato dalla matrice dei valori medi corrispondenti. Ovviamente $I(\theta)$ è semidefinita positiva in quanto

$$a^\top I(\theta) a = \mathbb{E}\left\{\|u(\theta)^\top a\|^2\right\} \geq 0.$$

Usando anche la (d.2) avremo che per $k = 1$

$$\begin{aligned} I(\theta) &= \mathbb{E}\{u(\theta)^2; \theta\} \\ &= \int_{\mathcal{Y}} \left(\frac{1}{f(y;\theta)} \frac{\partial}{\partial \theta} f(y;\theta) \right)^2 f(y;\theta)\, \mathrm{d}\nu(y) \\ &= \int_{\mathcal{Y}} \left(\frac{1}{f(y;\theta)} \frac{\partial^2}{\partial \theta^2} f(y;\theta) - \frac{\partial^2}{\partial \theta^2} \log f(y;\theta) \right) f(y;\theta)\, \mathrm{d}\nu(y) \\ &= -\mathbb{E}\left\{ \frac{\partial^2}{\partial \theta^2} \log f(y;\theta) \right\} \\ &= -\mathbb{E}\left\{ \frac{\mathrm{d}}{\mathrm{d}\theta} u(\theta); \theta \right\} \end{aligned}$$

che fornisce una diversa rappresentazione per $I(\theta)$. Si noti l'assonanza di questa scrittura con l'informazione osservata. Per k generico abbiamo

$$\begin{aligned} I(\theta) &= -\mathbb{E}\left\{ \frac{\partial^2}{\partial \theta\, \partial \theta^\top} \log f(y;\theta) \right\} \\ &= -\mathbb{E}\left\{ \frac{\partial}{\partial \theta^\top} u(\theta; Y) \right\}. \end{aligned}$$

Tra le numerose proprietà dell'informazione attesa di Fisher una particolarmente semplice e importante è la seguente. Siano $I_1(\theta)$ e $I_2(\theta)$ le informazioni relative a v.c. indipendenti Y_1 e Y_2, allora l'informazione complessiva contenuta nella coppia (Y_1, Y_2) è data da

$$I(\theta) = I_1(\theta) + I_2(\theta)$$

per la proprietà additiva della varianza per v.c. indipendenti. Quindi l'informazione attesa gode della proprietà additiva nel caso di variabili indipendenti. Ripetendo il ragionamento nel caso di n osservazioni da variabili casuali indipendenti e identicamente distribuite, si ha che

$$I(\theta) = n\, i(\theta)$$

dove $i(\theta)$ è l'informazione di un generico elemento campionario.

Se noi riparametrizziamo da θ in $\psi(\theta)$ con $\psi(\cdot)$ monotona derivabile, l'informazione attesa di Fisher si modifica secondo una semplice regola e cioè l'informazione per ψ è

$$\{\psi'(\theta)\}^{-2}\, I(\theta) \Big|_{\theta=\theta(\psi)} \tag{3.10}$$

nel caso che θ sia scalare.

Per k generico, supponiamo che $\psi(\theta)$ sia costituita da una trasformazione invertibile da $\mathbb{R}^k$ in $\mathbb{R}^k$, tale che ognuna delle trasformazioni da θ nella generica componente ψ_j di ψ sia differenziabile ($j = 1, \ldots, k$). Allora la (3.10) prende la forma generale

$$I_\Psi(\psi) = \Delta^\top I(\theta)\Delta \tag{3.11}$$

dove $\Delta = (\mathrm{d}\theta_i/\mathrm{d}\psi_j)$. La dimostrazione è lasciata al lettore; cfr. Esercizio 3.7.

3.2.5 Disuguaglianza di Rao–Cramér

Teorema 3.2.2 *Nell'ambito di un problema regolare di stima, con k=1, sia $T(y)$ un stimatore tale che il valore medio*

$$a(\theta) = \mathbb{E}\{T(Y); \theta\}$$

esista e sia derivabile con derivata

$$a'(\theta) = \frac{\mathrm{d}}{\mathrm{d}\theta}\int_{\mathcal{Y}} T(y) f(y;\theta)\,\mathrm{d}\nu(y) = \int_{\mathcal{Y}} T(y)\frac{\partial}{\partial\theta} f(y;\theta)\,\mathrm{d}\nu(y). \tag{3.12}$$

Allora

$$\mathrm{var}\{T(Y);\theta\} \geq \{a'(\theta)\}^2/I(\theta) \tag{3.13}$$

se $0 < I(\theta) < \infty$.

Dimostrazione.

$$\begin{aligned} a'(\theta) &= \int_{\mathcal{Y}} T(y)\frac{\partial}{\partial\theta} f(y;\theta)\,\mathrm{d}\nu(y) \\ &= \mathbb{E}\left\{T(Y)\frac{\partial}{\partial\theta}\log f(Y;\theta)\right\} \\ &= \mathrm{cov}\{T(Y), u(\theta;Y)\} \end{aligned}$$

e, per la disuguaglianza di Schwarz, abbiamo

$$\mathrm{cov}\{T(Y), u(\theta;Y)\}^2 \leq \mathrm{var}\{T(Y)\}\ \mathrm{var}\{u(\theta;Y)\}$$

che è equivalente a

$$\frac{a'(\theta)^2}{\mathrm{var}\{u(\theta;Y)\}} \leq \mathrm{var}\{T(Y)\}\,.$$

QED

La (3.13) prende il nome di disuguaglianza o limite inferiore di Rao–Cramér nel caso scalare. In particolare, se $T(y)$ è uno stimatore non distorto per θ, e quindi $a'(\theta) = 1$ per ogni θ, allora

$$\text{var}\{T(Y)\} \geq 1/I(\theta)$$

che dà ragione del nome "informazione attesa" per $I(\theta)$. Essa rappresenta un indice della precisione (media) ottenibile se si vuole stimare θ in modo non distorto. Si noti tuttavia che non è detto che esista uno stimatore $T(y)$ tale da conseguire effettivamente questo limite inferiore, né d'altro canto ne è assicurata l'unicità.

Nel caso $k > 1$ l'argomentazione è sostanzialmente analoga. Assumendo che $I(\theta)$ sia una matrice definita positiva, che $\mathbb{E}\{T(Y)\} = \theta$ e che la (3.12) valga in senso vettoriale, si mostra che

$$\text{var}\{T(Y)\} \geq I(\theta)^{-1} \tag{3.14}$$

nel senso che la matrice differenza è semidefinita positiva. In particolare la (3.14) implica che, per una qualunque combinazione lineare $c^\top T(y)$ delle componenti di $T(y)$, si ha

$$\text{var}\left\{c^\top T(Y)\right\} \geq c^\top \{I(\theta)^{-1}\} c.$$

Nel caso in cui y è un vettore di osservazioni da v.c. indipendenti e identicamente distribuite, tenendo presente l'osservazione fatta alla fine del paragrafo precedente, avremo che

$$\text{var}\{T(Y)\} \geq \{n\, i(\theta)\}^{-1}$$

avendo indicato con $i(\theta)$ l'informazione relativa ad una generica componente. Il fattore $1/n$ è quello tipico con cui la varianza di uno stimatore tende a 0.

Osservazione 3.2.3 Si potrebbe obiettare che abbiamo implicitamente istituito il criterio per cui $T(y)$ deve essere valutato in base alla sua varianza e che forse la nostra preferenza per uno stimatore piuttosto che per un altro verrebbe modificata se si istituisse un criterio di valutazione diverso.[3]

In particolare si potrebbe considerare, invece del quadrato, qualche altra potenza dello scarto tra stima e stimando, cioè

$$\mathbb{E}\{|T(Y) - \theta|^p\}$$

per un qualche p positivo. Se $p = 2$ si torna al caso considerato, ma altre scelte possono rivelarsi interessanti.

In particolare, se si sceglie $1 < p < 2$, lo stimatore ottenuto minimizzando la quantità precedente risulta avere buone proprietà di robustezza. Con ciò si intentende che le proprietà di uno stimatore non sono pesantemente influenzate dalla caduta degli assunti con conpongono il modello a cui si riferisce. Purtroppo tali stimatori non consentono una rappresentazione esplicita, neppure nei casi più semplici. Solo se $p = 1$ si possono ottenere alcuni limitati risultati analitici. Torneremo brevemente su questo punto al § 5.5.

Esempio 3.2.4 Nell'impianto dell'Esempio 3.1.2, abbiamo che

$$\begin{aligned} \ell(\theta) &= -\tfrac{1}{2}\sum_{i=1}^{n}(y_i - \theta)^2, \\ u(\theta) &= \ell'(\theta) = \sum_{i=1}^{n}(y_i - \theta), \\ u'(\theta) &= \ell''(\theta) = -n, \\ I(\theta) &= n, \end{aligned}$$

e quindi, per uno generico stimatore $T(y)$ tale che

$$\mathbb{E}\{T(Y);\theta\} = \theta$$

abbiamo

$$\text{var}\{T(Y);\theta\} \geq 1/n.$$

Abbiamo visto che la SMV di θ è la media aritmetica, per cui si sa che

$$\mathbb{E}\left\{\hat{\theta};\theta\right\} = \theta, \quad \text{var}\left\{\hat{\theta};\theta\right\} = 1/n.$$

[3] Ai fini di questa discussione conviene far conto che la distorsione sia nulla o trascurabile, per evitare complicazioni non cruciali. Del resto questa è la situazione più comune, come si vedrà più avanti.

Siccome $\hat{\theta}$ è non distorto e raggiunge il limite inferiore di Rao–Cramér, concludiamo che $\hat{\theta}$ non è ulteriormente migliorabile; quindi non vi è motivo di porsi il problema della ricerca di stimatori non distorti con varianza inferiore a quella di $\hat{\theta}$ perché non esistono (fatte salve le assunzioni di regolarità). Ci si potrebbe però domandare se esistono altri stimatori che hanno varianza uguale a $1/n$; la risposta è sostanzialmente negativa, ma la sua giustificazione coinvolge concetti al di fuori dei nostri obiettivi.

Se consideriamo il caso in cui ambedue i parametri della distribuzione sono ignoti, come negli Esempi 2.2.2 e 3.1.10, risulta che l'informazione attesa di Fisher è

$$I(\mu, \sigma^2) = n \begin{pmatrix} 1/\sigma^2 & 0 \\ 0 & 1/(2\sigma^4) \end{pmatrix}.$$

Esempio 3.2.5 Riconsideriamo l'Esempio 3.1.13 e calcoliamo $I(\alpha, \beta)$. Abbiamo già ottenuto la matrice hessiana; si tratta ora di calcolarne il valore medio cambiato di segno. Tenendo presente che

$$\exp(\alpha + \beta x_i)\, \mathbb{E}\{Y_i\} = 1,$$

abbiamo

$$I(\alpha, \beta) = \begin{pmatrix} n & 0 \\ 0 & \sum x_i^2 \end{pmatrix}.$$

Generalizziamo ora il modello a due parametri in quello a k parametri

$$\log \rho_i = x_i^\top \beta \qquad (i = 1, \ldots, n),$$

dove x_i è un vettore k-dimensionale di costanti note e β ora indica un vettore k-dimensionale di parametri reali qualsiasi. Allora si ha che

$$\begin{aligned} \ell(\beta) &= \sum_{i=1}^n x_i^\top \beta - \sum_{i=1}^n y_i \exp(x_i^\top \beta), \\ \frac{\mathrm{d}\ell}{\mathrm{d}\beta} &= \sum_{i=1}^n x_i - \sum_{i=1}^n y_i \exp(x_i^\top \beta)\, x_i, \\ \frac{\mathrm{d}^2\ell}{\mathrm{d}\beta\, \mathrm{d}\beta^\top} &= -\sum_{i=1}^n y_i \exp(x_i^\top \beta)\, x_i x_i^\top \end{aligned}$$

da cui

$$I(\beta) = \sum_{i=1}^n x_i x_i^\top = X^\top X$$

dove X è la matrice $n \times k$ costituita dagli n vettori riga $x_i^\top$.

3.2.6 Efficienza

La disuguaglianza di Rao–Cramér fornisce, come già osservato, una specie di segnale di arresto per indicare quando uno stimatore non è ulteriormente migliorabile (nel senso di avere minore varianza tra i non distorti). D'altro canto, se nessuno stimatore noto raggiunge il limite inferiore di Rao–Cramér, oppure per semplicità di calcolo utilizziamo uno stimatore non ottimale, possiamo comunque valutare l'aumeto relativo di varianza in cui incorriamo, mediante la quantità

$$\{\text{var}\{T(Y)\}\ I(\theta)\}^{-1}$$

che è detta perciò *efficienza* di $T(y)$, se $\mathbb{E}\{T(y)\} = \theta$; in problemi regolari l'efficienza varia tra 0 e 1. Questa definizione ha senso solo se il limite inferiore di Rao–Cramér è effettivamente raggiungibile.

Naturalmente confrontare due stimatori in base alla loro varianza ha senso solo se sono ambedue non distorti, o per lo meno la loro distorsione è "piccola", altrimenti lo stimatore identicamente nullo, $T(y) \equiv 0$, apparirebbe sempre superiore. Per questo motivo un criterio più ragionevole è quello di considerare la quantità

$$\mathbb{E}\{[T(Y) - \theta]^2\} = [\mathbb{E}\{T(Y)\} - \theta]^2 + \text{var}\{T(Y)\},$$

detta *errore quadratico medio* che si compone del quadrato della distorsione dello stimatore più la sua varianza.

Tuttavia in molti casi il quadrato della distorsione di ogni stimatore "ragionevole" ha un ordine di grandezza inferiore a quello della varianza e quindi è solo quest'ultima ad essere effettivamente rilevante. Tipicamente la distorsione, quando presente, è di ordine $O(n^{-1})$ e quindi il suo quadrato è $O(n^{-2})$, come illustrato dall'Esempio 3.2.1; invece $\text{var}\{T(Y)\} = O(n^{-1})$ e pertanto quest'ultimo è il termine dominante.

Esempio 3.2.6 Abbiamo visto che, in problemi regolari di stima per v.c. indipendenti e identicamente distribuite, $\text{var}\{T(y)\}$ è di ordine $O(n^{-1})$. Riconsideriamo l'Esempio 3.1.4; usando i risultati del § A.7.2, abbiamo che

$$\mathbb{P}\left\{\hat{\theta}/\theta \le t\right\} = t^n \qquad (0 < t < 1),$$

e quindi

$$\mathbb{E}\{\hat{\theta}\} = \frac{n}{n+1}\,\theta, \qquad \text{var}\{\hat{\theta}\} = \frac{n}{(n+1)^2(n+2)}\,\theta^2.$$

Il nuovo stimatore

$$T(y) = \frac{n+1}{n}\,\hat{\theta}$$

è non distorto ed ha varianza di ordine $O(n^{-2})$. Quindi, per n sufficientemente grande, var$\{T(Y)\}$ è inferiore al limite inferiore di Rao–Cramér, ovvero l'efficienza di $T(y)$ supera 1. Naturalmente non vi è contraddizione con quanto detto finora perché non sono soddisfatte le condizioni (c) e (d) del § 3.2.3 e quindi non si tratta di un problema regolare di stima.

3.3 Proprietà delle SMV

Although this may seem a paradox,
all exact science is dominated by the idea of approximation.
(B. Russell)

3.3.1 Stime Consistenti

Quanto è stato detto nelle prime due sezioni circa la SMV, a parte qualche debole condizione di regolarità, vale in totale generalità, sia $L(\theta)$ prodotta da v.c. indipendenti o no, identicamente distribuite o no. In questa sezione ci occuperemo di valutare l'accuratezza della SMV quale stimatore del parametro θ. Per condurre tale analisi sarà necessario introdurre delle assunzioni circa la natura della verosimiglianza. Ci limiteremo a trattare casi molto semplici, cioè con ipotesi piuttosto restrittive circa la v.c. Y, sia per maggiore chiarezza espositiva, sia perché le argomentazioni usate nei casi più semplici forniscono la traccia da seguire per affrontare casi più complessi. Taluni dei risultati cui perverremo (o almeno accenneremo) potrebbero essere conseguiti sotto assunzioni più deboli di quelle richieste, ma a costo di complicazioni formali che sono inopportune in un testo introduttivo dove è preferibile privilegiare la chiarezza espositiva.

La quasi totalità dei risultati generali circa le proprietà delle SMV è di natura asintotica, cioè ottenuta assumendo che la numerosità campionaria diverga. È chiaro che la numerosità del nostro campione è quella che è, non diverge: supporre che la numerosità diverga è un "trucco" matematico che viene adottato a causa della estrema difficoltà di fornire risultati generali per numerosità finita (cioè esatti). Si deve allora ottenere un risultato per $n \to \infty$, con la speranza che la conclusione per $n \to \infty$ fornisca una valida *approssimazione* per n finito, e in particolare per quel valore di n del campione che abbiamo effettivamente a disposizione.

Naturalmente resta aperto il problema di verificare l'adeguatezza dell'approssimazione così ottenuta. In effetti, una parte non trascurabile della letteratura corrente si occupa del problema di valutare la bontà di tale approssimazione e dei provvedimenti da prendere qualora l'approssimazione risultasse inadeguata. Fortunatamente in un grande numero di situazioni tali approssimazioni asintotiche risultano buone anche per numerosità piuttosto piccole, e talvolta sono del tutto esenti da errore.

La lucuzione "numerosità piuttosto piccole" non è ulteriormente precisabile senza entrare nell'analisi di casi specifici. Ad ogni modo, una regola sostanzialmente valida per un buon numero di casi pratici è quella che richiede "$n > 30$", anche se ovviamente una tale indicazione va presa con cautela, perchè le eccezioni non sono rare.

Definizione 3.3.1 *Sia $\mathcal{Y}_n$ uno spazio campionario di dimensione multipla di n e $T_n(y)$ uno stimatore di θ. Su $\mathcal{Y}_n$ è definita una famiglia di distribuzioni di probabilità del tipo (2.1) e sia θ_0 il valore di θ corrispondente alla vera distribuzione di Y. Diremo che $T_n(y)$ è uno stimatore (debolmente) consistente del parametro se $T_n(Y) \xrightarrow{p} \theta_0$, cioè se*

$$\lim_{n\to\infty} \mathbb{P}_n\{|T_n(Y) - \theta_0| > \varepsilon; \theta_0\} = 0 \qquad \text{per ogni } \varepsilon > 0$$

qualunque sia $\theta_0 \in \Theta$, e il corrispondente valore campionario è detto essere una stima consistente. Se $T_n(Y) \to \theta_0$ q.c. allora diremo che $T_n(y)$ è fortemente consistente.

Anche per il termine "consistente" vale l'osservazione già fatta per il termine "stima puntuale", e valida per molti altri casi: si tratta di una pseudotraduzione di un termine inglese, in questo caso *consistent*, che però nulla ha a che fare con il termine italiano *consistente.* Purtroppo anche in questo caso l'uso del termine è ormai troppo consolidato per porvi rimedio e non resta che subirlo.

In sostanza la consistenza debole equivale alla convergenza in probabilità dello stimatore, mentre la consistenza forte equivale alla convergenza quasi certa.

Nell'Esempio 3.1.2(a) abbiamo che $\mathcal{Y}_n = \mathbb{R}^n$, il vettore Y è un elemento di $\mathbb{R}^n$, e la misura di probabilità è quella associata al prodotto di n funzioni di densità $N(\theta, 1)$. La SMV $\hat{\theta}$ è la media campionaria e, per la legge forte dei grandi numeri, $\hat{\theta} \to \theta_0$ q.c. per ogni valore di θ_0 purché Θ comprenda θ_0. Quindi $\hat{\theta}$ è fortemente consistente e ovviamente anche (debolmente) consistente.

Più in generale, quando le stime sono funzioni continue di momenti campionari del vettore Y a componenti indipendenti e identicamente distribuite la convergenza quasi certa alla corrispondente funzione dei momenti della distribuzione è assicurata qualunque sia la distribuzione di probabilità sottostante, purchè ovviamente i momenti coinvolti esistano.

In altre occasioni non si può invocare la legge forte dei grandi numeri, ma si possono calcolare facilmente media e varianza di $T_n(Y)$. Se risulta

$$\mathbb{E}\{T_n(Y)\} \to \theta, \quad \text{var}\{T_n(Y)\} \to 0,$$

allora la consistenza (debole) è assicurata dal Teorema A.8.2(b).

In certi altri casi nessuna di queste argomentazioni è valida ed è pertanto particolarmente utile poter disporre di risultati dotati di una certa generalità.

3.3.2 Consistenza Forte della SMV

Consideriamo una situazione semplice, ma importante: supponiamo che siano valide le condizioni (a) e (c) del § 3.2.3 e che $Y = (Y_1, \ldots, Y_n)^\top$ sia a componenti indipendenti e identicamente distribuite. La funzione di log-verosimiglianza è dunque data da

$$\ell_n(\theta) = \sum_{i=1}^{n} \log g(Y_i; \theta)$$

dove $g(\cdot)$ indica ora la funzione di densità di ciascuna componente e abbiamo aggiunto il deponente n per ricordarci che stiamo in realtà considerando una sequenza di verosimiglianze. Al divergere di n, la quantità

$$\frac{1}{n}\left(\ell_n(\theta) - \ell_n(\theta_0)\right) = \frac{1}{n}\sum_{i=1}^{n}\log\frac{g(Y_i;\theta)}{g(Y_i;\theta_0)} \tag{3.15}$$

converge q.c. a

$$\mathbb{E}\left\{\log\frac{g(Y_1;\theta)}{g(Y_1;\theta_0)};\theta_0\right\}$$

per la legge forte dei grandi numeri. Se $\theta \neq \theta_0$, avremo che

$$\mathbb{E}\left\{\log\frac{g(Y_1;\theta)}{g(Y_1;\theta_0)};\theta_0\right\} < \log\mathbb{E}\left\{\frac{g(Y_1;\theta)}{g(Y_1;\theta_0)};\theta_0\right\} = 0 \tag{3.16}$$

in virtù della disuguaglianza di Jensen. Abbiamo mostrato quindi che, per ogni $\theta \neq \theta_0$,

$$\ell_n(\theta_0) - \ell_n(\theta) \to \infty$$

q.c. per $n \to \infty$. Quest'ultima relazione ci dice che, quando n diverge, la funzione di verosimiglianza in θ_0 è incommensurabilmente più grande che in ogni altro prefissato valore di θ. Questa conclusione ci fa supporre che $\hat{\theta} \to \theta_0$, anche se quest'ultima affermazione richiede una giustificazione adeguata.

Consideriamo il caso molto restrittivo che Θ sia costituito da un numero finito di punti, cioè $\Theta = \{\theta_0, \theta_1, \ldots, \theta_m\}$ e, fissato un $\varepsilon > 0$, definiamo

$$A_j = \{\ell_n(\theta_0) - \ell_n(\theta_j) > \varepsilon \text{ per ogni } n > n_0\}, \quad (j = 1, \ldots, m),$$

la cui probabilità, per quanto detto prima, può essere resa maggiore di $1-\delta$, scegliendo n_0 sufficientemente elevato. Allora

$$\begin{aligned}\mathbb{P}\left\{\bigcap_{j=1}^{m} A_j\right\} &= 1 - \mathbb{P}\left\{\bigcup_{j=1}^{m} \overline{A}_j\right\} \\ &\geq 1 - \sum_j \mathbb{P}\{\overline{A}_j\} \\ &\geq 1 - m\delta\end{aligned}$$

e abbiamo così mostrato che

$$\mathbb{P}\{\ell_n(\theta_0) - \ell_n(\theta_j) > \varepsilon \text{ per ogni } j \neq 0 \text{ e per ogni } n > n_0\} \geq 1 - m\delta$$

con δ arbitrario; ciò è appunto equivalente alla consistenza forte.

Le complicazioni sorgono quando Θ è un intervallo, cioè un insieme avente la potenza del continuo e con punti "vicini quanto si vuole". La dimostrazione della consistenza forte in questo ultimo caso è stata data da Wald (1949); un'argomentazione relativamente più semplice si trova in Zacks (1971, pag. 233). Queste dimostrazioni sono tecnicamente più complicate di quella vista qui per Θ finito, ma gli elementi chiave sono gli stessi; in particolare la convergenza quasi certa della (3.15) e la disuguaglianza (3.16) forniscono gli elementi portanti dell'argomentazione. Le ulteriori assunzioni richieste per la dimostrazione, oltre a quelle già dette, sono lievi; a parte quella ovvia che $\theta_0 \in \Theta$, la più rilevante è che $g(y; \theta)$ deve essere continua in θ per quasi ogni y.

Sottolineamo che, sia nel caso particolare considerato qui che nella dimostrazione completa della consistenza forte, lo spazio Θ considerato e quindi la sua dimensione non variano con n. Capita talvolta che il numero di parametri coinvolti cresca con il numero delle osservazioni; in questi casi la SMV può non essere consistente. Quindi, in pratica, quando Θ ha dimensione finita, ma la numerosità n del campione è di poco superiore al numero di parametri, non ha senso appellarsi alla consistenza della SMV perché la consistenza è un concetto asintotico, cioè prevede che n diverga e quindi sia "molto più grande" della dimensione di Θ.

3.3.3 Distribuzione Asintotica della SMV

La consistenza della SMV è una proprietà fondamentale, ma è anche importante valutare sia qual è l'ordine di grandezza (in probabilità) della v.c. scarto $(\hat{\theta} - \theta_0)$, sia conoscerne la legge asintotica di distribuzione, dopo opportuna normalizzazione. Per fare questo, limitatamente al caso $k = 1$, assumiamo

(a) di essere in un problema regolare di stima,

(b) che il vettore $Y = (Y_1, \dots, Y_n)^\top$ sia a componenti indipendenti e identicamente distribuite con funzione di densità marginale $g(y; \theta)$,

(c) che l'informazione attesa di Fisher $i(\theta)$ per una singola osservazione Y_i sia positiva e finita,

(d) che $\hat{\theta}$ sia consistente,

(e) che esista una funzione $M(y;\theta)$ tale che

$$\left| \frac{\partial^3}{\partial \theta^3} \log g(y;\theta) \right| < M(y;\theta),$$

e $M(y;\theta)$ sia integrabile, con integrale limitato, rispetto a g, cioè

$$\mathbb{E}\{M(Y;\theta):\theta\} < M_0 < \infty.$$

Nelle ipotesi fatte $\ell'(\hat{\theta}) = 0$ e quindi, sviluppando $\ell'(\hat{\theta})$ in serie di Taylor dal punto θ_0, abbiamo

$$\begin{aligned} 0 &= \ell'(\hat{\theta}) \\ &= \ell'(\theta_0) + \ell''(\theta_0)(\hat{\theta} - \theta_0) + \tfrac{1}{2}\ell'''(\tilde{\theta})(\hat{\theta} - \theta_0)^2 \end{aligned} \tag{3.17}$$

con $\tilde{\theta} \in (\hat{\theta}, \theta_0)$ per cui possiamo scrivere

$$\sqrt{n}(\hat{\theta} - \theta_0) = \frac{-\dfrac{1}{\sqrt{n}}\ell'(\theta_0)}{\dfrac{1}{n}\ell''(\theta_0) + \dfrac{\ell'''(\tilde{\theta})}{2n}(\hat{\theta} - \theta_0)}. \tag{3.18}$$

Per il teorema centrale di convergenza

$$-\frac{1}{\sqrt{n}}\ell'(\theta_0) = -\frac{1}{\sqrt{n}} \sum_{i=1}^{n} \frac{\partial}{\partial \theta} \log g(Y_i;\theta) \Big|_{\theta=\theta_0}$$

converge in distribuzione a una $N(0, i(\theta_0))$ quando n diverge. Al denominatore della (3.18) abbiamo che $\ell''(\theta_0)/n \to -i(\theta_0)$ q.c. per la legge forte dei grandi numeri. Il termine $(\hat{\theta} - \theta_0) = o_p(1)$ viene moltiplicato per un termine per cui vale

$$\frac{1}{n}|\ell'''(\tilde{\theta})| \leq \frac{1}{n} \sum_{i=1}^{n} \left| \frac{\partial^3}{\partial \theta^3} \log g(Y_i;\theta) \right| \Bigg|_{\theta=\tilde{\theta}} < \frac{1}{n} \sum_{i} M(Y_i;\theta)$$

che è una quantità $O_p(1)$ e quindi il loro prodotto è $o_p(1)$. In definitiva otteniamo che

$$\sqrt{n}(\hat{\theta} - \theta_0) \xrightarrow{d} N(0, i(\theta_0)^{-1}), \tag{3.19}$$

la quale dice che $\hat{\theta} = \theta_0 + O_p(n^{-1/2})$, in base al Teorema A.8.8, e dà anche la distribuzione asintotica di questa quantità, dopo opportuna normalizzazione.

Anche nel caso multidimensionale, generalizzando opportunamente la condizione (e), si perviene ancora ad una espressione del tipo (3.19), dove naturalmente $i(\theta_0)$ è intesa come matrice; per i dettagli si veda Zacks (1971, pag. 247).

Per approfondimenti e precisazioni matematiche sulla distribuzione asintotica della SMV si può consultare ad esempio Serfling (1980, cap. 4).

Operativamente la (3.19) si traduce nella distribuzione approssimata, per n finito,

$$\hat{\theta} \sim N(\theta_0, (n\, i(\theta_0))^{-1})$$

se n è sufficientemente elevato.

3.3.4 Efficienza della SMV

La precedente definizione di efficienza non può ovviamente applicarsi se non si può calcolare media e varianza di un stimatore, e certi adattementi sono necessari nell'ambito della teoria asintotica, sostanzialmente sostituendo la varianza esatta dello stimatore con quella della distributione asintotica.

Uno stimatore $T(Y)$ tale che

$$\sqrt{n}(T(Y) - \theta) \xrightarrow{d} N(0, v(\theta))$$

per una qualche quantità positiva $v(\theta)$ è detto *stimatore asintoticamente normale ottimo* se $v(\theta)$ vale $i(\theta)^{-1}$.

Il fatto che la SMV soddisfi la condizione richiesta per lo stimatore asintoticamente normale ottimo non significa ovviamente che sia l'unico stimatore a godere di questa proprietà. Infatti in molti casi si possono dare altri stimatori che godono della stessa proprietà. Per quale motivo allora la SMV viene proposta con tanta preminenza? Oltre alla sua grandissima applicabilità e alle già citate proprietà strutturali quali l'equivarianza, vi sono ulteriori considerazioni legate proprio all'efficienza che giustificano questo ruolo primario della SMV.

Tralasciando per un momento certe precisazioni di natura matematica, possiamo dire che, per il caso di un campione casuale semplice per una ampia classe di stimatori asintoticamente normali si verifica che

$$\mathbb{E}\{T(Y)\} = \theta + \frac{b(\theta)}{n} + O(n^{-2}), \qquad \text{var}\{T(Y)\} = \frac{1}{n\, i(\theta)} + O(n^{-2}),$$

per una qualche funzione $b(\theta)$. Pertanto l'errore quadratico medio è dominato dal termine $(1/(n\, i(\theta)))$.

Supponiamo ora di calcolare un'approssimazione più raffinata di questo errore quadratico medio, ottenendo un'espressione del tipo

$$\mathbb{E}\{\,(T(Y) - \theta)^2\} = \frac{1}{n\, i(\theta)} + \frac{a_2(\theta)}{n^2} + o(n^{-2}).$$

Siccome il primo termine dello sviluppo in serie precedente è uguale per tutti gli stimatori asintoticamente normali, il confronto si deve basare sul termine successivo, ovvero su $a_2(\theta)$. Quel $T(Y)$ per cui $a_2(\theta)$ è minimo risulterà preferibile, e precisamente si dirà che tale stimatore è *efficiente al secondo ordine.*

Analisi di tale genere sono state sviluppate in dettaglio ed è risultato che in un gran numero di situazioni la SMV è dotata di maggior efficienza del secondo ordine, a condizione di eliminare la distorsione esattamente (come nell'Esempio 3.2.1), o almemo approssimativamente considerando la SMV con riduzione della distorsione

$$\hat{\theta}_{\text{corretto}} = \hat{\theta} - \frac{b(\hat{\theta})}{n}$$

in modo da ottenere un nuovo stimatore con distorsione $O(n^{-2})$. Analisi di tale tipo sono state condotte da Rao (1961), Efron (1975), Amari (1985). Un compendio relativamente accessibile di questo filone della letteratura è presentato da Pace & Salvan (1996, § 9.4).

Possiamo quindi concludere che il metodo della massima verosimiglianza unisce una grande flessibilità e potenzialità d'uso con una buona dote di apprezzabili proprietà formali. Questo spiega il favore di cui esso gode sia nella analisi pratica di dati reali sia nella letteratura teorica. Naturalmente esistono anche opinioni discordanti; si veda ad esempio Berkson (1980).

Osservazione 3.3.2 Più per evidenziare le sottigliezze matematiche coinvolte che per la loro rilevanza sostanziale, segnaliamo che esistono stimatori non distorti con varianza della distribuzione asintotica inferiore al limite inferiore di Rao–Cramér, anche in problemi regolari di stima. Si parla in tale caso di un fenomeno di *superefficienza.*

Questo abbassamento della varianza può però verificarsi solo in un insieme numerabile di punti θ dello spazio parametrico, e inoltre avviene a costo di un comportamento del tutto inefficiente di $T(y)$ in un intorno dei punti θ in questione. Si ha quindi un miglioramento in un "piccolo" numero di punti e un peggioramento in una infinità più che numerabile di altri. È chiaro allora che un tale stimatore non è interessante, se non in casi molto particolari in cui vi siano punti dello spazio parametrico che si vogliono privilegiare.

Resta comunque il fatto paradossale di uno stimatore che sembra violare la disuguaglianza di Rao–Cramér. La spiegazione sta nel fatto che la definizione di efficienza usata in questo paragrafo fa riferimento alla varianza della distribuzione asintotica, mentre la disuguaglianza di Rao–Cramér si applica alla varianza dello stimatore, e quindi alla sua varianza limite. In situazioni "normali" le due varianze coincidono, ma il fenomeno della superefficienza evidenzia che non è sempre così. Per una discussione più approfondita di questo punto, si veda Lehmann (1983, § 6.1).

3.3.5 Riparametrizzazioni

Abbiamo visto che la SMV è uno stimatore asintoticamente normale con varianza asintotica minima.

Se noi riparametrizziamo da θ ($\theta \in \mathbb{R}^k$) in $\psi = \psi(\theta)$, con ψ funzione biunivoca di θ dotata di derivate parziali miste continue, allora

$$\sqrt{n}(\hat{\psi} - \psi_0) \xrightarrow{d} N_k\left(0, (\Delta^\top i(\theta_0)\Delta)^{-1}\right) \tag{3.20}$$

dove Δ è la matrice delle derivate parziali prime delle componenti di θ rispetto a quelle di ψ, tenuto conto della (3.11). Anche $\hat{\psi}$ è allora asintoticamente normale, con distribuzione asintotica a varianza minima tra gli stimatori di ψ.

Anche se sia $\hat{\psi}$ che $\hat{\theta}$ sono asintoticamente normali, ciò non significa che la convergenza alla distribuzione asintotica sia ugualmente rapida. Infatti un'opportuna scelta della parametrizzazione può migliorare considerevolmente tale velocità di convergenza; la rilevanza di questo fenomeno apparirà chiaramente nel capitolo successivo.

Esempio 3.3.3 Consideriamo ancora una volta il caso di un campione casuale semplice di n elementi da una $N(\mu, \sigma^2)$. In base all'espressione di $I(\mu, \sigma^2)$ ottenuta nell'Esempio 3.2.4, risulta che

$$\sqrt{n}(\hat{\sigma}^2 - \sigma^2) \xrightarrow{d} N(0, 2\sigma^4)$$

quando $n \to \infty$, e quindi per n fissato usiamo l'approssimazione

$$\hat{\sigma}^2 \sim N(\sigma^2, 2\sigma^4/n).$$

Del resto la distribuzione esatta di σ^2 è nota in base ai risultati del § A.5.7 e quindi siamo in grado di valutare l'accostamento tra distribuzione esatta e quella approssimata basata sulla (3.19). La Figura 3.3 fornisce i grafici delle due densità per particolari valori di n e σ^2.

Consideriamo ora la riparametrizzazione $\psi = \psi(\sigma^2) = \sqrt{\sigma^2}$, la cui SMV è $\psi(\hat{\sigma}^2) = \sqrt{\hat{\sigma}^2}$, e corrispondente distribuzione tale che

$$\sqrt{n}(\hat{\psi} - \psi) \xrightarrow{d} N(0, \tfrac{1}{2}\psi^2)$$

in base alla (3.20) oppure al Corollario A.8.10, per cui abbiamo la distribuzione approssimata

$$\hat{\psi} \sim N\left(\psi, \frac{\psi^2}{2n}\right).$$

Naturalmente, essendo nota la distribuzione esatta di $\hat{\sigma}^2$, possiamo anche ottenere la distribuzione esatta di $\hat{\psi}$. La Figura 4.4 fornisce anche un confronto grafico tra queste due densità. Si vede che l'approssimazione fornita dalla teoria asintotica sviluppata nelle pagine precedenti è migliore se si usa ψ come parametro piuttosto che σ^2, e questo miglioramento è particolarmente pronunciato nelle code della distribuzione, dove l'accuratezza della approssimazione è più rilevante ai fini dell'inferenza.

Nel caso in esame la conclusione non è rilevante ai fini pratici, appunto perché è nota la distribuzione esatta di $\hat{\sigma}^2$, ma serve a illustrare il fatto che un'opportuna riparametrizzazione può essere vantaggiosa nei numerosi altri casi in cui la distribuzione esatta di $\hat{\theta}$ non è disponibile. Naturalmente bisogna individuare ogni volta la opportuna riparametrizzazione.

Fig. 3.3: Confronto tra distribuzione esatta (linea continua) e approssimata (linea tratteggiata) della SMV usando due diverse parametrizzazioni.

(a) Densità esatta e approssimata di $\hat{\sigma}^2$ con $\sigma^2 = 1$, $n = 8$

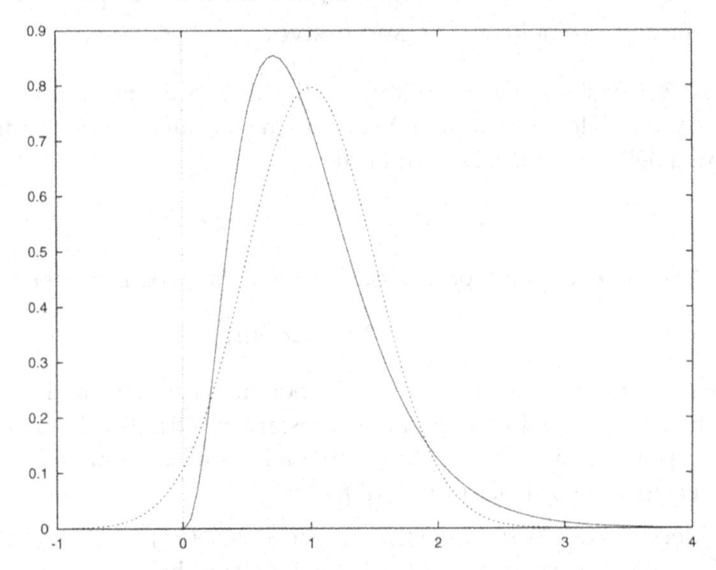

(b) Densità esatta e approssimata di $\hat{\psi}$ con $\psi = 1$, $n = 8$

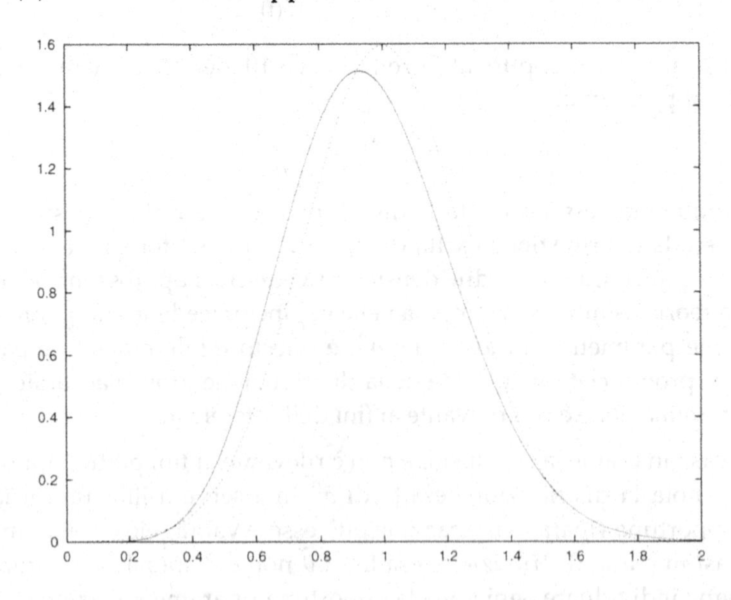

3.3.6 Massima Verosimiglianza e Famiglie Esponenziali

Consideriamo la situazione particolare in cui y è una determinazione della v.c. Y appartenente ad una famiglia esponenziale regolare di ordine 1. Allora

$$L(\theta) = \exp\{\psi(\theta)\, t(y) - \tau(\theta)\}$$

e l'equazione di verosimiglianza è

$$\psi'(\theta)\, t(y) = \tau'(\theta).$$

Allora $\hat{\theta}$ è un valore per il quale si verifica l'uguaglianza

$$\mathbb{E}\Big\{ t(Y); \hat{\theta} \Big\} = t(y) \tag{3.21}$$

tenendo presente la (2.7). Si può mostrare che questa equazione ammette soluzione se $t(y)$ è un punto interno al supporto della v.c. $t(Y)$. La (3.21) dice che la SMV è quel valore di θ per cui il valore medio della statistica sufficiente è appunto uguale alla statistica sufficiente osservata. Derivando due volte la log-verosimiglianza abbiamo

$$\ell''(\theta) = \psi''(\theta) t(y) - \tau''(\theta)$$

e l'informazione attesa di Fisher è

$$I(\theta) = \mathbb{E}\big\{ -\ell''(\theta; Y); \theta \big\} = -\psi'' \mathbb{E}\{t(Y); \theta\} + \tau''(\theta).$$

Usando la (3.21) notiamo che

$$-\ell''(\hat{\theta}) = I(\theta)\Big|_{\theta=\hat{\theta}} \tag{3.22}$$

e quindi $\ell''(\hat{\theta}) \leq 0$; se $t(y)$ non è degenere, $\ell''(\hat{\theta}) < 0$. Siccome ogni soluzione della (3.21) è un punto di massimo della verosimiglianza segue che la soluzione è unica. Questi risultati possono essere estesi a famiglie esponenziali regolari di ordine k qualsiasi, sotto blande condizioni. Questo spiega in particolare l'affermazione alla fine dell'Esempio 3.1.12.

Esempio 3.3.4 La statistica sufficiente per il modello di regressione logistica considerato nell'Esempio 2.4.4 è la coppia $(\sum y_i, \sum x_i y_i)$ il cui valore medio è $(\sum \omega_i, \sum x_i \omega_i)$ con

$$\omega_i = \frac{\exp(\alpha + \beta x_i)}{1 + \exp(\alpha + \beta x_i)} \qquad (i = 1, \ldots, n).$$

Allora le equazioni di verosimiglianza sono

$$\begin{aligned} \sum_i y_i &= \sum_i \frac{\exp(\alpha + \beta x_i)}{1 + \exp(\alpha + \beta x_i)}, \\ \sum_i x_i y_i &= \sum_i x_i \frac{\exp(\alpha + \beta x_i)}{1 + \exp(\alpha + \beta x_i)} \end{aligned}$$

le quali ammettono una e una sola soluzione per i parametri α e β, in virtù di quanto detto sopra.

3.3.7 Principio di Condizionamento

Supponiamo che la statistica sufficiente minimale s relativa ad un qualche esperimento casuale si possa dividere in due parti, diciamo $s = (t, a)$ dove a è una statistica la cui distribuzione non dipende dal parametro θ; si dice allora che a costituisce una statistica ancillare. La statistica a non è in grado di per sé di fornire informazioni su θ, ma tuttavia essa per la sua intrinseca variabilità costituisce un elemento di disturbo all'inferenza. Questo motiva il *principio di condizionamento*, in base al quale noi dobbiamo trarre inferenza non dalla distribuzione della v.c. S bensì da quella di T condizionatamente al fatto che A ha assunto il valore a, cioè noi dovremmo operare sulla verosimiglianza

$$L_a(\theta) = c(t)\, f_{T|A}(t|a; \theta) \tag{3.23}$$

dove l'ultimo termine è appunto la densità di T condizionata al fatto che $A = a$.

In realtà la verosimiglianza $L_a(\theta)$ non è diversa da quella usuale. Infatti $L(\theta)$ si ottiene moltiplicando la (3.23) per la densità di A, diciamo $f_A(a)$, ma questo ultimo termine non dipende da θ e quindi $L_a(\theta) \propto L(\theta)$. Pertanto, fintanto che noi ci muoviamo nell'ambito del principio di verosimiglianza non c'è differenza nel fare riferimento a $L(\theta)$ oppure a $L_a(\theta)$. In particolare la SMV $\hat{\theta}$ sarà la stessa. Ciò che cambia è la valutazione di $\hat{\theta}$, o di una qualunque altra tecnica di inferenza, dal punto di vista del campionamento ripetuto. Gli esempi seguenti chiariranno questi punti.

Esempio 3.3.5 (Cox, 1958). Si lancia una moneta bilanciata e si assegna il valore $a = 0$ all'esito "testa", $a = 1$ all'esito "croce". Quindi si estraggono in modo indipendente 10^{2a} determinazioni della v.c. $N(\theta, 1)$; sia $\bar{y}$ la media aritmetica dei valori così ottenuti e quindi $\bar{y}$ è un valore tratto da una v.c. $N(\theta, 10^{-2a})$. La legge di probabilità della coppia $(\bar{Y}, A)$ è

$$\frac{1}{2} \times \frac{1}{\sqrt{2\pi}10^{-a}} \exp\left\{-\frac{1}{2}\left(\frac{\bar{y}-\theta}{10^{-a}}\right)^2\right\}.$$

È chiaro che $(\bar{y}, a)$ è una statistica sufficiente per θ, e che a è una statistica ancillare. La SMV di θ è $\bar{y}$, con

$$\mathrm{var}\{\bar{Y}|a\} = 10^{-2a}, \quad \mathrm{var}\{\bar{Y}\} = \frac{1}{2} \times \frac{1}{100} + \frac{1}{2} \times 1 = \frac{1}{2}\left(\frac{101}{100}\right).$$

Di queste due espressioni la seconda dà la varianza della stima che lo sperimentatore può attendersi a priori rispetto all'esperimento, mentre la prima misura la varianza relativa all'osservazione effettivamente compiuta.

Questo esempio dall'aspetto apparentemente bizzarro intende schematizzare una generica situazione in cui lo sperimentatore non è in grado di controllare a priori la quantità di informazione che un certo piano sperimentale gli fornirà. La quantità $\mathrm{var}\{\bar{Y}\}$ costituisce un elemento per confrontare a priori questo piano sperimentale con un qualche altro piano sperimentale, ma è chiaro che $\mathrm{var}\{\bar{Y}|a\}$ misura a posteriori l'informazione che abbiamo effettivamente conseguito.

Esempio 3.3.6 Riprendiamo la situazione trattata negli Esempi 2.3.13 e e 3.1.5. La statistica sufficiente minimale $(y_{(1)}, y_{(n)})$ ha funzione di densità in (x, y)

$$f(x, y) = \frac{n(n-1)}{\theta^n}(y-x)^{n-2} \qquad (\theta < x < y < 2\theta)$$

in base alla (A.32). Notiamo che una rappresentazione equivalente della statistica sufficiente è (t, a) dove $t = y_{(n)}, a = y_{(n)}/y_{(1)}$. La corrispondente funzione di densità della v.c. (T, A) nel punto (t, a) è

$$g(t, a) = \frac{n(n-1)}{\theta^n} \frac{t^{n-1}(a-1)^{n-2}}{a^n} \qquad \text{per } 1 < a < 2, a\theta < t < 2\theta.$$

La funzione di densità marginale di A e la funzione di densità di T condizionata ad $A = a$ sono date rispettivamente da

$$\begin{aligned} g_A(a) &= (n-1)(a-1)^{n-2}(2^n - a^n)/a^2 && \text{per } 1 < a < 2, \\ g_{T|a}(t) &= \frac{n\, t^{n-1}}{\theta^n (2^n - a^n)} && \text{per } a\theta < t < 2\theta \end{aligned}$$

e quindi a è una statistica ancillare. La verosimiglianza corrispondente alla (3.23) è

$$L_a(\theta) = \frac{c(a,t)}{\theta^n} \qquad \text{per } t/2 < \theta < t/a.$$

La SMV di θ ottenuta massimizzando $L_a(\theta)$ è $\hat{\theta} = t/2$, cioè esattamente la stessa che si era ottenuta nell'Esempio 3.1.5, però la varianza non è la stessa. Infatti dopo qualche passaggio algebrico si ottiene

$$\begin{aligned} \mathrm{var}\left\{\hat{\theta}\right\} &= \frac{n\theta^2}{4(n+1)^2(n+2)}, \\ \mathrm{var}\left\{\hat{\theta}|a\right\} &= \mathrm{var}\left\{\hat{\theta}\right\} \frac{(2^{n+1} - a^{n+1})^2 - (n+1)^2(2-a)^2\,(2a)^n}{(2^n - a^n)^2}. \end{aligned}$$

La dipendenza di $\mathrm{var}\left\{\hat{\theta}|a\right\}$ da a quantifica il fatto che, quanto più a è prossimo a 2, tanto più $y_{(1)}$ e $y_{(n)}$ sono prossimi agli estremi dell'intervallo $(\theta, 2\theta)$. In particolare è possibile mostrare che $\mathrm{var}\left\{\hat{\theta}|a\right\} \to 0$ quando $a \to 2$, come è ragionevole che sia. Infatti, se $a = 2$, significa che $\hat{\theta}$ coincide esattamente con θ, mentre $\mathrm{var}\left\{\hat{\theta}\right\}$ non tiene conto di questa informazione.

L'aver considerato $L_a(\theta)$ invece di $L(\theta)$ ci consente una più accurata valutazione della "qualità" dello stimatore $\hat{\theta}$ per il campione che noi abbiamo effettivamente osservato giacché l'operazione di condizionamento rispetto alla statistica ancillare comporta che la valutazione della varianza di $\hat{\theta}$ viene fatta nell'ambito di quei punti dello spazio campionario che sono in qualche modo somiglianti al nostro, nel senso di avere valore di A pari a quello che noi abbiamo osservato.

Gli esempi che abbiamo visto qui si riferiscono a casi piuttosto 'strani', ma ciò è per sgomberare la strada da complicazioni tecniche. Infatti, anche se la maggior parte degli studiosi è d'accordo nell'accettare il principio di condizionamento, vi sono dei problemi relativi al suo utilizzo. Talvolta la statistica ancillare a cui condizionare non è unica e ovviamente i risultati cambiano a seconda di quale si sceglie. Anche se gli esempi in tal senso sono pochi, la possibilità è irritante dal punto di vista teorico. Molto più spesso invece non vi è alcuna statistica ancillare cui condizionare (o per lo meno non è nota). Si è cercato allora di costruire statistiche approssimativamente ancillari.

Si tratta di un tema particolarmente complesso dal punto di vista tecnico, e attualmente ancora oggetto di ricerca per gli specialisti. Le complicazioni formali nascono dalla combinazione tra il concetto di statistica ancillare e i complessi sviluppi della teoria asintotica di ordine superiore. Un testo di riferimento in questo ambito è quello di Barndorff-Nielsen e Cox (1994), in particolare il capitolo 7. Una lettura relativamente più accessibile è presentata da Pace & Salvan (1996); si veda in particolare il capitolo 11.

3.3.8 Ancora sulla Informazione Osservata

Una volta costruita la SMV $\hat{\theta}$ per un certo parametro θ noi siamo interessati ad una valutazione della "bontà" della stima ottenuta. Siccome la varianza asintotica di $\hat{\theta}$ è $I(\theta)^{-1}$, una possibilità è usare $I(\hat{\theta})^{-1}$, sostituendo la stima all'ignoto parametro. Se $\hat{\theta}$ è consistente e $I(\theta)$ è continua, allora $I(\hat{\theta})$ è consistente per $I(\theta)$ in base al Teorema A.8.2(e). In alternativa, possiamo utilizzare il reciproco della informazione osservata di Fisher

$$\mathcal{I}(\hat{\theta}) = -\ell''(\hat{\theta}) = -\frac{\mathrm{d}^2}{\mathrm{d}\theta^2}\ell(\theta)\bigg|_{\theta=\hat{\theta}}$$

introdotta al §3.2.1. Almeno per variabili casuali indipendenti e identicamente distribuite l'informazione osservata è anch'essa una stima consistente di $I(\theta)$ (fatte salve ovvie condizioni la cui esplicitazione è lasciata al lettore per esercizio), perché

$$-\frac{1}{n}\frac{d^2}{d\theta^2}\ell(\theta) = \frac{1}{n}\sum_{i=1}^{n}\left(-\frac{d^2}{\mathrm{d}\theta^2}\ell_i(\theta)\right)$$

dove $\ell_i(\theta)$ è il contributo alla verosimiglianza della i-ma osservazione. Il membro di destra della ultima espressione converge quasi certamente al valore medio del suo generico termine, cioè $i(\theta)$, in base alla legge di forte dei grandi numeri. Si pone allora il problema: usare $I(\hat{\theta})$ oppure $\mathcal{I}(\hat{\theta})$? Asintoticamente il problema svanisce, né esso si pone del tutto per famiglie esponenziali regolari, come si vede dalla (3.22), ma negli altri casi le due espressioni non sono equivalenti.

Si possono portare argomentazioni in favore dell'uso della informazione osservata in quanto si può far vedere che essa fornisce una misura dell'informazione contenuta nel campione osservato, mentre $I(\theta)$ fornisce una media fatta sull'intera popolazione e quindi riflette le caratteristiche non solo del campione osservato, ma anche di quelli che non abbiamo osservato. Infatti l'informazione osservata è un criterio che cade nell'ambito del principio di verosimiglianza, mentre lo stesso non vale per $I(\hat{\theta})$. Si noti anche la connessione con il principio di condizionamento. Per una ulteriore lettura si rimanda ad Efron e Hinkley (1978).

Esempio 3.3.7 Si consideri un campione casuale semplice $(y_1, \ldots, y_n)$ da una distribuzione esponenziale $G(1, \theta)$ contenente dati censurati con censura fissa, cioè con distribuzione del tempo di censura degenere su un valore costante C, che supporremo noto. Questo tipo di censura è un caso-limite di quella più generale considerata nell'Esempio 2.2.4 e si ottiene da quella quando la distribuzione dei tempi di censura $G(\cdot)$ converge ad una degenere in C. Questa situazione si verifica quando si è prefissato di troncare il tempo di attesa dell'evento dopo che sono trascorse C unità di tempo. Allora in base alla (2.3) la verosimiglianza è

$$L(\theta) = \prod_{i=1}^{n} \theta^{z_i} \exp(-\theta\, y_i)$$

da cui segue che

$$\mathcal{I}(\theta) = \frac{R}{\hat{\theta}^2}, \qquad I(\theta) = \frac{\mathbb{E}\{R\}}{\theta^2}$$

dove $R = \sum_i z_i$ è il numero di elementi campionari non censurati.

Vogliamo ora confrontare le due informazioni, osservata e attesa, come criteri per valutare l'accuratezza della SMV. Siccome $I(\theta)$ non è nota esattamente, di fatto non si può fare altro che valutarla sostituendo θ con $\hat{\theta}$, cosicchè le due informazioni differiscono solo per il numeratore: in una si usa R, nell'altra

$$\mathbb{E}\{R\}\Big|_{\theta=\hat{\theta}} = n\{1 - \exp(-C\hat{\theta})\}.$$

Si vede così che l'informazione attesa tende a valutare l'informazione che mediamente il campione fornisce, tenendo conto del numero medio di osservazioni che risulteranno non censurate. Naturalmente vi saranno campioni che conterranno più dati censurati, altri campioni di meno. L'informazione osservata si basa appunto sul numero di dati non censurati presenti nel campione disponibile, e quindi si basa sull'informazione *effettivamente presente nel campione*, e non quella che mediamente c'è da attendersi.

Tabella 3.3: Distribuzione del diametro della testa di 500 rivetti

diametro (valore centrale della classe) z_i	frequenza f_i
13,07	1
13,12	4
13,17	4
13,22	18
13,27	38
13,32	56
13,37	69
13,42	96
13,47	72
13,52	68
13,57	41
13,62	18
13,67	12
13,72	2
13,77	1

3.4 Alcuni Esempi Numerici

Esempio 3.4.1 I dati della Tabella 3.3, riprodotti da Hald (1952, p. 135), sono di una forma molto semplice, ma anche molto comune. Si riferiscono ad una singola variabile, e sono disponibili nella forma di *distribuzione di frequenza* piuttosto che individualmente; vale a dire che è stata assegnata una partizione in intervalli dell'asse reale e sono state conteggiate le osservazioni che cadono in ciascun intervallo (detto anche *classe*, in questo contesto). Con terminologia un po' desueta, si dice anche che i dati della tabella costituiscono una seriazione.

Più specificamente, i dati si riferiscono al diametro (in mm) della testa di $n = 500$ rivetti, classificati in $k = 15$ intervalli, ciascuno di ampiezza $h = 0{,}05$ mm. Le frequenze riportate nella tabella sono quelle del numero di casi che cadono nell'intervallo il cui valore centrale è indicato nella prima colonna.

Una partita di 500 rivetti può essere considerata un campione casuale semplice della distribuzione di probabilità associata al processo di produzione industriale in questione. Assumiamo che tale distribuzione di probabilità sia di tipo normale; in questo caso non entrremo in un esame dell'adegua-

Fig. 3.4: Istogramma dei dati sui rivetti e curve normali stimate mediante SMV, in modo approssimato (curva continua) ed esatto (curva tratteggiata)

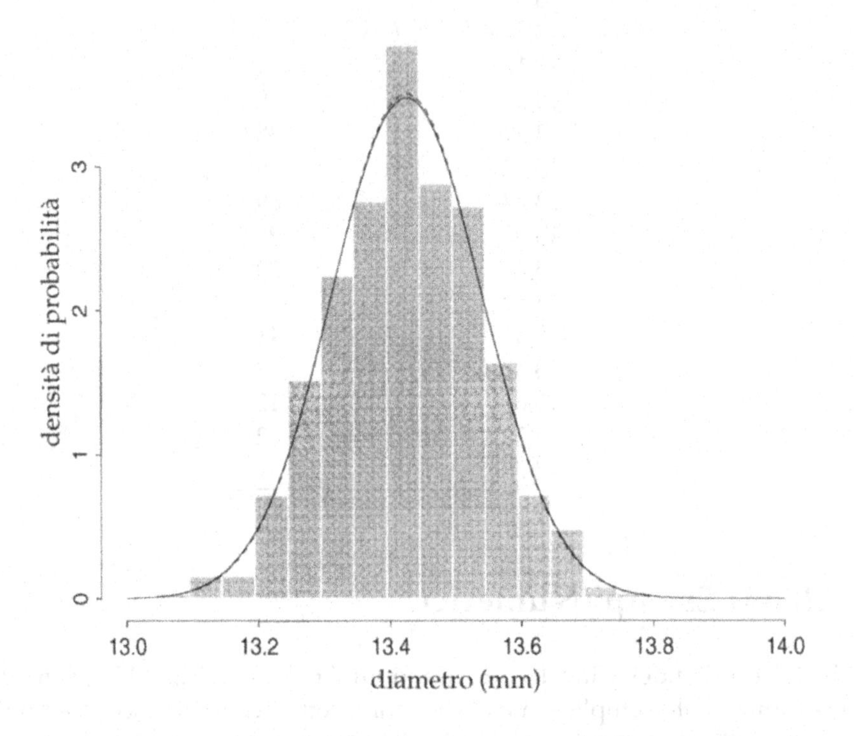

tezza di tale scelta, a parte osservare che misurazioni di questo genere spesso evidenziano un buon accostamento con la curva normale.

Un modo semplice, e allo stesso tempo importante, per rappresentare graficamente una seriazione è l'*istogramma*, che si ottiene tracciando per ogni classe un rettangolo di altezza uguale a $f_i/(n\,h)$, che costituisce una semplice *stima della densità* attorno al valore centrale z_i ($i = 1, \ldots, k$). L'istogramma relativo ai dati della Tabella 3.3 è raffigurato nella Figura 3.4, e la sua forma corrobora l'assunzione di normalità. Il significato delle curve, continua e tratteggiata, sarà spiegato tra poco.

Per stimare i parametri della distribuzione $N(\mu, \sigma^2)$ sottostante, un modo molto semplice è di assegnare tutti i dati di una classe al suo valore centrale, e quindi calcolare la media aritmetica e la varianza pesate con le frequenze

$$\tilde{\mu} = \frac{\sum_{i=1}^{k} z_i\, f_i}{n}, \qquad \tilde{\sigma}^2 = \frac{\sum_{i=1}^{k} (z_i - \tilde{\mu})^2\, f_i}{n} .$$

i cui valori per i dati in questione sono $\tilde{\mu} = 13{,}4264$ e $\tilde{\sigma}^2 = 0{,}013149$. La densità normale corrispondente a questi valori dà la curva continua sovrapposta all'istogramma in Figura 3.4.

Anche se il metodo precedente è estremamente semplice e del tutto adeguato in molti casi pratici, esso non produce peraltro la vera, esatta SMV. Per ottenere quest'ultimo tipo di stima, dobbiamo considerare la probabilità di osservare le frequenza della Tabella 3.3 come funzione di $\theta = (\mu, \sigma^2)$. Siccome stiamo considerando la probabilità di un certo numero di successi relativi ad eventi mutualmete esclusivi, la distribuzione appropriata è la multinomiale; la verosimiglianza risultante è

$$L(\theta) = c \prod_{i=1}^{k} p_i(\theta)^{f_i} \tag{3.24}$$

dove

$$p_i(\theta) = \Phi\left(\frac{z_i + h/2 - \mu}{\sigma}\right) - \Phi\left(\frac{z_i - h/2 - \mu}{\sigma}\right),$$

(per $i = 1, \ldots, k$) fornisce la probabilità che un'osservazione cada nella i-ma classe.

Notiamo che (3.24) fornisce l'espressione della verosimiglianza in tutti i casi in cui i dati sono raggruppati, come nella Tabella 3.3; l'unico aggiustamento richiesto sta nell'espressione dei p_i come funzioni dei parametri, se si utilizza un'altra famiglia parametrica invece della normale.

La massimizzazione numerica della (3.24) produce le SMV $\hat{\mu} = 13{,}4264$ e $\hat{\sigma}^2 = 0{,}012941$; di questi due valori, la prima componente coincide con quella trovata in precedenza, e la seconda componente è molto simile. Infatti la corrispondente funzione di dentità normale, rappresentate dalla curva tratteggiata della Figura 3.4, è difficilmente distinguibile dalla precedente.

Noi abbiamo ottenuto la SMV per massimizzazione diretta di $\log L(\theta)$, ma è interessante notare che, almeno per questi dati, l'esatto valore della SMV per σ^2 è praticamente lo stesso che si ottiene utilizzando la *correzione di Sheppard*,

$$\tilde{\sigma}^2 - \frac{h^2}{12},$$

un antico metodo per correggere la varianza calcolata su dati raggruppati in classi; per approfondimenti si veda, per esempio, Cramér (1946, pagg. 359–363).

Esempio 3.4.2 I dati della Tabella 3.4 sono riprodotti dal Patil (1962), che a sua volta li attribuisce a Karl Pearson in connessione ai suoi studi sull'albinismo.

Tabella 3.4: Numero di bambini albini in famiglie con cinque bambini (Dati da *Biometrika*, **49**, 231, riprodotti con il permesso del *Biometrika Trust*).

numero di albini (k)	1	2	3	4	5
frequenza (f_k)	25	23	10	1	1

La tabella si riferisce ad un campione di 60 famiglie, ognuna delle quali con 5 figli, e fornisce il numero f_k di famiglie con k bambini albini, per $k = 1, \dots, 5$.

Se indichiamo con π la probabilità che un bambino sia albino in una delle famiglie considerate, allora la distribuzione del numero di albini in una famiglia è binomiale troncata, del tipo

$$\mathbb{P}\{Y_1 = k\} = \frac{\binom{m}{k} \pi^k (1-\pi)^{m-k}}{1-(1-\pi)^m}, \qquad k = 1, \dots, m,$$

dove $m = 5$. La corrispondente log-verosimiglianza per il parametro π è

$$\begin{aligned} \ell(\pi) &= c + \sum_{k=1}^{m} f_k \left[k \log \pi + (m-k)\log(1-\pi) - \log\{1-(1-\pi)^m\}\right] \\ &= c + n\left[\bar{y} \log \pi + (m-\bar{y})\log(1-\pi) - \log\{1-(1-\pi)^m\}\right] \end{aligned}$$

dove

$$n = \sum_k f_k, \qquad \bar{y} = \sum_k \frac{k\, f_k}{n},$$

e l'ultima quantità costituisce la statistica sufficiente per π. Equagliando a 0 la funzione di punteggio

$$\ell'(\pi) = n\left(\frac{\bar{y}}{\pi} - \frac{m-\bar{y}}{1-\pi} - \frac{m(1-\pi)^{m-1}}{1-(1-\pi)^m}\right)$$

si trova, dopo un po'di algebra, che la SMV $\hat{\pi}$ soddisfa all'equazione

$$\hat{\pi} = \frac{\bar{y}}{m}\left(1-(1-\hat{\pi})^m\right)$$

che deve essere risolta numericamente. La forma particolare di questa equazione ci consente di utilizzare un algoritmo molto semplice, talvolta chiamato di sostituzione ripetuta. Questo agisce calcolando il membro di destra dell'equazione con il valore corrente di $\hat{\pi}$, così ottenendo il prossimo valore di $\hat{\pi}$, e così via fino alla convergenza. Un valore iniziale ragionevole per $\hat{\pi}$ è $\bar{y}/m$, dato che si verifica facilmente che

$$\mathbb{E}\{Y_1\} = \frac{m\,\pi}{1-(1-\pi)^m},$$

e il denominatore può essere per il momento ignorato se π e m non sono troppo piccoli. Per i dati della Tabella 3.4, abbiamo $\bar{y}/m = 0.3667$ e, dopo circa dieci iterazioni del metodo delle sostituzioni ripetute, otteniamo $\hat{\pi} = 0{,}3088$.

Per calcolare l'informazione contenuta nel campione, ci conviene usare l'espressione

$$\begin{aligned} I(\pi) &= \mathrm{var}\{\ell'(\pi)\} \\ &= n^2\,\mathrm{var}\{\bar{Y}\}\left(\frac{1}{\pi}+\frac{1}{1-\pi}\right)^2 \\ &= n\,\mathrm{var}\{Y_1\}\left(\frac{1}{\pi(1-\pi)}\right)^2 \end{aligned}$$

dove $\mathrm{var}\{Y_1\}$ deve essere ottenuta per calcolo diretto dalla distribuzione di probabilità, il che porta a

$$\mathrm{var}\{Y_1\} = \frac{(m\pi)^2 + m\pi(1-\pi)}{1-(1-\pi)^m} - \left(\frac{m\pi}{1-(1-\pi)^m}\right)^2.$$

La sostituzione di $\hat{\pi}$ in $I(\pi)$ produce il valore 972,6, il cui reciproco 0,00103 dà una stima di $\mathrm{var}\{\hat{\pi}\}$

Esempio 3.4.3 La genetica delle popolazioni è un campo dove modelli probabilistici e statistici sono ampiamente utilizzati, per l'intrinseca imprevedibilità della combinazione dei geni a seguito di un accoppiamento.

Alcuni concetti elementari di genetica e semplici applicazioni di metodi probabilistici sono presentati da Feller (1968, p. 132ff); per una trattazione sistematica, si veda per esempio Sbr, Owen, & Edgar (1965). Quello che segue è un esempio molto semplice, ma in un certo senso tipico, delle applicazioni coinvolte dalla genetica.

Le caratteristiche individuali sono controllate da geni; questi sono entità che assumono una tra un piccolo numero di possibili forme tra loro alternative, chiamate alleli.

Per esempio, il tipo di sangue di un essere umano è controlato da un gene con tre alleli, denominati A, B, O. Siccome gli alleli esistono in coppie, ogni individuo appartiene ad uno tra sei possibili gruppi, detti genotipi: AA, AO,

BB, BO, AB, OO; i genotipi della forma AO e OA sono considerati equivalenti. L'appartenenza di un individuo ad un genotipo non è però osservabile direttamente, in quanto ambedue le forme AA e AO appaiono come appartenenti ad una stessa classe (detta fenotipo), in questo caso il "sangue del gruppo A"; questa sovrapposizione dei due genotipi è in relazione con la natura dominante dell'allele A rispetto a quello recessivo O. Ci sono quindi quattro gruppi sanguigni osservabili: A, B, AB, O.

Indichiamo con p, q e r le proporzioni dei tre alleli A, B e O in una data popolazione (con $p + q + r = 1$). La combinazione di due geni per formare una coppia ha luogo in condizioni di mutua indipendenza; quindi il genotipo AA si verifica con probabilità p^2, e così via per gli altri genotipi. La situazione è riassunta dalla tabella seguente.

genotipo	AA	AO	BB	BO	AB	OO
probabilità	p^2	$2pr$	q^2	$2qr$	$2pq$	r^2
gruppo sanguigno	A	A	B	B	AB	O

Si è interessati a stimare le proporzioni p, q, r dei tre tipi di alleli in una data popolazione. Dato un campione di individui, non possiamo però osservare direttamente le frequenze dei tre alleli, per le ragioni dette, e bisogna fare riferimento ad una valutazione indiretta, basata sui fenotipi. Per concretezza, supponiamo che un campione di $n = 345$ individui sia stato classificato in base al loro gruppo sanguigno, ottenendo la tabella di frequenza seguente.

gruppo sanguigno	A	B	AB	O
frequenza	150	29	6	160
	(n_A)	(n_B)	(n_{AB})	(n_O)

I dati possono essere pensati come generati da una variabile multinomiale a quattro celle, con probabilità rispettive

$$p^2 + 2pr, \quad q^2 + 2qr, \quad 2pq, \quad r^2.$$

La funzione di log-verosimiglianza corrispondente è

$$\begin{aligned} \ell(p,q) &= n_A \log(p^2 + 2pr) + n_B \log(q^2 + 2qr) \\ &\quad + n_{AB} \log(2pq) + 2n_O \log(1 - p - q) \end{aligned}$$

dove $r = 1 - p - q$, $p \in (0,1)$, $q \in (0,1)$, $p + q < 1$. La Figura 3.5 fornisce una rappresentazione grafica di questa funzione mediante curve di livello.

Fig. 3.5: Log-verosimiglianza per i dati sui gruppi sanguigni

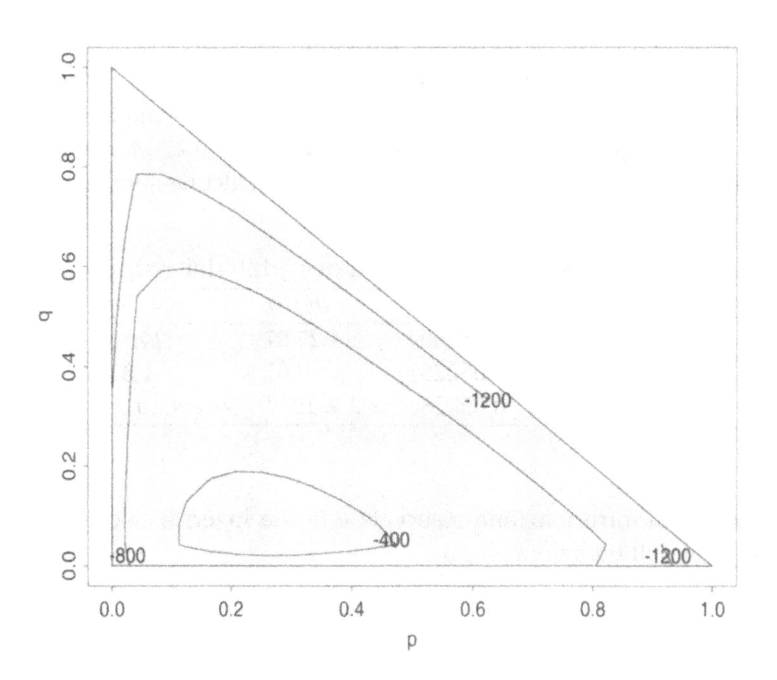

Si vede dal grafico che il punto di massimo non è lontanto da $p = 0{,}3$ e $q = 0{,}1$. Per una valutazione precisa della SMV usiamo il metodo di Newton–Raphson il quale richiede

$$\begin{aligned} \frac{\partial \ell}{\partial p} &= (n_A + n_{AB})/p - n_A/\bar{p} - 2\,n_B/\bar{q} - 2\,n_O/r\,, \\ \frac{\partial \ell}{\partial q} &= (n_B + n_{AB})/q - 2\,n_A/\bar{p} - n_B/\bar{q} - 2\,n_O/r \end{aligned}$$

e

$$\begin{aligned} -\frac{\partial^2 \ell}{\partial p^2} &= (n_A + n_{AB})/p^2 + n_A/\bar{p}^2 + 4\,n_B/\bar{q}^2 + 2\,n_O/r^2\,, \\ -\frac{\partial^2 \ell}{\partial q^2} &= (n_B + n_{AB})/q^2 + 4\,n_A/\bar{p}^2 + n_B/\bar{q}^2 + 2\,n_O/r^2\,, \\ -\frac{\partial^2 \ell}{\partial p \partial q} &= 2\,n_A/\bar{p}^2 + 2\,n_B/\bar{q}^2 + 2\,n_O/r^2 \end{aligned}$$

dove

$$\bar{p} = 2\,r + p, \qquad \bar{q} = 2\,r + q\,.$$

Per avviare l'algoritmo di Newton–Raphson potremmo semplicemente scegliere $p = 0{,}3$, $q = 0{,}1$, come suggerito dalla Figura 3.5. È però istruttivo pensare ad un metodo alternativo, che non richieda di disegnare l'intera superficie della log-verosimiglianza, in quanto questa operazione non è sempre possibile. Una semplice regola è la seguente: si stima r con $\sqrt{160/345}$ e quindi $p + q = 1 - r \approx 0{,}32$; siccome ci sono all'incirca cinque volte più casi A di casi B, scegliamo inizialmente $p = 0{,}32 \times 5/6 = 0{,}27$, $q = 0{,}32/6 = 0{,}05$. La Tabella 3.5 fornisce gli elementi riassuntivi di alcune iterazioni.

Tabella 3.5: Iterazioni Newton–Raphson per i dati dei gruppi sanguigni

ciclo	p	q	$\partial\ell/\partial p$	$\partial\ell/\partial q$
0	0,27000	0,05000	$-25{,}97$	$24{,}80$
1	0,26057	0,05226	$0{,}67$	$1{,}31$
2	0,26076	0,05226	$\approx 2 \times 10^{-4}$	$\approx 5 \times 10^{-3}$

La matrice di infrormazione osservata e la sua inversa, calcolate nei punti finali $(\hat{p}, \hat{q})$ dell'iterazione, sono

$$\begin{aligned} \mathcal{I}(\hat{p}, \hat{q}) &= \begin{pmatrix} 3085{,}4 & 818{,}8 \\ 818{,}8 & 13772{,}8 \end{pmatrix}, \\ \mathcal{I}(\hat{p}, \hat{q})^{-1} &= 10^{-4} \begin{pmatrix} 3{,}2930 & -0{,}1958 \\ -0{,}1958 & 0{,}7377 \end{pmatrix} \end{aligned}$$

Si noti che, con gli stessi dati, una diversa scelta dei valore iniziali può portare al di fuori della regione ammissibile; questo succede ad esempio con l'assegnazione uniforme $p = q = r = 1/3$.

Esercizi

3.1 Sulla base di un campione casuale semplice $(y_1, \ldots, y_n)$ da una v.c. $G(\omega, \lambda)$ si ottengano stime dei parametri mediante il metodo dei momenti.

3.2 Le stime ottenute con il metodo dei momenti sono equivarianti?

3.3 Per la situazione considerata nell'Esempio 3.1.6,

(a) stabilire se la verosimiglianza è di tipo esponenziale;

(b) verificare che l'espressione data di $\ell(N)$ vale per N intero con $N \geq M + n - m$;

(c) verificare l'affermazione del testo che $\ell(N)$ cresce a sinistra di $N\, n/m$, e descresce alla sua destra.

3.4 Si consideri il processo autoregressivo degli Esempi 2.4.5 e 3.1.11. Si ottenga l'informazione attesa per (ρ, σ^2). *[Notare la non-additività dell'informazione in questo caso.]*

3.5 Sia $(y_1, \ldots, y_n)$ un campione casuale semplice da una v.c. Y con funzione di probabilità geometrica del tipo

$$\mathbb{P}\{Y = y; \theta\} = \begin{cases} \left(\dfrac{\theta}{1+\theta}\right)^y \dfrac{1}{1+\theta} & \text{per } y = 0, 1, \ldots, \\ 0 & \text{altrimenti} \end{cases}$$

per qualche θ positivo e sia $(x_1, \ldots, x_m)$ un campione casuale semplice indipendente dal precedente da una v.c. di Poisson di media θ.

(a) Scrivere l'equazione la cui soluzione fornisce la stima di massima verosimiglianza di θ.

(b) Dimostrare che detta equazione ha una ed una sola soluzione nella regione ammissibile, fatto salvo un caso degenere.

3.6 Sia $(y_1, \ldots, y_n)$ un campione casuale semplice da una v.c. discreta Y avente funzione di probabilità

$$\mathbb{P}\{Y = r\} = \frac{\theta^r\, a_r}{f(\theta)} \qquad \text{per } r = 0, 1, \ldots,$$

dove θ è un parametro positivo e $\{a_r\}$ è una sequenza di costanti non negative che non dipendono da θ.

(a) Si tratta di una famiglia esponenziale?

(b) Dire se le distribuzioni binomiale, geometrica e di Poisson sono di questo tipo.

(c) Mostrare che f è indefinitamente derivabile.

(d) Ottenere l'espressione di $\mathbb{E}\{Y\}$ e $\text{var}\{Y\}$.

(e) Se poniamo $\bar{y} = \sum y_i/n$, mostrare che $\hat{\theta}$, SMV di θ, soddisfa all'equazione

$$\bar{y} = \frac{\hat{\theta}\, f'(\hat{\theta})}{f(\hat{\theta})}.$$

(f) Mostrare che l'informazione attesa di Fisher è $n\sigma^2(\theta)/\theta^2$, dove $\sigma^2(\theta) = \text{var}\{Y\}$.

3.7 Dimostrare la (3.10) ed estenderla al caso multidimensionale (3.11).

3.8 Sia $(y_1, \ldots, y_n)$ un campione casuale semplice da una v.c. di tipo beta di parametri p, q. Mostrare che la coppia (t_1, t_2), dove

$$t_1 = \left(\prod_{i=1}^{n} y_i\right)^{1/n}, \quad t_2 = \left(\prod_{i=1}^{n} (1 - y_i)\right)^{1/n}$$

sono le medie geometriche rispettivamente degli y_i e delle $(1 - y_i)$, è una statistica sufficiente per (p, q) e determinare il sistema di equazioni cui devono sottostare le SMV di p, q.

3.9 Sia $(y_1, \ldots, y_n)$ un campione casuale semplice da una v.c. la cui funzione di densità può essere scritta nella forma

$$f(y; \theta) = k(\theta)\, g(y)\, I_{[0,\infty)}(y - \theta)$$

dove $\theta > 0$ e $g(\cdot)$ è una funzione non negativa integrabile su tutto l'asse reale.

(a) Determinare la statistica sufficiente minimale per θ.

(b) Mostrare che $k(\theta)$ è una funzione non decrescente.

(c) Determinare la stima di massima verosimiglianza per θ.

3.10 Sia $(y_1, \ldots, y_n)$ un campione casuale semplice da una v.c. $N(\mu, \sigma^2)$. Determinare la SMV di (μ, σ^2) nell'ipotesi in cui $a < \mu < b$, con a, b costanti note.

3.11 Sia $(y_1, \ldots, y_n)$ un campione casuale semplice da una v.c. di Poisson di media θ con $\theta > 0$.

(a) Determinare la SMV di θ, discutendo anche il caso particolare in cui $\sum_i y_i = 0$.

(b) Cosa si può dire circa l'efficienza di $\hat{\theta}$?

3.12 Sia $(y_1, \ldots, y_N)$ un campione casuale semplice da una v.c. di Poisson di valor medio θ con $\theta > 0$.

(a) Determinare la stima di massima verosimiglianza di θ.

(b) Nell'ipotesi in cui solo le prime n $(n < N)$ determinazioni siano completamente note, mentre delle rimanenti $N - n$ si conosca la sola somma che indichiamo con x, si determini la SMV di θ.

(c) Confrontare e commentare i risultati ottenuti nelle due precedenti domande.

3.13 Sia $(y_1, \ldots, y_n)$ un campione casuale semplice da una v.c. continua con funzione di densità $f_4(y - \theta)$ con f_4 ottenuta ponendo $r = 4$ nell'Esercizio A.9 con θ parametro reale.

(a) Determinare la statistica sufficiente minimale per θ.

(b) Scrivere l'equazione di verosimiglianza per θ.

(c) Dire se tale equazione ammette una ed una sola soluzione.

3.14 Si consideri un campione casuale semplice di n coppie (x_i, y_i) per $i = 1, \ldots, n$ da una v.c. normale doppia. Ottenere le SMV dei cinque parametri coinvolti e le corrispondenti varianze asintotiche.

3.15 Sulla base di un campione casuale semplice $(y_1, \ldots, y_n)$ da una v.c. $N(\mu, \sigma^2)$ con ambedue i parametri ignoti, si ottenga una stima non distorta dello scarto quadratico medio σ.

3.16 Scelti a piacimento due punti sull'asse reale, si riottengano i corrispondenti valori delle quattro funzioni di densità rappresentate in Figura 3.3.

3.17 Per il modello di regressione logistica degli Esempi 2.4.4 e 3.3.4, supponiamo $x = (1, 2, 3, 4, 5)^\top$. Esaminare numericamente il diverso comportamento delle equazioni di verosimiglianza per (α, β) nel caso che $y = (0, 0, 1, 0, 1)^\top$ e nel caso $y = (0, 0, 0, 1, 1)^\top$.

[Difficile] In generale stabilire in quali casi le equazioni di verosimiglianza ammettono soluzione, supponendo che gli elementi di x siano tutti distinti.

3.18 Un certo tipo di cellula animale può configurarsi in tre versioni, diciamo tipo 0, 1 e 2. In base ad una certa teoria genetica i tre tipi di cellula si presentano con probabilità rispettive

$$\theta/4, \quad 1/2 + \theta/4, \quad 1/2 - \theta/2,$$

dove θ è un parametro non specificato dalla teoria genetica ($0 < \theta < 1$). Si effettua un campionamento casuale semplice di n cellule e le frequenze osservate per i tre tipi di cellule sono rispettivamente y_0, y_1, y_2 (con $y_0 + y_1 + y_2 = n$). Determinare la SMV nel caso in cui $y = (38, 125, 59)^\top$.

Capitolo 4

Verifica d'Ipotesi

4.1 Considerazioni Generali

4.1.1 Descrizione del Problema

Siamo qui interessati a valutare la conformità dei dati ad una certa ipotesi concernente il valore del parametro θ, ipotesi che si presume formulata a priori rispetto all'osservazione dei dati. Questo tipo di problema, detto di verifica di ipotesi, era stato affrontato nel Capitolo 1 mediante la funzione

$$L^*(\theta) = \frac{L(\theta)}{L(\hat{\theta})} \tag{4.1}$$

detta funzione di *verosimiglianza relativa*; essa varia tra 0 e 1, tralasciando i casi in cui la verosimiglianza è illimitata. Siccome il denominatore della (4.1) è funzione unicamente dei dati, esso gioca il ruolo di $1/c(y)$ nella definizione della verosimiglianza (2.2); allora, in definitiva, la (4.1) non è altro che una particolare versione della verosimiglianza.

Detto θ_H il valore specificato dalla nostra ipotesi su θ, la quantità $L^*(\theta_H)$, che è calcolabile a posteriori rispetto all'esperimento, è un indice appunto della conformità dei dati osservati rispetto all'ipotesi. Se $L^*(\theta_H) = 1$, c'è perfetta corrispondenza dei dati all'ipotesi (prendendo per scontata la scelta del modello statistico); viceversa, se $L^*(\theta_H) = 0$, l'ipotesi appare del tutto insoddisfacente. Siccome il più delle volte il valore che osserviamo di $L^*(\theta_H)$ giace tra 0 e 1, dobbiamo scegliere un *valore critico*, diciamo r, tale per cui se $L^*(\theta_H) < r$ rifiuteremo l'ipotesi nulla θ_H, mentre, in caso contrario, l'accetteremo. Questo fu appunto l'approccio seguito nell'esempio considerato nel Capitolo 1. Restano però ancora aperti alcuni problemi.

- Come scegliere il valore critico? Nell'esempio del Capitolo 1 la scelta $r = 1/5$ sembrò accettabile; questo fatto è giustificabile su base razionale? è estendibile più in generale?
- Così come per la SMV, la bontà della procedura proposta è valutabile nell'ambito del principio del campionamento ripetuto?
- Come adattare il criterio proposto a casi più complessi, in cui l'ipotesi non individua uno specifico valore di θ, ma ad esempio stabilisce che le due componenti di un vettore bidimensionale θ siano uguali tra di loro?

Obiettivo complessivo della restante parte del capitolo è di rispondere ai quesiti precedenti. Per fare ciò compieremo un lungo giro, anche un po' tortuoso. Ciò è in parte dovuto al modo in cui storicamente la teoria della verifica d'ipotesi si è sviluppata. Quella che viene qui presentata è una sua rilettura che privilegia il ruolo della verosimiglianza, anche con lo scopo di ricomporre questo capitolo della Statistica con quello della teoria della stima.

4.1.2 Il Test Statistico

Definizione 4.1.1 *Con riferimento al modello statistico (2.1) si bipartisca Θ in due sottoinsiemi Θ_0 e Θ_1 con $\Theta = \Theta_0 \cup \Theta_1$. Diremo test statistico una funzione $T(y)$ dallo spazio $\mathcal{Y}$ nell'insieme a due elementi $\{\Theta_0, \Theta_1\}$.*

Questa scarna definizione formale intende schematizzare il seguente problema decisionale: sulla base delle osservazioni y, si vuole stabilire se il vero valore del parametro θ_0 appartiene all'insieme Θ_0 oppure no. Spesso gli elementi del problema vengono sintetizzati dalla notazione

$$\begin{cases} H_0 : \theta_0 \in \Theta_0, \\ H_1 : \theta_0 \in \Theta_1, \end{cases} \tag{4.2}$$

detto *sistema di ipotesi*. La proposizione H_0 viene detta *ipotesi nulla*, mentre la proposizione H_1 è chiamata *ipotesi alternativa*. Tipiche esemplificazioni della (4.2) sono

$$\begin{cases} H_0 : \theta_0 = 3, \\ H_1 : \theta_0 \neq 3, \end{cases} \quad \begin{cases} H_0 : \theta_0 \leq 8, \\ H_1 : \theta_0 > 8, \end{cases} \quad \begin{cases} H_0 : \theta_{01} = \theta_{02}, \\ H_1 : \theta_{01} \neq \theta_{02}, \end{cases}$$

dove nel terzo caso θ_{01} e θ_{02} indicano le due componenti del vettore bidimensionale θ_0. La pedanteria vorrebbe che scrivessimo $\theta_0 \in \{3\}$, invece di $\theta_0 = 3$, ma quest'ultima scrittura è più semplice e non equivoca.

È chiaro che un test statistico costituisce essenzialmente una bipartizione dello spazio campionario; gli elementi di $\mathcal{Y}$ tali che $T(y) = \Theta_0$, indicati con $\mathcal{Y}_0$, costituiscono la *regione di accettazione* dell'ipotesi nulla, mentre i restanti elementi di $\mathcal{Y}$ costituiscono la *regione di rifiuto*, o *regione critica*, che indicheremo con $\mathcal{Y}_1$.

Usualmente questa bipartizione dello spazio campionario è indotta da una statistica a valori in $\mathbb{R}$, la quale in questo contesto è detta *funzione test*. Ad esempio la (4.1) definisce una funzione test; scegliendo il valore critico $r = 1/5$, la regione di rifiuto diventa

$$\{y : L^*(\theta_H) < 1/5\}$$

e il suo complemento è la regione di accettazione. Se il valore campionario y appartiene alla regione di accettazione noi concluderemo che l'ipotesi nulla è confortata dai dati sperimentali e *accetteremo* l'ipotesi; viceversa, se y appartiene a $\mathcal{Y}_1$, noi concluderemo che è l'ipotesi alternativa ad essere sostenuta dall'evidenza sperimentale e *rifiuteremo* l'ipotesi nulla.

Talvolta si finisce con l'identificare un *test* con la *funzione test* che si utilizza per definirlo. Ciò è certamente improprio, seppure parzialmente giustificabile con il fatto che spesso la funzione test, unitamente al valore critico, individua il test.

La formazione delle ipotesi nulla e alternativa (e quindi la bipartizione dello spazio parametrico) è essenzialmente un problema inerente la natura del modello e quindi può essere visto (almeno in una certa fase) come preassegnato. Al contrario, la scelta della bipartizione dello spazio campionario richiede una scelta per l'uso più appropriato dell'informazione campionaria, e quindi si tratta tipicamente di un problema che compete alla teoria della Statistica.

Non possiamo peraltro aspettarci che il test sia infallibile. Anche se $\theta_0 \in \Theta_0$, può verificarsi che $y \in \mathcal{Y}_1$ e che quindi si decida a favore dell'alternativa; ciò costituisce un errore di I tipo. Viceversa, anche se $\theta_0 \in \Theta_1$, può verificarsi che $y \in \mathcal{Y}_0$ e che quindi si decida a favore della ipotesi nulla; ciò costituisce un errore di II tipo. L'obiettivo è comunque di scegliere la bipartizione dello spazio campionario che rende gli errori di I e II tipo poco probabili per quanto possibile e, per converso, massimizzi la probabilità di decisione corretta.

Un attimo di riflessione dice che, da un punto di vista puramente formale, un test $T(y)$ è caratterizzato dalla sua *funzione di potenza,* definita come

$$\gamma(\theta) = \mathbb{P}\{T(Y) = \Theta_1; \theta\}\,. \tag{4.3}$$

Taluni Autori fanno riferimento alla *curva operativa,* definita come $1 - \gamma(\theta)$; ovviamente le due funzioni sono equivalenti.

Una volta nota la funzione di potenza si possono ricavare molte proprietà del test in questione. In particolare, una quantità molto importante è il *livello (di significatività)* del test, cioè la quantità

$$\alpha = \sup_{\theta \in \Theta_0} \gamma(\theta) \tag{4.4}$$

che rappresenta la massima probabilità di errore di I tipo.

Esempio 4.1.2 Si trae un valore y da una v.c. $Y \sim N(\theta, 1)$ e si vuole saggiare il sistema d'ipotesi

$$\begin{cases} H_0 : \theta_0 \leq 0, \\ H_1 : \theta_0 > 0 \end{cases}$$

utilizzando il test che decide a favore di H_0 se $y < \frac{1}{2}$. La corrispondente funzione di potenza vale

$$\begin{aligned} \gamma(\theta) &= \mathbb{P}\{Y > \tfrac{1}{2}; \theta\} \\ &= \mathbb{P}\{Y - \theta > \tfrac{1}{2} - \theta; \theta\} \\ &= \mathbb{P}\{Z > \tfrac{1}{2} - \theta; 0\} \\ &= \Phi(\theta - \tfrac{1}{2}) \end{aligned}$$

tenendo conto del fatto che $Z = Y - \theta \sim N(0, 1)$. In questo esempio, la funzione di potenza è una funzione strettamente crescente di θ, che $\gamma(\theta) \to 1$ per $\theta \to \infty$, che $\gamma(\theta) \to 0$ per $\theta \to -\infty$, e che per $\theta = 0$ essa vale $\Phi(-\frac{1}{2}) \approx 0{,}308$ (usando la (A.8)) valore che quindi costituisce il livello del test.

4.1.3 Test di Livello Assegnato

Idealmente si vorrebbe che $\gamma(\theta)$ fosse la più alta possibile quando $\theta \in \Theta_1$, e fosse la più piccola possibile quando $\theta \in \Theta_0$. Questi due requisiti sono ovviamente conflittuali tra loro. Basti pensare al test $T_1(y)$ che è identicamente pari a Θ_0 per ogni y e al test $T_2(y)$ che è identicamente pari a Θ_1 per ogni y; chiaramente T_1 ha potenza massima quando $\theta \in \Theta_0$, ma minima quando $\theta \in \Theta_1$, e viceversa per T_2.

Un possibile modo per uscire da questo dilemma è quello di fissare il livello di significatività e scegliere quel test che ha la più alta potenza per $\theta \in \Theta_1$ tra quelli di livello preassegnato. Ciò significa che noi ci garantiamo un valore massimo α della probabilità di errore di I tipo e cerchiamo di rendere minima la probabilità di errore di II tipo. Questa impostazione del problema, detta "classica" dovuta a J. Neyman e E. S. Pearson, riduce la scelta di $T(y)$ ad un problema variazionale di massimo vincolato.

In effetti, anche adottando l'impostazione di Neyman–Pearson, il problema può non avere soluzione univoca. Si consideri ad esempio la Figura 4.1 dove sono rappresentate le funzioni di potenza di due test T_3 e T_4 per saggiare il sistema d'ipotesi

$$\begin{cases} H_0 : \theta_0 \leq 3, \\ H_1 : \theta_0 > 3. \end{cases}$$

Questi due test hanno uguale livello α, ma nessuno dei due è uniformemente superiore all'altro: è allora necessario introdurre qualche ulteriore criterio per poter pervenire ad una scelta. Una possibilità è quella di scegliere quel test che ha maggiore potenza là dove la discriminazione tra le due ipotesi è più difficoltosa, cioè in prossimità del punto di soglia tra le due ipotesi (nella situazione della Figura 4.1 si tratta di T_3); tale test viene allora detto *localmente più potente*. Noi comunque non ci addentreremo ulteriormente su questa strada; per i nostri scopi è sufficiente l'aver enunciato che nel seguito ci proporremo di individuare dei test che siano di livello preassegnato, almeno approssimativamente, e sotto H_1 (cioè quando $\theta \in \Theta_1$) abbiano potenza "più alta possibile".

Per concludere facciamo notare che, in questa impostazione del problema, le due ipotesi nulla e alternativa vengono trattate in modo asimmetrico. Ciò è giustificato dal fatto che usualmente H_0 costituisce una proposizio-

Fig. 4.1: Due funzioni di potenza intersecantesi

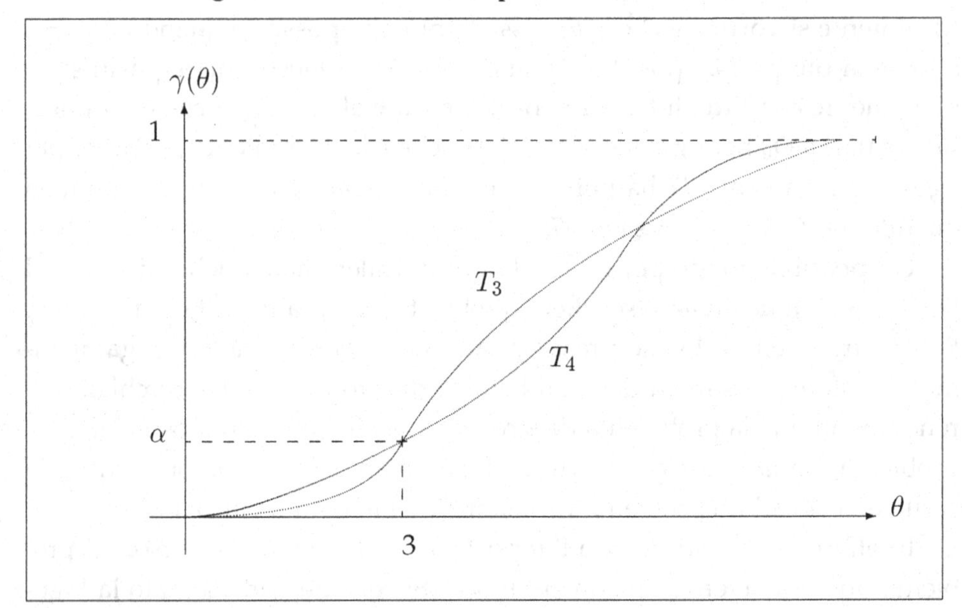

ne in qualche modo privilegiata, ad esempio sostenuta da qualche teoria scientifica, e quindi si preferisce poter controllare il livello del test, cioè la misura dell'errore di I tipo. Per una discussione critica su varî aspetti del test statistico si veda Cox (1977).

4.2 Tre Test Connessi alla Verosimiglianza

4.2.1 Rapporto di Verosimiglianza

Per una generica v.c. Y consideriamo dapprima il caso estremamente particolare in cui Θ è costituito da due soli elementi, θ_H e θ_A. Consideriamo pertanto il sistema di ipotesi

$$\begin{cases} H_0 : \theta_0 = \theta_H, \\ H_1 : \theta_0 = \theta_A. \end{cases} \tag{4.5}$$

Osservato il valore campionario y, è ragionevole basare la nostra decisione sulla statistica

$$\lambda^* = \lambda^*(y) = \frac{L(\theta_H; y)}{L(\theta_A; y)} \tag{4.6}$$

che esprime il rapporto tra le (densità di) probabilità che le due ipotesi assegnano a priori al valore osservato y. La funzione test (4.6) è detta *rapporto di verosimiglianza*. Se $\lambda^* > 1$ ciò significa che l'osservazione campionaria attribuisce maggiore verosimiglianza a θ_H che a θ_A e quindi noi saremo propensi ad accettare H_0, viceversa se $\lambda^* < 1$. Nell'impostazione di Neyman–Pearson, il test avrà come regione di rifiuto

$$\mathcal{Y}_L = \{y : \lambda^*(y) \leq \lambda_\alpha\} \tag{4.7}$$

con il valore critico λ_α scelto in modo che

$$\mathbb{P}\{\lambda^*(Y) \leq \lambda_\alpha : \theta_H\} = \alpha. \tag{4.8}$$

Se Y è una v.c. discreta, e quindi anche $\lambda^*(Y)$ lo è, può darsi che non esista alcun λ_α tale da soddisfare esattamente l'equazione (4.8); in questo caso si sceglie come λ_α quel valore che ha associato il più alto livello, effettivamente conseguibile, inferiore ad α.

Finora abbiamo argomentato in favore del test (4.7) su una base puramente intuitiva. Il risultato seguente ne dà una giustificazione formale.

Teorema 4.2.1 (Lemma Fondamentale di Neyman e Pearson) *Data una funzione di densità $f(y;\theta)$, il test (4.7) è quello avente potenza più alta per saggiare il sistema di ipotesi (4.5) tra tutti quelli che hanno livello non superiore ad α, definito da (4.8).*

Dimostrazione. Sia $\mathcal{Y}_A$ una qualunque altra regione di livello non superiore ad α, cioè

$$\alpha = \int_{\mathcal{Y}_L} f(y;\theta_H)\,\mathrm{d}\nu(y) \geq \int_{\mathcal{Y}_A} f(y;\theta_H)\,\mathrm{d}\nu(y)$$

cosicchè

$$\int_{\mathcal{Y}_L-\mathcal{Y}_A} f(y;\theta_H)\,\mathrm{d}\nu(y) \geq \int_{\mathcal{Y}_A-\mathcal{Y}_L} f(y;\theta_H)\,\mathrm{d}\nu(y)$$

visto che l'integrale sopra $\mathcal{Y}_L \cap \mathcal{Y}_A$ è comune alle due regioni. Ora, se $y \in \mathcal{Y}_L - \mathcal{Y}_A$, e quindi $y \in \mathcal{Y}_L$, $f(y;\theta_A)\lambda_\alpha > f(y;\theta_H)$, mentre in $\mathcal{Y}_A - \mathcal{Y}_L$ abbiamo $f(y;\theta_H) > \lambda_\alpha f(y;\theta_A)$. Quindi

$$\begin{aligned}\lambda_\alpha \int_{\mathcal{Y}_L-\mathcal{Y}_A} f(y;\theta_A)\,\mathrm{d}\nu(y) &\geq \int_{\mathcal{Y}_L-\mathcal{Y}_A} f(y;\theta_H)\,\mathrm{d}\nu(y)\\ &\geq \lambda_\alpha \int_{\mathcal{Y}_A-\mathcal{Y}_L} f(y;\theta_A)\,\mathrm{d}\nu(y)\end{aligned}$$

dove la seconda disuguaglianza vale in senso stretto a meno che le due regioni siano essenzialmente equivalenti. Dividendo per λ_α e sommando ad ambo i membri l'integrale sopra $\mathcal{Y}_A \cap \mathcal{Y}_L$, che è comune, otteniamo

$$\int_{\mathcal{Y}_L} f(y;\theta_A)\,\mathrm{d}\nu(y) \geq \int_{\mathcal{Y}_A} f(y;\theta_A)\,\mathrm{d}\nu(y).$$

QED

Osservazione 4.2.2 Abbiamo notato precedentemente che, se Y è discreta, può non essere possibile conseguire il livello desiderato, perché la discretezza di Y si ripercuote sui possibili valori di α. Sia dunque α' il livello effettivamente conseguibile più prossimo al livello α desiderato. Allora il ragionamento precedente mostra che la regione (4.7) rappresenta il test più potente al livello α'.

Osservazione 4.2.3 Anche se noi abbiamo derivato questi risultati in una impostazione parametrica, in realtà la (4.7) fornisce il test ottimo per verificare che una funzione di densità (in senso generalizzato) sia una prefissata f_H contro un'altra prefissata f_A. È sufficiente riscrivere il lemma con notazione modificata.

4.2.2 Tre Test Connessi alla Verosimiglianza

Il sistema di ipotesi (4.5) si incontra poco frequentemente nella pratica. Una situazione più comune è

$$\begin{cases} H_0 : \theta_0 = \theta_H, \\ H_1 : \theta_0 \neq \theta_H. \end{cases} \tag{4.9}$$

In questo caso una *ragionevole* estensione del criterio (4.6) è data dal *rapporto di verosimiglianza*

$$\begin{aligned} \lambda(y) = \lambda &= \frac{L(\theta_H; y)}{\sup_{\theta \neq \theta_H} L(\theta; y)} \\ &= \frac{L(\theta_H; y)}{\sup_{\theta \in \Theta} L(\theta; y)} \\ &= \frac{L(\theta_H; y)}{L(\hat{\theta}; y)} \end{aligned}$$

avendo assunto la continuità di $L(\theta)$ rispetto a θ per ogni $y \in \mathcal{Y}$. Si noti che $\lambda(y) = L^*(\theta_H)$, con $L^*(\theta)$ definito dalla (4.1).

È chiaro che una trasformazione monotona della funzione test non altera la bipartizione dello spazio campionario, e quindi non altera il test. Consideriamo dunque la nuova funzione test, anch'essa chiamata rapporto di verosimigliaza perché equivalente a $\lambda(y)$,

$$W(y) = -2 \log \lambda(y) \tag{4.10}$$

assumendo che valgano le cinque assunzioni del § 3.3.3. Siccome $0 < \lambda(y) \leq 1$, allora $W(y) \in [0, \infty)$. Sviluppando $\ell(\theta_H)$ in serie di Taylor dal punto $\hat{\theta}$ abbiamo

$$\begin{aligned} W(y) &= -2\{\ell(\theta_H) - \ell(\hat{\theta})\} \\ &= -2\{(\theta_H - \hat{\theta})\ell'(\hat{\theta}) + \tfrac{1}{2}(\theta_H - \hat{\theta})^2 \ell''(\tilde{\theta})\} \end{aligned} \tag{4.11}$$

con $\tilde{\theta} \in (\hat{\theta}, \theta_H)$ e $\ell'(\hat{\theta}) = 0$. Poiché $\hat{\theta}$ è una stima consistente di θ_H sotto H_0, lo è pure $\tilde{\theta}$. Quindi, sotto H_0,

$$\begin{aligned} W(y) &= -n(\hat{\theta} - \theta_H)^2 \frac{\ell''(\theta_H)}{n} + o_p(1) \\ &= n(\hat{\theta} - \theta_H)^2 \{i(\theta_H) + o_p(1)\} + o_p(1) \\ &= n(\hat{\theta} - \theta_H)^2 i(\theta_H) + o_p(1). \end{aligned} \tag{4.12}$$

Quest'ultima espressione mostra che, al primo ordine di approssimazione, $W(y)$ misura lo scarto tra il valore ipotizzato θ_H e la SMV, opportunamente standardizzato. Siccome, sotto H_0, $i(\theta_H) = i(\hat{\theta}) + o_p(1)$, se $i(\theta)$ è una funzione continua, allora

$$W(y) = W_e(y) + o_p(1)$$

dove

$$W_e(y) = n(\hat{\theta} - \theta_H)^2 i(\hat{\theta}) \tag{4.13}$$

che è anche detto test di Wald. Dalla (3.18) abbiamo che, sotto H_0,

$$\sqrt{n}(\hat{\theta} - \theta_H) = \ell'(\theta_H)/\{\sqrt{n}\, i(\theta_H)\} + o_p(1),$$

che, sostituita nella (4.12), porta a

$$W(y) = W_u(y) + o_p(1)$$

Fig. 4.2: Tre funzioni test connesse alla log-verosimiglianza

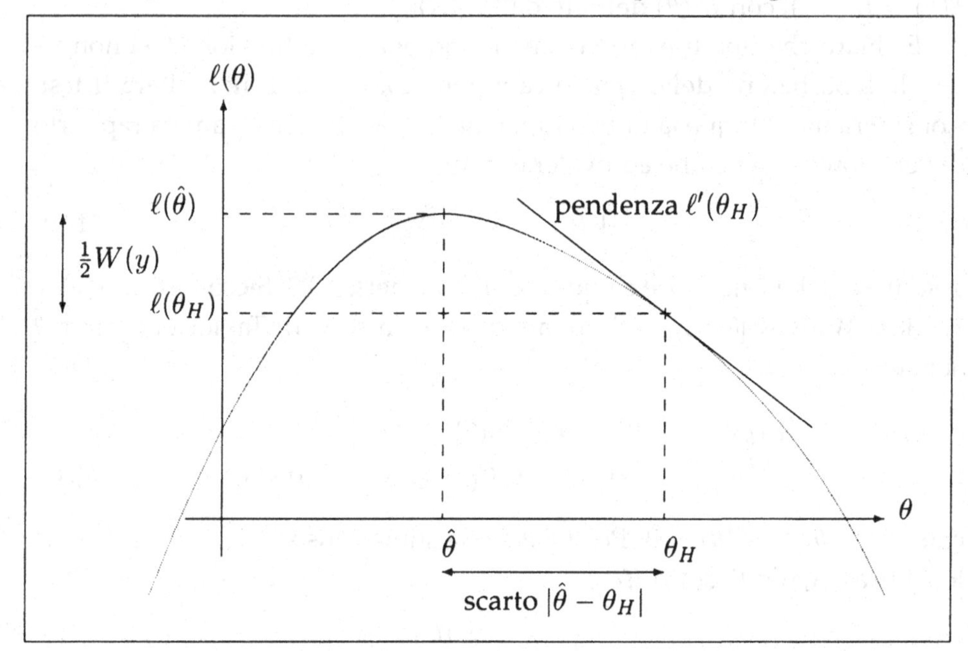

dove

$$W_u(y) = \frac{\ell'(\theta_H)^2}{n\, i(\theta_H)}. \tag{4.14}$$

che è detta *funzione test del punteggio.*

Siamo così arrivati a tre funzioni test, ognuna delle quali differisce dalle altre per infinitesimi in probabilità. Esse misurano i seguenti tre diversi aspetti della log-verosimiglianza, che sono illustrati dalla Figura 4.2:

- $W(y)$ misura la differenza tra le ordinate della log-verosimiglianza in $\hat{\theta}$ e in θ_H;

- $W_e(y)$ misura lo scarto tra le ascisse di $\hat{\theta}$ e θ_H, opportunatamente standardizzato;

- $W_u(y)$ misura la pendenza della log-verosimiglianza in θ_H, anche qui con standardizzazione opportuna.

Esempio 4.2.4 Consideriamo un campione casuale semplice $y = (y_1, \dots, y_n)^\top$ da una v.c. $\mathcal{N}(\theta, \sigma^2)$ con σ^2 noto, e si voglia saggiare il sistema di ipotesi

$$\begin{cases} H_0 : \theta_0 = \theta_H, \\ H_1 : \theta_0 \neq \theta_H \end{cases}$$

dove θ_H è un valore specificato. Tenendo anche presente l'Esempio 3.2.4, le tre funzioni test prendono forma

$$\begin{aligned}
W(y) &= 2\{\ell(\hat\theta) - \ell(\theta_H)\} \\
&= -\sum(y_i - \hat\theta)^2/\sigma^2 + \sum(y_i - \theta_H)^2/\sigma^2 \\
&= n(\hat\theta - \theta_H)^2/\sigma^2, \\
W_e(y) &= (\hat\theta - \theta_H)^2 I(\hat\theta) \\
&= (\hat\theta - \theta_H)^2 n/\sigma^2, \\
W_u(y) &= \{\ell'(\theta_H)\}^2/I(\theta_H) \\
&= \{n(\hat\theta - \theta_H)/\sigma^2\}^2/(n/\sigma^2) \\
&= n(\hat\theta - \theta_H)^2/\sigma^2,
\end{aligned}$$

dove $\hat\theta$ è la media aritmetica dei dati. In questa situazione le tre funzioni test sono esattamente coincidenti e quindi lo sono anche i test. Per definire completamente il test dobbiamo determinare un valore λ_α tale che

$$\mathbb{P}\left\{n(\hat\theta - \theta_H)^2/\sigma^2 \geq -2\log\lambda_\alpha ; \theta_H\right\} = \alpha.$$

Sotto H_0,

$$n(\hat\theta - \theta_H)^2/\sigma^2 \sim \chi_1^2$$

e quindi scegliamo come regione di rifiuto

$$\{y : (\hat\theta - \theta_H)^2 n/\sigma^2 \geq c_\alpha\}$$

dove c_α è l'$(1-\alpha)$-mo percentile della distribuzione χ_1^2. Sotto H_1, $\mathbb{E}\left\{\hat\theta\right\} = \theta_0 \neq \theta_H$ e quindi la distribuzione delle funzioni test è un χ_1^2 con parametro di non centralità $n(\theta_0 - \theta_H)^2/\sigma^2$. Per il calcolo della funzione di potenza notiamo che la regione di accettazione può essere scritta come

$$\{y : -z_{\alpha/2} < (\hat\theta - \theta_H)\sqrt{n}/\sigma < z_{\alpha/2}\}$$

dove $\Phi^{-1}(1-\alpha/2) = z_{\alpha/2} = \sqrt{c_\alpha}$, per la relazione tra $\mathcal{N}(0,1)$ e χ_1^2. Allora il complemento della funzione di potenza vale

$$\begin{aligned}
1 - \gamma(\theta) &= \mathbb{P}\left\{-z_{\alpha/2} < \sqrt{n}((\hat\theta - \theta) + (\theta - \theta_H))/\sigma < z_{\alpha/2}\right\} \\
&= \mathbb{P}\{-z_{\alpha/2} < Z + \delta < z_{\alpha/2}\}
\end{aligned}$$

dove $Z \sim N(0,1)$ e $\delta = \sqrt{n}(\theta - \theta_H)/\sigma$; da qui si ha che

$$\gamma(\theta) = 1 - \Phi(z_{\alpha/2} - \delta) + \Phi(-z_{\alpha/2} - \delta)$$

la quale è una funzione crescente di $|\delta|$ e quindi cresce sia con n che con la distanza tra θ e θ_H, mentre descesce con σ.

Osservazione 4.2.5 È naturale chiedersi: perché sono stati sviluppate tre funzioni test, W, W_e e W_u, invece di una sola? e quale è preferibile? Purtroppo la risposta non è univoca. Innanzitutto è opportuno rendersi conto che lo sviluppo storico dei metodi non ha seguito sempre un percorso rettilineo dal punto di vista logico: certi metodi sono stati concepiti indipendentemente da altri e solo a posteriori si è evidenziata la relazione intercorrente tra loro. Del resto da un punto di vista tecnico non si riesce a stabilire una precisa graduatoria tra i tre test, almeno in termini generali, senza riferimento ad un problema specifico. Per quanto riguarda sia la bontà di accostamento della distribuzione a quella asintotica che la funzione di potenza, vi sono situazioni in cui un test è superiore e altre in cui lo stesso test è inferiore agli altri, e quindi non vi è preferenza uniforme su questo piano. Il test di Wald ha lo svantaggio di non essere invariante rispetto a riparametrizzazioni, mentre gli altri due sono invarianti. Il test del putneggio può essere calcolato senza dover ottenere la SMV, ma questo è un vantaggio più apparente che reale, perché raramente in una situazione reale si effettua una verifica d'ipotesi escludendo il problema di stima.

4.3 Rapporto di Verosimiglianza

Nella restante parte del capitolo punteremo la nostra attenzione sul test associato a $W(y)$, perché più direttamente legato alla funzione di verosimiglianza, anche se ritorneremo brevemente sugli altri.

4.3.1 Formulazione del TRV

Nella sua formulazione più generale il test del rapporto di verosimiglianza (TRV) per la verifica d'ipotesi (4.2) è definito come quello con regione di rifiuto

$$R = \{y : \lambda(y) \leq \lambda_\alpha\} \tag{4.15}$$

dove

$$\lambda = \lambda(y) = \frac{\sup_{\theta \in \Theta_0} L(\theta; y)}{\sup_{\theta \in \Theta} L(\theta; y)} = \frac{L(\hat{\theta}_0; y)}{L(\hat{\theta}; y)} \tag{4.16}$$

e λ_α è scelto in modo che

$$\sup_{\theta \in \Theta_0} \mathbb{P}\{\lambda(Y) \leq \lambda_\alpha; \theta\} \leq \alpha. \tag{4.17}$$

Chiaramente in generale $\lambda(y) \in [0, 1]$ e, in casi non degeneri, $\lambda(y) \in (0, 1]$. È anche ovvio che è matematicamente equivalente, ma generalmente più pratico e comune, considerare la trasformazione monotona

$$W(y) = -2 \log \lambda(y) = 2 \left(\ell(\hat{\theta}) - \ell(\hat{\theta}_0) \right)$$

e la regione di rifiuto R si può scrivere come

$$R = \{y : W(y) \geq w_\alpha\}$$

dove $w_\alpha = -2 \log \lambda_\alpha$.

4.3.2 Distribuzione Asintotica

La definizione precedente, pur formalmente completa, non dice come determinare operativamente il valore critico λ_α, ovvero w_α. In linea di principio si dovrebbe determinare ogni volta la distribuzione di $W(Y)$ e ricavare da questa il suo opportuno percentile. Questa è stata la linea dell'esempio finale della sezione precedente; nella sezione 4.4 vedremo altri esempi di tale calcolo. Molto spesso però la determinazione esatta della distribuzione di $W(Y)$ non è possibile e quindi si è costretti ad approssimarla. Anche qui il metodo principe per produrre tale approssimazione è quello di determinare la distribuzione asintotica della statistica e poi usare questa distribuzione asintotica per numerosità finita.

Per il caso particolare considerato nel § 4.2.2, abbiamo che sotto H_0

$$W(Y) \xrightarrow{d} \chi^2_1, \tag{4.18}$$

tenendo presente la (4.12), la (3.19) e i Teoremi A.8.2(e) e (f). Ovviamente anche $W_e(Y)$ e $W_u(Y)$ hanno la stessa distribuzione asintotica, perchè differiscono da $W(Y)$ per infinitesimi in probabilità. Il valore critico approssimato dei tre test è quindi fornito dalle tavole della distribuzione χ^2_1.

Ovviamente l'utilizzo della distribuzione approssimata, quale la (4.18) o analoghe relazioni, fa sì che la probabilità di superare il valore critico non corisponde esattamente al valore prescelto, cioè il *livello reale* o *livello effettivo* non è pari al *livello nominale*, quello che ci eravamo prefissati. Molta parte della letteratura si occupa di valutare l'entità di tale discrepanza. Siccome in genere si vuole evitare al massimo la possibilità di un rigetto ingiustificato dell'ipotesi nulla per i motivi accennati alla fine del § 4.1.3, si tende a preferire che una discrepanza tra livello reale e nominale sia nel senso che il livello reale è inferiore piuttosto che superiore a quello nominale; un test con questa caratteristica è detto *conservatore*.

Per quanto riguarda il comportamento dei test sotto H_1, ricordiamo che nel Capitolo 4 abbiamo visto che, almeno nel caso di variabili casuali indipendenti e identicamente distribuite, $\ell(\theta_0) - \ell(\theta) \to \infty$ quando $n \to \infty$ per ogni $\theta \neq \theta_0$. Quindi la probabilità che $W(Y)$ appartenga ad un qualunque intervallo limitato tende a 0, ovvero la potenza del test tende a 1; diremo allora che il test è *consistente*. Si può mostrare che, sotto H_1, la distribuzione di $W(Y)$ può essere approssimata da un χ^2_1 non centrale con parametro di non centralità $n(\theta_0 - \theta_H)^2 i(\theta_H)$, che ovviamente diverge con n. La stessa affermazione vale per le altre funzioni test.

Ferme restando le altre assunzioni, se il parametro θ della (4.9) è k-dimensionale, uno sviluppo multidimensionale analogo alla (4.11), i cui dettagli sono lasciati al lettore, porta a

$$W(Y) = n(\hat{\theta} - \theta_H)^\top i(\theta_H)\,(\hat{\theta} - \theta_H) + o_p(1),$$

la cui distribuzione asintotica, sotto H_0, è χ^2_k. È anche possibile dimostrare che, se lo spazio Θ_0 è definito come l'insieme dei valori di $\theta = (\theta_1, \ldots, \theta_k)^\top$ soddisfacenti alle m ($m \leq k$) equazioni

$$\begin{cases} g_1(\theta_1, \ldots, \theta_k) = 0, \\ \quad \vdots \\ g_m(\theta_1, \ldots, \theta_k) = 0, \end{cases} \tag{4.19}$$

dove le funzioni g_i ammettono derivate parziali continue e soddisfano alcune ulteriori blande condizioni, allora sotto H_0

$$W(Y) \xrightarrow{d} \chi^2_m. \tag{4.20}$$

La dimostrazione è omessa. Ovviamente nel caso del sistema di ipotesi del tipo (4.9), ma dove θ sia k-dimensionale, le equazioni (4.19) prendono la forma

$$\theta_{0i} - \theta_{Hi} = 0 \quad (i = 1, \dots, k)$$

(dove il secondo deponente denota la i-ma componente del vettore) per cui i gradi di libertà sono k, come già visto.

In certi altri casi l'ipotesi nulla specifica solo il valore di un certo numero r di componenti di θ. Allora il numeratore della (4.16) si ottiene massimizzando $L(\theta)$ rispetto alle restanti $k - r$ componenti, mentre il denominatore è ancora il massimo assoluto di $L(\theta)$. I gradi di libertà della distribuzione asintotica sono r, in quanto l'ipotesi nulla si può esprimere mediante r equazioni del tipo $\theta_{0i} - \theta_{Hi} = 0$.

L'estensione multiparametrica di W_e e W_u è data rispettivamente da

$$\begin{aligned} W_e &= n(\hat\theta - \theta_H)^\top i(\hat\theta_H)(\hat\theta - \theta_H) \\ W_u &= \left(\left. \frac{d\,\ell(\theta)}{d\theta} \right|_{\theta=\theta_H} \right)^\top I(\theta_H)^{-1} \left(\left. \frac{d\,\ell(\theta)}{d\theta} \right|_{\theta=\theta_H} \right) \end{aligned}$$

come il lettore può verificare per esercizio. Anche per queste statistiche vale un risultato analogo alla (4.20) nel caso di sistemi d'ipotesi del tipo (4.19).

Per approfondimenti su questioni riguardanti la distribuzione asintotica di W, W_e, W_u si può consultare Serfling (1990, cap. 4).

Osservazione 4.3.1 Il risultato (4.20) assume che siano valide le condizioni di regolarità del § 3.3.3 e che le ipotesi (4.19) rappresentino delle uguaglianze, contro l'alternativa che non valga almeno un'uguaglianza. Diamo un contro-esempio in cui, venendo meno queste condizioni, la distribuzione di $W(Y)$ non è quella che si desume da una cieca applicazione della (4.20). Sia $y = (y_1, \dots, y_n)$ un campione casuale semplice da una v.c. con funzione di densità in t

$$g(t;\theta) = \begin{cases} e^{-(t-\theta)} & \text{per } t > \theta, \\ 0 & \text{altrimenti.} \end{cases}$$

Si vuole saggiare il sistema di ipotesi

$$\begin{cases} H_0 : \theta_0 = \theta_H, \\ H_1 : \theta_0 > \theta_H, \end{cases}$$

dove θ_H è un valore specificato. Qui non siamo in un problema regolare di stima e l'ipotesi alternativa è unilaterale. Abbiamo che

$$\lambda(y) = \prod_{i=1}^{n} \frac{e^{-(y_i - \theta_H)}}{e^{-(y_i - \hat{\theta})}} = e^{-n(\hat{\theta} - \theta_H)}$$

con $\hat{\theta} = y_{(1)}$ e quindi

$$W(y) = -2 \log \lambda(y) = 2n(\hat{\theta} - \theta_H).$$

Sotto H_0 la v.c. $(\hat{\theta} - \theta_H)$ si distribuisce come il più piccolo elemento di un campione casuale semplice da una v.c. esponenziale di media 1; quindi $\hat{\theta} - \theta_H$ si distribuisce come una v.c. esponenziale con media $1/n$. In definitiva, tenuto conto della relazione tra distribuzione esponenziale e χ^2, abbiamo che

$$W(Y) \sim \chi_2^2$$

senza alcuna approssimazione, e non χ_1^2 come si sarebbe potuto credere. È facile calcolare esplicitamente la funzione di potenza del test.

4.3.3 Livello di Significatività Osservato

Nella pratica statistica ben raramente l'applicazione di un test si attua rigidamente con la determinazione di un valore critico e la cruda constatazione che il valore osservato della funzione test cade a sinistra o a destra del valore critico. Del resto il valore critico dipende dal livello, per il quale non esiste del resto una scelta univoca. Piuttosto, operativamente, si preferisce stabilire qual è il minimo livello per cui si rifiuterebbe l'ipotesi nulla. Nel caso del TRV, avendo osservato il valore campionario $W(y)$, si calcola

$$\alpha_{\text{oss}} = \sup_{\theta \in \Theta_0} \mathbb{P}\{W(Y) \geq W(y); \theta\} \tag{4.21}$$

che è detto *livello di significatività osservato* o anche *valore-p*. Tanto più il valore-p è prossimo a 0, tanto minore è la probabilità che, sotto H_0, $W(Y)$ produca un valore uguale o superiore a quello osservato, mentre è alta la probabilità che $W(Y)$ produca tali valori sotto H_1. Allora, in definitiva, il valore-p costituisce un indicatore della plausibilità dell'ipotesi nulla. Naturalmente, da un punto di vista formale, accettare l'ipotesi nulla quando $W(y) < -2\log\lambda_\alpha$ è equivalente ad accettare quando $\alpha_{oss} > \alpha$.

Comunemente, se $\alpha_{oss} < 0{,}01$ l'ipotesi nulla è rigettata senza esitazione; se $0{,}01 < \alpha_{oss} < 0{,}05$ si tende a rifiutare l'ipotesi a meno che informazioni collaterali non ne diano speciale motivazione; se $0{,}05 < \alpha_{oss} < 0{,}1$ vi è una moderata indicazione contro l'ipotesi, mentre se $\alpha_{oss} > 0{,}1$ si ritiene confermata l'ipotesi. Naturalmente queste barriere sono puramente orientative, i numeri indicati non avendo alcuna altra proprietà al di fuori di quella di essere "numeri tondi".

Esempio 4.3.2 Consideriamo l'impianto dell'Esempio 4.2.4 precedente e supponiamo $n = 22$, $\hat{\theta} = 1{,}39$ e $\theta_H = 1$. Allora ciascuna delle tre funzioni test considerate vale

$$22 \times (1{,}39 - 1)^2 = 3.346$$

che cade tra il percentile superiore di livello 10% e quello di livello 5% di un χ_1^2, i quali valgono rispettivamente 2,706 e 3,841. Quindi al livello 10% si rifiuterebbe l'ipotesi, mentre la si accetterebbe al livello 5%.

In alternativa, in virtù della relazione tra χ_1^2 e $N(0,1)$, il valore-p è dato da $2\Phi(-\sqrt{3{,}346}) \approx 0{,}067$, utilizzando l'espressione approssimata (A.8) per il calcolo di $\Phi(\cdot)$.

Consideriamo la relazione tra il valore-p e la (4.1) nel caso piuttosto semplice, ma importante, del sistema d'ipotesi (4.9). In questo caso $L^*(\theta_H) = \lambda(y)$ e, siccome vi è una relazione monotona tra $\lambda(y)$ e il valore-p, vi è una relazione monotona tra il valore-p e $L^*(\theta_H)$; inoltre ambedue variano tra 0 e 1. Si tratta pertanto di due indici in un certo senso somiglianti, anche se di diversa interpretazione in quanto il valore-p è una quantità legata all'applicazione del principio del campionamento ripetuto, mentre ciò non è vero per $L^*(\theta_H)$.

4.3.4 Parametri di Disturbo e Verosimiglianza Profilo

In molti casi il sistema d'ipotesi riguarda solo alcune delle componenti del parametri. Più specificamente, se suddividiamo θ in due parti, diciamo $\theta = (\psi, \lambda)$, allora l'ipotesi può riguardare solo la componente ψ, che è detto *parametro di interesse,* mentre λ è detto *parametro di disturbo.* In certi casi ci si può ricondurre a questa situazione mediante un'opportuna riparametrizzazione.

Se $\hat{\lambda}_\psi$ indica il valore di λ che rende massima la log-verosimiglianza ℓ per un fissato valore di ψ, si ponga

$$\ell^*(\psi) = \ell(\psi, \hat{\lambda}_\psi)$$

La funzione ℓ^* è chiamata *log-verosimiglianza profilo* perché rappresenta appunto il 'profilo' della usuale log-verosimiglianza se noi la immaginiamo come una collina osservata da un punto di ascissa $\lambda = \infty$, e quindi percependo, per ogni fissato ψ, solo i punti di ordinata massima corrispondenti a $\hat{\lambda}_\psi$.

Anche se non si tratta di una effettiva verosimiglianza, in quanto non è associata ad alcun modello statistico per il solo parametro ψ, la verosimiglianza profilo si comporta per svariati aspetti come una verosimiglianza. Essa ha rilevanza anche in problemi di stima, anche se noi l'abbiamo introdotta in questo contesto di verifica d'ipotesi. In particolare si vede subito che il massimo di ℓ^* si raggiunge in corrispondenza all'usuale SMV di ψ. Inoltre il rapporto di verosimiglianza per le ipotesi

$$\begin{cases} H_0 : \psi = \psi_H, \\ H_1 : \psi \neq \psi_H \end{cases}$$

può essere scritto come

$$\begin{aligned} W &= 2\left(\ell(\hat{\psi}, \hat{\lambda}) - \ell(\psi_H, \hat{\lambda}_{\psi_H})\right) \\ &= 2\left(\ell^*(\hat{\psi}) - \ell^*(\psi_H)\right) \end{aligned}$$

che sotto l'ipotesi nulla ha distribuzione asintotica χ^2_q, se $q = \dim(\psi)$.

Molti dei problemi esaminati nel § 4.4 costituiscono esemplificazioni di questa situazione e quindi omettiamo qui degli esempi. Notiamo invece che la distribuzione asintotica di W è lo stesso χ^2_q che si avrebbe se la componente λ non fosse presente, o il suo valore λ_0 fosse noto. Questa considerazione fa sospettare che, quando il numero $k-q$ di componenti di disturbo è elevato, l'approssimazione alla effettiva distribuzione di W fornita dal χ^2_q non sia così accurata.

Nei casi in cui la distribuzione di W non è calcolabile in modo esatto, possono diventare rilevanti considerazioni di teoria asintotica di ordine superiore per ottenere approssimazioni più accurate. Si veda a questo proposito Barndorff-Nielsen & Cox (1994, cap. 3 e 8), e Pace & Salvan (1996, in particolare § 4.6 e § 11.6).

4.4 Importanti Esemplificazioni

In questa sezione descriveremo alcune applicazioni del TRV. Dal punto di vista formale esse non sono altro che pure esemplificazioni, ma dal punto di vista applicativo esse costituiscono lo strumentario base essenziale per il lavoro pratico dello statistico. Per adeguarci ad una convenzione in uso, in questa sezione useremo la notazione $H_0 : \theta = \theta_0$, piuttosto che $H_0 : \theta_0 = \theta_H$, come scritto finora. Ciò non dovrebbe creare confusione, dato che il "vero valore" θ_0 del parametro non sarà ulteriormente coinvolto.

4.4.1 Test t di Student ad un Campione (Bilaterale)

Sia $(y_1, \ldots, y_n)$ un campione casuale semplice da una v.c. $N(\mu, \sigma^2)$, tramite il quale si vuol saggiare il sistema di ipotesi

$$\begin{cases} H_0 : \mu = \mu_0, \\ H_1 : \mu \neq \mu_0, \end{cases} \tag{4.22}$$

dove μ_0 è un valore specificato. Qui $\Theta_0 = \{(\mu_0, \sigma^2) : \sigma^2 \in \mathbb{R}^+\}, \Theta = \{(\mu, \sigma^2) : \mu \in \mathbb{R}, \sigma^2 \in \mathbb{R}^+\}$. In questa situazione μ allora costituisce il parametro di interesse, σ^2 quello di disturbo.

La funzione di verosimiglianza è stata data nell'Esempio 3.1.10 e il massimo su tutto Θ si ha in corrispondenza a

$$\hat{\mu} = \sum_{i=1}^{n} y_i/n = \bar{y}, \quad \hat{\sigma}^2 = \sum_{i=1}^{n} (y_i - \hat{\mu})^2/n,$$

che fornisce il valore $L(\hat{\mu}, \hat{\sigma}^2)$ per il denominatore della (4.16). Per il calcolo del numeratore, notiamo che rispetto a μ non vi è da massimizzare essendovi un unico valore possibile, cioè μ_0. Dobbiamo quindi calcolare

$$\sup_{\sigma^2} L(\mu_0, \sigma^2),$$

che fornisce rapidamente il valore

$$\hat{\sigma}_0^2 = \sum_{i=1}^{n} (y_i - \mu_0)^2/n$$

per σ^2. In definitiva abbiamo che

$$\begin{aligned}
\lambda(y) &= \frac{L(\mu_0, \hat{\sigma}_0^2)}{L(\hat{\mu}, \hat{\sigma}^2)} = \left(\frac{n^{-1}\sum(y_i - \mu_0)^2}{n^{-1}\sum(y_i - \overline{y})^2} \right)^{-n/2} \\
&= \left(\frac{\sum(y_i - \overline{y})^2 + n(\overline{y} - \mu_0)^2}{\sum(y_i - \overline{y})^2} \right)^{-n/2} \\
&= \left(1 + \frac{t^2}{n-1} \right)^{-n/2}
\end{aligned}$$

dove

$$t = \frac{\sqrt{n}(\overline{y} - \mu_0)}{\sqrt{\frac{\sum(y_i - \overline{y})^2}{n-1}}} = \frac{\sqrt{n}(\overline{y} - \mu_0)}{s}.$$

Siccome λ è una funzione monotona decrescente di $|t|$, allora rifiutare H_0 per piccoli valori di $\lambda(y)$ è equivalente a rifiutare per grandi valori di t^2 ovvero di $|t|$.

La funzione test t^2 è analoga a quella dell'Esempio 4.2.4, con la sola differenza che l'ignoto valore di σ è stato sostituto dalla sua stima s. Naturalmente tale sostituzione modifica la distribuzione della statistica, che non è più esattamente χ_1^2. Risulta tuttavia che

$$\begin{aligned}
-2\log\lambda &= n\log(1 + t^2/(n-1)) \\
&= n(t^2/(n-1) + o_p(1/n)) \\
&= t^2 + o_p(1) \\
&\xrightarrow{d} \chi_1^2
\end{aligned}$$

sviluppando in serie stocastica la funzione logaritmo come è descritto al § A.8.4 e tenendo conto del fatto che $t \xrightarrow{d} N(0, 1)$ e del Teorema A.8.2(e). Abbiamo così confermato con un calcolo diretto il risultato generale (4.20).

In realtà nel caso in questione possiamo evitare del tutto approssimazioni nel calcolo della distribuzione. Per quanto detto nel § A.5.9, t si distribuisce sotto H_0 come una v.c. t di Student con $n - 1$ gradi di libertà. Nell'ipotesi alternativa si tratta di una t non centrale con parametro di non centralità $\delta = \sqrt{n}(\mu - \mu_0)/\sigma$.

Allora la regione di rifiuto al livello α sarà costituita da quei valori di t che cadono negli intervalli $(-\infty, -t_{\alpha/2})$ e $(t_{\alpha/2}, \infty)$, dove $t_{\alpha/2}$ è il punto che lascia a destra un'area pari a $\alpha/2$ sotto la densità della t_{n-1}. In questo caso la distribuzione di $\lambda(Y)$, ovvero di t, è assolutamente continua e quindi assegnare i punti $\pm t_{\alpha/2}$ alla regione di rifiuto o a quella di accettazione non muta nè il livello del test nè la sua potenza.

Equivalentemente, avendo osservato il valore campionario t, il livello di significatività osservato sarà pari a $2\mathbb{P}\{T > |t|\}$, dove T è una v.c. t_{n-1}.

4.4.2 Test t di Student ad un Campione (Unilaterale)

Nello stesso impianto del paragrafo precedente, consideriamo il sistema di ipotesi

$$\begin{cases} H_0 : \mu \leq \mu_0, \\ H_1 : \mu > \mu_0, \end{cases}$$

Ora $\Theta_0 = \{(\mu, \sigma^2) : \mu \in \mathbb{R}, \mu \leq \mu_0, \sigma^2 \in \mathbb{R}^+\}$. Quindi la stima di μ e σ^2 fatta massimizzando su tutto Θ resta immutata, mentre quella in Θ_0 si modifica. Ragionando come nell'Esempio 3.1.2, caso (b), abbiamo che la stima di μ in Θ_0 è

$$\hat{\mu}_0 = \min\{\mu_0, \bar{y}\}$$

e la stima corrispondente di σ^2 è

$$\hat{\sigma}_0^2 = \sum_i (y_i - \hat{\mu}_0)^2/n$$

per la quale risulta

$$\begin{cases} \hat{\sigma}_0^2 = \hat{\sigma}^2 & \text{se } \hat{\mu}_0 = \bar{y}, \\ \hat{\sigma}_0^2 > \hat{\sigma}^2 & \text{se } \hat{\mu}_0 = \mu_0. \end{cases}$$

Allora

$$\lambda(y) = \left(\frac{\hat{\sigma}_0^2}{\hat{\sigma}^2}\right)^{-n/2} = \left(\frac{\sum(y_i - \hat{\mu}_0)^2}{\sum(y_i - \hat{\mu})^2}\right)^{-n/2}$$

e risulta

$$\begin{cases} \lambda(y) = 1 & \text{se } \hat{\sigma}^2 = \hat{\sigma}_0^2, \\ \lambda(y) < 1 & \text{se } \hat{\sigma}^2 < \hat{\sigma}_0^2. \end{cases}$$

Se $\lambda(y) = 1$ accettiamo comunque l'ipotesi; se $\lambda(y) < 1$ accettiamo per $|t|$ sufficientemente piccolo con t definito come nel § 4.4.1. Quindi la regione critica è del tipo

$$\begin{aligned} \{\lambda(y) < \lambda_\alpha\} &= \{\lambda(y) < 1\} \cap \{t^2 > t_\alpha^2\} \\ &= \{\overline{y} > \mu_0\} \cap \{|t| > |t_\alpha|\} \\ &= \{t > t_\alpha\} \end{aligned}$$

dove t_α è il valore che lascia a destra una probabilità pari ad α per la distribuzione t_{n-1}. Siccome $\mathbb{P}\{\lambda(Y) = 1\} = \mathbb{P}\{Y \leq \mu_0\} = \frac{1}{2}$ sotto H_0, abbiamo il vincolo $\alpha \leq \frac{1}{2}$, che però non è importante in pratica.

Osservazione 4.4.1 Questo è un altro esempio in cui l'alternativa è di tipo unilaterale, rispetto all'ipotesi nulla, e quindi non si può formulare in termini del tipo (4.19). Pertanto la distribuzione asintotica del TRV non sarà di tipo χ^2, come è anche evidente dal fatto che il TRV è equivalente alla funzione test t, la quale non converge a un χ_1^2 per $n \to \infty$.

4.4.3 Test t di Student a Due Campioni (Bilaterale)

Prima di esprimere formalmente la prossima situazione che vogliano considerare, ne diamo una motivazione applicativa. Vi sono molte situazione pratiche in cui si vogliono confrontare gli effetti di due trattamenti; qui il termine 'trattamento' può indicare una terapia, un corso di istruzione, o altro ancora. Per condurre tale confronto, ad un gruppo di soggetti, scelti casualmente dalla popolazione, si somministra un trattamento, ad un secondo gruppo si somministra l'altro trattanento.

In molti casi uno dei due trattamenti rappresenta una tecnica di uso già consolidato (ad esempio la usuale terapia medica per una data patologia), mentre l'altro trattamento costituisce la novità da provare. Siccome usualmente si è disposti ad abbandonare il trattamento tradizionale solo se quello nuovo è effettivamente superiore, ci si vuole cautelare conto l'impropria dichiarazione a favore del nuovo. Ciò si realizza formulando trattando come ipotesi nulla l'uguaglianza dei due trattamenti, cosicchè possiamo controllare la probabilità di errore di I tipo, che possiamo fissare a nostra scelta.

Qui considereremo solo il caso in cui l'alternativa all'uguaglianza dei trattamenti è bilaterare. Nei casi pratici si è anche interessati ad alternative unilaterali; questo caso può essere trattato in modo analogo a quello in questione (cfr Esercizio 5.7).

Supponiamo quindi che siano disponibili due campioni casuali semplici: $(z_1, \dots, z_n)$ dalla distribuzione $N(\mu, \sigma^2)$ e $(x_1, \dots, x_m)$ dalla $N(\eta, \sigma^2)$, con i quali si vuole saggiare il sistema di ipotesi

$$\begin{cases} H_0 : \mu = \eta, \\ H_1 : \mu \neq \eta. \end{cases} \tag{4.23}$$

Si noti che le due distribuzioni hanno comunque la stessa (ignota) varianza; si dice allora che le variabili sono *omoschedastiche*. La log-verosimiglianza è

$$\ell(\mu, \eta, \sigma^2) = -\frac{n+m}{2}\log\sigma^2 - \frac{1}{2\sigma^2}\sum_{i=1}^{n}(z_i-\mu)^2 - \frac{1}{2\sigma^2}\sum_{i=1}^{m}(x_i-\eta)^2$$

le cui SMV associate sono

$$\hat{\mu} = \sum z_i/n = \bar{z}, \qquad \hat{\eta} = \sum x_i/m = \bar{x},$$
$$\hat{\sigma}^2 = \frac{\sum(z_i-\bar{z})^2 + \sum(x_i-\bar{x})^2}{n+m}.$$

In Θ_0 dobbiamo massimizzare

$$\ell(\mu, \mu, \sigma^2) = -\frac{n+m}{2}\log\sigma^2 - \frac{1}{2\sigma^2}\left(\sum_{i=1}^{n}(z_i-\mu)^2 + \sum_{i=1}^{m}(x_i-\mu)^2\right)$$

che porta alle stime

$$\hat{\mu}_0 = \frac{\sum z_i + \sum x_i}{n+m} = \frac{n\bar{z}+m\bar{x}}{n+m}, \quad \hat{\sigma}_0^2 = \frac{\sum(z_i-\hat{\mu}_0)^2 + \sum(x_i-\hat{\mu}_0)^2}{n+m}.$$

Quindi la (4.16) vale

$$\begin{aligned}
\lambda &= \left(\frac{\hat{\sigma}_0^2}{\hat{\sigma}^2}\right)^{-(n+m)/2} = \left(\frac{\sum(z_i-\hat{\mu}_0)^2+\sum(x_i-\hat{\mu}_0)^2}{\sum(z_i-\hat{\mu})^2+\sum(x_i-\hat{\eta})^2}\right)^{-(n+m)/2} \\
&= \left(\frac{\sum(z_i-\hat{\mu})^2+n(\hat{\mu}_0-\hat{\mu})^2+\sum(x_i-\hat{\eta})^2+m(\hat{\mu}_0-\hat{\eta})^2}{\sum(z_i-\hat{\mu})^2+\sum(x_i-\hat{\eta})^2}\right)^{-(n+m)/2}
\end{aligned}$$

Riscrivendo

$$\begin{aligned}
n(\hat{\mu}-\hat{\mu}_0)^2+m(\hat{\eta}-\hat{\mu}_0)^2 &= n\left(\bar{z}-\frac{n\bar{z}+m\bar{x}}{n+m}\right)^2+m\left(\bar{x}-\frac{n\bar{z}+m\bar{x}}{n+m}\right)^2 \\
&= \frac{n\,m^2}{(n+m)^2}(\bar{z}-\bar{x})^2+\frac{m\,n^2}{(n+m)^2}(\bar{z}-\bar{x})^2 \\
&= \frac{n\,m}{n+m}(\bar{z}-\bar{x})^2
\end{aligned}$$

otteniamo

$$\lambda = \left(1+\frac{t^2}{n+m-2}\right)^{-(n+m)/2}$$

dove

$$t = \frac{(\bar{z}-\bar{x})/\sqrt{1/n+1/m}}{\sqrt{\dfrac{\sum(z_i-\bar{z})^2+\sum(x_i-\bar{x})^2}{n+m-2}}} = \frac{\bar{z}-\bar{x}}{s\,\sqrt{1/n+1/m}}$$

che sotto H_0 si distribuisce come una t_{n+m-2}. La regione di accettazione è del tipo $(-t_{\alpha/2}, t_{\alpha/2})$.

Osservazione 4.4.2 Nello sviluppo precedente è stata essenziale l'ipotesi di omoschedasticità, ma in talune situazioni pratiche questa ipotesi potrebbe non essere ragionevolmente ritenuta valida. In tal caso ci si troverebbe a dover saggiare il sistema (4.23) *senza* l'ipotesi di omoschedasticità, problema che è noto in letteratura come problema di Behrens-Fisher. Esso non si presta ad una soluzione esatta, cioè senza ricorrere a distribuzioni approssimate attraverso la teoria asintotica, almeno nell'ambito di questo approccio all'inferenza.

Osservazione 4.4.3 Quando non si è sicuri che l'ipotesi di omoschedasticità sia opportuna, si può pensare di saggiare prima l'ipotesi di uguaglianza delle varianze (cfr. Esercizio 5.8) e, se questa è accettata, procedere con la verifica d'ipotesi sulle medie.

Ciò è legittimo purché si tengano presenti le considerazioni seguenti. Se effettivamente le due distribuzioni sono uguali sia per media che per varianza, e se i due test sono effettuati al livello rispettivo α_1 e α_2, allora l'ipotesi di uguaglianza delle medie (essendo condizionata all'esito del primo test) verrà accettata con probabilità $(1-\alpha_1)(1-\alpha_2)$; si può infatti dimostrare che le due funzioni test sono tra loro indipendenti. Quindi il test avrà un livello complessivo $\alpha_1 + \alpha_2$, trascurando il termine $\alpha_1\alpha_2$ che è di ordine inferiore. In definitiva, se si vuole che il livello complessivo sia α, bisogna che ciascun test sia condotto al livello $\alpha/2$, volendo tenere i due livelli uguali.

Si vede quindi che l'applicazione di più test in cascata aumenta il livello finale di significatività. Nel caso esaminato le considerazioni sono state molto semplificate dal fatto che le due funzioni test danno luogo a v.c. indipendenti, ma ciò è un caso particolarissimo e quindi in generale diventa molto complicato calcolare il livello di un test composto. Spesso nel lavoro applicativo si procede sottoponendo a più test lo stesso insieme di dati, ma queste considerazioni vogliono sottolineare che i risultati così ottenuti vanno interpretati con particolare cautela, soprattutto quando la batteria di test considerati diventa molto nutrita [1].

4.4.4 Test t per Dati Appaiati

Consideriamo ora una situazione leggermente differente: ciascun soggetto, o unità sperimentale, di un gruppo di n è osservato in due diverse occasioni, diciamo "prima" e "dopo" un certo *trattamento*, e si rileva in corrispondenza il valore assunto da una certa variabile, la stessa in ambedue le occasioni. Il nostro obiettivo è di valutare l'efficacia del trattamento.

Questo genere di situazione è un caso in cui su una stessa unità sperimentale si effettuano *misure ripetute*, nel caso specifico si hanno due misure e si parla allora di dati appaiati, ma in altri casi le misure possono essere

[1] Tipiche tecniche che danno luogo ad applicazioni multiple di test sugli stessi data sono i metodi "automatici" di selezione del modello (per esempio nella regressione passo-a-passo); cfr § 5.5.

ripetute anche molte volte. Si tratta di una modalità sperimentale via via più diffusa, particolarmente nelle applicazioni biomediche.

Se indichiamo con x_i il valore osservato sull'i-mo soggetto prima del trattamento e con z_i il valore osservato sullo stesso soggetto dopo il trattamento, otterremo n coppie di valori (x_i, z_i) per $i = 1, \ldots, n$. Se supponiamo che il valore osservato x_i sia tratto da una v.c. $X \sim N(\eta, \sigma^2)$ e che z_i sia tratto da una v.c. $Z \sim N(\mu, \sigma^2)$, il nostro problema si riduce a quello di saggiare il sistema d'ipotesi

$$\begin{cases} H_0 : \delta = 0, \\ H_1 : \delta \neq 0, \end{cases} \tag{4.24}$$

dove $\delta = \mu - \eta$.

Con questa formulazione il problema assume una veste simile a quello che conduce al test t per due campioni. Vi è tuttavia una fondamentale differenza: in questo caso le due osservazioni (x_i, z_i) sono tratte da uno stesso soggetto e quindi non possono legittimamente essere assunte tra loro indipendenti, rendendo quindi inappropriato l'impiego della t per due campioni.

Costruiamo invece gli n valori $y_i = z_i - x_i$ per $i = 1, \ldots, n$, ciascuno dei quali risulta essere determinazione di una v.c. $N(\delta, \sigma_*^2)$ dove σ_*^2 è un qualche valore che dipende da σ^2 e dalla ignota correlazione tra le componenti X e Z; in realtà possiamo procedere in questo modo anche se X e Z non sono omoschedastiche. A questo punto è sufficiente applicare il test t ad un campione per il sistema d'ipotesi (4.24) alle nuove variabili y_i, le quali possono essere ragionevolmente trattate come determinazioni di v.c. indipendenti in quanto riferite a soggetti distinti.

4.4.5 Analisi della Varianza ad un Criterio

Sono disponibili m campioni casuali semplici di cui quello i-mo, $y_{i1}, \ldots, y_{in}$, è tratto dalla distribuzione $N(\mu_i, \sigma^2)$ e ciò valga per $i = 1, \ldots, m$. Possiamo anche scrivere

$$y_{ij} = \mu_i + \varepsilon_{ij} \qquad (i = 1, \ldots, m; j = 1, \ldots, n)$$

dove gli ε_{ij} sono v.c. $N(0,\sigma^2)$ indipendenti e omoschedastiche. Si vuol saggiare il sistema di ipotesi

$$\begin{cases} H_0 : \mu_1 = \mu_2 = \cdots = \mu_m. \\ H_1 : \text{almeno un'uguaglianza è falsa.} \end{cases}$$

Si tratta di un problema di verifica d'ipotesi analogo a quello del § 4.4.3, a cui si riduce nel caso che $m = 2$, salvo che ora assumiamo, per semplicità di esposizione, che le numerosità campionarie siano tutte uguali. Questa connessione può suggerire di esprimere il complesso di uguaglianze implicato da H_0 mediante un certo numero di uguaglianze tra coppie di valori e di applicare il test t a due campioni a ciascuno dei sistemi di ipotesi 'elementari'. Ad esempio, se $m = 3$, possiamo esprimere H_0 come composizione di $\mu_1 = \mu_2$ e $\mu_2 = \mu_3$ e quindi si potrebbe pensare di applicare due volte il test t a due campioni a ciascuna delle due ipotesi 'elementari' relative alle singole coppie di medie, accettando H_0 quando si accettano ambedue le ipotesi di uguaglianza delle coppie di medie.

In realtà questo modo di procedere non è facilmente percorribile. Infatti se noi fissiamo il livello di ciascuno dei test t al livello α, allora il livello del test 'globale' che accetta H_0 solo quando si sono accettate ambedue le ipotesi elementari risulterà certamente maggiore di α. Del resto non sarebbe neppure facile risolvere il problema fissando un livello α' con $\alpha' < \alpha$ per i due test t, in quanto il secondo campione, quello contenente l'informazione relativa a μ_2, entra in ambedue le funzioni test t, le quali finiscono con essere stocasticamente dipendenti, e in definitiva il calcolo del valore di α' in modo che il livello del test globale sia α diventa proibitivo.

Abbandoniamo dunque questa strada e cerchiamo di applicare *ex-novo* il TRV. Con ovvia estensione di quanto visto nei paragrafi precedenti, abbiamo che in Θ_0 le stime sono

$$\hat{\mu}_0 = \frac{\sum_i \sum_j y_{ij}}{nm} = \overline{y}, \quad \hat{\sigma}_0^2 = \frac{\sum_i \sum_j (y_{ij} - \hat{\mu}_0)^2}{nm}$$

e in Θ le stime sono

$$\hat{\mu}_i = \frac{\sum_j y_{ij}}{n} = \overline{y}_i. \qquad (i = 1, \ldots, m)$$
$$\hat{\sigma}^2 = \frac{\sum_i \hat{\sigma}_i^2}{m} = \frac{1}{m} \sum_i \left(\frac{1}{n} \sum_j (y_{ij} - \overline{y}_i)^2 \right).$$

Quindi

$$\begin{aligned}
\lambda &= \frac{L(\hat{\mu}_0, \ldots, \hat{\mu}_0, \hat{\sigma}_0^2)}{L(\hat{\mu}_1, \ldots, \hat{\mu}_m, \hat{\sigma}^2)} = \left(\frac{\hat{\sigma}_0^2}{\hat{\sigma}^2}\right)^{-nm/2} \\
&= \left(\frac{\sum_i \sum_j (y_{ij} - \hat{\mu}_0)^2}{\sum_i \sum_j (y_{ij} - \hat{\mu}_i)^2}\right)^{-nm/2} \\
&= \left(\frac{\sum_i \sum_j [(y_{ij} - \hat{\mu}_i) + (\hat{\mu}_i - \hat{\mu}_0)]^2}{\sum_i \sum_j (y_{ij} - \hat{\mu}_i)^2}\right)^{-nm/2} \\
&= \left(1 + \frac{n \sum_i (\hat{\mu}_i - \hat{\mu}_0)^2}{\sum_i \sum_j (y_{ij} - \hat{\mu}_i)^2}\right)^{-nm/2} .
\end{aligned}$$

La regione critica è quindi data da quei valori per cui

$$\frac{\sum_i (\overline{y}_i - \overline{y})^2 n}{\sum_i \sum_j (y_{ij} - \overline{y}_i)^2} = \frac{D_0}{D}$$

è sufficientemente elevato. A priori il termine D/σ^2 è la somma di m termini indipendenti ognuno dei quali si distribuisce come un χ^2_{n-1} e quindi $D/\sigma^2 \sim \chi^2_{m(n-1)}$. La quantità

$$\frac{D_0}{\sigma^2} = \sum_{i=1}^{m} \left(\frac{\overline{y}_i - \overline{y}}{\sigma/\sqrt{n}}\right)^2$$

è la varianza campionaria delle quantità $\overline{y}_1\sqrt{n}/\sigma, \ldots, \overline{y}_m\sqrt{n}/\sigma$ e quindi a priori, sotto H_0, si distribuisce come un χ^2_{m-1}. Inoltre D_0 e D sono determinazioni di v.c. indipendenti essendo funzione rispettivamente delle sole medie $\overline{y}_i$ e delle varianze campionarie $\hat{\sigma}_i^2$ $(i = 1, \ldots, n)$ che sono tra loro indipendenti. Allora, in definitiva, sotto H_0

$$\begin{aligned}
F &= \frac{D_0/(\sigma^2(m-1))}{D/(\sigma^2(m(n-1))} \\
&= \frac{n \sum_i (\overline{y}_i - \overline{y})^2/(m-1)}{\sum_i \sum_j (y_{ij} - \overline{y}_i)^2/(m(n-1))}
\end{aligned}$$

è una determinazione di una v.c. F di Snedecor con $(m-1, m(n-1))$ gradi di libertà e la regione di accettazione sarà $(0, F_\alpha)$, dove F_α è desunto dalle tavole della distribuzione F. Alternativamente, il livello di significatività osservato è dato dalla probabilità che una v.c. di Snedecor con i gradi di libertà indicati superi il valore campionario. Il lettore può estendere la soluzione al caso in cui i campioni abbiano numerosità diversa tra loro.

4.4.6 Test sulla Varianza di una Popolazione Normale

Per la stessa situazione del § 4.4.1, esaminiamo il problema

$$\begin{cases} H_0 : \sigma^2 = \sigma_0^2 \\ H_1 : \sigma^2 \neq \sigma_0^2 \end{cases}$$

dove σ_0^2 è un valore positivo specificato. Il corrispondente rapporto di verosimiglianza

$$W = -n \log \frac{\hat{\sigma}^2}{\sigma_0^2} + n \left(\frac{\hat{\sigma}^2}{\sigma_0^2} - 1 \right)$$

dipende dai dati solo attraverso $\hat{\sigma}^2$, ovvero attraverso $T = n\,\hat{\sigma}^2/\sigma_0^2$, e tale relazione ha un andamento illustrato dalla Figura 4.3;

Per individuare precisamente la regione di rifiuto prevista per il rapporto di verosimiglianza noi dovremmo scegliere un valore λ_α che consegue il livello desiderato, e corripondentemente rifiutare l'ipotesi nulla per valori di T esterni all'intervallo (t_1, t_2) associato a λ_α.

In realtà la quantità di cui si riesce a determinare la distribuzione è proprio T che ha distribuzione $\omega\chi^2_{n-1}$, con muliplicatore $\omega = \sigma^2/\sigma_0^2$ pari a 1 sotto l'ipotesi nulla. Allora si tratterebbe di trovare le soluzioni t_1 e t_2 delle due equazioni

$$W(t_1) = W(t_2), \qquad \mathbb{P}\{t_1 < T < t_2\} = 1 - \alpha$$

dove W è inteso come funzione di T, e come distribuzione di T si utilizza quella nulla.

Di fatto, questo procedimento non viene messo in atto, in quanto troppo laborioso (perlomeno tale era una volta, prima dello sviluppo dei calcolatori). Con l'aiuto delle tavole della distribuzione χ^2 si scelgono invece due valori c_1 e c_2 tali che

$$\mathbb{P}\{T < c_1\} = \mathbb{P}\{T > c_2\} = \tfrac{1}{2}\alpha$$

e si adotta (c_1, c_2) come intervallo di accettazione. I due valori sostitutivi c_1, c_2 sono prossimi, in senso relativo, a t_1, t_2 per valori grandi di n.

Fig. 4.3: Rapporto di verosimiglianza, per la verifica d'ipotesi sulla varianza di una popolazione normale, come funzione di $n\,\hat{\sigma}^2/\sigma_0^2$

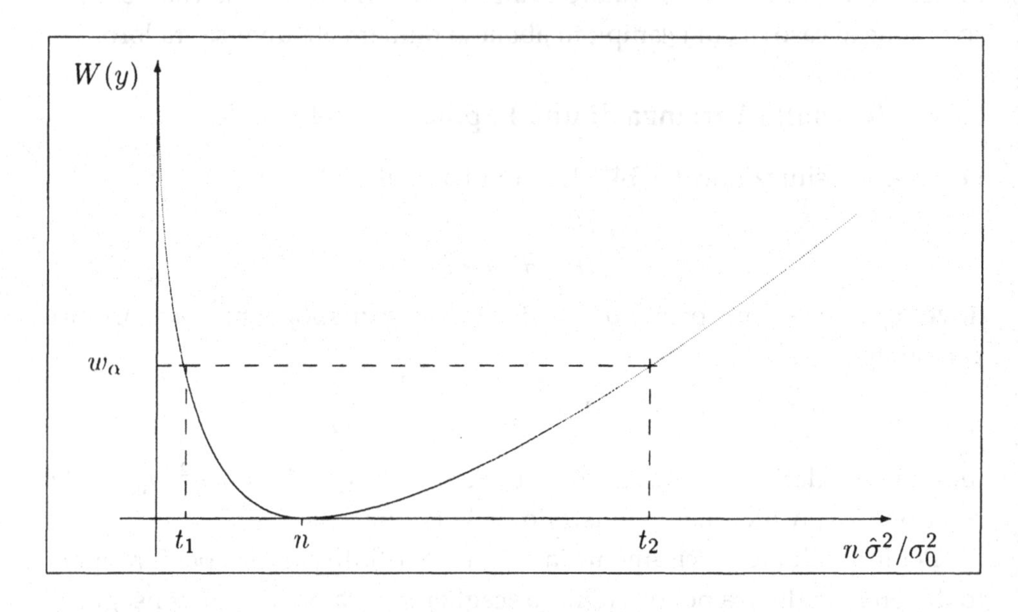

4.4.7 Verifica d'Ipotesi per v.c. Binomiali

Sviluppiamo qui in esteso il problema toccato nell'Esempio 4.4.4. Si effettuano n repliche identiche e indipendenti di un esperimento casuale di esito dicotomico; chiamiamo convenzionalmente 0 e 1 i due possibili esiti. Allora la frequenza osservata y di esiti '1' è un valore tratto da una v.c. $Y \sim Bin(n, \theta)$ con θ parametro in generale ignoto. Supponiamo di voler saggiare il sistema d'ipotesi

$$\begin{cases} H_0 : \theta = \theta_0, \\ H_1 : \theta \neq \theta_0. \end{cases}$$

con θ_0 valore specificato. In taluni casi θ_0 potrebbe valere $\frac{1}{2}$, ma ad esempio nel Capitolo 1 avevamo considerato una situazione con $\theta = 0{,}05$.

Il criterio del TRV porta a considerare

$$\lambda(y) = \frac{\theta_0^y\,(1-\theta_0)^{n-y}}{\hat{\theta}^y\,(1-\hat{\theta})^{n-y}},$$

dove $\hat{\theta} = y/n$, e a rigettare l'ipotesi nulla per valori di $\hat{\theta}$ distanti da θ_0 in quanto $\lambda(y)$ decresce via via che $\hat{\theta}$ si allontana da θ_0 (ma si noti che in generale non descresce in modo simmetrico nelle due direzioni).

Per stabilire precisamente che cosa voglia dire 'distanti' dobbiamo ottenere la distribuzione di $\lambda(Y)$ sotto l'ipotesi nulla, cioè per $\theta = \theta_0$, e dichiarare 'distanti' quei valori di $\hat{\theta}$ che appartengono agli intervalli $[0, t_1]$ e $[t_2, 1]$ con (t_1, t_2) intervallo di probabilità $1 - \alpha$ sotto H_0, se α è il livello prescelto per il test, e con la condizione $\lambda(n t_1) = \lambda(n t_2)$. Queste condizioni derivano dal vincolo sul livello (4.17) e della definizione stessa (4.15). Per la verità tale intervallo (t_1, t_2) molto verosimilmente non esiste, perché la natura discreta della v.c. Y e quindi di $\lambda(Y)$ fa sì che non si possa conseguire esattamente uno specifico livello $1 - \alpha$, a parte casi fortuiti. Ciò significa che dovremo comunque subire un certo grado di approssimazione del livello desiderato del test.

Veniamo ora alla determinazione della distribuzione esatta di $\lambda(Y)$ ovvero di $W(Y)$ sotto H_0. Siccome essa non si presta ad una semplice espressione analitica, bisogna calcolarla *per enumerazione*, con lo stesso procedimento del resto già seguito per il calcolo del valore-p nell'Esempio 4.4.4. Una volta fissato il valore di θ_0, è possibile calcolare la probabilità di ogni possibile valore di $\lambda(Y)$ ovvero di $-2 \log \lambda(Y)$ attraverso le probabilità dei corrispondenti valori di Y. Per effettuare questo conteggio usualmente ci si avvale di tavole appositamente predisposte, ad esempio quelle delle *Biometrika Tables* (Pearson & Hartley, 1970-72), oppure di un calcolatore.

Per semplicità di lavoro, è pratica comune che i valori t_1 e t_2 siano scelti in modo che la probabilità di ciascuno degli intervalli $[0, t_1]$ e $[t_2, 1]$ valga $\alpha/2$, invece che rispettando le condizioni dette prima, anche se ciò porta ad una ulteriore approssimazione rispetto al criterio del TRV.

Per evitare queste complicazioni computazionali c'è naturalmente sempre la soluzione approssimata basata sulla teoria asintotica: per $n \to \infty$, sotto H_0 vale la (4.18) e da qui si possono ottenere i valori critici cercati, rigettando l'ipotesi per valori elevati di $W(y)$, o si può usare la distribuzione asintotica per calcolare valori-p approssimati.

In questo problema gli altri due test considerati finora, quello di Wald e quello del punteggio, danno luogo a soluzioni un poco più maneggevoli e dall'aspetto più 'naturale' del TRV. Particolarizzando la (4.13) e la (4.14) otteniamo rispettivamente, a meno di una trasformazione inessenziale,

$$W_e = \frac{(y - n\,\theta_0)^2}{n\,\hat{\theta}(1-\hat{\theta})}, \quad W_u = \frac{(y - n\,\theta_0)^2}{n\,\theta_0(1-\theta_0)}$$

i quali sostanzialmente sono basati sullo scarto tra frequenza osservata y e frequenza attesa $n\,\theta_0$, elevando la differenza al quadrato. Essi differiscono tra loro nel modo di standardizzazione: W_u fa riferimento al valor medio di $(Y - n\theta_0)^2$ calcolato in corrispondenza a $\theta = \theta_0$, mentre W_e valuta lo stesso valor medio per $\theta = \hat{\theta}$. Per ambedue vale naturalmente l'usuale risultato asintotico (4.18) e da qui si possono ottenere valori critici approssimati, o calcolare valori-p. Notiamo che $\mathbb{E}\{W_u(Y); \theta_0\} = 1$ senza approssimazione, e pertanto almeno il valore medio della distribuzione asintotica coincide con quello esatto di W_u sotto H_0.

Esempio 4.4.4 Per il sistema d'ipotesi

$$\begin{cases} H_0 : \theta = \theta_0 \\ H_1 : \theta \neq \theta_0 \end{cases}$$

relativo al parametro di una v.c. $Y \sim Bin(n, \theta)$, il rapporto di verosimiglianza risulta

$$\lambda(y) = \frac{L(\theta_0)}{L(\hat{\theta})} = \frac{\theta_0^y(1-\theta_0)^{n-y}}{\hat{\theta}^y(1-\hat{\theta})^{n-y}}$$

e

$$W(y) = 2\left(y \log \frac{y/n}{\theta_0} + (n-y)\log\frac{1-y/n}{1-\theta_0}\right).$$

Supponiamo ora che $n = 10, \theta_0 = 0{,}6, y_{oss} = 3$, e quindi il valore campionario di W è $w_{oss} = 3{,}676$. Il calcolo del valore-p

$$\alpha_{oss} = \mathbb{P}\{W \geq w_{oss}; \theta_0\}$$

non si presta ad una scrittura compatta e quindi dobbiamo procedere *per enumerazione,* cioè sommando le probabilità relative a tutti i possibili valori di Y che danno luogo ad un valore di W superiore o uguale a w_{oss}. Per il calcolo di $y \log y$ introduciamo la convenzione $y \log y = 0$ in base al fatto che $\lim_{x \to 0} x \log x = 0$. La Tabella 4.1 riporta i conteggi relativi a tutti i possibili valori di W, segnando con $\times$ i valori per cui W è pari o maggiore di w_{oss}. Sommando le probabilità interessate otteniamo $\alpha_{oss} = 0{,}1011$.

Tabella 4.1: Esempio di calcolo del valore-p nel caso di verifica d'ipotesi sul parametro di una variabile casuale binomiale. I casi contrasegnati da $\times$ sono quelli per cui $W(Y)$ è non inferiore al valore osservato della funzione test

y	$W(y)$	$\{W(y) \geq w_{\text{oss}}\}$	probabilità
0	18,325	$\times$	0,0001
1	11,013	$\times$	0,0016
2	6,696	$\times$	0,0106
3	3,676	$\times$	0,0425
4	1,622		0,1115
5	0,408		0,2007
6	0,000		0,2508
7	0,432		0,2150
8	1,830		0,1209
9	4,526	$\times$	0,0403
10	10,216	$\times$	0,0060

4.4.8 Verifica d'Ipotesi per v.c. Multinomiali

Veniamo ora ad un'estensione della situazione trattata nel § 4.4.7: si consideri una situazione analoga alla precedente, ma l'esito dell'esperimento casuale invece di essere di tipo dicotomico sia di tipo politomico , cioè il carattere oggetto di studio sia qualitativo e possa manifestarsi $(r+1)$ modalità, con $r > 1$. Spesso ci si riferisce a questo tipo di dati come a *dati categoriali* pensando alle modalità appunto come *categorie non ordinate*. Allora le frequenze osservate per ciascuna delle possibili modalità (escludendone una perché la frequenza corrispondente è determinata dalla somma delle altre e dal numero totale di prove effettuate), danno luogo ad una v.c. multinomiale di dimensione r.

Sia dunque $(N_1, \ldots, N_r)^\top$ una v.c. $Bin_r(n, (\pi_1, \ldots, \pi_r)^\top)$, di cui è disponibile l'osservazione campionaria $(n_1, \ldots, n_r)^\top$ con cui si vuole saggiare il sistema di ipotesi

$$\begin{cases} H_0 : \pi_j = p_j, & \text{per } j = 1, \ldots, r, \\ H_1 : \pi_i \neq p_i & \text{per qualche } i \end{cases} \tag{4.25}$$

dove $p_1, \dots, p_r$ sono r valori positivi specificati tali che $\sum_1^r p_j < 1$. In altre parole, si vuole stabilire se i parametri di una certa v.c. multinomiale sono dati dai valori $p_1, \dots, p_r$ oppure no in base alle frequenze osservate $(n_1, \dots, n_r)^\top$. Posto

$$p_0 = 1 - \sum_{j=1}^{r} p_j, \quad \pi_0 = 1 - \sum_{j=1}^{r} \pi_j, \quad n_0 = n - \sum_{j=1}^{r} n_j,$$

abbiamo che la log-verosimiglianza è

$$\begin{aligned} \ell(\pi) &= \sum_{j=0}^{r} n_j \log \pi_j \\ &= \sum_{j=1}^{r} n_j \log \pi_j + n_0 \log(1 - \pi_1 - \cdots - \pi_r) \end{aligned}$$

la quale, si noti, è equivalente a quella di n replicazioni indipendenti da una $Bin_r(1, (\pi_1, \dots, \pi_r)^\top)$. Da qui abbiamo

$$\frac{\partial \ell}{\partial \pi_j} = \frac{n_j}{\pi_j} - \frac{n_0}{\pi_0} \quad (j = 1, \dots, r),$$

che significa che $\hat{\pi}_j / n_j =$ costante e quindi

$$\hat{\pi}_j = n_j / n \quad (j = 1, \dots, r),$$

tenuto conto del vincolo che la somma delle probabilità è 1. Il rapporto di verosimiglianza è

$$\begin{aligned} W &= 2\{\ell(\hat{\pi}) - \ell(p)\} \\ &= 2 \sum_{j=0}^{r} n_j \log(\hat{\pi}_j / p_j) \end{aligned}$$

la cui esatta distribuzione è praticamente incalcolabile, e comunque dipende dagli ignoti π_j. Pertanto comunemente si usa approssimare la distribuzione di W con quella del χ^2_r. In questo caso specifico W è spesso indicato con G^2.

In questo esempio consideriamo anche la forma della funzione test W_u che in questo caso va utilizzata nella sua forma multiparametrica. Siccome

$$\mathbb{E}\left\{-\frac{\partial^2 \ell}{\partial \pi_i\, \partial \pi_j}\right\} = \delta_{ij}\frac{n}{\pi_j} + \frac{n}{\pi_0} \qquad (i, j = 1, \ldots, r)$$

dove δ_{ij} è il delta di Kronecker, l'informazione attesa di Fisher è

$$I(\pi) = (D + 1_r 1_r^{\top})\, n/\pi_0$$

dove 1_r è il vettore $r \times 1$ con tutti gli elementi pari ad 1 e

$$D = \mathrm{diag}(\pi_0/\pi_1, \ldots, \pi_0/\pi_r).$$

Per invertire $I(\pi)$ teniamo presente la (A.26). Quindi nel nostro caso l'elemento (i, j)-mo di $(D + 1_r 1_r^{\top})^{-1}$ è

$$\frac{\delta_{ij}\pi_j}{\pi_0} - \left(\frac{\pi_i}{\pi_0}\right)\left(\frac{\pi_j}{\pi_0}\right)\frac{1}{1 + \sum_{j=1}^{r} \pi_j/\pi_0}$$

da cui, calcolando $I(\pi)^{-1}$ con i π_j sostituiti dai valori ipotizzati p_j, abbiamo

$$\begin{aligned}
W_u &= \frac{p_0}{n}\sum_{i=1}^{r}\sum_{j=1}^{r}\left(\frac{n_i}{p_i} - \frac{n_0}{p_0}\right)\left(\frac{\delta_{ij}p_i}{p_0} - \frac{p_i p_j}{p_0}\right)\left(\frac{n_j}{p_j} - \frac{n_0}{p_0}\right) \\
&= \frac{1}{n}\left\{\sum_{i=1}^{r}\left(\frac{n_i}{p_i} - \frac{n_0}{p_0}\right)^2 p_i - \sum_{i=1}^{r}\sum_{j=1}^{r}\frac{(n_i p_0 - n_0 p_i)(n_j p_0 - n_0 p_j)}{p_0^2}\right\} \\
&= \frac{1}{n}\left\{\sum_{j=1}^{r}\frac{n_j^2}{p_j} + \frac{n_0[n_0(1 + p_0) - 2np_0] - [p_0(n - n_0) - n_0(1 - p_0)]^2}{p_0^2}\right\} \\
&= \sum_{j=0}^{r}\frac{n_j^2}{np_j} - n \\
&= \sum_{j=0}^{r}\frac{(n_j - np_j)^2}{np_j}.
\end{aligned}$$

La statistica W_u nella forma che assume in questo particolare sistema viene chiamata X^2 di Pearson ed è usualmente scritta nella forma dell'ultima espressione. Anche per questa statistica vale il risultato asintotico

$$W_u(Y) = X^2 \xrightarrow{d} \chi_r^2$$

sotto l'ipotesi nulla.

Molto sforzo è stato compiuto per valutare quale tra le due statistiche G^2 e X^2 sia preferibile. La conclusione operativa è che X^2 è superiore all'altro per lo meno quanto a bontà di approssimazione della distribuzione asintotica. Vale a dire che la distribuzione di X^2 è ben approssimata da quella di un χ^2_r anche per valori bassi delle *frequenze attese* $n\pi_j$; sostanzialmente queste devono essere tutte superiori a 2. Invece per G^2 si ha una buona approssimazione alla distribuzione χ^2_r quando le frequenze attese sono considerevolmente più alte, dell'ordine di 5. Per una discussione più approfondita, si veda Cressie & Read (1989).

Quanto detto ora si riferisce strettamente a G^2 e X^2; le affermazioni fatte non vanno assolutamente riferite più in generale a $W(Y)$ e $W_u(Y)$. Si possono dare esempi in cui $W(Y)$ presenta un migliore grado di approssimazione alla distribuzione asintotica rispetto a $W_u(Y)$.

Esempio 4.4.5 Supponiamo che (u_i, v_i) per $i = 1, \dots, n$ sia un campione casuale semplice dalla v.c. continua doppia (U, V) avente come supporto il quadrato unitario $Q = (0, 1) \times (0, 1)$ e si voglia saggiare il sistema d'ipotesi

$$\begin{cases} H_0 : (U, V) \text{ è uniformemente distribuita in } Q, \\ H_1 : (U, V) \text{ non è uniformemente distribuita in } Q. \end{cases}$$

Un problema di questo genere può sorgere per saggiare le proprietà di generatori di numeri pseudo-casuali; in questo caso le (u_i, v_i) sono coppie di valori successivi prodotti da un generatore e di queste coppie si vuole appunto valutare se si distribuiscono uniformemente in Q (e quindi anche se valori successivi si comportano in modo indipendente). Un'altra situazione che può dar luogo al problema di verifica d'ipotesi in questione nasce in ambito biologico: Q è un quadrato di territorio e (u_i, v_i) sono le posizioni in cui sono comparsi esemplari di una certa specie vegetale; si vuole stabilire se la specie si distribuisce in modo uniforme su Q, in quanto nel caso contrario se ne deducono comportamenti di attrazione o di repulsione tra individui della specie.

Il sistema d'ipotesi che stiamo considerando si colloca in realtà nell'ambito della Statistica non parametrica; infatti l'insieme di tutte le distribuzioni ammesse da H_0 e da H_1 è l'insieme delle distribuzioni di tutte le v.c. continue con supporto in Q e tale insieme non costitusce una classe parametrica. Possiamo peraltro ridurre il nostro problema ad uno di natura parametrica nel modo seguente. Si suddivida Q in un certo numero di sottoinsiemi che costituiscano una partizione, ad esempio per mezzo di una griglia che forma $m \times m$ quadratini tutti uguali; in questo modo a ciascun quadratino è associata sotto H_0 una probabilità $\pi_j = 1/m^2$ per $j = 1, \ldots, m^2 - 1$ (tenendo presente che l'ultimo quadratino ha probabilità vincolata dalla somma degli altri) e il problema è ricondotto alla forma (4.25) con $r = m^2 - 1$; quindi si usa G^2 o X^2.

Abbiamo detto prima che possiamo "ridurre" il problema da non parametrico a parametrico; infatti non lo possiamo "rendere equivalente". Nel procedimento appena descritto si fa riferimento solo alle probabilità che competono agli m^2 quadratini, e queste probabilità sono le uniche che influenzano il comportamento di X^2 e G^2. Pertanto se (U, V) avesse distribuzione del tutto non uniforme all'interno di qualche quadratino, ma mantenendo le probabilità di questi pari a $1/m^2$, nessuno dei due test potrebbe evidenziarlo, per quanto grande fosse la numerosità campionaria. Si potrebbe pensare di ovviare all'inconveniente aumentando la risoluzione, cioè m, ma questo è possibile fino ad un certo punto: se m aumenta troppo e n è fissato, le frequenze attese diminuiscono troppo, l'approssimazione alla distribuzione asintotica diventa insoddisfacente e la potenza cade.

4.4.9 Tabelle di Frequenza

Ci limiteremo a considerare tabelle a due entrate, in quanto l'estensione a più dimensioni costituisce una pura complicazione formale, almeno per gli aspetti che qui interessano. Si consideri dunque la Tabella 4.2, detta *tabella di frequenza* o anche *tabella di contingenza*, avente $(r+1)$ righe e $(c+1)$ colonne Essa è ssociata a due mutabili causali A e B, e riporta le frequenze osservate relativamente a ciascun incrocio delle due mutabili in n prove indipendenti. Sono anche riportati i totali marginali, con la convenzione che un segno '+' denota una somma delle frequenze rispetto all'indice corrispondente.

Si vuol verificare che l'ipotesi che le $c + 1$ distribuzioni condizionate associate a ciascuna modalità di B siano tutte uguali. Più specificatamente, se indichiamo con π_{ij} la probabilità che la mutabile A sia pari ad A_i condizionatamente al fatto che B è pari a B_j, il sistema di ipotesi da saggiare è quello della uguaglianza di $c + 1$ distribuzioni multinomiali, cioè

$$\begin{cases} H_0 : \pi_{ij} = \pi_{i0} & \text{per ogni } i, j > 0 \\ H_1 : \{\text{non vale qualche uguaglianza in } H_0\}. \end{cases}$$

Tabella 4.2: Una tabella di frequenza

	B_0	$\dots$	B_j	$\dots$	B_c	
A_0	n_{00}	$\dots$	n_{0j}	$\dots$	n_{0c}	n_{0+}
A_1	n_{10}	$\dots$	n_{1j}	$\dots$	n_{1c}	n_{1+}
$\dots$	$\dots$	$\dots$	$\dots$	$\dots$	$\dots$	$\dots$
A_i	n_{i0}	$\dots$	n_{ij}	$\dots$	n_{ic}	n_{i+}
$\dots$	$\dots$	$\dots$	$\dots$	$\dots$	$\dots$	$\dots$
A_r	n_{r0}	$\dots$	n_{rj}	$\dots$	n_{rc}	n_{r+}
	n_{+0}	$\dots$	n_{+j}	$\dots$	n_{+c}	$n = n_{++}$

Si tratta quindi di una versione più elaborata del problema considerato nel paragrafo precedente. Nell'ipotesi nulla la SMV del valore comune π_{i0} è n_{i+}/n, mentre nell'ipotesi alternativa $\hat{\pi}_{ij} = n_{ij}/n_{+j}$. Quindi abbiamo

$$G^2 = W = 2\left\{\sum_{i=0}^{r}\sum_{j=0}^{c} n_{ij}\log\frac{n_{ij}}{n_{+j}} - \sum_{i=0}^{r} n_{i+}\log\frac{n_{i+}}{n}\right\}.$$

la cui distribuzione asintotica sotto H_0 è χ^2_{rc}. La corrispondente espressione della funzione test di Pearson è

$$X^2 = \sum_{i=0}^{r}\sum_{j=0}^{c}\frac{(n_{ij} - n_{i+}\,n_{+j}/n)^2}{n_{i+}\,n_{+j}/n},$$

ma la derivazione di quest'ultima espressione richiede l'introduzione della funzione test W_u quando intervengono vincoli sui parametri, cosa di cui non ci occupiamo.

Una trattazione sistematica per l'analisi dei dati categoriali e temi analoghi, è il testo di Agresti (1990); per il caso di dati dicotomici si veda anche Cox & Snell (1989).

Osservazione 4.4.6 Il sistema di ipotesi considerato, detto *ipotesi di omogeneità*, tratta in modo asimmetrico le due mutabili. Si dice che A gioca il ruolo di *variable risposta*, B quello di *fattore esplicativo*. Si è cioè interessati a valutare se le probabilità relative ad $A_0, \dots, A_r$ variano il livello del fattore esplicativo B. Per fissare le idee, A potrebbe essere il rendimento scolastico di un alunno, B il ceto sociale di appartenenza. Nel condurre l'analisi noi abbiamo trattato i totali di colonna $n_{+0}, \dots, n_{+c}$ come prefissati, cioè non stocastici. Si può facilmente mostrare che rovesciando il ruolo di A e B (e quindi fissando i totali di riga) si perviene alla stessa funzione test, e quindi alle stesse conclusioni dal punto di vista formale (ma non da quello interpretativo). Potremmo infine trattare in modo simmetrico le due mutabili A e B, e saggiare *l'ipotesi di indipendenza stocastica* tra le due. Formalmente ciò coincide con il prefissare solo il totale generale n della tabella. Di nuovo la funzione test e le conclusioni inferenziali restano inalterate, ma non l'interpretazione sostanziale.

Osservazione 4.4.7 Parte dei ultimi risultati hanno rilevanza anche in un constesto abbastanza diverso da quello per cui sono stati presentati.

Se si osserva per $n + 1$ istanti di tempo una catena markoviana omogenea con stati possibili $0, 1, \dots, m$, la tabella delle frequenze di transizioni da uno stato all'altro è dello stesso tipo della Tabella 4.2, con $r = c = m$.

Per stimare la matrice (π_{ij}) delle probabilità di transizione dal generico stato i allo stato j, possiamo riutilizzare i calcoli del § 4.4.8 argomentando come segue. Se, per un fissato stato i, si considerino tutte le transizioni a partire da quello stato, queste danno luogo ad una verosimiglianza del tipo esaminato al § 4.4.8 con π_j sostituito da π_{ij}, in quanto l'ipotesi di markovianità rende le successive transizioni tra loro indipendenti. Inoltre, per lo stesso motivo, le verosimiglianze associate a diversi stati iniziali sono tra loro indipendenti. Pertanto la SMV della probabilità di transizione è $\hat{\pi}_{ij} = n_{ij}/n_{i+}$ (per $i, j = 0, 1, \dots, m$). Naturalmente la distribuzione asintotica di tali stime è diversa da quella per usuali v.c. multinomiali. Per una discussione di quest'ultimo punto si veda ad esempio Basawa & Prakasa Rao (1980, cap. 4, 7).

4.5 Stima Intervallare

Quando si stima un parametro θ, la semplice individuazione di un singolo valore, ad esempio mediante il criterio della massima verosimiglianza, può non essere adeguata alle necessità operative. È quasi sempre opportuno associare alla stima puntuale un insieme di valori plausibili per θ, insieme di cui la stima puntuale sarà in generale un elemento. L'individuazione di tale insieme di valori plausibili è detta costiture una *stima intervallare*, in quanto spesso si tratta di un intervallo, almeno nel caso scalare. Piú in generale il risultato ottenuto costiruisce una *regione di confidenza*. Seppure logicamente del tutto distinti, il problema della verifica d'ipotesi e della stima intervallare presentano una fortissima connessione dal punto di vista formale, come si chiarirà nel seguito, ed è per tale motivo che questa sezione viene inserita in questo capitolo.

4.5.1 Quantità-Pivot

Supponiamo che esista una funzione $T(y, \theta)$ da $\mathcal{Y} \times \Theta$ in $\mathbb{R}^m$ per qualche m e sia tale che $T(Y, \theta)$ abbia una distribuzione che non dipende da θ, se θ è il vero valore del parametro. Diremo allora che $T(y, \theta)$ è una *quantità-pivot*; si noti che $T(y, \theta)$ non è una statistica. Allora per un generico sottinsieme B di $\mathbb{R}^m$

$$\mathbb{P}\{T(Y, \theta) \in B; \theta\} \tag{4.26}$$

è un valore che dipende da B e non da θ; indichiamolo con $1 - \alpha$. Scriviamo l'evento $\{y : T(y, \theta) \in B\}$ nella forma $\{y : C(y) \ni \theta\}$ dove $C(y)$ è un sottoinsieme di Θ. Allora

$$\mathbb{P}\{C(Y) \ni \theta; \theta\} = 1 - \alpha \tag{4.27}$$

che è da leggersi come "la probabilità che l'insieme casuale $C(Y)$ contenga il vero parametro θ è pari a $1 - \alpha$, per ogni possibile valore di θ". Diremo allora che $C(y)$ è un *insieme di confidenza* di livello $1 - \alpha$ per θ. Il termine "confidenza" è qui da intendersi nel senso di sicurezza, fiducia[2].

[2]Qualcuno usa il termine 'intervallo di fiducia' invece che intervallo di confidenza, ma c'è il rischio di creare confusione con il termine *fiducial interval*, che è tutt'altro.

Si noti che l'affermazione (4.27) si riferisce all'insieme casuale $C(Y)$, non a quello osservato $C(y)$; in altre parole l'affermazione (4.27) vale a priori, non a posteriori. Pertanto, una volta osservato il campione e determinato empiricamente un intervallo di confidenza (c_1, c_2), non è appropriato dire "l'intervallo (c_1, c_2) contiene θ con probabilità 0,90" perché, essendo (c_1, c_2) un intervallo ben specifico, o questo contiene il vero valore del parametro o non lo contiene; non si tratta di una faccenda soggetta a casualità. Ciò che possiamo legittimamente dire è: "l'intervallo (c_1, c_2) è la specificazione di un procedimento che sceglie intervalli in modo che nel 90% dei casi questi contengano θ", frase che si sintetizza convenzionalmente con "(c_1, c_2) è un intervallo di confidenza di livello 90%". L'involutezza del discorso è peraltro un motivo di critica alla procedura.

Notiamo che, se Y è una v.c. continua scalare, allora una quantità-pivot esiste sempre. Detta $F(y;\theta)$ la f.r. di Y, abbiamo che $F(Y;\theta)$ è uniformemente distribuita in (0,1) in base a quanto detto al § A.2.2.

Esempio 4.5.1 Sia $\overline{y}$ la media aritmetica di un campione casuale semplice di numerosità n da una v.c. $N(\theta, 1)$. Allora $\overline{Y} - \theta \sim N(0, 1/n)$ è una quantità-pivot. Posto $\Phi(-z_{\alpha/2}) = \alpha/2$, si ha che

$$\begin{aligned}
1 - \alpha &= \mathbb{P}\{(\overline{Y} - \theta)\sqrt{n} \in (-z_{\alpha/2}, z_{\alpha/2})\} \\
&= \mathbb{P}\{-z_{\alpha/2}/\sqrt{n} < \theta - \overline{Y} < z_{\alpha/2}/\sqrt{n}\} \\
&= \mathbb{P}\{\overline{Y} - z_{\alpha/2}/\sqrt{n} < \theta < \overline{Y} + z_{\alpha/2}/\sqrt{n}\} \\
&= \mathbb{P}\{(\overline{Y} - z_{\alpha/2}/\sqrt{n}, \overline{Y} + z_{\alpha/2}/\sqrt{n}) \ni \theta\}
\end{aligned}$$

e quindi $(\overline{y} - z_{\alpha/2}/\sqrt{n},\ \overline{y} + z_{\alpha/2}/\sqrt{n})$ costituisce un intervallo di confidenza di livello $1 - \alpha$. In questo specifico esempio l'ampiezza dell'intervallo non dipende dai dati campionari, ma solo da n e da α; l'ampiezza decresce sia con n che con α.

4.5.2 Impostazione di Neyman

L'impostazione data nel paragrafo precedente costituisce un quadro di riferimento generale, ma non dice nè come costruire le quantità-pivot, nè come passare dall'affermazione (4.26) alla (4.27), nè infine come scegliere tra due quantità-pivot se ne esiste più di una (con riferimento all'Esempio 4.5.1, anche $m - \theta$ è una quantità-pivot, se m è la mediana campionaria).

Nasce quindi l'esigenza di poter disporre di un criterio per individuare in modo univoco una quantità-pivot opportuna. Neyman risponde a questo problema definendo un insieme di confidenza $C(y)$ come "ottimo" se la probabilità che $C(Y)$ contenga un qualunque valore diverso da quello vero è minima, cioè richiede che

$$\begin{aligned} &\mathbb{P}\{C(Y) \ni \theta; \theta\} = 1 - \alpha, \\ &\mathbb{P}\{C(Y) \ni \theta; \theta_*\} = \text{minimo}, \quad \text{per ogni } \theta \neq \theta_* \end{aligned} \tag{4.28}$$

per ogni $\theta_* \in \Theta$. Di per sé questo requisito non implica alcunché circa l'area di $C(y)$, o la sua lunghezza nel caso θ sia scalare, anche se poi spesso gli insiemi di confidenza così costruiti hanno effettivamente area minima, almeno approssimativamente.

Si supponga ora di disporre di un test di livello α per saggiare l'ipotesi che il parametro sia pari ad un valore prefissato contro l'alternativa che sia diverso da questo valore prefissato (alternativa bilaterale). Se θ è il valore prefissato, il test determina una regione di accettazione la quale dipende da θ, diciamo $A(\theta)$. D'altra parte, se fissiamo y, esisterà un insieme di valori di θ per i quali si arriverà ad accettare l'ipotesi nulla, chiamiamolo $C(y)$ in quanto questo insieme dipende da y. Sussiste l'equivalenza logica

$$\{y \in A(\theta)\} \iff \{\theta \in C(y)\} \tag{4.29}$$

come illustrato dalla Figura 4.4 e quindi

$$\mathbb{P}\{Y \in A(\theta); \theta\} = \mathbb{P}\{\theta \in C(Y); \theta\} = 1 - \alpha.$$

La quantità-pivot qui sottostante è la funzione indicatrice dell'insieme $\{y : y \in A(\theta)\}$. Se il test che definisce $A(\theta)$ è quello avente potenza massima, avremo che

$$\mathbb{P}\{Y \in A(\theta); \theta_*\} = \mathbb{P}\{\theta \in C(Y); \theta_*\} = \text{minimo}$$

soddisfacendo al criterio di ottimalità di Neyman. Dunque la regola per costruire un intervallo di confidenza, o piú in generale una regione di confidenza, è la seguente:

> *Si scelga un 'buon' test per saggiare l'ipotesi $\theta = \theta_0$, contro l'alternativa $\theta \neq \theta_0$, al livello α. L'insieme di tutti i valori θ_0 per cui si accetterebbe l'ipotesi nulla costituisce una regione di confidenza di livello $1 - \alpha$.*

Fig. 4.4: Costruzione di un intervallo di confidenza secondo Neyman

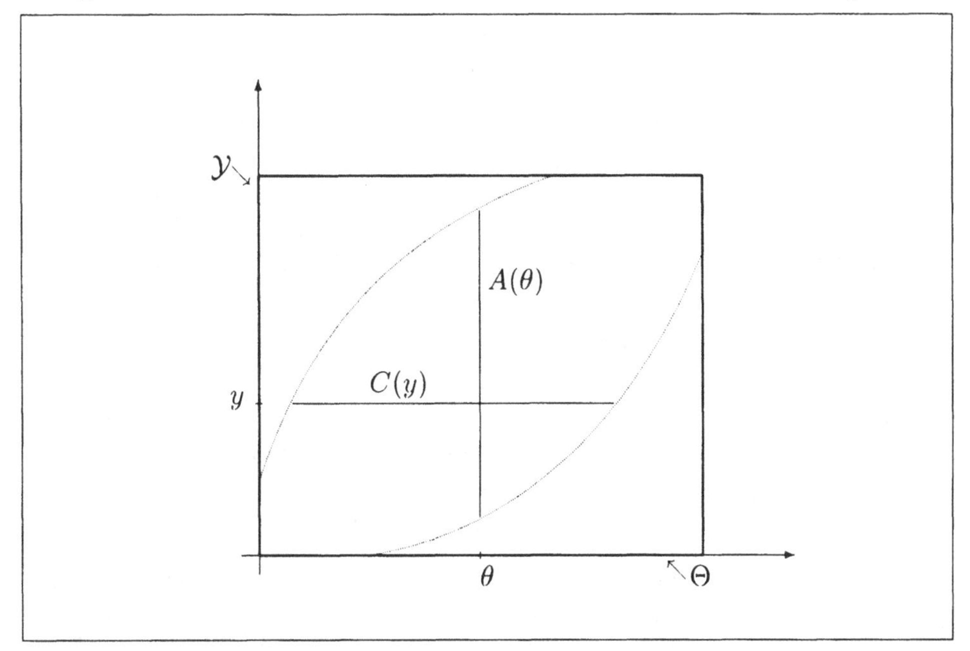

Esempio 4.5.2 Abbiamo visto al § 4.4.1 che l'insieme dei valori campionari per cui si accetta l'ipotesi nulla (4.22) al livello α è quello per cui risulta

$$-t_{\alpha/2} < \frac{(\overline{y} - \mu_0)\sqrt{n}}{s} < t_{\alpha/2}$$

Quindi con passaggi analoghi a quelli dell'Esempio 4.5.1 l'intervallo di confidenza corrispondente per μ è

$$\left(\overline{y} - t_{\alpha/2}\frac{s}{\sqrt{n}}, \ \overline{y} + t_{\alpha/2}\frac{s}{\sqrt{n}}\right).$$

In questo caso, a differenza dell'Esempio 4.5.1, l'ampiezza dell'intervallo è casuale, in quanto proporzionale a s.

Esempio 4.5.3 Per costruire un intervallo di confidenza di livello $1 - \alpha$ per il parametro σ^2 di una v.c. $\mathcal{N}(\mu, \sigma^2)$ utilizziamo i risultati del § 4.4.6. Segue che $T = n\,\hat{\sigma}^2/\sigma^2$ è una quantità-pivot con distribuzione χ^2_{n-1} per cui possiamo scrivere

$$1 - \alpha \quad = \quad \mathbb{P}\{c_1 < T < c_2\}$$

$$= \mathbb{P}\left\{\frac{c_1}{n\,\hat{\sigma}^2} < \frac{1}{\sigma^2} < \frac{c_2}{n\,\hat{\sigma}^2}\right\}$$

$$= \mathbb{P}\left\{\frac{n\,\hat{\sigma}^2}{c_2} < \sigma^2 < \frac{n\,\hat{\sigma}^2}{c_1}\right\}$$

e quindi l'intervallo di confidenza per σ^2 è $(n\,\hat{\sigma}^2/c_2,\, n\,\hat{\sigma}^2/c_1)$.

Esempio 4.5.4 Si vuol costruire un intervallo di confidenza per il valor medio θ di un v.c. Y di Poisson sulla base di un valore osservato y. Il rapporto di verosimiglianza per saggiare che θ valga un prefissato valore θ_0 è

$$\lambda = \frac{e^{-\theta_0}\theta_0^y/y!}{e^{-\hat{\theta}}\hat{\theta}^y/y!} = e^{y-\theta_0}\left(\frac{\theta_0}{y}\right)^y$$

se $y > 0$. Tale rapporto è una funzione prima crescente e poi descrescente di y e quindi la regione di accettazione per un fissato valore θ_0 di θ è del tipo

$$\{y : y_1(\theta_0) < y < y_2(\theta_0)\}$$

dove y_1, y_2 sono due valori dipendenti da θ_0 che soddisfano la condizione di rendere pari a α il livello del test. In realtà questa condizione non è realizzabile esattamente, per la discretezza di Y e quindi dei possibili livelli di significatività conseguibili, e dovremo scegliere un valore di α prossimo a quello desiderato (e questo valore effettivamente conseguibile dipende da θ_0).

Per compiere l'operazione di inversione (4.29) sarà conveniente fare riferimento alla Figura 4.4, anche se nel nostro caso sia Θ che $\mathcal{Y}$ sono superiormente illimitati e $\mathcal{Y}$ è discreto, ma ciò non altera la natura del ragionamento. Delle due curve che appaiono nella Figura 4.4 consideriamo dapprima quella superiore, che è associata alla diseguaglianza $y < y_2(\theta_0)$ tra le due che definiscono la regione di accettazione. Tenuto conto della (A.13), scriviamo

$$\mathbb{P}\{Y < y\} = \sum_{k=0}^{y-1} \frac{e^{-\theta}\,\theta^k}{k!} = \mathbb{P}\{V_y > \theta\}$$

dove V_y è una v.c. con distribuzione gamma di indice y e parametro di scala 1. Allora, posta pari a $1 - \alpha/2$ tale probabilità, trattandosi della probabilità di non sconfinare nella parte destra della regione di rifiuto del test, risulta che la curva superiore della Figura 4.4 *vista come funzione di y* è la curva dei percentili di livello $\alpha/2$ della distribuzione gamma di indice y. In realtà, siccome y varia nel discreto, l'uguaglianza della probabilità precedente ad $1 - \alpha/2$ sarà approssimata.

Ragioniamo in modo analogo per l'altra curva, individuata dalla disuguaglianza $y_1(\theta_0) < y$ della regione di accettazione. Si ha che

$$\alpha/2 = \mathbb{P}\{Y \leq y\} = \sum_{k=0}^{y} \frac{e^{-\theta}\theta^k}{k!} = \mathbb{P}\{V_{y+1} > \theta\}$$

dove V_{y+1} è una v.c. gamma di indice $y+1$ e parametro di scala 1. Quindi la curva inferiore della Figura 4.4 è data dai percentili di livello $1 - \alpha/2$ delle v.c. gamma di indice $y+1$.

Siccome sono più comunemente disponibili le tavole dei percentili della distribuzione χ^2 piuttosto che della distribuzione gamma, conviene esprimere le nostre conclusioni in funzione dei percentili del χ^2. Risulta allora che l'intervallo di confidenza per θ di livello approssimato $1 - \alpha$ è dato da

$$\left(\tfrac{1}{2}c_{2y},\ \tfrac{1}{2}c_{2(y+1)}\right)$$

dove c_{2y} è il percentile di livello $\alpha/2$ della distribuzione χ^2_{2y} e $c_{2(y+1)}$ è il percentile di livello $1 - \alpha/2$ della distribuzione $\chi^2_{2(y+1)}$. Il trattamento del caso $y = 0$ è lasciato al lettore per esercizio.

Se si dispone di un campione casuale semplice di n elementi invece che di un solo valore dalla v.c. Y, si ponga pari a y la somma dei valori osservati, la quale è un valore tratto da una v.c. di Poisson di media $n\theta$. Allora il ragionamento precendente fornisce un intervallo di confidenza per $n\theta$; dividendo gli estremi di tale intervallo per n si ottiene un intervallo di confidenza per θ.

4.5.3 Procedimenti Approssimati

In pratica non capita spesso di essere nella fortunata situazione degli Esempi del paragrafo precedente per cui è nota la distribuzione esatta del rapporto di verosimiglianza e per di più l'equivalenza (4.29) ha una rappresentazione esplicita. Inoltre anche quando tale operazione è possibile può diventare ben presto piuttosto complessa, come abbiamo visto in particolare nell'Esempio 4.5.4 che pure trattava una situazione molto semplice.

Una prima semplificazione del problema si ottiene applicando la regola di pagina 154 di costruzione degli intervalli di confidenza caso per caso, senza cercare di invertire *esplicitamente* la (4.29).

Un'ulteriore semplificazione si ottiene utilizzando la distribuzione asintotica del rapporto di verosimiglianza, invece di quella esatta. Si consideri

Fig. 4.5: Intervallo di confidenza ottenuto mediante la log-verosimiglianza

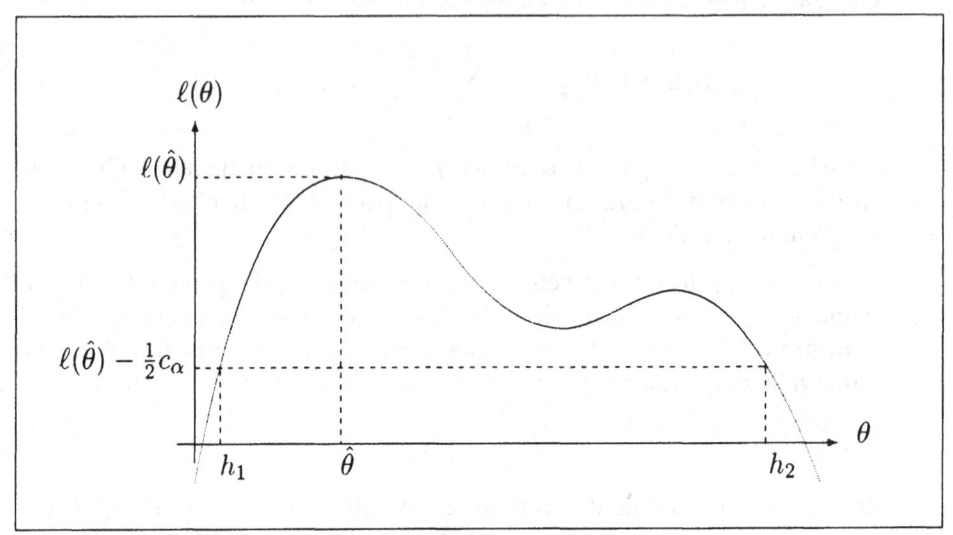

ad esempio la Figura 4.5 che rappresenta una funzione di log-verosimiglianza dipendente da un parametro θ scalare. Usando come test di riferimento il TRV e considerando la sua distribuzione asintotica, l'insieme dei valori per cui si accetterebbe l'ipotesi è

$$\{\theta : 2(\ell(\hat{\theta}) - \ell(\theta)) < c_\alpha\} \tag{4.30}$$

dove c_α è l'$(1-\alpha)$-mo percentile della distribuzione χ^2_1; allora un intervallo di confidenza di livello approssimato $1-\alpha$ è l'intervallo (h_1, h_2). Si noti che una diversa scelta di α potrebbe dar luogo ad un insieme non connesso, a causa del fatto che questa verosimiglianza ha due massimi relativi. Resta la difficoltà operativa di determinare le radici h_1 e h_2 delle equazioni $\ell(h_1) = \ell(h_2) = \ell(\hat{\theta}) - c_\alpha/2$.

Come massimo di semplificazione si procede molto spesso, anche se non necessariamente, come segue. La SMV $\hat{\theta}$ viene comunque calcolata per interesse autonomo. Ricordiamo che, per θ scalare,

$$\mathbb{P}\left\{-z_{\alpha/2} < (\hat{\theta} - \theta)\sqrt{I(\theta)} < z_{\alpha/2}\right\} \to 1 - \alpha \tag{4.31}$$

quando n diverge; qui $\Phi(-z_{\alpha/2}) = \alpha/2$. La (4.31) si applica ogni qual volta vale la (3.19), la quale è stata dimostrata per un caso molto particolare, ma in effetti è valida più generalmente, anche se non universalmente.

Dalla (4.31) abbiamo che, per n finito, l'intervallo di confidenza associato

$$(\hat{\theta} - z_{\alpha/2}\hat{I}(\theta)^{-1/2}, \hat{\theta} + z_{\alpha/2}\hat{I}(\theta)^{-1/2}) \tag{4.32}$$

ha livello approssimato $1-\alpha$. La quantità $\hat{I}(\theta)$ è una stima di $I(\theta)$; possiamo usare sia $I(\hat{\theta})$ che $\mathcal{I}(\hat{\theta})$; quest'ultima è preferibile per le argomentazioni del § 3.3.8.

Se nella (4.32) si usa $I(\hat{\theta})$ al posto di $\hat{I}(\theta)$, l'intervallo di confidenza costruito in questo modo può anche essere visto come quello che si desume usando come test di riferimento il test di Wald e poi applicando la regola di costruzione degli intervalli di confidenza descritta a pagina 154.

La quantità $\hat{I}(\theta)^{-1/2}$ regola l'ampiezza dell'intervallo di confidenza e quindi in definitiva è un indicatore della precisione conseguita dalla stima. Esso è detto *errore standard;* questo termine peraltro non è usato solo con riferimento alle SMV, ma in generale si chiama errore standard del parametro una stima dello scarto quadratico medio di uno stimatore. È buona pratica accompagnare *sempre* una stima 'puntuale' con il suo errrore standard, per avere un'indicazione sul suo presumibile grado di precisione.

Esempio 4.5.5 Per i dati dell'Esempio 3.1.13 abbiamo ottenuto $\hat{\alpha} = 0,439$ e $\hat{\beta} = 0.862$. Dagli elementi diagonali della matrice hessiana, otteniamo dopo cambio di segno ed estrazione della radice gli errori standard, rispettivamente 0,316 e 0,576. Utilizzando la (4.32) per un livello di confidenza 0,95 e quindi con $z_{\alpha/2} = 1.96$ otteniamo i due intervalli di confidenza

$$(-0{,}181;\ 1.059), \qquad (-0{,}267;\ 1{,}990).$$

La limitatezza dei dati a disposizione ha dato luogo a errori standard elevati e corrispondentemente a intervalli di confidenza ampi.

Poiché l'approssimazione fornita dalla teoria asintotica è basata sull'approssimazione della log-verosimiglianza con una parabola, segue che tale approssimazine sarà tanto più scadente quanto più la forma della log-verosimiglianza si discosta dalla forma di una parabola. La Figura 4.5 illustra una situazione molto sfavorevole in tale senso. In altri casi, soprattutto quanto la log-verosimiglianza è concava, anche se non così prossima ad una andamento parabolico, si ottiene un miglioramento tramite l'uso di una riparametrizzare da θ in ψ come tratteggiato nel § 3.3.5 e nell'Esempio 3.3.3 per migliorare il grado di approssimazione, e poi riconvertire l'intervallo di confidenza per ψ in uno per θ.

Esempio 4.5.6 Si consideri il problema della costruzione di un intervallo di confidenza per il parametro θ per una v.c. $Bin(n, \theta)$, di cui è stato osservato il valore campionario y. Impiegando la (4.32) otteniamo l'intervallo

$$\hat{\theta} \pm z_{\alpha/2} \sqrt{\frac{\hat{\theta}\,(1-\hat{\theta})}{n}}$$

con $\hat{\theta} = y/n$. Se avessimo $n = 30$ e $y = 5$, $\hat{\theta}$ varrebbe 0,167 con errore standard 0,068 e l'intervallo di confidenza di livello 95% sarebbe (0,033; 0,300); al livello 99% l'intervallo risulterebbe invece (−0,009; 0,342) che addirittura *fuoriesce* dall'intervallo ammissibile.

Consideriamo ad esempio la riparametrizzazione attraverso la trasformazione *logit* del parametro θ, cioè

$$\omega = \log \frac{\theta}{1-\theta}$$

che varia in $(-\infty, \infty)$. La distribuzione asintotica di SMV di ω si ottiene dalla distribuzione di asintotica di $\hat{\theta}$ e dal Corollario A.8.10 con $f(\theta) = \text{logit}(\theta)$. Risulta che

$$\sqrt{n}\,(\hat{\omega} - \omega) \xrightarrow{d} N\left(0, \frac{1}{\theta(1-\theta)}\right)$$

per $n \to \infty$. Costruiti i due intervalli di confidenza al livello 95% e 99% per ω in base alla distribuzione precedente e poi riportatili sull'asse θ mediante la trasformazione inversa

$$\theta = \frac{e^{\omega}}{1+e^{\omega}},$$

si ottengono i due intervalli (0,071; 0,343) e (0,053; 0,414). Questo secondo modo di costruire l'intervallo di confidenza per θ non solo rispetta i vincoli esistenti sul parametri, ma si può anche mostrare che è più accurato di quello diretto, nel senso che il livello reale approssima meglio quello nominale.

Si noti infine che la (4.31) assume implicitamente che la forma della verosimiglianza sia quella asintotica, cioè con un solo massimo e localmente approssimabile con una parabola centrata su $\hat{\theta}$, come si vede dalla (3.6).

Quando n è finito questa approssimazione può dar luogo ad una sostanziale perdita di informazione; nella Figura 4.5 il punto di massimo relativo diverso da $\hat{\theta}$ verrebbe ignorato, mentre la verosimiglianza sta tentando di dirci che lì vi è un altro insieme di valori plausibili del parametro. Se la dimensione di θ è 1 o 2, e le risorse di calcolo lo consentono, è buona pratica rappresentare graficamente la log-verosimiglianza stessa. Essa contiene una quantità di informazioni che non sempre è sintetizzabile con un paio di numeri. Tali cautele non sono peraltro necessarie quando la verosimiglianza in esame è quella di una famiglia esponenziale regolare.

4.5.4 Esempi Numerici

Esempio 4.5.7 Per illustrare un po' tutte le considerazioni precedenti, esaminiamo i dati della tabella successiva, che rappresentano le frequenze di esiti in risposta ad una terapia medica.

Grado di miglioramento dopo una terapia		
Nessuno	Leggero	Pronunciato
12	17	9

Indicate le frequenze osservate con (n_0, n_1, n_2), possiamo considerarle come determinate da una v.c. $(N_1, N_2) \sim Bin_2(n, (\pi_1, \pi_2))$ dove $n = n_0 + n_1 + n_2$, $0 \leq \pi_i \leq 1$ $(i = 1, 2)$ e $1 - \pi_0 = \pi_1 + \pi_2 \leq 1$.

La funzione di verosimiglianza è data da

$$\ell(\pi_1, \pi_2) = \sum_{i=0}^{2} n_i \log \pi_i$$

e le corrispondenti SMV sono

$$\hat{\pi}_i = n_i/n \qquad (i = 1, 2)$$

come già visto al § 4.4.8. La Figura 4.6 fornisce una rappresentazione grafica di $\ell(\pi_1, \pi_2)$ in forma relativa nel senso che il punto di massima verosimiglianza, contrassegnato da un +, ha ordinata 0; in altre parole, si tratta del logaritmo della verosimiglianza relativa. Sono inoltre indicate tre curve di livello del tipo $-\frac{1}{2}c_\alpha$ dove c_α è dato ai percentili superiori di livello α di una distribuzione χ^2_2, ottenendo così regioni di confidenza di livello $1 - \alpha$ per la coppia (π_1, π_2).

Fig. 4.6: Regioni di confidenza di livello 75%, 95%, 99% per il parametro (π_1, π_2) di una variabile casuale trinomiale. Il punto di SMV è contrassegnato da +

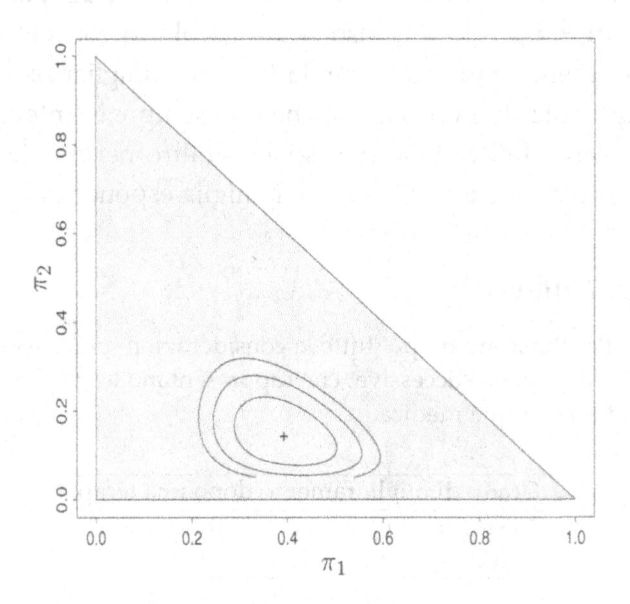

Per ottenere l'intervallo di confidenza per un singolo parametro, diciamo π_1, consideriamo la verosimiglianza profilo, cioè

$$\ell^*(\pi_1) = \ell(\pi_1, \hat{\pi}_2(\pi_1))$$

dove

$$\hat{\pi}_2(\pi_1) = \frac{n_2(1 - \pi_1)}{n_2 + n_0}$$

fornisce il massimo di ℓ rispetto π_2 per ogni fissato valore di π_1. Dopo qualche semplificazione, risulta che

$$\ell^*(\pi_1) = c + n_1 \log \pi_1 + (n - n_1) \log(1 - \pi_1)$$

cioè la stessa funzione che avremmo ottenuto se fin dall'inizio avessimo accorpato le due classi estreme e quindi avessimo operato con una distribuzione binomiale.

Il grafico di $\ell^*(\pi_1)$, in forma relativa, è riportato nella Figura 4.7 indicando anche l'intervallo di confidenza di livello 95%, ottenuto come per il grafico precedente, ma usando ora la distribuzione χ_1^2.

Fig. 4.7: Log-verosimiglianza profilo relativa e intervallo di confidenza per il parametro di una variabile casuale binomiale

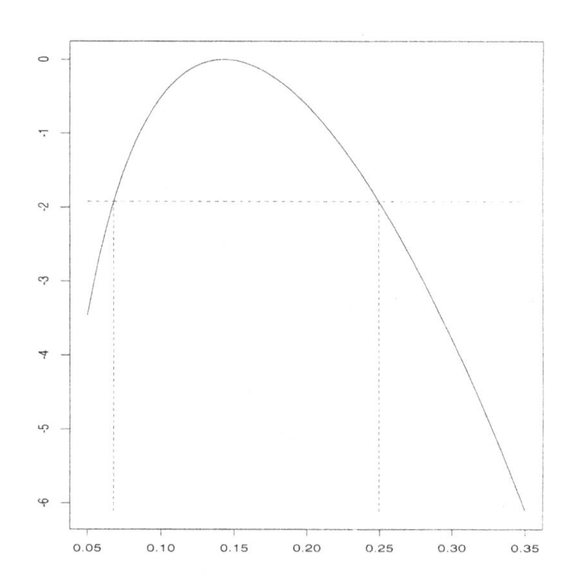

Esempio 4.5.8 Il numero di Wolf è un indice che valuta l'attività solare quanto alla presenza di macchie solari; questo indice dipende tanto dal numero di macchie quanto dal numero di gruppi di macchie osservati in un dato momento. La Tabella 4.3 fornisce il numero medio per anno dell'indice di Wolf, ottenuto come media aritmetica degli analoghi dati mensili forniti da Andrews & Herzberg (1985, pp. 67–74). Questa famosa serie storica è stata esaminata in modo dettagliato da molti autori, e sono stati proposti modelli statistici molto elaborati per descrivere il compostamento stocastico di questo fenomeno. Noi peraltro ci limiteremo ad una discussione piuttosto semplice.

I dati sono rappresentati graficamente nella Figura 4.8 dopo essere trasformati in radice quadrata di quelli originari. Questa trasformazione è monotona per dati positivi come quelli in questione, e quindi non cambia l'effettiva informazione, ad ha il vantaggio di produrre una distribuzione marginale dei dati più prossima alla normalità. Se y_t indica la radice quadrata del t-mo dato, allora $(y_1, \dots, y_n)$ costituisce la serie storica di cui ci occuperemo, in sostituzione di quella originaria. Nella Figura 4.8 le osservazioni successive sono state unite da un segmento per migliorare la leggibilità.

Tabella 4.3: Medie annuali dell'indice di Wolf per gli anni 1749–1979 (dati disposti per riga)

8,99	9,13	6,90	6,91	5,54	3,49	3,09	3,19	5,69	6,89
7,34	7,92	9,26	7,82	6,71	6,02	4,57	3,37	6,15	8,35
10,30	10,04	9,03	8,15	5,89	5,53	2,64	4,45	9,61	12,42
11,22	9,20	8,25	6,20	4,77	3,18	4,90	9,10	11,49	11,44
10,87	9,48	8,16	7,74	6,84	6,40	4,61	4,00	2,52	2,01
2,60	3,80	5,83	6,71	6,56	6,89	6,49	5,30	3,17	2,85
1,59	0,00	1,19	2,22	3,49	3,73	5,95	6,76	6,40	5,48
4,89	3,95	2,56	2,00	1,33	2,92	4,07	6,02	7,05	8,00
8,18	8,42	6,91	5,24	2,92	3,63	7,54	11,02	11,76	10,16
9,26	7,94	6,06	4,91	3,26	3,87	6,32	7,84	9,92	11,15
9,79	8,15	8,03	7,36	6,24	4,53	2,59	2,07	4,77	7,40
9,68	9,78	8,78	7,68	6,63	6,85	5,52	4,03	2,69	6,10
8,59	11,79	10,55	10,08	8,14	6,68	4,13	3,36	3,50	1,83
2,44	5,68	7,36	7,72	7,98	7,96	7,22	5,03	3,61	2,59
2,50	2,65	5,96	8,54	9,21	8,83	7,99	6,46	5,12	5,16
3,48	3,07	1,65	2,24	4,93	6,47	7,96	7,33	7,87	6,96
6,62	4,31	2,38	1,89	1,20	3,09	6,88	7,55	10,19	8,97
7,97	6,13	5,11	3,77	2,40	4,08	6,65	7,99	8,30	8,82
8,06	5,97	4,60	3,33	2,37	2,95	6,00	8,92	10,70	10,47
9,42	8,23	6,89	5,53	4,04	3,09	5,75	9,61	12,24	11,67
11,62	9,16	8,35	5,60	3,72	2,10	6,16	11,90	13,78	13,59
12,60	10,60	7,34	6,13	5,28	3,19	3,88	6,84	9,67	10,29
10,27	10,23	8,16	8,30	6,17	5,86	3,93	3,54	5,24	9,61
12,47									

Per prima cosa notiamo che la Figura 4.8 mostra un evidente comportamento oscillatorio, ma la distanza tra picchi successivi e l'altezza dei picchi non sono costanti, cosicché la serie non può essere interpolata con una funzione periodica. Un comportamento pseudo-periodico, simile a quello riscontrato in questa serie, può esssere prodotto dal un processo autoregressivo del secondo ordine del tipo

$$Y_t - \mu = \alpha_1(Y_{t-1} - \mu) + \alpha_2(Y_{t-2} - \mu) + \varepsilon_t$$

dove Y_t rappresenta la variabile casuale che genera il valore osservato al tempo t, μ è il valore medio, α_1, α_2 sono i parametri autoregressivi. In modo

Fig. 4.8: Grafico della radice quadrata della serie storica del numero di Wolf per gli anni 1749–1979

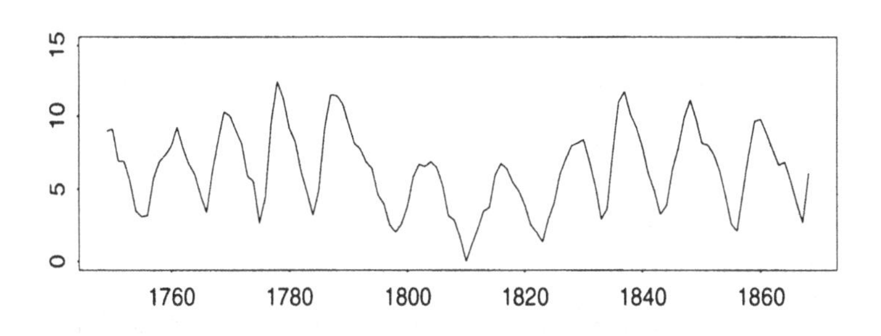

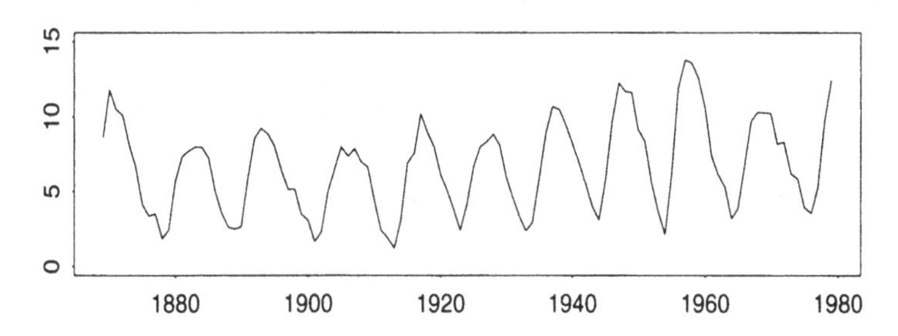

equivalente, scriviamo

$$\begin{aligned} Z_t &= Y_t - \mu \\ Z_t &= \alpha_1 Z_{t-1} + \alpha_2 Z_{t-2} + \varepsilon_t \end{aligned}$$

dove il processo $\{Z_t = Y_t - \mu\}$ ha stessa struttura stocastica di $\{Y_t\}$ ma ha valor medio 0.

Apriamo ora un digressione per presentare alcune proprietà generali di processi autoregressivi del secondo ordine. La nozione di processo autoregressivo è stata introdotta nell'Esempio 2.4.5 con particolar attenzione al processo del primo ordine. Qui comunque non ci addentreremo in tutti i dettagli per il caso del secondo ordine, lasciando diversi aspetti da completare come esercizion per il lettore. Se necessario, si può consultare qualche libro specialistico di serie storiche, per esempio Priestley (1981, in particolare pagg. 169–173).

Nell'Esempio 2.4.5, per assicurarci che tutte le componenti del processo del primo ordine avessero la stessa distribuzione marginale, era stata individuato un particolare valore di $\text{var}\{Y_1\}$. Una condizione simile viene imposta qui, ma stavolta coinvolgendo due componenti, e richiedendo che

$$\begin{pmatrix} Y_1 \\ Y_2 \end{pmatrix} \sim N_2 \left(\begin{pmatrix} \mu \\ \mu \end{pmatrix}, \sigma^2 \begin{pmatrix} 1-\alpha_2^2 & -\alpha_1(1+\alpha_2) \\ -\alpha_1(1+\alpha_2) & 1-\alpha_2^2 \end{pmatrix}^{-1} \right)$$

dove i parametri autoregressivi α_1, α_2 devono soddisfare i vincoli

$$|\alpha_2| < 1, \quad \alpha_1 + \alpha_2 < 1, \quad \alpha_2 - \alpha_1 < 1,$$

che individuano una regione triangolare, diciamo T, in $\mathbb{R}^2$. Pertanto lo spazio parametrico di $\theta = (\mu, \alpha_1, \alpha_2, \sigma^2)$ è dato da $\mathbb{R} \times T \times \mathbb{R}^+$.

Data una realizzazione $(y_1, \dots, y_n)$ del processo, la corrispondente verosimiglianza può essere ottenuta moltiplicando la densità delle prime due componenti per la distribuzione condizionata delle restanti; schematicamente abbiamo

$$L(\mu, \alpha_1, \alpha_2, \sigma^2) \propto f_2(y_1, y_2) \prod_{t=3}^{n} f_c(y_t | y_{t-1}, y_{t-2})$$

dove f_2 è la densità indicata prima per (Y_1, Y_2), e

$$f_c(y_t | y_{t-1}, y_{t-2}) = \frac{1}{\sqrt{2\pi\sigma^2}} \exp\left(-\frac{1}{2\sigma^2}(z_t - \alpha_1 z_{t-1} - \alpha_2 z_{t-2})^2 \right)$$

è la densità condizionata di Y_t $(t = 3, \dots, n)$ dato il passato, avendo posto $z_j = y_j - \mu$ $(j = 1, \dots, n)$.

Nella metodologia delle serie storiche è pratica comune utilizzare una forma approssimata di verosimiglianza che trascura il termine f_2 nell'espressione precedente di L. Questa approssimazione dà luogo ad un'espressione molto più trattabile algebricamente di L. Inoltre si può mostrare che il contributo di f_2 ad L è piccolo in probabilità rispetto al contributo del prodotto dei termini f_c, quando n è grande e (α_1, α_2) non è vicino alla frontiera di T.

Noi peraltro lavoreremo con l'espressione esatta di L, che è utilizzabile per ogni valore di n e di (α_1, α_2). Per scrivere la verosimiglianza in forma compatta, poniamo

$$\alpha = \begin{pmatrix} -1 \\ \alpha_1 \\ \alpha_2 \end{pmatrix}, \qquad N = \begin{pmatrix} n & n-1 & n-2 \\ n-1 & n-2 & n-3 \\ n-2 & n-3 & n-4 \end{pmatrix}$$

$$D_1 = \begin{pmatrix} d_0 & d_1 & d_2 \\ d_0 & d_1 & d_2 \\ d_0 & d_1 & d_2 \end{pmatrix}, \qquad D_2 = \begin{pmatrix} d_{00} & d_{01} & d_{02} \\ d_{10} & d_{11} & d_{12} \\ d_{20} & d_{21} & d_{22} \end{pmatrix}$$

dove d_r and d_{rs} sono definiti come nell'Esempio 2.4.5; si noti che D_2 è una matrice simmetrica. Sviluppi algebrici elementari, anche se noiosi, portano all'espressione della log-verosimiglianza come

$$\begin{aligned} 2\,\ell(\mu,\alpha_1,\alpha_2,\sigma^2) &= -n\log\sigma^2 + \log((1+\alpha_2)^2\{(1-\alpha_2)^2-\alpha_1^2\}) \\ &\quad - \frac{1}{\sigma^2}\,\alpha^\top(D_2 - 2\mu\,D_1 + \mu^2\,N)\alpha. \end{aligned}$$

Eliminando le componenti ridondanti di D_1 e D_2, concludiamo che la minima statistica sufficiente è 9-dimensionale.

Un'espressione esplicita per la SMV non è possibile. Però è possibile una parziale massimizzazione esplicita di ℓ, nel senso che, per ogni fissata scelta di (α_1,α_2), si massimizza ℓ rispetto agli altri due parametri, ottenendo

$$\begin{aligned} \hat\mu(\alpha_1,\alpha_2) &= \frac{\alpha^\top D_1\alpha}{\alpha^\top N\alpha}, \\ \hat\sigma^2(\alpha_1,\alpha_2) &= \frac{1}{n}\alpha^\top(D_2 - 2\,\hat\mu(\alpha_1,\alpha_2)\,D_1 + \hat\mu(\alpha_1,\alpha_2)^2\,N)\alpha \\ &= \frac{1}{n}\left(\alpha^\top D_2\alpha - \frac{(\alpha^\top D_1\alpha)^2}{\alpha^\top N\alpha}\right). \end{aligned}$$

Quando si sostituiscono queste espressioni in ℓ, si ottiene la verosimiglianza profilo

$$\ell^*(\alpha_1,\alpha_2) = \ell(\hat\mu(\alpha_1,\alpha_2),\alpha_1,\alpha_2,\hat\sigma^2(\alpha_1,\alpha_2))$$

che è decisamente più maneggevole, dato che coinvolge due parametri invece di quattro.

Armati di questi risultati teorici, torniamo alla serie storica dei numeri di Wolf. I valori osservati dei termini non ridondanti di D_1 e D_2 sono

$$(\,1494 \quad 1472 \quad 1454\,), \qquad \begin{pmatrix} 11570 & & \\ 11105 & 11333 & \\ 10300 & 10903 & 11157 \end{pmatrix}$$

e la corrispondente log-verosimiglianza profilo relativa $\ell^*(\alpha_1,\alpha_2)-\ell^*(\hat\alpha_1,\hat\alpha_2)$ è rappresentata nella Figura 4.9 mediante curve di livello. Il massimo della funzione si riscontra in $\alpha_1 = 1{,}394$ e $\alpha_2 = -0{,}700$; il punto $(\hat\alpha_1,\hat\alpha_2)$ è indicato nel grafico con un segno $+$. I valori associati agli altri parametri sono $\mu = 6{,}493$ e $\sigma^2 = 1.426$.

La log-verosimiglianza cade rapidamente se ci si sposta dal punto di SMV sul piano (α_1,α_2), il che indica una spiccata preferiza per il punto di massimo individuato. Peraltro la velocità di caduta non è la stessa nelle varie direzioni come si vede dalle forme ellittiche delle curve di livello. Inoltre la pendenza negativa dell'asse principale degli elissoidi indica una correlazione tra le stime.

Fig. 4.9: Regioni di confidenza di livello 75%, 95%, 99% per i parametri (α_1, α_2) di una processo autoregressivo del secondo ordine. La SMV è indicata da +

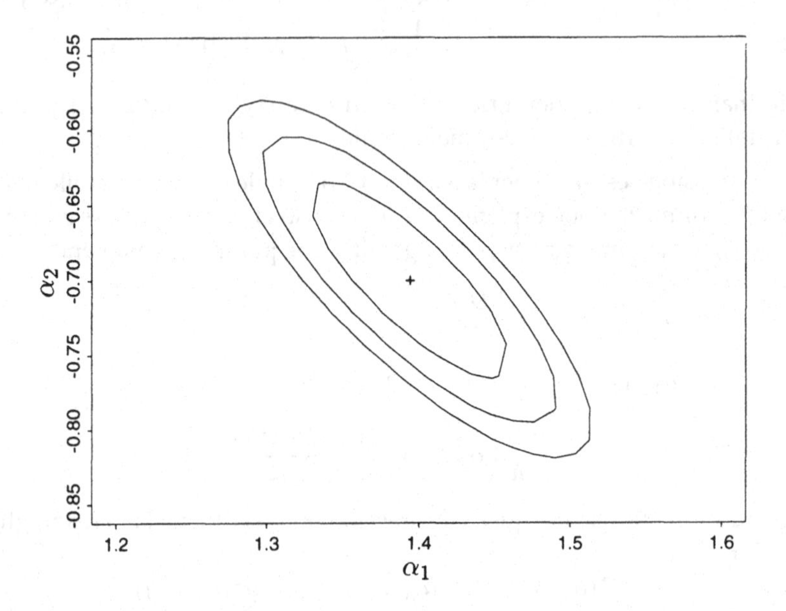

I livelli delle curve nella Figura 4.9 sono stati scelti pari a metà dei punti percentili superiori di una distribuzione χ^2_2; stiamo cioè procedendo esattamente come nell'Esempio 4.5.7.

Notiamo però una differenza fondamentale rispetto all'altro caso: qui la struttura autoregressiva del processo gneratore dei dati induce una *correlazione seriale* tra osservazioni successive.

L'impianto teorico di questo esempio non è quindi coperto dalla teoria asintotica svilupata negli ultimi due capitoli. Comunque, come già accennato, l'effettiva validità dei risultati ottenuti si estende molto aldilà di quanto enunciato. In particolare include processi autoregressivi e altri modelli usati nell'analisi delle series storiche; si veda al proposito Anderson (1971, soprattutto § 5.5, § 5.6). Per questa ragione possiamo considerare le regioni mostrate nella Figura 4.9 come valide regioni di confidenza di livello come indicato.

Come semplice controllo dell'adeguatezza del modello considerato, sono stati prodotti dei dati simulati dal modello e rappresentati nella Figura 4.10. Questi dati sono stati generati con l'aiuto di un calcolatore, campionando

Fig. 4.10: Dati sull'indice di Wolf: dati simulati dal processi autoregressivo stimato

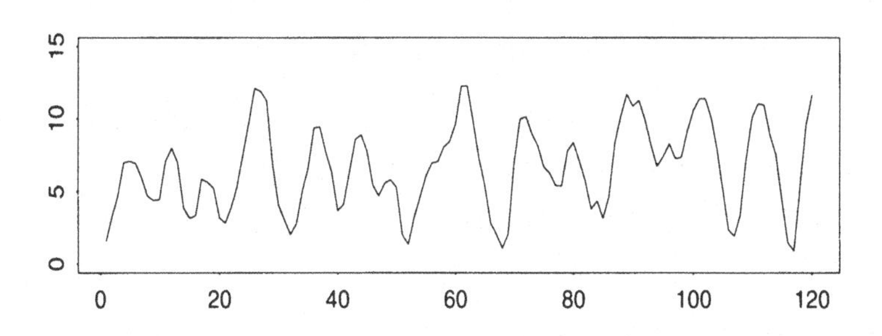

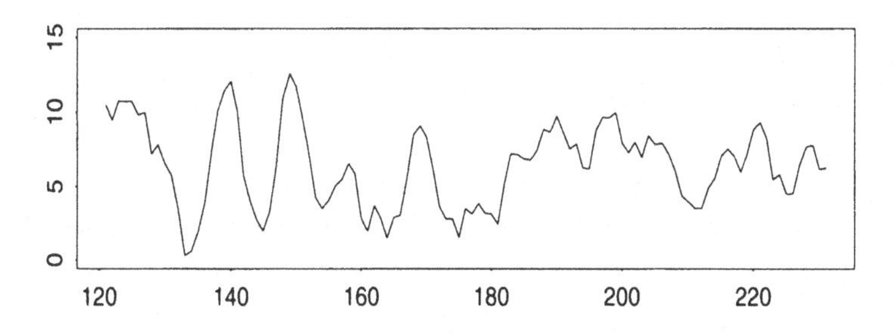

una sequenza da un processo autoregressivo con gli stessi parametri delle nostre stime $(\hat{\mu}, \hat{\alpha}_1, \hat{\alpha}_2, \hat{\sigma}^2)$. È evidente che la serie simulata riproduce in una certa misura le caratteristiche di quella osservata nella Figura 4.8, ma è anche del tutto chiaro che manca di certe altre caratteristiche della serie originaria, come la sua maggior regolarità di andamento e la particolare asimmetria dei picchi che sorgono più rapidamente di quanto discendono.

Queste osservazioni reclamano un tipo di modello più elaborato. Noi comunque non svilupperemo ulteriormente questa analisi, e rimandiamo alla letteratura citata da Andrews & Herzberg (1985, pagg. 67–74) e da Priestley (1988, pagg. 69–72 e pag. 81).

Esercizi

4.1 Nell'Osservazione 4.2.5 è affermato che il test di Wald non è invariante rispetto a riparametrizzazioni, mentre la funzione test del punteggio e il rapporto di verosimiglianza lo sono. Dimostrare queste tre affermazioni.

4.2 Verificare che, quando $r = 1$, la funzione test W_u, ovvero X^2, del §4.4.8 si riduce alla funzione test W_u del §4.4.7.

4.3 Siano $(y_1, \ldots, y_n)$ determinazioni di v.c. indipendenti di tipo esponenziale negativo con parametro di scala x_i/θ $(i = 1, \ldots, n)$, dove $(x_1, \ldots, x_n)$ sono costanti positive note e θ è un parametro ignoto e positivo.

(a) Verificare il sistema di ipotesi

$$\begin{cases} H_0 : \theta = \theta_0, \\ H_1 : \theta > \theta_0. \end{cases} \tag{4.33}$$

(b) Costruire un intervallo di confidenza per θ di livello 0,95.

4.4 Siano $(y_1, \ldots, y_n)$ determinazioni indipendenti di una v.c. di tipo beta di parametri $(\theta, 1)$ con $\theta > 0$. Costruire un test per verificare il sistema d'ipotesi

$$\begin{cases} H_0 : \theta = 1, \\ H_1 : \theta \neq 1. \end{cases}$$

Mostrare che il criterio del rapporto di verosimiglianza porta a rifiutare l'ipotesi nulla se

$$Q = -\sum_{i=1}^{n} \log y_i$$

è sufficientemente grande o sufficientemente piccolo. Mostrare che $2Q$ è distribuito come χ^2_{2n} sotto l'ipotesi nulla. Determinare la funzione di potenza.

4.5 Sia $(y_1, \ldots, y_n)$ un campione casuale semplice da una v.c. con funzione di densità

$$f(y; \mu, \sigma) = \begin{cases} \dfrac{1}{\sqrt{2\pi}\sigma y} \exp\left[-\dfrac{1}{2\sigma^2}(\log y - \mu)^2\right] & \text{per } y > 0, \\ 0 & \text{altrimenti,} \end{cases}$$

con $\sigma > 0$ ignoto. Si tratta della densità della v.c. ottenuta applicando ad una v.c. $N(\mu, \sigma^2)$ la trasformazione $\exp(\cdot)$; essa prende il nome di distribuzione *lognormale*, anche se in realtà sarebbe più appropriato chiamarla 'antilognormale'. Verificare il sistema di ipotesi (4.22), specificando se si tratta di un test di livello di significatività esatto o approssimato.

4.6 Siano $(Y_1, \ldots, Y_n)$ variabili casuali normali indipendenti con varianza unitaria e medie

$$\mathbb{E}\{Y_i\} = \theta_1 + \theta_2 t_i \quad (i = 1, \ldots, n)$$

dove $(t_1, \ldots, t_n)$ sono costanti note, tali che $\sum t_i = 0$, e θ_1, θ_2 sono parametri ignoti. Data l'osservazione y_i da Y_i (per $i = 1, \ldots, n$), usare il rapporto di verosimiglianza per saggiare l'ipotesi che $\theta_1 = \theta_2 = 0$ contro l'ipotesi alternativa che almeno un θ_i sia diverso da 0, ottenendo una funzione test la cui distribuzione può essere calcolata esattamente sia nell'ipotesi nulla che in quella alternativa. Determinare ambedue queste distribuzioni.

4.7 Il campione casuale semplice $(x_1, \ldots, x_n)$ è tratto da una v.c. $N(\eta, \sigma^2)$, mentre il campione casuale semplice $(z_1, \ldots, z_n)$ è tratto da una v.c. $N(\mu, \sigma^2)$. Costruire il TRV per il sistema d'ipotesi con alternativa unilaterale

$$\begin{cases} H_0 : \mu \leq \eta, \\ H_1 : \mu > \eta. \end{cases}$$

4.8 Il campione casuale semplice $(x_1, \ldots, x_n)$ è tratto da una v.c. $N(\mu_x, \sigma_x^2)$, mentre il campione casuale semplice $(z_1, \ldots, z_m)$ è tratto da una v.c. $N(\mu_z, \sigma_z^2)$. Costruire il TRV per il sistema d'ipotesi con alternativa bilaterale

$$\begin{cases} H_0 : \sigma_x^2 = \sigma_z^2, \\ H_1 : \sigma_x^2 \neq \sigma_z^2. \end{cases}$$

4.9 (Generalizzazione dell'Esercizio 8 al caso di più popolazioni.) Da m distribuzioni normali di medie $\mu_1, \ldots, \mu_m$ e varianze $\sigma_1^2, \ldots, \sigma_m^2$ si traggono campioni casuali semplici di numerosità rispettive $n_1, \ldots, n_m$ per saggiare l'ipotesi che tutte le varianze siano uguali contro l'alternativa che $\sigma_i^2 \neq \sigma_j^2$ per qualche i e j. Mostrare che il rapporto di verosimiglianza è della forma

$$\lambda = \prod_{i=1}^{n} \left(\frac{s_i^2}{s_a^2} \right)^{n_i/2}$$

per opportune quantità $s_1^2, \ldots, s_m^2, s_a^2$. Stabilire qual è la forma della regione di rifiuto dell'ipotesi nulla e qual è la distribuzione asintotica di $-2 \log \lambda$ quando tutte le numerosità $n_1, \ldots, n_m$ divergono.

4.10 Sia $(y_1, \ldots, y_n)$ un campione casuale semplice della $N_k(\mu, \Omega)$ come nell'Esercizio 3.11. Utilizzando il criterio del rapporto di massima verosimiglianza saggiare l'ipotesi

$$H_0 : \{\Omega \text{ è una matrice diagonale}\}$$

contro l'ipotesi che ciò sia falso. Determinare la distribuzione asintotica del test (opportunamente trasformato). *Traccia: Supporre dapprima $k = 2$; in questo caso, scrivendo $Y = (U, V)^\top$, l'ipotesi nulla precedente è equivalente a quella che stabilisce che U e V sono stocasticamente indipendenti.*

4.11 Sia $(y_1, \ldots, y_n)$ un campione casuale semplice dalla distribuzione esponenziale di media μ. Utilizzare il rapporto di massima verosimiglianza per saggiare il sistema di ipotesi

$$\begin{cases} H_0 : \mu = \mu_0, \\ H_1 : \mu \neq \mu_0, \end{cases}$$

dove μ_0 è un valore positivo specificato. Determinare l'espressione di $W = -2 \log \lambda$, e verificare direttamente (cioè senza ricorrere al risultato generale) che la distribuzione asintotica è χ_1^2 sotto H_0. Spesso nelle cosiddette prove di affidabilità, sono disponibili solo gli r valori più piccoli $y_{(1)} < y_{(2)} < \ldots < y_{(r)}$. Considerare il problema di verificare H_0 quando l'informazione campionaria è rappresentata dal *campione censurato* $(y_{(1)}, y_{(2)}, \ldots, y_{(r)})$.

4.12 Estendere il metodo dell'analisi della varianza al caso in cui le numerosità campionarie non sono costantemente uguali a n per ogni popolazione.

4.13 Verificare che l'espressione di X^2 del § 4.4.9 si riduce a W_u del § 4.4.8 se $r = 1$.

4.14 Per X^2 definito come al § 4.4.8, calcolare $\mathbb{E}\{X^2\}$

4.15 Siano X e Y variabili casuali esponenziali indipendenti di media rispettiva $1/\lambda$ e $1/\mu$. Mostrare che il triangolo

$$\{(\lambda, \mu) : \lambda X + \mu Y \leq a\}$$

(con $a > 0$) è una regione di confidenza di livello $1 - (1 + a)e^{-a}$.

4.16 Per la situazione dell'Esempio 4.5.4 si consideri il caso $y = 0$ ottenendo il corrispondente intervallo di condidenza per θ.

4.17 Una v.c. ha funzione di ripartizione $F(\cdot)$ ignota. Dato un suo campione casuale semplice $(y_1, \ldots, y_n)$, determinare una stima intervallare di $F(1)$. *[Questo è un problema di Statistica non parametrica.]*

4.18 Mostrare che gli intervalli di confidenza costruiti con la regola (4.30) sono equivarianti rispetto a riparametrizzazioni, mentre quelli costruiti tramite la (4.32) non lo sono.

Capitolo 5

Modelli Lineari

5.1 Relazioni tra Variabili

È abbastanza poco frequente che in uno studio di qualsivoglia motivazione (scientifica, tecnologica, economica) e natura (osservazionale o sperimentale) si sia interessati unicamente all'esame di una sola variabile, o a quello di più variabili considerate individualmente. Più spesso si vuole studiare la relazione intercorrente tra le variabili che caratterizzano un certo fenomeno. Gli esempi sono così numerosi e ovvî che non è il caso di insistere. Non è troppo azzardato affermare che è anzi lo studio di tali relazioni che motiva la maggior parte degli studi empirici.

Anche quando si è interessati ad una variabile soltanto, spesso tale studio si può concretizzare solo nel momento in cui la si osserva congiuntamente ad un'altra. Per esempio, non possiamo studiare la natura del magnetismo se non provocando delle alterazioni ad un campo magnetico ed osservando il comportamento di uno strumento indicatore; e quindi siamo condotti a considerare la relazione tra la sorgente del campo magnetico e l'elemento utilizzato per modificarlo.

Si capisce come nello studio empirico delle relazioni tra variabili l'uso di metodi statistici giochi un ruolo centrale e questo intero capitolo costituisce un'introduzone alle tecniche appropriate per questo scopo. Ciò verrà fatto adottando certe restrizioni che diremo nel seguito; tuttavia la pratica ha insegnato che le tecniche che considereremo sono quelle di maggiore utilità operativa, e inoltre costituiscono lo schema di riferimento su cui poggiano metodi più elaborati.

La prima di queste restrizioni è quella che vi sia una *variabile risposta*, diciamo y, ed una o più *variabili esplicative* [1], diciamo $x_1, \ldots, x_p$. Ciò significa che le variabili in gioco sono trattate in modo asimmetrico, in quanto la variabile risposta è vista, come dice il termine stesso, variare in risposta a variazioni delle variabili esplicative.

In realtà già nei capitoli precedenti sono state presentate delle esemplificazioni, per quanto limitate e particolari, in cui comparivano una variabile esplicativa ed una risposta. Nello schema di regressione logistica dell'Esempio 2.4.4 la variabile x può rappresentare il dosaggio di una certa sostanza somministrata ad un individuo, mentre y è la variabile indicatrice di un certo evento, quale la morte dell'individuo. Un altro esempio è dato dalle tabelle di frequenza del § 4.4.9 quando una delle due variabili è trattata come risposta ed una come esplicativa.

Si osservi che in questo esempio come anche nel seguito il termine 'variabile' non va inteso nel senso stretto di quantità numerica, ma può indicare anche una mutabile. Se ci fosse la necessità di distinguere, useremo i termini 'variabile quantitativa' e 'variabile qualitativa'.

Una seconda restrizione che facciamo è che la variabile y risulti dalla *somma* di due termini del tipo

$$y = r(x_1, \ldots, x_p) + \varepsilon \tag{5.1}$$

in cui il termine $r(x_1, \ldots, x_p)$ è detto componente *sistematica*, ed esprime la relazione con le variabili esplicative, ed ε, detto componente *accidentale o di errore*, rappresenta gli scostamenti di natura casuale tra y e $r(x_1, \ldots, x_p)$ e tale componente è priva di qualsiasi connessione con le variabili esplicative. Il modello (5.1) è detto *modello di regressione*. Si noti che, pur nella sua generalità, esso non comprende ad esempio il modello di regressione logistica o le tabelle di contingenza.

Vi sono molti contesti, soprattutto di natura sperimentale, in cui sia y che le x_i sono variabili quantitative ed è noto da considerazioni di natura

[1] Il termine 'variabile concomitante' è sinonimo di variabile esplicativa. Sono in uso anche i termini 'variabile dipendente' al posto di variabile risposta, e 'variabili indipendenti' invece che esplicative, ma sono termini un poco fuorvianti, quanto meno perché le variabili "indipendenti" possono essere fortemente correlate tra loro.

Fig. 5.1: Un circuito RC

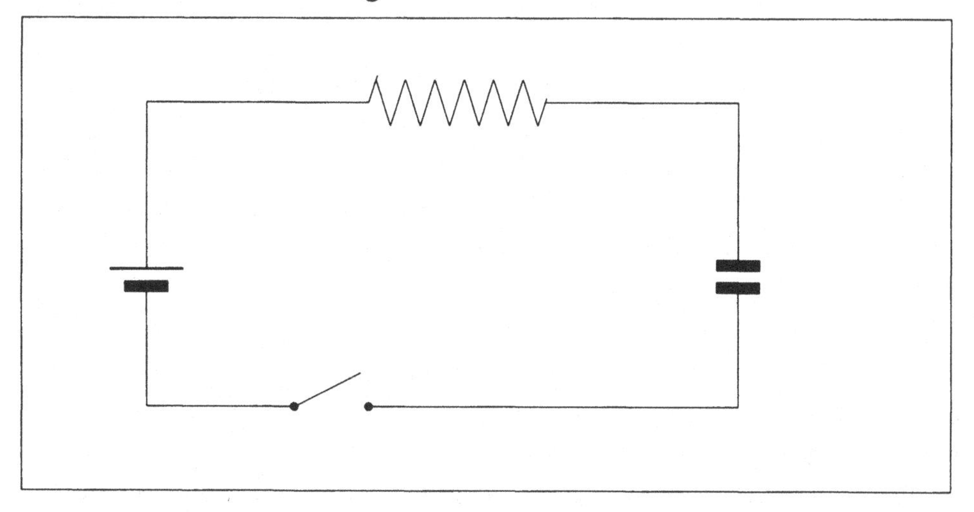

teorica che la componente sistematica ha necessariamente una certa forma $r(\cdot)$, per cui gli scarti ε possono essere attribuiti ad elementi accidentali. Spesso peraltro tali considerazioni teoriche individuano la relazione $r(\cdot)$ lasciando indeterminati certi valori caratteristici, cioè dei *parametri*, la cui individuazione sulla base delle rilevazioni empiriche è appunto oggetto del nostro studio.

Per esempio, si consideri il circuito elettrico di tipo RC illustrato in Figura 5.1. Se si misura la differenza di potenziale V tra i capi del condensatore dal momento in cui il circuito viene chiuso, è noto che vale la relazione (utilizzando le opportune unità di misura)

$$V = E\{1 - \exp(-t/T)\} \tag{5.2}$$

dove E è la tensione prodotta dal generatore, t è il tempo trascorso dalla chiusura del circuito e $T = RC$ è una costante caratteristica del circuito, con R e C valori specifici della resistenza e del condensatore. In questo caso possiamo identificare V con la variabile risposta e t con la variabile esplicativa, mentre E e T sono parametri che ci prefiggiamo di valutare; in questo caso $r(\cdot)$ è dato dal membro di destra della (5.2).

Effettuiamo ora delle misurazioni sperimentali sul circuito di Figura 5.1, ottenendo un certo numero di coppie di valori (t, V). Se gli strumenti di misura fossero perfetti, le letture effettuate sugli strumenti stessi fossero totalmente accurate, non vi fossero effetti spuri (quali il surriscaldamento delle componenti elettriche) che alterano le caratteristiche del circuito, non vi fossero fluttuazioni momentanee nella tensione prodotta dal generatore, allora sarebbero sufficienti due coppie di misure, diciamo (t_1, V_1) e (t_2, V_2), per individuare univocamente i valori E e T che ci interessano, risolvendo un sistema di due equazioni non lineari. Nella pratica, le coppie di valori osservati (t, V) soddisfano una relazione del tipo

$$V = E\{1 - \exp(-t/T)\} + \varepsilon \qquad (5.3)$$

dove ε è un termine che incorpora tutti i termini di disturbo detti prima e che, in assenza di altre informazioni, non possiamo che trattare come casuale. Ne segue che per individuare i parametri E e T dobbiamo procedere in altro modo rispetto alla semplice soluzione di due equazioni non lineari.

Noi tratteremo con una specificazione del modello (5.1), e precisamente con il caso in cui $r(\cdot)$ sia una funzione *lineare nei parametri*, cioè si abbia

$$y = \beta_1 x_1 + \cdots + \beta_p x_p + \varepsilon \qquad (5.4)$$

dove $\beta_1, \ldots, \beta_p$ sono i parametri che individuano univocamente la relazione tra y e le variabili esplicative nell'ambito della relazione (5.4).

La classe di modelli (5.4) essendo un caso particolare della (5.1) esclude talune situazioni, quali ad esempio la (5.3). Tuttavia, a dispetto di una apparente limitazione di flessibilità, lo schema (5.4) risulta estremamente utile per trattare con un gran numero di situazioni pratiche. I motivi del suo successo riguardano sia la sua capacità di adattamento a molteplici situazioni empiriche sia le sue caratteristiche logico-formali; è quindi opportuno elencarli compiutamente.

- In primo luogo la (5.4) offre un'estrema semplicità concettuale.

- Vi sono situazioni in cui la relazione tra le variabili di interesse è appunto del tipo (5.4). Ad esempio se si considera come variabile risposta la statura del figlio e come variabile esplicativa quella del padre, ne risulta una relazione approssimativamente lineare, seppure con un'ampia componente di errore.[2]

[2]Questo fenomeno fu osservato da F. Galton e, siccome la retta risultante ha coefficiente

◇ La (5.4) può valere tra variabili trasformate di quelle di interesse. Ad esempio, si consideri l'equazione di stato del gas perfetto (scritta per una grammomolecola)

$$pV = RT$$

dove i simboli rappresentano: pressione p, volume V, una costante universale R, temperatura assoluta T. Si supponga di voler sottoporre a conferma sperimentale tale legge valutando al contempo la costante R. Mediante trasformazione logaritmica la legge precedente si può riscrivere come

$$\log p = \log R + \log T - \log V$$

che, a parte per la componente di errore, è del tipo (5.4) per le variabili trasformate logaritmicamente. Ciò dà luogo ad un modello con variabili e parametri che sono in corrispondenza con quelli originari, per cui conclusioni tratte su quelli possono essere trasferite su questi.

◇ La (5.4) non impone che la relazione sia lineare rispetto alle variabili, ma solo rispetto ai parametri; sono perciò incluse relazioni come

$$y = \beta_1 + \beta_2 z_1 + \beta_3 z_1^3 + \beta_4 z_1 z_2 + \beta_5 \cos(z_2 + 1) + \varepsilon$$

per le variabili esplicative 'primitive' z_1 e z_2, in quanto questa è una relazione del tipo (5.4), con $p = 5$, ponendo $x_1 = 1$, $x_2 = z_1$, $x_3 = z_1^3$, $x_4 = z_1 z_2$, $x_5 = \cos(z_2 + 1)$.

◇ Anche quando non adeguata, come nel caso (5.3), una forma del tipo (5.4) può costituire una prima approssimazione alla effettiva relazione tra le variabili in gioco. In molte situazioni si è interessati principalmente ad uno studio *locale* della relazione, in un intorno di un punto prefissato, e localmente una funzione può essere approssimata

angolare inferiore ad 1 (e quindi i figli di padri molto alti non sono così alti come i padri, mentre i figli di padri molto bassi non sono così bassi come i padri), introdusse il termine 'regressione verso la media', per sottolineare questa tendenza al "ritorno al valore medio" degli elementi della popolazione. Successivamente il termine 'regressione' venne adottato per indicare genericamente una relazione lineare.

linearmente mediante sviluppo in serie di Taylor. Ad esempio, la (5.3) sviluppata dal punto t_0 fino al secondo ordine dà luogo a

$$V = \beta_0 + \beta_1 x_1 + \beta_2 x_2 + \varepsilon \tag{5.5}$$

dove

$$\begin{aligned} \beta_0 &= E(1 - e^{-t_0/T})/T, \\ \beta_k &= (-1)^{k-1} E e^{-t_0/T}/T^k, \quad x_k = (t - t_0)^k/k! \quad \text{per } k = 1, 2. \end{aligned}$$

In molte situazioni in cui non esiste una teoria in grado di formulare una plausibile congettura sulla forma di $r(\cdot)$ questo genere di argomentazione giustifica l'uso dei modelli lineari quali modelli 'di prima approssimazione'.

- ◇ Lo studio del modello e delle relative tecniche statistiche si presta ad una trattazione matematicamente piuttosto semplice. Questo aspetto, pur essendo legato al primo punto di questa lista, è tuttavia distinto da quello.
- ◇ È possibile includere nel modello sia variabili esplicative quantitative che qualitative, come vedremo nel seguito.

In definitiva, ciò di cui ci occuperemo in questo capitolo è il caso in cui si disponga di un certo numero, diciamo n, di osservazioni sottostanti al modello (5.4), e ci si proponga di fare inferenza sui valori dei parametri $\beta_1, \ldots, \beta_p$. Siccome ε è vista come componente casuale, e ciò si riflette sulla natura della variabile risposta, segue che dovremo studiare lo schema (5.4) trattando y come determinazione di una v.c., di cui è necessario descrivere compiutamente le caratteristiche prima di procedere oltre.

5.2 Ipotesi del Secondo Ordine

5.2.1 Il Criterio dei Minimi Quadrati

Si supponga di essere in presenza di n osservazioni $(y_1, \ldots, y_n)$ ciascuna delle quali è prodotta dal modello (5.4). Tali osservazioni sono determinazioni di v.c. $(Y_1, \ldots, Y_n)$ per cui vale

$$Y_i = \beta_1 x_{i1} + \cdots + \beta_p x_{ip} + \varepsilon_i \quad (i = 1, \ldots, n) \tag{5.6}$$

dove Y_i è la i-ma componente della variabile risposta, x_{i1} lo i-mo valore della variabile esplicativa x_1, e così via. Utilizzando la notazione matriciale per maggior compattezza, scriviamo anche

$$Y = X\beta + \varepsilon \tag{5.7}$$

dove $Y = (Y_1, \ldots, Y_n)^\top$ è il vettore casuale contenente le n componenti della variabile risposta, $X = (x_{ij})$ è una matrice $n \times p$ detta *matrice di regressione* contenente i valori delle variabili esplicative ($n \geq p$), $\varepsilon = (\varepsilon_1, \ldots, \varepsilon_n)^\top$ è il vettore contenente le n componenti della variabile errore, $\beta = (\beta_1, \ldots, \beta_p)^\top$ è il vettore dei *parametri (o coefficienti) di regressione.* Si assuma che

- ◇ $\mathbb{E}\{\varepsilon\} = 0$,
- ◇ $\mathrm{var}\{\varepsilon\} = \sigma^2 I_n$ per un qualche σ^2 positivo ignoto,
- ◇ X sia una matrice non stocastica avente rango p.

Si tenga presente che gli operatori $\mathbb{E}\{\cdot\}$, $\mathrm{var}\{\cdot\}$ si riferiscono a vettori casuali, come definito al § A.4.2. Il modello (5.7) soddisfacente le assunzioni ora specificate costituisce un *modello lineare di regressione* o, brevemente, un modello lineare. Quanto abbiamo assunto su ε è detto costituire delle *ipotesi del secondo ordine,* dato che sono coinvolti momenti della componente di errore fino al secondo ordine, ma nulla si dice sui momenti superiori o sul tipo di distribuzione.

Il complesso di assunti che abbiamo appena formulato circa il modello (5.7) è particolarmente adatto a descrivere matematicamente situazioni relative a contesti sperimentali controllati, in cui cioè lo sperimentatore tiene sotto controllo certi fattori sperimentali per poi rilevare il corrispondente valore della variabile risposta. In questo caso, X fornisce i valori relativi ai fattori sperimentali, che sono non stocastici appunto perché prescelti dallo sperimentatore. La componente di errore è da attribuirsi agli errori di rilevazione (da cui il nome) e, se gli strumenti sono tarati correttamente e quindi esenti da distorsioni sistematiche, è ragionevole l'ipotesi $\mathbb{E}\{\varepsilon\} = 0$. Infine l'indipendenza delle varie prove sperimentali assicura l'indipendenza stocastica e quindi l'incorrelazione degli errori.

Tramite y ($y \in \mathbb{R}^n$), il vettore osservato dalla v.c. multipla Y, ci si prefigge di fare inferenza sui $p+1$ parametri $\beta_1, \ldots, \beta_p, \sigma^2$. Si ha immediatamente che

$$\mathbb{E}\{Y\} = X\beta, \quad \text{var}\{Y\} = \sigma^2 I_n, \tag{5.8}$$

ma non siamo in grado di scrivere la distribuzione di probabilità di Y e quindi la corrispondente verosimiglianza per l'osservazione y.

Per poter procedere attraverso il principio di verosimiglianza sarebbe quindi necessario introdurre ulteriori ipotesi circa la distribuzione del vettore ε, che poi ci consentirebbero di scrivere la distribuzione di Y. Per il momento preferiamo non fare ciò, cercando di costruire comunque delle tecniche ragionevoli sulla base degli assunti fatti finora. Bisogna però istituire un qualche criterio sostitutivo del principio di verosimiglianza. Una ragionevole alternativa è quella di scegliere β in modo da minimizzare

$$\|y - \mu\|,$$

la distanza euclidea tra il vettore osservato e il suo valore medio $\mu = \mathbb{E}\{Y\}$ previsto dal modello, e che quindi dipende da β. Equivalentemente, possiamo minimizzare il quadrato di tale distanza, cioè

$$\begin{aligned} Q(\beta) &= \|y - \mu\|^2 \\ &= (y - \mu)^\top (y - \mu) \\ &= (y - X\beta)^\top (y - X\beta). \end{aligned} \tag{5.9}$$

Operando in questo modo noi stabiliamo il *criterio (o metodo) dei minimi quadrati,* che prende il nome dal fatto che si attua minimizzando la somma dei quadrati delle differenze tra le componenti di y e le corrispondenti componenti di $\mu = \mathbb{E}\{Y\}$, naturalmente considerando μ come entità variabile e non come "vero valore", del resto allo stesso modo con cui si procedeva per costruire la SMV.

Il criterio dei minimi quadrati non si applica solo a modelli lineari del tipo (5.7), ma anche al caso più generale del tipo (5.1), in cui si presume che $r(\cdot)$ dipenda da certi parametri β, con la differenza che il termine da sostituire per μ nella(5.9) avrà un'espressione non più lineare nei parametri β. Si parla in tale caso di metodo dei minimi quadrati *non lineari*. Noi comunque non considereremo il caso non lineare.

Dato che per ciascuna variabile (sia essa di risposta o esplicativa) tutto ciò che sappiamo è raccolto nelle componenti di un opportuno vettore, è di uso corrente chiamare 'variabile' il vettore che a questa compete.

5.2.2 La Geometria dei Minimi Quadrati

Soffermiamoci ad analizzare le varie componenti in gioco dal punto di vista puramente geometrico, tralasciando per il momento gli aspetti statistici e probabilistici. Consideriamo i vettori $y, x_1, \ldots, x_p$ contenenti rispettivamente i valori della variabile risposta e delle p variabili esplicative come elementi dello spazio vettoriale $\mathbb{R}^n$.

Al variare di β (che è ignoto) in $\mathbb{R}^p$, l'espressione $X\beta = \beta_1 x_1 + \cdots + \beta_p x_p$ può essere vista come una combinazione lineare delle colonne $x_1, \ldots, x_p$ di X con coefficienti β, ovvero si tratta dell'equazione parametrica di un sottospazio di $\mathbb{R}^n$ generato *dalle colonne* di X. Tale sottospazio, che indicheremo con $\mathcal{C}(X)$, è uno spazio vettoriale su $\mathbb{R}$ con dimensione p. Vale infatti la proprietà che, se $X\beta \in \mathcal{C}(X)$ e $a \in \mathbb{R}$, anche $a(X\beta) = X(a\beta) \in \mathcal{C}(X)$; inoltre, se $X\beta$ e Xb sono due elementi di $\mathcal{C}(X)$, anche $X\beta + Xb = X(\beta + b) \in \mathcal{C}(X)$; si vede facilmente che valgono anche le altre proprietà degli spazi vettoriali.

Il modello (5.7) afferma allora che $\mu = \mathbb{E}\{Y\}$ giace in $\mathcal{C}(X)$ e il criterio dei minimi quadrati sceglie quel vettore di $\mathcal{C}(X)$ che minimizza la distanza euclidea tra il vettore y e lo spazio $\mathcal{C}(X)$. Indicheremo con $\hat{\mu} = X\hat{\beta}$ tale elemento di $\mathcal{C}(X)$, individuato da coefficienti $\hat{\beta} \in \mathbb{R}^p$. La situazione è illustrata dalla Figura 5.2.

Per determinare esplicitamente tale $\hat{\beta}$ minimizziamo la funzione $Q(\beta)$, tenendo presente le regole per la derivazione in ambito matriciale

$$\frac{\mathrm{d}}{\mathrm{d}x} Ax = A^\top, \qquad \frac{\mathrm{d}}{\mathrm{d}x} x^\top Bx = 2Bx$$

se B è una matrice simmetrica. Eguagliando a 0 le derivate

$$\begin{aligned} \frac{\mathrm{d}}{\mathrm{d}\beta} Q(\beta) &= \frac{\mathrm{d}}{\mathrm{d}\beta}(y - X\beta)^\top (y - X\beta) \\ &= \frac{\mathrm{d}}{\mathrm{d}\beta}(y^\top y - 2y^\top X\beta + \beta^\top X^\top X\beta) \\ &= 2(X^\top X\beta - X^\top y) \end{aligned}$$

otteniamo che il punto di minimo cercato soddisfa a

$$X^\top X\,\beta = X^\top y \tag{5.10}$$

Fig. 5.2: Proiezione di y su $\mathcal{C}(X)$

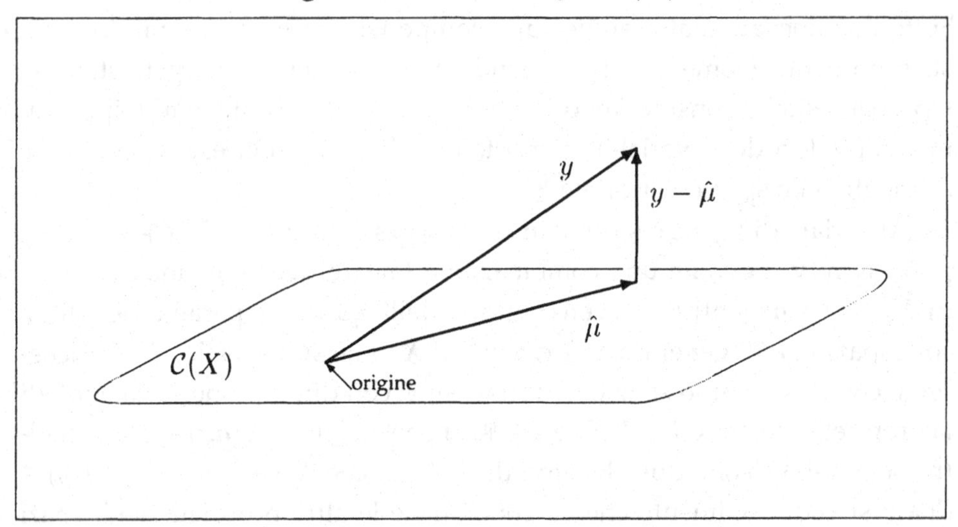

che sono dette *equazioni normali*.

Possiamo ottenere la (5.10) anche mediante una argomentazione geometrica invece che algebrica: in base a noti risultati di geometria sappiamo che il vettore $\hat{\mu} \in \mathcal{C}(X)$ che minimizza la distanza da y è tale che

$$(y - X\hat{\beta}) \perp \mathcal{C}(X)$$

e ciò richiede l'ortogonalità di $(y - \hat{\mu})$ rispetto ai vettori che costituiscono la base di $\mathcal{C}(X)$, cioè bisogna che

$$(y - X\hat{\beta})^\top X = 0$$

che è appunto equivalente alla (5.10).

L'inversione della matrice $X^\top X$ è legittima in quanto la condizione che X sia di rango p implica che $X^\top X$ è ancora di rango p. Pertanto abbiamo che il minimo di $Q(\beta)$ si ha per β pari a

$$\hat{\beta} = (X^\top X)^{-1} X^\top y. \tag{5.11}$$

Il punto (5.11) è effettivamente di minimo per $Q(\beta)$ in quanto la matrice delle derivate seconde

$$\frac{\mathrm{d}^2}{\mathrm{d}\beta\,\mathrm{d}\beta^\top} Q(\beta) = 2\,X^\top X$$

è una matrice definita positiva e quindi $Q(\beta)$ è una funzione convessa.

A $\hat{\beta}$ resta associato il vettore *proiezione* di y su $\mathcal{C}(X)$,

$$\begin{aligned} \hat{\mu} &= X\hat{\beta} \\ &= X(X^\top X)^{-1}X^\top y \\ &= Py \end{aligned} \tag{5.12}$$

dove $P = X(X^\top X)^{-1}X^\top$ è detta *matrice di proiezione* su $\mathcal{C}(X)$. Essa individua un operatore, associato alla matrice X, la cui funzione è appunto quella di proiettare un qualunque vettore $y \in \mathbb{R}^n$ trasformandolo in $Py \in \mathcal{C}(X)$ avente distanza minima da y. Si può verificare immediatamente che P è simmetrica e idempotente in quanto $P^2 = P$; questo significa che $Py = P(Py)$, ovvero proiettare una proiezione non ha effetto. Siccome ci tornerà utile nel seguito, notiamo fin d'ora che queste osservazioni implicano che

$$\text{rg}(P) = \text{tr}(P) = \text{tr}((X^\top X)^{-1}X^\top X) = p.$$

Possiamo allora scomporre y in due componenti: la sua proiezione $\hat{\mu}$ su $\mathcal{C}(X)$ e la componente dei *residui* data dal vettore differenza

$$y - \hat{\mu} = y - X(X^\top X)^{-1}X^\top y = (I_n - P)y. \tag{5.13}$$

Queste due componenti sono tra loro ortogonali; anzi, $y - \hat{\mu}$ è ortogonale ad ogni elemento di $\mathcal{C}(X)$, non solo $\hat{\mu}$. Infatti, per un qualunque vettore $Xa \in \mathcal{C}(X)$, abbiamo che

$$\begin{aligned} (Xa)^\top(y - \hat{\mu}) &= (Xa)^\top(y - Py) \\ &= a^\top X^\top(y - X(X^\top X)^{-1}X^\top y) \\ &= 0. \end{aligned}$$

Anche $I_n - P$ è una matrice di proiezione: essa proietta gli elementi di $\mathbb{R}^n$ sullo spazio ortogonale a $\mathcal{C}(X)$. Con calcolo analogo a quello per il rango di P, otteniamo che $\text{rg}(I_n - P) = n - p$.

L'ortogonalità tra il vettore proiezione e quello dei residui ha un immediato corollario: esplicitando la norma di $\hat{\mu} + (y - \hat{\mu})$ otteniamo

$$\|y\|^2 = \|\hat{\mu}\|^2 + \|y - \hat{\mu}\|^2 \tag{5.14}$$

che è una particolare versione del teorema di Pitagora in cui y gioca il ruolo di ipotenusa, $\hat{\mu}$ e $y - \hat{\mu}$ quello di cateti.

5.2.3 La Statistica dei Minimi Quadrati

Veniamo ora allo studio dal punto di vista statistico delle entità introdotte nel paragrafo precedente. Ciò naturalmente comporta considerare le osservazioni y e la componente di errore come determinazioni di v.c.. Abbiamo allora che

$$\begin{aligned} \mathbb{E}\left\{\hat{\beta}\right\} &= \mathbb{E}\left\{(X^\top X)^{-1}X^\top Y\right\} \\ &= (X^\top X)^{-1}X^\top \mathbb{E}\{Y\} \\ &= (X^\top X)^{-1}X^\top X\beta \\ &= \beta \end{aligned} \tag{5.15}$$

e quindi $\hat{\beta}$ è una stima non distorta di β; inoltre si ha che

$$\mathbb{E}\{\hat{\mu}\} = \mu.$$

Per la matrice di varianza delle stime abbiamo

$$\begin{aligned} \text{var}\left\{\hat{\beta}\right\} &= (X^\top X)^{-1}X^\top \text{var}\{Y\}\left((X^\top X)^{-1}X^\top\right)^\top \\ &= (X^\top X)^{-1}X^\top(\sigma^2 I_n)X(X^\top X)^{-1} \\ &= \sigma^2(X^\top X)^{-1} \end{aligned} \tag{5.16}$$

e

$$\begin{aligned} \text{var}\{\hat{\mu}\} &= X\,\text{var}\left\{\hat{\beta}\right\}X^\top \\ &= \sigma^2 X(X^\top X)^{-1}X^\top \\ &= \sigma^2 P. \end{aligned}$$

Una proprietà statistica anche più rilevante della non distorsione è la consistenza. Per la (5.15) e la (5.16), la consistenza sussiste o meno a seconda che gli elementi diagonali di $V = (X^\top X)^{-1}$ tendano a 0 quando $n \to \infty$. Il verificarsi o meno di questa condizione dipende dalla natura della matrice X, o meglio della successione di vettori riga che compongono X, che dovremo supporre si espanda via via che n diverge. Non si può pertanto stabilire la consistenza dei $\hat{\beta}$ in generale, senza fare assunzioni sul comportamento asintotico di X. Il seguente ragionamento informale dà peraltro ragione di credere che $V \to 0$ nella maggioranza dei casi che si riscontrano in pratica: si indichi con $\tilde{x}_i^\top$ la i-ma *riga* di X per $i = 1, \ldots, n$, per cui possiamo scrivere

$$X^\top X = \sum_{i=1}^{n} \tilde{x}_i \tilde{x}_i^\top$$

che lascia pensare che $X^\top X$ cresca con n, e quindi $V \to 0$ quando $n \to \infty$ escluso il caso in cui la sequenza $\tilde{x}_1, \tilde{x}_2, \ldots$ converge rapidamente al vettore nullo.

Osservazione 5.2.1 L'intera teoria dei modelli lineari (e anche quelli non lineari) di regressione prevede che la matrice X sia non stocastica, ovvero che i suoi valori siano predeterminati rispetto all'esperimento casuale che genera i valori y. In realtà vi sono moltissime situazioni in cui si vuole studiare la relazione tra variabili che sono determinate contestualmente dall'esperimento casuale e quindi si incorre nel caso in cui le variabili esplicative sono stocastiche. Il più tipico esempio di tale situazione è quello della relazione intercorrente tra due caratteri rilevati su uno stesso soggetto, quali peso (y) e altezza (x). In questo esempio la variabile esplicativa è in realtà della stessa natura della variabile dipendente (tanto è vero che potremmo rovesciare il ruolo delle due variabili), e cioè casuale. È allora opportuno chiedersi se in tale situazione sia legittimo l'uso di tecniche che prevedono che X sia non stocastica. La giustificazione dell'uso delle tecniche di regressione si basa sul fatto che, nei casi più comuni, la distribuzione delle variabili esplicative non porta alcuna informazione sulla relazione con la variabile risposta, relazione sui cui parametri si vuole fare inferenza e non sulla distribuzione delle X. Ciò porta ad operare *condizionatamente* al valore assunto dalle X, che possono quindi essere viste come quantità non casuali. In sostanza, ci si colloca entro l'ambito del principio di condizionamento; cfr. § 3.3.7.

Osservazione 5.2.2 Va sottolineato che i modelli di regressione prevedono che la componente di errore alteri il valore della variabile risposta e/o ne oscuri il reale valore, che viene osservato con 'errore', ma si assume che le variabili esplicative siano osservate esattamente. Nel caso in cui anche le variabili esplicative fossero osservate con errore, si perverrebbe al modello

$$\begin{aligned} x &= x_* + \eta \\ y &= \beta x_* + \varepsilon \end{aligned}$$

dove x_* è la 'vera' variabile esplicativa, la quale è in relazione diretta con il valore assunto dalla variabile risposta, mentre x è quella osservata. Modelli di questo tipo, detti *strutturali*, costituiscono un modello più elaborato rispetto ai modelli di regressione, e vanno al di là dei nostri obiettivi. Un testo di riferimento per questo problema è Fuller (1987).

Ci siamo occupati finora solo della stima di β. Seppure in minor grado rispetto a β, siamo però anche interessati alla stima di σ^2. Il criterio dei minimi quadrati non dice come procedere a questo punto. Siccome per il generico termine ε_i abbiamo $\mathbb{E}\{\varepsilon_i^2\} = \sigma^2$, è ragionevole stimare σ^2 con la media aritmetica degli $\hat{\varepsilon}_i^2$, dove $\hat{\varepsilon}_i$ è la generica componente del vettore dei residui

$$\hat{\varepsilon} = y - \hat{\mu}$$

e quindi consideriamo

$$\hat{\sigma}^2 = \frac{\sum_i \hat{\varepsilon}_i^2}{n} = \frac{\|\hat{\varepsilon}\|^2}{n} \tag{5.17}$$

come stima di σ^2. Notiamo che questa espressione si può riscrivere in svariate altre forme tenendo presente le relazioni

$$\begin{aligned} \|\hat{\varepsilon}\|^2 &= Q(\hat{\beta}) \\ &= (y - \hat{\mu})^\top (y - \hat{\mu}) \\ &= y^\top (I_n - P)^\top (I_n - P) y \\ &= y^\top (I_n - P) y = \varepsilon^\top (I_n - P)\varepsilon \\ &= y^\top y - y^\top X \hat{\beta}. \end{aligned}$$

Per il calcolo del valore medio della (5.17) abbiamo allora che

$$\begin{aligned} \mathbb{E}\{n\hat{\sigma}^2\} &= \mathbb{E}\Big\{y^\top (I_n - P) y\Big\} \\ &= \mu^\top (I_n - P)\mu + \mathrm{tr}((I_n - P)\sigma^2 I_n) \\ &= \sigma^2 (n - p), \end{aligned} \tag{5.18}$$

tenendo conto del Lemma A.4.5. Il termine $\mu^\top(I_n - P)\mu$ è nullo, perché $I_n - P$ proietta sullo spazio ortogonale a $\mathcal{C}(X)$ dove giace μ e quindi

$$(I_n - P)\mu = (I_n - X(X^\top X)^{-1}X^\top)X\beta = 0.$$

Pertanto $\hat{\sigma}^2$ è soggetto ad una distorsione, che si annulla per $n \to \infty$. Se si vuole una stima non distorta per σ^2, si utilizza la varianza residua corretta

$$s^2 = \hat{\sigma}^2 \frac{n}{n-p} = \frac{Q(\hat{\beta})}{n-p}. \tag{5.19}$$

che è una diretta estensione della (3.7).

Esempio 5.2.3 Il più semplice esempio che possiamo considerare ha $p = 1$ e $X = 1_n$, il vettore di tutti 1, per cui

$$Y = 1_n\beta + \varepsilon$$

dove β è scalare. Si tratta solo di un modo inconsueto di scrivere un modello in cui tutti gli elementi di Y hanno la stessa media e la stessa varianza e sono tra loro incorrelati, situazione che è stata ampiamente analizzata con formulazione diversa in ipotesi di normalità. Specificando la (5.11) nel nostro caso abbiamo

$$X^\top X = n, \quad (X^\top X)^{-1} = 1/n, \quad X^\top y = \sum_{i=1}^n y_i$$

e quindi

$$\hat{\beta} = \frac{\sum y_i}{n},$$

cioè molto semplicemente la media aritmetica, come era da prevedere. La corrispondente varianza (scalare) è

$$\mathrm{var}\left\{\hat{\beta}\right\} = \sigma^2/n$$

come già visto in altre occasioni. La stima di σ^2 nella forma (5.19) risulta pari alla usuale varianza campionaria corretta (3.7).

Esempio 5.2.4 Si consideri il caso in cui $p = 2$, la prima colonna di X sia 1_n, mentre la seconda sia data da $x = (x_1, \dots, x_n)^\top$; quindi

$$X = \begin{pmatrix} 1 & x_1 \\ 1 & x_2 \\ \vdots & \vdots \\ 1 & x_n \end{pmatrix}.$$

Allora il modello di regressione è detto di regressione lineare semplice,

$$y = \beta_1 + \beta_2 x + \varepsilon$$

che interpola i valori della y mediante una retta in x, detta *retta di regressione*. Si ha che

$$\begin{aligned}
X^\top X &= \begin{pmatrix} n & \sum_i x_i \\ \sum_i x_i & \sum_i x_i^2 \end{pmatrix}, \\
(X^\top X)^{-1} &= \frac{1}{n\sum_i x_i^2 - (\sum_i x_i)^2} \begin{pmatrix} \sum_i x_i^2 & -\sum_i x_i \\ -\sum_i x_i & n \end{pmatrix}, \\
X^\top y &= \begin{pmatrix} \sum_i y_i \\ \sum_i x_i y_i \end{pmatrix}, \\
\hat{\beta} &= \frac{1}{n\sum_i x_i^2 - (\sum_i x_i)^2} \begin{pmatrix} \sum_i y_i \sum_i x_i^2 - \sum_i x_i \sum_i x_i y_i \\ n\sum_i x_i y_i - \sum_i x_i \sum_i y_i \end{pmatrix} \\
&= \begin{pmatrix} \bar{y} - \dfrac{s_{xy}}{s_{xx}} \bar{x} \\ \dfrac{s_{xy}}{s_{xx}} \end{pmatrix}
\end{aligned}$$

avendo posto

$$\bar{x} = \frac{\sum_i x_i}{n}, \quad \bar{y} = \frac{\sum_i y_i}{n},$$

$$s_{xx} = \sum_i (x_i - \bar{x})^2, \quad s_{xy} = \sum_i (x_i - \bar{x})(y_i - \bar{y}).$$

Le espressioni si semplificano considerevolmente se $\bar{x}$=0, cosa che è sempre possibile ottenere, riparametrizzando il modello da

$$y = 1_n \beta_1 + x\beta_2 + \varepsilon$$

in

$$y = 1_n(\beta_1 + \beta_2 \bar{x}) + (x - 1_n \bar{x})\beta_2 + \varepsilon$$

che ha intercetta all'origine $\alpha = \beta_1 + \beta_2 \bar{x}$ e pendenza β_2 come in precedenza. La nuova variabile esplicativa $z = x - 1_n \bar{x}$ è tale che $\sum_i z_i = 0$ e quindi soddisfa la condizione richiesta. Oltre alla maggior speditezza di calcolo, questa riparametrizzazione offre il vantaggio che le stime $\hat{\alpha}, \hat{\beta}_2$ sono incorrelate, ovvero α e β_2 sono parametri ortogonali, come si vede dall'espressione di $(X^\top X)^{-1}$ (ovviamente sostituendo x con z). Un ulteriore aspetto favorevole della riparametrizzazione è che il computo delle stime risulta numericamente più stabile, ossia meno affetto da errori di arrotondamento nei calcoli.

Un'importante nozione associata alla regressione lineare semplice è quella di *correlazione campionaria*

$$r = \frac{s_{xy}}{\sqrt{s_{xx}\, s_{yy}}} \tag{5.20}$$

dove $s_{yy} = \sum_i (y_i - \bar{y})^2$. Tale quantità è usata come indice descrittivo per quantificare il grado di prossimità tra punti osservati e retta di regressione. Infatti, il campo di esistenza di r è $[-1, 1]$, e $r = \pm 1$ significa che i punti giacciono esattamente sulla retta; qui il segno di r è in accordo con il segno di $\hat{\beta}_2$. Al contrario, il valore $r = 0$ indica un adattamento inadeguato della retta ai punti, ma la causa di questa situazione deve essere esaminata caso per caso, in quanto può insorgere in diversi modi.

Una quantità strettamente connessa alla precedente è il *coefficiente di determinazione*

$$r^2 = \frac{s_{xy}^2}{s_{xx}\, s_{yy}} = 1 - \frac{\|y - \hat{\mu}\|^2}{\|y - \bar{y}\, 1_n\|^2}$$

che rappresenta la frazione di variabilità delle y_i che può essere attribuita all'effetto della relazione lineare con le x_i. Notiamo che l'ultima espressione ha senso anche nel caso di più regressori.

Questo esempio ci offre l'occasione di fare rilevare un aspetto dei minimi quadrati che potrebbe dare luogo a malintesi. La SMQ minimizza $\|y - \mu\|^2$ nella metrica euclidea di $\mathbb{R}^n$. Ciò fa sì che, se consideriamo i punti (x_i, y_i) come elementi di $\mathbb{R}^2$, le distanze tra valori osservati y_i e corrispondenti valori interpolati $\hat{\mu}_i$, che giacciono sulla retta di regressione, sono misurate verticalmente e quindi *non* corrispondono alla distanza *geometrica* tra punti e retta di regressione. La Figura 5.3 illustra questo aspetto: viene mostrato un diagramma di dispersione e la corrispondente retta di regressione; tale retta è scelta in modo di minimizzare la somma dei quadrati delle distanze misurate lungo l'asse y, come indicato (per una piccola porzione dei punti) dai segmenti tratteggiati.

Osservazione 5.2.5 Uno degli assunti che costituiscono le ipotesi del secondo ordine è che la componente di errore in (5.7) deve avere valore medio nullo. In realtà, in molte situazioni, questo fatto non costituisce una restrizione, ma è automaticamente soddisfatto. Si consideri il caso in cui una colonna di X, ad esempio la prima, sia il vettore 1_n, come spesso si verifica. Indicando con μ_ε la media eventualmente non nulla delle ε_i, con $\tilde{X}$ e $\tilde{\beta}$ rispettivamente le restanti colonne di X

Fig. 5.3: Diagramma di dispersione e retta di regressione

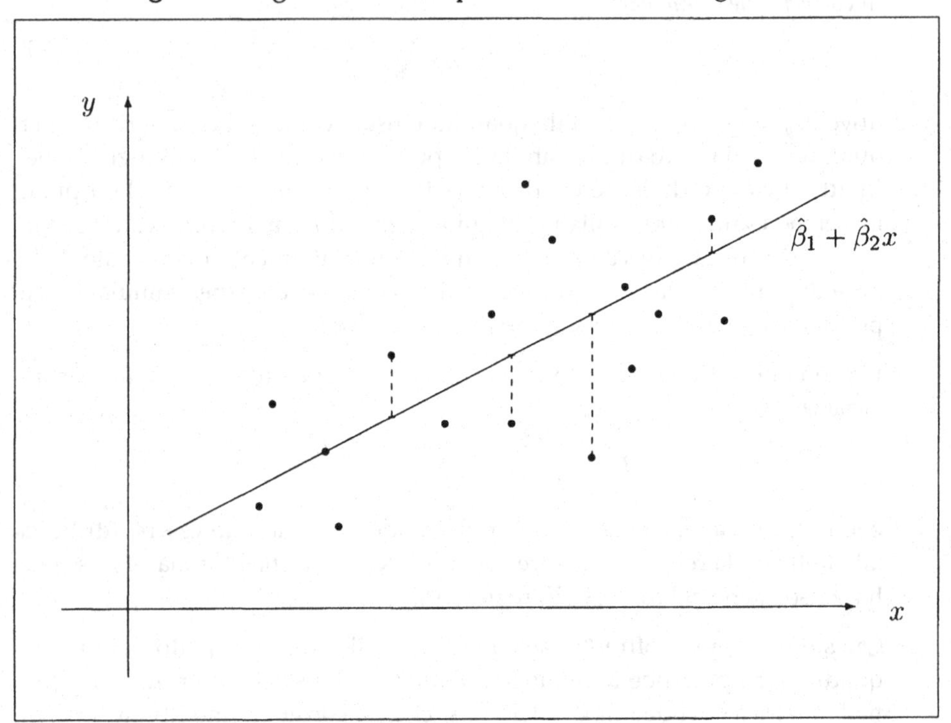

e le restanti componenti di β dopo aver eliminato la prima, possiamo riscrivere la (5.7) come

$$\begin{aligned} Y &= 1_n\beta_1 + \tilde{X}\tilde{\beta} + \varepsilon \\ &= 1_n(\beta_1 + \mu_\varepsilon) + \tilde{X}\tilde{\beta} + (\varepsilon - 1_n\mu_\varepsilon) \end{aligned}$$

in cui ora la componente di errore $\varepsilon - 1_n\mu_\varepsilon$ ha valor medio nullo, avendo incorporato $\mathbb{E}\{\varepsilon\}$ nell'intercetta all'origine. Pertanto la restrizione sul valor medio di ε non è in realtà tale. Bisogna però essere accorti nel modo di interpretare il parametro che rappresenta l'intercetta all'origine; fortunatamente in molti casi sono gli altri parametri quelli di maggior interesse, e quindi non vi sono complicazioni.

Teorema 5.2.6 (di Gauss–Markov) *Nelle ipotesi del secondo ordine per il modello (5.7), la stima $\hat\beta$ del metodo dei minimi quadrati è tale*

$$\mathrm{var}\left\{\hat\beta\right\} \leq \mathrm{var}\{T\} \tag{5.21}$$

rispetto ad un qualunque altro stimatore del tipo $T = C^\top y$*, dove C è una matrice* $n \times p$ *di costanti tali che* $\mathbb{E}\{T\} = \beta$ *per ogni* β*.*

Dimostrazione. Siccome la relazione $\mathbb{E}\left\{C^\top Y\right\} = C^\top X\beta = \beta$ deve valere per ogni $\beta \in \mathbb{R}^p$, segue che $C^\top X = I_p = X^\top C$. Per la (5.16) e per il fatto che $\text{var}\{T\} = \sigma^2 C^\top C$, l'affermazione del teorema è equivalente a

$$C^\top C - (X^\top X)^{-1} \geq 0$$

ovvero al fatto che

$$C^\top C - C^\top X(X^\top X)^{-1} X^\top C = C^\top (I_n - P)C \geq 0.$$

In effetti quest'ultima relazione vale in quanto $I_n - P$ è simmetrica idempotente e quindi, scelto un qualunque $a \in \mathbb{R}^p$, abbiamo

$$a^\top C^\top (I_n - P)Ca = a^\top C^\top (I_n - P)^\top (I_n - P)Ca = \|(I_n - P)Ca\|^2 \geq 0.$$

QED

Osservazione 5.2.7 Il significato sostanziale del teorema di Gauss–Markov è il seguente: se ci si muove nell'ambito degli stimatori lineari non distorti di β, la stima dei minimi quadrati è quella che ha varianza (ovvero matrice di varianza) minima; quindi $\hat{\beta}$ è il 'miglior' stimatore, dato che la varianza costituisce il criterio di confronto usuale tra stimatori non distorti. Un tale risultato dà chiaramente una giustificazione formale all'uso del criterio dei minimi quadrati, che finora era stato motivato solo su base intuitiva. Il risultato conseguito è anche più rilevante se si considera che prescinde da assunzioni sulla distribuzione degli errori ε oltre i momenti del primo e secondo ordine.

Osservazione 5.2.8 La disuguaglianza (5.21) vale nel senso dell'*ordinamento tra matrici*. Ciò implica tra l'altro la considerazione seguente. Si consideri una qualunque combinazione lineare dei parametri β, talvolta chiamata *contrasto*, del tipo

$$\psi = a^\top \beta$$

dove $a \in \mathbb{R}^p$ è un vettore di costanti specificate. Allora risulta che $\hat{\psi} = a^\top \hat{\beta}$ è una stima non distorta di ψ e la sua varianza (scalare) è la minima possibile tra gli stimatori lineari non distorti di ψ. In particolare, scegliendo a con tutte le componenti nulle tranne la i-ma pari ad 1, risulta $\psi = \beta_i$ e $\hat{\psi} = \hat{\beta}_i$, per cui concludiamo che ogni singola componente di $\hat{\beta}$ è la miglior stima lineare della corrispondente componente di β.

5.2.4 Scomposizione di Somme di Quadrati

Consideriamo ora la scomposizione (5.14) sostituendo la v.c. Y al posto del vettore osservato y. Esplicitando le componenti, possiamo scrivere

$$\|Y\|^2 = \|PY\|^2 + \|(I_n - P)Y\|^2 \tag{5.22}$$

ovvero

$$Y^\top I_n Y = Y^\top PY + Y^\top (I_n - P)Y.$$

Alle tre forme quadratiche di questa relazione sono associate le matrici simmetriche idempotenti

$$I_n, \quad P, \quad I_n - P$$

di rango rispettivo

$$n, \quad p, \quad n - p.$$

Trattandosi di norme di vettori, le componenti della (5.22) sono comunemente dette *somma di quadrati (SQ)* rispettivamente *totale, di regressione, residua*. Il rapporto tra ciascuna di queste quantità e il rango della corrispondente matrice è detto *media dei quadrati (MQ)*; infatti, anche se il numero nominale di componenti sommate è sempre n, il sottospazio cui i vettori della (5.22) appartengono può avere dimensione inferiore e questo è il numero di componenti "effettive" del vettore.

Lo studio della distribuzione delle componenti della (5.22) è di fondamentale importanza in Statistica, come vedremo ampiamente nella sezione successiva. Naturalmente tale studio è possibile compiutamente solo una volta specificata la distribuzione di Y, ma siamo già in grado di calcolare almeno i relativi valori medi. Il valor medio dell'ultimo termine della (5.22) è

Tabella 5.1: Tavola di scomposizione della somma dei quadrati

Componente	SQ	rango	$\mathbb{E}\{MQ\}$
Regressione	$\|PY\|^2$	p	$\sigma^2 + \mu^\top P\mu/p$
Residua	$\|(I_n - P)Y\|^2$	$n - p$	σ^2
Totale	$\|Y\|^2$	n	$\sigma^2 + \mu^\top \mu/n$

stato ottenuto nella (5.18); con conteggi del tutto analoghi si ricavano anche i valori medi delle altre due componenti della (5.22). I risultati così ottenuti sono sintetizzati nella Tabella 5.1.

Siamo spesso interessati a stabilire se il vettore μ, o equivalentemente il vettore β, soddisfa una certa condizione, ad esempio $\mu = 0$, per limitarci al caso più semplice. Osservando le espressioni dei diversi termini del tipo $\mathbb{E}\{MQ\}$, si desume che i corrispondenti valori delle v.c. di tipo SQ possono essere utilizzati per avere un'indicazione se il vettore μ è nullo o meno. In particolare il confronto tra SQ_{reg} e SQ_{res} dà un'indicazione sul nostro quesito, nel senso che se $SQ_{reg} \approx SQ_{res}$ ciò conforta l'ipotesi che $\mu = 0$. Una valutazione logicamente fondata del grado di prossimità tra SQ_{reg} e SQ_{res} può essere effettuata solo una volta nota la loro distribuzione. Ciò sarà oggetto della prossima sezione.

5.2.5 Stime Vincolate

Vogliamo ora considerare il problema della stima di β quando sui coefficienti di β sono presenti dei vincoli lineari, cioè β sia tale che

$$H\beta = 0 \tag{5.23}$$

dove H è una matrice $q \times p$ (con $q \leq p$) di rango q formata da costanti specificate. La soluzione di questo problema di stima vincolata ci sarà particolarmente utile quando considereremo verifiche d'ipotesi sulle componenti di β, ma esso è anche di interesse autonomo.

Consideriamo anzitutto il significato geometrico della condizione $H\beta = 0$: essa impone che il vettore μ giaccia nel sottoinsieme di $\mathcal{C}(X)$ che soddisfa appunto le q condizioni specificate da $H\beta = 0$. Tale sottoinsieme costituisce un *sottospazio vettoriale* di dimensione $p - q$ dello spazio $\mathcal{C}(X)$, diciamo $\mathcal{C}_0(X)$, come è illustrato dalla Figura 5.4.

Fig. 5.4: Proiezione di y su $\mathcal{C}(X)$ e sul sottospazio $\mathcal{C}_0(X)$

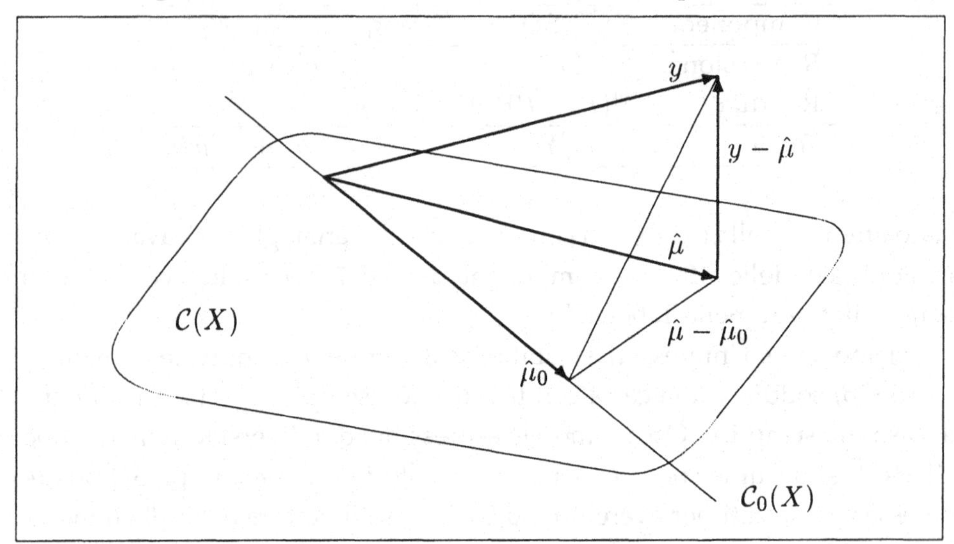

Come già per la SMV non vincolata, il massimo della verosimiglianza rispetto a β si ottiene minimizzando $Q(\beta)$, ora con il vincolo aggiuntivo. In definitiva, si tratta di minimizzare

$$f(\alpha, \beta) = (y - X\beta)^\top (y - X\beta) + 2(H\beta)^\top \alpha,$$

dove α è un vettore di moltiplicatori di Lagrange, con l'aggiunta del vincolo (5.23). Derivando f rispetto ad α, β e uguagliando a 0 queste derivate, siamo condotti a considerare il sistema di equazioni

$$\begin{cases} X^\top X\beta + H^\top \alpha = X^\top y, \\ H\beta = 0. \end{cases}$$

Premoltiplicando la prima di queste relazioni per $(X^\top X)^{-1}$ otteniamo

$$\beta = \hat{\beta} - (X^\top X)^{-1} H^\top \alpha$$

e da qui

$$\alpha = \{H(X^\top X)^{-1} H^\top\}^{-1} H\hat{\beta},$$

per cui in definitiva il minimo di f si ha per β pari a

$$\hat{\beta}_0 = \hat{\beta} - (X^\top X)^{-1} H^\top K\, H\hat{\beta}. \tag{5.24}$$

dove

$$K = \{H(X^\top X)^{-1}H^\top\}^{-1} \tag{5.25}$$

La corrispondente proiezione di y su $\mathcal{C}_0(X)$ è data da

$$\begin{aligned}
\hat{\mu}_0 &= X\hat{\beta}_0 \\
&= \hat{\mu} - X(X^\top X)^{-1}H^\top K\, H\hat{\beta} \\
&= (P - P_H)y = P_0 y
\end{aligned}$$

avendo posto

$$\begin{aligned}
P_H &= X(X^\top X)^{-1}H^\top K\, H(X^\top X)^{-1}X^\top, \qquad (5.26)\\
P_0 &= P - P_H.
\end{aligned}$$

Sostituendo il valore così trovato di β nella (5.29) e massimizzando rispetto a σ^2 otteniamo

$$\hat{\sigma}_0^2 = \frac{Q(\hat{\beta}_0)}{n} = \frac{\|(I_n - P_0)y\|^2}{n}$$

come SMV di σ^2 sotto il vincolo $H\beta = 0$.

Esempio 5.2.9 Come già accennato, il problema della stima vincolata di β ha anche una motivazione autonoma oltre a quella legata alla verifica d'ipotesi. Per illustrare ciò consideriamo il caso in cui si voglia interpolare dei dati come in Figura 5.5 con una funzione lineare in x fino al punto x_0 prefissato e quadratica per valori a destra di x_0, con la condizione che la funzione risultante sia continua con derivata continua in x_0. In altre parole consideriamo il modello

$$y = r(x) + \varepsilon$$

dove

$$r(x) = \begin{cases} \beta_1 + \beta_2 x & \text{per } x \le x_0, \\ \beta_3 + \beta_4 x + \beta_5 x^2 & \text{per } x > x_0, \end{cases}$$

sotto i vincoli

$$\begin{aligned}
\beta_1 + \beta_2 x_0 - (\beta_3 + \beta_4 x_0 + \beta_5 x_0^2) &= 0 \\
\beta_2 - (\beta_4 + 2\beta_5 x_0) &= 0
\end{aligned}$$

che assicurano la continuità di $r(x)$ e $r'(x)$ in x_0. Si tratta palesemente di una funzione non lineare rispetto alla variabile x, ma lo è rispetto ai parametri, come vedremo tra un momento.

Fig. 5.5: Curva lineare/quadratica a tratti

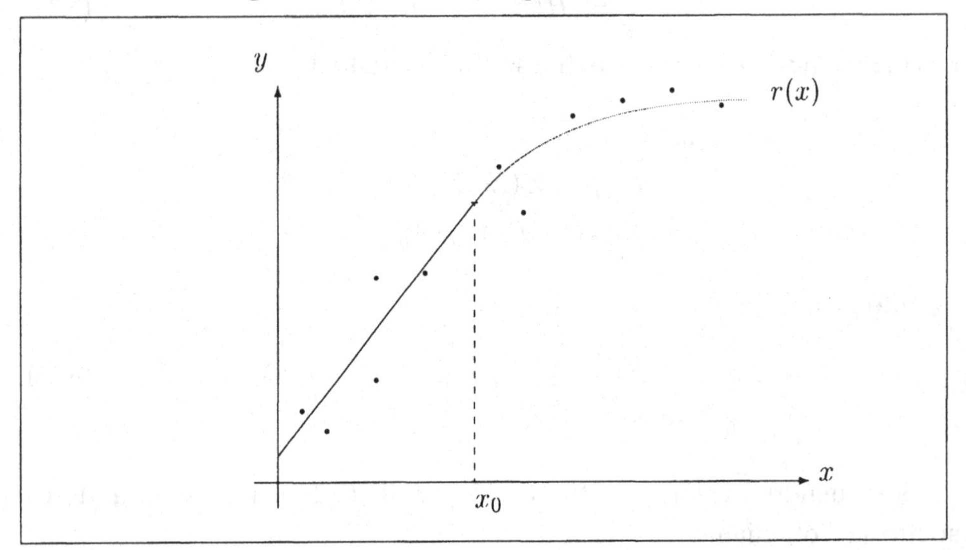

Possiamo procedere in due fasi: prima stimiamo i cinque parametri senza tenere conto dei vincoli e poi applichiamo la (5.24) per la stima finale. Per ottenere le stime non vincolate utilizziamo una matrice X di cui le prime m righe sono del tipo

$$(1 \ \ x_i \ \ 0 \ \ 0 \ \ 0)$$

dove gli x_i sono valori non superiori a x_0, mentre le restanti $n - m$ righe di X sono del tipo

$$(0 \ \ 0 \ \ 1 \ \ x_i \ \ x_i^2)$$

con $x_i > x_0$. La presenza di due blocchi di 0 nella matrice X fa sì che le stime delle prime due componenti di β e quella delle restanti tre costituiscano in realtà due problemi di stima distinti. Ottenuto il vettore $\hat{\beta}$ delle stime non vincolate, lo dobbiamo convertire in un vettore $\hat{\beta}_0$ soddisfacente le condizioni richieste. La matrice H che esprime i due vincoli precedenti vale

$$H = \begin{pmatrix} 1 & x_0 & -1 & -x_0 & -x_0^2 \\ 0 & 1 & 0 & -1 & -2x_0 \end{pmatrix}$$

che sostituita nella (5.24) trasforma $\hat{\beta}$ in $\hat{\beta}_0$ in modo che $r(x)$ soddisfi le condizioni di continuità desiderate.

Consideriamo le conclusioni cui siamo arrivati finora. Disponiamo di una nuova matrice di proiezione P_0 la quale proietta un generico vettore di $\mathbb{R}^n$

sullo spazio $\mathcal{C}_0(X)$. Applicando tale matrice di proiezione ad y otteniamo $\hat{\mu}_0$, il quale per costruzione è l'elemento di $\mathcal{C}_0(X)$ che ha minima distanza da y. È inoltre facile verificare le seguenti ulteriori proprietà.

- Il vettore $y-\hat{\mu}_0$ è ortogonale ad ogni elemento di $\mathcal{C}_0(X)$. Infatti, sia Xc un elemento di $\mathcal{C}(X)$ tale che $Hc = 0$; allora si ha che $(y-\hat{\mu}_0)^\top Xc = 0$. In particolare
$$(y - \hat{\mu}_0) \perp \hat{\mu}_0.$$
- La proiezione di $y - \hat{\mu}_0$ su $\mathcal{C}(X)$ è $P(y - \hat{\mu}_0) = \hat{\mu} - \hat{\mu}_0$ la quale è tale che
$$\hat{\mu} - \hat{\mu}_0 \perp \hat{\mu}_0.$$

In definitiva siamo arrivati a individuare la scomposizione

$$y = \hat{\mu}_0 + (\hat{\mu} - \hat{\mu}_0) + (y - \hat{\mu})$$

dove i tre addendi del termine di destra sono tra loro ortogonali e quindi consentono di scrivere

$$\|y\|^2 = \|\hat{\mu}_0\|^2 + \|\hat{\mu} - \hat{\mu}_0\|^2 + \|y - \hat{\mu}\|^2 \tag{5.27}$$

che è un'estensione della (5.14).

5.3 Ipotesi di Normalità

5.3.1 Verosimiglianza

Abbiamo proceduto finora nello studio dei modelli lineari di regressione senza introdurre dettagliate ipotesi sulla natura della distribuzione degli errori, a parte quelle relative ai momenti del primo e secondo ordine. Ci si può peraltro chiedere se è possibile introdurre nelle nostre elaborazioni delle eventuali informazioni più specifiche sulla natura del vettore ε e quindi utilizzare i metodi sviluppati nei capitoli precedenti. Ciò è non solo possibile, ma addirittura necessario quando si vuole passare dal problema di stima dei parametri a problemi di verifica d'ipotesi sul loro valore, come si chiarirà nel corso delle pagine seguenti.

Il più semplice tipo di ipotesi sulla distribuzione di ε è quello di normalità: da qui in avanti aggiungeremo alle ipotesi già introdotte quella che il vettore ε abbia distribuzione *normale multipla*. Tendendo conto delle ipotesi già formulate sui momenti fino al secondo ordine, abbiamo allora che

$$\varepsilon \sim N_n(0, \sigma^2 I_n). \tag{5.28}$$

In base alla (5.8) e alle proprietà delle v.c. normali (cfr § A.5), segue che

$$Y \sim N_n(X\beta, \sigma^2 I_n)$$

e quindi, utilizzando la (A.27), possiamo scrivere la log-verosimiglianza per $\theta = (\beta^\top, \sigma^2)^\top$ relativa al vettore osservato y, cioè

$$\begin{aligned} \ell(\theta) &= -\tfrac{1}{2}n\log(\sigma^2) - \tfrac{1}{2}\sigma^{-2}\|y - X\beta\|^2 \\ &= -\tfrac{1}{2}n\log(\sigma^2) - \tfrac{1}{2}\sigma^{-2}(y^\top y - 2y^\top X\beta + \beta^\top X^\top X\beta) \end{aligned} \tag{5.29}$$

da cui si vede immediatemente che la verosimiglianza è di tipo esponenziale con statistica sufficiente minimale $(y^\top X, y^\top y)$ che ha dimensione $p+1$ come θ, e quindi si tratta di una forma esponenziale regolare, se θ non è limitato, cioè se $\theta \in \mathbb{R}^p \times \mathbb{R}^+$.

Si vede inoltre che la SMV di β si ottiene minimizzando la $Q(\beta)$ definita dalla (5.9), cioè la stessa quantità considerata per la SMQ. Ciò significa che anche il punto di massimo della (5.29) coincide con il punto di minimo della $Q(\beta)$ e in definitiva si conclude che la SMV di β *coincide con la* SMQ *(5.11)* e spiega perché nella sezione precedente avevamo indicato la SMQ con la stessa notazione usata per la SMV. È chiaro che la coincidenza tra SMV e SMQ poggia sull'ipotesi (5.28) e quindi in generale non vale al di fuori di quella.

Con un conteggio analogo a quello dell'Esempio 3.1.10, otteniamo che la SMV di σ^2 coincide con la (5.17), che spesso viene rimpiazzata dalla (5.19) per i motivi già detti.

Vediamo ora le implicazioni dell'ipotesi (5.28) sul significato della scomposizione (5.22) e della corrispondente Tabella 5.1. In base al teorema di Fisher–Cochran A.5.5 e al suo Corollario A.5.6, segue che:

- $SQ_{tot} = Y^\top Y \sim \sigma^2\chi^2_n(\delta)$ con $\delta = \mu^\top\mu/\sigma^2 = \beta^\top X^\top X\beta/\sigma^2$,

- ◇ $SQ_{reg} = Y^\top PY \sim \sigma^2\chi^2_p(\delta)$,
- ◇ $SQ_{res} = Y^\top(I_n - P)Y \sim \sigma^2\chi^2_{n-p}$ con parametro di non centralità nullo in quanto $\mu^\top(I_n - P)\mu = 0$,
- ◇ le v.c. SQ_{reg} e SQ_{res} sono stocasticamente indipendenti.

5.3.2 Un Primo Esempio di Uso del TRV

Riconsideriamo ora il problema di stabilire se $\mu = 0$ (il che equivale a $\beta = 0$) oppure no. Nella notazione adottata nel Capitolo 4, si tratta quindi di saggiare il sistema di ipotesi

$$\begin{cases} H_0 : \beta = 0, \\ H_1 : \beta \neq 0. \end{cases} \tag{5.30}$$

Per utilizzare il TRV, determiniamo la SMV sotto l'ipotesi nulla e sotto quella generale; il massimo di (5.29) sotto H_0 si ottiene per

$$\theta = \begin{pmatrix} 0 \\ \hat\sigma_0^2 \end{pmatrix}, \quad \hat\sigma_0^2 = \|y\|^2/n$$

e quella nell'ipotesi generale per

$$\theta = \begin{pmatrix} \hat\beta \\ \hat\sigma^2 \end{pmatrix}.$$

Allora il criterio del TRV dà luogo a

$$\begin{aligned} \lambda = \lambda(y) &= \frac{(\hat\sigma_0^2)^{-n/2}\exp(-\frac{1}{2}\hat\sigma_0^{-2}\|y\|^2)}{(\hat\sigma^2)^{-n/2}\exp(-\frac{1}{2}\hat\sigma^{-2}\|y-\hat\mu\|^2)} \\ &= \left(\frac{\|y-\hat\mu\|^2}{\|y\|^2}\right)^{n/2} \end{aligned}$$

che può essere sostituito da una sua funzione monotona quale

$$\lambda^* = \lambda^{-2/n} - 1 = \frac{\|\hat\mu\|^2}{\|y-\hat\mu\|^2}. \tag{5.31}$$

In base al TRV, si rifiuta l'ipotesi nulla per λ sufficientemente piccolo, ovvero per λ^* sufficientemente grande. Per determinare la distribuzione di

λ^*, notiamo che i termini nel membro di destra della (5.31) sono gli stessi che appaiono della Tabella 5.1, i quali hanno distribuzione χ^2 a meno di un fattore moltiplicativo σ^2, e tali v.c. sono tra loro indipendenti. Pertanto la distribuzione di

$$F = \lambda^* \frac{n-p}{p} = \frac{MQ_{reg}}{MQ_{res}} \tag{5.32}$$

è una F di Snedecor con $(p, n-p)$ g.d.l. e con parametro di non centralità $\delta = \beta^\top X^\top X\beta/\sigma^2$ che si annulla sotto H_0.

Allora, operativamente, si procede nel modo seguente: si calcolano i rapporti MQ_{reg} e MQ_{res} tra i termini SQ e i rispettivi ranghi; si ottiene il rapporto (5.32) e si confronta il valore osservato con le tavole della distribuzione di Snedecor con $(p, n-p)$ g.d.l.; l'area a destra del valore F osservato sotto la curva di Snedecor fornisce il valore-p del test. È il caso di osservare che la Tabella 5.1 fornisce tutti gli elementi necessari per condurre la verifica d'ipotesi.

5.3.3 Ipotesi Lineari e TRV

Il sistema d'ipotesi (5.30) è chiaramente un caso estremamente particolare che è stato presentato separatamente per facilitare l'esposizione. Il nostro obiettivo finale è però quello di considerare problemi di verifica d'ipotesi più generali della (5.30); precisamente vogliamo considerare il problema della verifica del sistema d'ipotesi

$$\begin{cases} H_0 : H\beta = 0, \\ H_1 : H\beta \neq 0, \end{cases} \tag{5.33}$$

dove H è una matrice $q \times p$ (con $q \leq p$) di rango q formata da costanti specificate.

Il sistema (5.33) è detto costituire un sistema di *ipotesi lineari* appunto perché specifica delle relazioni lineari tra le componenti di β. Applicando il criterio del TRV alla verifica d'ipotesi (5.33) e utilizzando la (5.24) per il calcolo della SMV sotto il vincolo $H\beta = 0$, otteniamo il rapporto

$$\begin{aligned} \lambda &= \frac{L(\hat{\theta}_0)}{L(\hat{\theta})} \\ &= \frac{(\hat{\sigma}_0^2)^{-n/2} e^{-n/2}}{(\hat{\sigma}^2)^{-n/2} e^{-n/2}} \end{aligned}$$

$$= \left(\frac{Q(\hat{\beta})}{Q(\hat{\beta}_0)} \right)^{(n/2)}$$

che può essere sostituito dalla trasformazione monotona già vista in precedenza

$$\begin{aligned} \lambda^* = \lambda^{-2/n} - 1 &= \frac{Q(\hat{\beta}_0) - Q(\hat{\beta})}{Q(\hat{\beta})} \\ &= \frac{\|y - \hat{\mu}_0\|^2 - \|y - \hat{\mu}\|^2}{\|y - \hat{\mu}\|^2} \\ &= \frac{\|\hat{\mu} - \hat{\mu}_0\|^2}{\|y - \hat{\mu}\|^2}. \end{aligned} \tag{5.34}$$

Così come per la funzione test (5.31), rifiuteremo l'ipotesi nulla per valori sufficientemente grandi di λ^*. Per determinare la distribuzione di λ^*, ovvero di una sua funzione monotona come la (5.32), notiamo che la (5.27) può essere espressa, in termini di v.c., come

$$\|Y\|^2 = \|P_0 Y\|^2 + \|PY - P_0 Y\|^2 + \|Y - PY\|^2$$

dove le forme quadratiche in Y sono specificate dalle matrici

$$I_n, \quad P_0, \quad P - P_0, \quad I_n - P$$

di rango rispettivo

$$n, \quad p - q, \quad q, \quad n - p$$

come è facile verificare. In base al teorema di Fisher–Cochran possiamo concludere, in aggiunta a quanto già stabilito alla fine del § 5.3.1, che SQ_{reg} può essere scomposto in

$$\begin{aligned} SQ_{reg} &= \|P_0 Y\|^2 + \|(P - P_0)Y\|^2 \\ &= SQ_{reg(\mathcal{C}_0)} + SQ_{reg(\perp \mathcal{C}_0)} \end{aligned}$$

con

$$SQ_{reg(\mathcal{C}_0)} \sim \sigma^2 \chi^2_{p-q}(\delta_1), \quad SQ_{reg(\perp \mathcal{C}_0)} \sim \sigma^2 \chi^2_q(\delta_2)$$

indipendenti tra loro e da SQ_{res}, avendo posto

$$\begin{aligned} \delta_1 &= (\mu^\top P_0 \mu)/\sigma^2, \\ \delta_2 &= (\mu^\top P_H \mu)/\sigma^2 \\ &= [\beta^\top H^\top \{H(X^\top X)^{-1} H^\top\}^{-1} H\beta]/\sigma^2 \end{aligned}$$

Tabella 5.2: Scomposizione della somma dei quadrati in tre addendi

Componente	SQ	g.d.l.	$\mathbb{E}\{MQ\}$
Regres. (indip. da H_0)	$\|P_0 Y\|^2$	$p-q$	$\sigma^2(1+\delta_1/(p-q))$
Regres. (scarto da H_0)	$\|(P-P_0)Y\|^2$	q	$\sigma^2(1+\delta_2/q)$
Residua	$\|(I_n-P)Y\|^2$	$n-p$	σ^2
Totale	$\|Y\|^2$	n	$\sigma^2+\mu^\top\mu/n$

di cui il secondo è nullo se $H\beta = 0$. Per il calcolo dei parametri di non centralità, ovvero di $\mathbb{E}\{MQ_{reg(\mathcal{C}_0)}\}$ e $\mathbb{E}\{MQ_{reg(\perp\mathcal{C}_0)}\}$, si procede come per la (5.18). Possiamo allora concludere che

$$\begin{aligned} F &= \lambda^* \frac{n-p}{q} \\ &= \frac{MQ_{reg(\perp\mathcal{C}_0)}}{MQ_{res}} \\ &= \frac{\|\hat{\mu}-\hat{\mu}_0\|^2/q}{\|Y-\hat{\mu}\|^2/(n-p)} \end{aligned} \tag{5.35}$$

è distribuito come una F di Snedecor con $(q, n-p)$ g.d.l. e tale F è centrale o meno a seconda che sia vera l'ipotesi nulla o l'alternativa. Pertanto, prefissato un livello di significatività α, si accetta l'ipotesi nulla se il valore campionario di F è inferiore al valore critico F_α che lascia a destra una probabilità pari ad α in una distribuzione F con $(q, n-p)$ g.d.l.. In alternativa il valore-p si calcola come area sotto la curva F di Snedecor con $(q, n-p)$ g.d.l. tra il valore F osservato e ∞. È conveniente organizzare la scomposizione dei quadrati in una forma come la Tabella 5.2.

Una semplice generalizzazione della (5.33) è data da

$$\begin{cases} H_0 : H\beta = h, \\ H_1 : H\beta \neq h, \end{cases} \tag{5.36}$$

dove h è una vettore $q \times 1$ di costanti date. Oltre che nascere come autentico problema di verifica d'ipotesi, la nuova versione del problema è rilevante per la costruzione di intervalli o regioni di confidenza, usando la regola di pagina 154.

Mediante una piccola estensione del calcolo del § 5.2.5, la nuova stima vincolata è data da

$$\hat{\beta}_0 = \hat{\beta} - (X^\top X)^{-1} H^\top K \,(H\hat{\beta} - h) \tag{5.37}$$

e la corrispondente estensione della (5.35) è

$$F = \frac{(H\hat{\beta} - h)^\top K \,(H\hat{\beta} - h)/q}{s^2}. \tag{5.38}$$

Esempio 5.3.1 Un importante caso particolare della (5.35) nasce quando si vuol saggiare il valore individuale di una componente di β e si considera quindi il sistema d'ipotesi

$$\begin{cases} H_0 : \beta_r = 0, \\ H_1 : \beta_r \neq 0, \end{cases}$$

dove $1 \leq r \leq p$. Possiamo scrivere questo sistema d'ipotesi nella forma standard (5.33) con

$$H = (0 \ \ldots \ 0 \ 1 \ 0 \ \ldots \ 0)$$

dove il termine non nullo occupa la r-ma posizione. Allora il numeratore della (5.35) diventa, usando la (5.26),

$$||\hat{\mu} - \hat{\mu}_0||^2 = ||P_H \, y||^2 = \hat{\beta}_r^2 / v_{rr}$$

dove v_{rr} è il termine in posizione (r, r) di $V = (X^\top X)^{-1}$, cioè si tratta di $\operatorname{var}\left\{\hat{\beta}_r\right\}$ a meno del fattore σ^2. Segue che la (5.35) prende in questo caso la forma

$$F = \frac{\hat{\beta}_r^2}{s^2 \, v_{rr}} \tag{5.39}$$

con $(1, n-p)$ g.d.l., dove $s^2 = MQ_{res}$ è la varianza residua corretta.

Dalla connessione tra le distribuzioni t e F, possiamo dire che la radice della (5.39)

$$t = \frac{\hat{\beta}_r}{s \sqrt{v_{rr}}}$$

ha distribuzione t_{n-p}. Questa funzione test va utilizzata in modo analogo a quella vista al § 4.4.1. Inoltre possiamo ottenere un intervallo di confidenza di livello α per β_r da

$$(\hat{\beta}_r - t' s \sqrt{v_{rr}}, \hat{\beta}_r - t' s \sqrt{v_{rr}}) \tag{5.40}$$

se t' è il percentile di livello $(1 - \alpha/2)$ della t_{n-p}.

Osservazione 5.3.2 La (5.34) evidenzia che il rapporto di verosimiglianza dipende solo da

$$Q(\hat{\beta}) = \|y - \hat{\mu}\|^2, \quad Q(\hat{\beta}_0) = \|y - \hat{\mu}_0\|^2.$$

Ciascuna di queste quantità è chiamata *devianza* del corripondente modello lineare. Più precisamente, si può dire che λ^* è dato dalla differenza tra le due devianze, diviso per $Q(\hat{\beta})$ il cui ruolo è sostanzialmente quello di fornire, a meno di una costante moltiplicativa, una stima di σ^2. Infatti, nel caso in cui σ^2 fosse noto, λ^* si ridurrebbe alla sola differenza di devianze; cfr. Esercizio 5.18.

5.4 Alcune Importanti Applicazioni

In questa sezione svilupperemo alcune importanti applicazioni dei risultati generali ottenuti nelle pagine precedenti. Si tratta pertanto di una sezione che svolge un ruolo analogo alla corrispondente sezione del Capitolo 4. In effetti taluni problemi considerati qui sono gli stessi visti in precedenza; ciò è deliberato, per evidenziare due diversi modi di considerare lo stesso problema.

5.4.1 Regressione Multipla

Nell'Esempio 5.2.4 abbiamo considerato un semplice modello di regressione adatto ad interpolare n coppie di dati del tipo (y_i, x_i) mediante una retta. Tale schema può essere elaborato ed esteso in varie direzioni.

Aggiungendo una seconda variabile esplicativa interpoliamo i valori della variabile y mediante un *piano di regressione* del tipo

$$y = \beta_1 + \beta_2 x_1 + \beta_3 x_2 \,.$$

Con l'aggiunta di ulteriori variabili esplicative formiamo un *iperpiano di regressione.*

In effetti questo è l'impianto generale descritto al § 5.2, salvo per il fatto che la prima colonna della matrice X è 1_n. Si parla in questo caso di modello di regressione in senso stretto, o *regressione multipla,* dove il termine 'multipla' è usato in antitesi a quella 'semplice' dell'Esempio 5.2.4.

Verifica d'ipotesi ed intervalli di confidenza per le componenti di β possono esserer costruiti tramite le formule sviluppate nell'Esempio 5.3.1. In taluni casi si richiede un test per valutare la significatività globale dell'intero insieme di variabili esplicative. Ciò è simile al problema (5.30), ma in questo caso la funzione test deve ignorare la componente β_1, siccome in molti casi si sa che questa è non nulla.

L'ipotesi $\beta_2 = \ldots = \beta_p = 0$ può essere scritta in forma standard (5.33) usando

$$H = (0, I_{p-1}),$$

una matrice $(p-1) \times p$ con elementi 0 nella prima colonna associata a β_1. Non c'è perdita di generalità nell'assumere che 1_n è ortogonale alle altre colonne, dato che nel caso contrario possiamo sostituire i valori di ciascuna variabile con gli scarti dalla sua media aritmetica, come abbiamo fatto alla file dell'Esempio 5.2.4. Scriviamo allora

$$X = (1_n, \tilde{X})$$

dove $\tilde{X}$ è $n \times (p-1)$. La condizione $1_n \perp \tilde{X}$ implica

$$(X^\top X)^{-1} = \begin{pmatrix} 1/n & 0 \\ 0 & \tilde{V} \end{pmatrix}$$

dove $\tilde{V} = (\tilde{X}^\top \tilde{X})^{-1}$. Sostituendo queste espressioni nella (5.24) e nella (5.26), dopo un po' di algebra si ottiene

$$\begin{aligned} H(X^\top X)^{-1} X^\top &= \tilde{V}\,\tilde{X}, \\ P_H &= \tilde{X}\,\tilde{V}\,\tilde{X}^\top, \\ \|P_H\, y\|^2 &= \|\tilde{X}\,(\hat{\beta}_2, \ldots, \hat{\beta}_p)^\top\|^2 \end{aligned}$$

e la funzione test (5.35) è

$$F = \frac{\|\tilde{X}\,(\hat{\beta}_2, \ldots, \hat{\beta}_p)^\top\|^2/(p-1)}{s^2}$$

la cui distribuzione nulla è $F_{(p-1),(n-p)}$.

Un caso particolare importante della procedura precedente sorge quando $p = 2$. Stiamo allora verificando l'ipotesi nulla che la pendenza della retta di regressione dell'Esempio 5.2.4 sia 0. La precedente matrice $\tilde{X}$ si riduce al vettore z definito nell'Esempio 5.2.4 e la funzione test precedent diventa

$$F = \frac{\left((\sum z_i^2)\,\hat{\beta}_2\right)^2}{s^2}.$$

Analogamente all'Esempio 5.3.1, possiamo considerare la radice con segno

$$t = \frac{\hat{\beta}_2 \sqrt{\sum_i (x_i - \bar{x})^2}}{s}$$

la cui distribuzioen nulla è t_{n-2}. Inoltre, usando la (5.40), un intervallo di livello $(1-\alpha)$ per β_2 è dato da

$$\hat{\beta}_2 \pm t' \frac{s}{\sqrt{\sum_i (x_i - \bar{x})^2}} \tag{5.41}$$

dove t' è il valore superato con probabilità $\alpha/2$ da una v.c. t_{n-2}.

Per p generico, il coefficiente di determinazione introdotto nell'Esempio 5.2.3

$$R^2 = 1 - \frac{\|y - \hat{\mu}\|^2}{\|y - \bar{y}\,1_n\|^2}$$

può essere utilizzato per quantificare la frazione di variabilità dovuta alla relazione tra la variabile risposta e le esplicative, ad esclusione di 1_n.

Esempio 5.4.1 Per illustrazione numerica della regressione multipla, consideriamo la Tabella 5.3 che presenta dei dati da un campione di alberi di ciliegio nero. Per ogni unità sono registrate tre misurazioni, cioè

- D: diametro della pianta misurato ad una certa altezza dal suolo (in pollici),
- H: altezza della pianta (in piedi),
- V: volume del legname (in piedi cubici).

Questi dati sono stati forniti da Ryan, Joiner & Ryan (1985, p. 278), ma già presenti nella prima edizione del libro, e successivamente esaminati da diversi autori. Per esempio, sono discussi per tutto il libro di Atkinson (1985).

Delle tre misurazioni, V è presa dopo che la pianta è stata abbattuta, mentre D e H sono misurate prima. Lo scopo dell'analisi è di trovare una semplice regola che metta in relazione V con D e H, per poter predire la quantità di legname di alberi ancora non abbattuti sulla base di D e H. Siccome D viene

Tabella 5.3: Dati sugli alberi di ciliegio nero, da Ryan *et al.* (1985). Per un campione di 31 alberi, sono fornite tre misurazioni: diametro (pollici), altezza (piedi) e volume (piedi cubici)

Diametro	Altezza	Volume	Diametro	Altezza	Volume
8,2	70	10,3	12,9	85	33,8
8,6	65	10,3	13,3	86	27,4
8,8	63	10,2	13,7	71	25,7
10,5	72	16,4	13,8	64	24,9
10,7	81	18,8	14,0	78	34,5
10,8	83	19,7	14,2	80	31,7
11,0	66	15,6	14,5	74	36,3
11,0	75	18,2	16,0	72	38,3
11,1	80	22,6	16,3	77	42,6
11,2	75	19,9	17,3	81	55,4
11,3	79	24,2	17,5	82	55,7
11,4	76	21,0	17,9	80	58,3
11,4	76	21,4	18,0	80	51,5
11,7	69	21,3	18,0	80	51,0
12,0	75	19,1	20,6	87	77,0
12,9	74	22,2			

misurato più rapidamente e accuratamente che H, si preferirebbe una regola basata solo su D.

Come operazione preliminare dell'analisi, esaminiamo i *diagrammi di dispersione* delle coppie (D, V) e (H, V), che sono mostrati nella Figura 5.6. Questi grafici indicano una evidente relazione monotona tra le variabili, all'incirca di tipo lineare. C'è comunque una certa curvatura nel diagramma di (D, V), e un evidente aumento di variabilità in quello di (H, V) via via che H aumenta. Con l'aiuto di un calcolatore e opportuni programmi si potrebbe ispezionare il grafico tridimensionale di (D, H, V) mediante della grafica dinamica.

Delle semplici considerazioni geometriche suggeriscono che una relazione plausibile tra le variabili è del tipo

$$V = \gamma_0 D^{\gamma_1} H^{\gamma_2}$$

dove $\gamma_0, \gamma_1, \gamma_2$ sono costanti da stimare. Inoltre possiamo congetturare che γ_1 sia vicino a 2 e che γ_2 sia vicino a 1. Il coefficiente di γ_0 non è così ben localizzato; comunque un valore prossimo a $\pi/4$ o a $\pi/12$ indicherebbe una forma del tronco dell'albero prossima rispettivamente ad un cilindro o a un

Fig. 5.6: Dati degli alberi di ciliegio: diagrammi di dispersione di (D, V) e di (H, V)

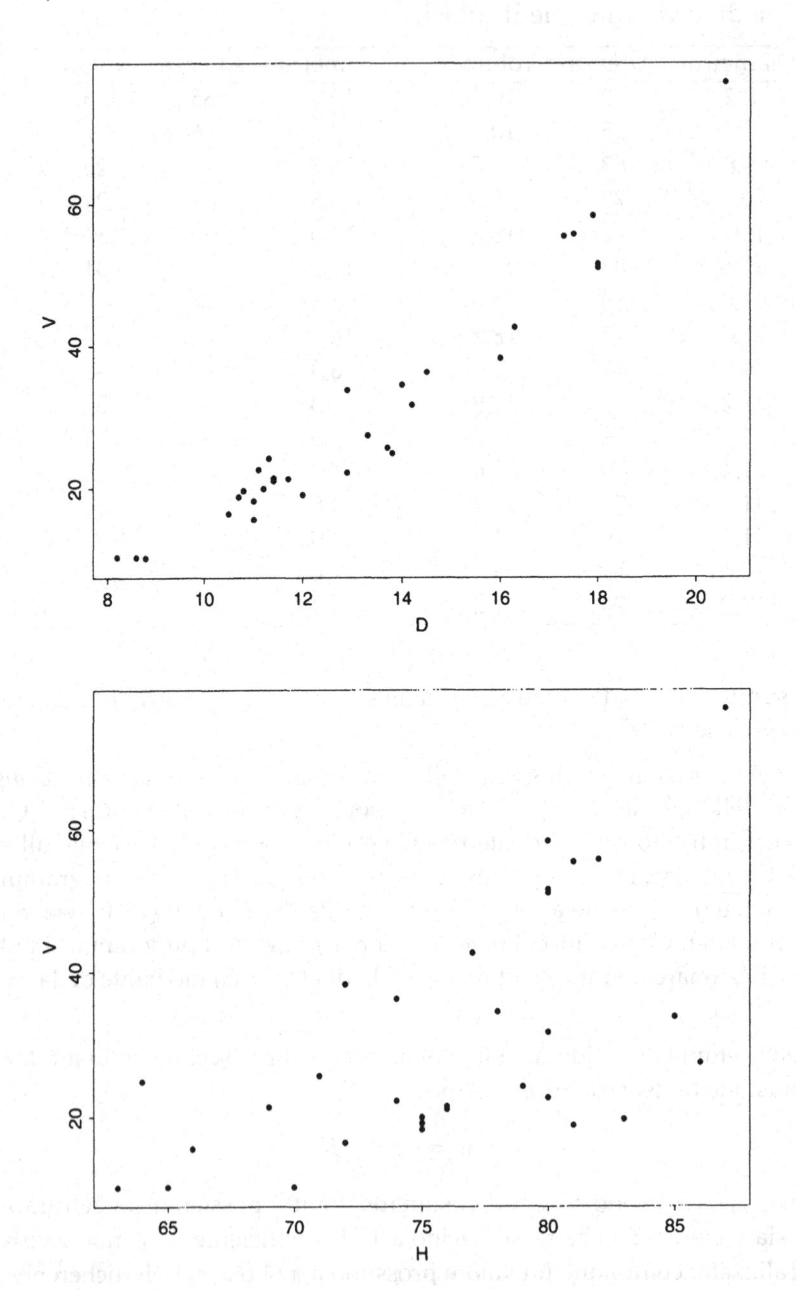

cono. In effetti questi ultimi valori varrebbero se le tre misurazioni fossero effettuate in unità omogenee; se si mantengono le misure originali, devono essere divisi per 12.

La relazione tra le variabili introdotta poco fa ha anche il vantaggio di conciliarsi con la curvatura osservata nella relazione tra V e D.

Dopo trasformazione logaritmica di tutte le variabili, formuliamo il modello lineare

$$y = \alpha + \gamma_1 x_1 + \gamma_2 x_2 + \varepsilon$$

dove

$$\begin{aligned} y &= \log V, & \alpha &= \log \gamma_0, \\ x_1 &= \log D, & x_2 &= \log H, \end{aligned}$$

e il termine di errore ε viene assunto, in via preliminare, essere $N(0, \sigma^2)$. Diagrammi di dispersione delle variabili trasformate sono dati nella Figura 5.7, evidenziando una forma di dipendenza più prossima alla linearità e una maggior costanza della variabilità residua che per le variabili originarie.

Dopo aver definito una matrice di regressione X di dimensione 31×3 contenente una colonna di soli 1, una colonna con i valori di $\log(D)$ e una terza colonna con quelli di $\log(H)$, i calcoli del caso danno luogo a:

$$(X^\top X)^{-1} = \begin{pmatrix} 96{,}613 & 3.1340 & -24{,}171 \\ 3{,}134 & 0.8437 & -1{,}223 \\ -24{,}171 & -1.2228 & 6.308 \end{pmatrix},$$

$$X^\top y = \begin{pmatrix} 101{,}5 \\ 263.0 \\ 439{,}9 \end{pmatrix}$$

la cui moltiplicazione dà i coefficienti di regressione. Per i loro errori standard prendiamo la radice quadrata del prodotto di

$$s^2 = \frac{\sum_i (y_i - \hat{y}_i)^2}{28} = (0.08172)^2$$

per gli elementi diagonali di $(X^\top X)^{-1}$. Alla fine si ottiene

$$\begin{aligned} \hat{\alpha} &= -6{,}620 \quad (\text{errore standard } 0.803), \\ \hat{\gamma}_1 &= 1{,}976 \quad (\text{errore standard } 0{,}075), \\ \hat{\gamma}_2 &= 1{,}119 \quad (\text{errore standard } 0{,}205). \end{aligned}$$

La funzione test t per la nullità di γ_2 dà $1{,}119/0{,}205 = 5.45$, che è marcatamente significativo rispetto alla distribuzione nulla t_{28}; quindi una regola di predizione basata solo su D non risulta appropriata.

Fig. 5.7: Dati degli alberi di ciliegio: diagrammi di dispersione di $(\log D, \log V)$ e di $(\log H, \log V)$

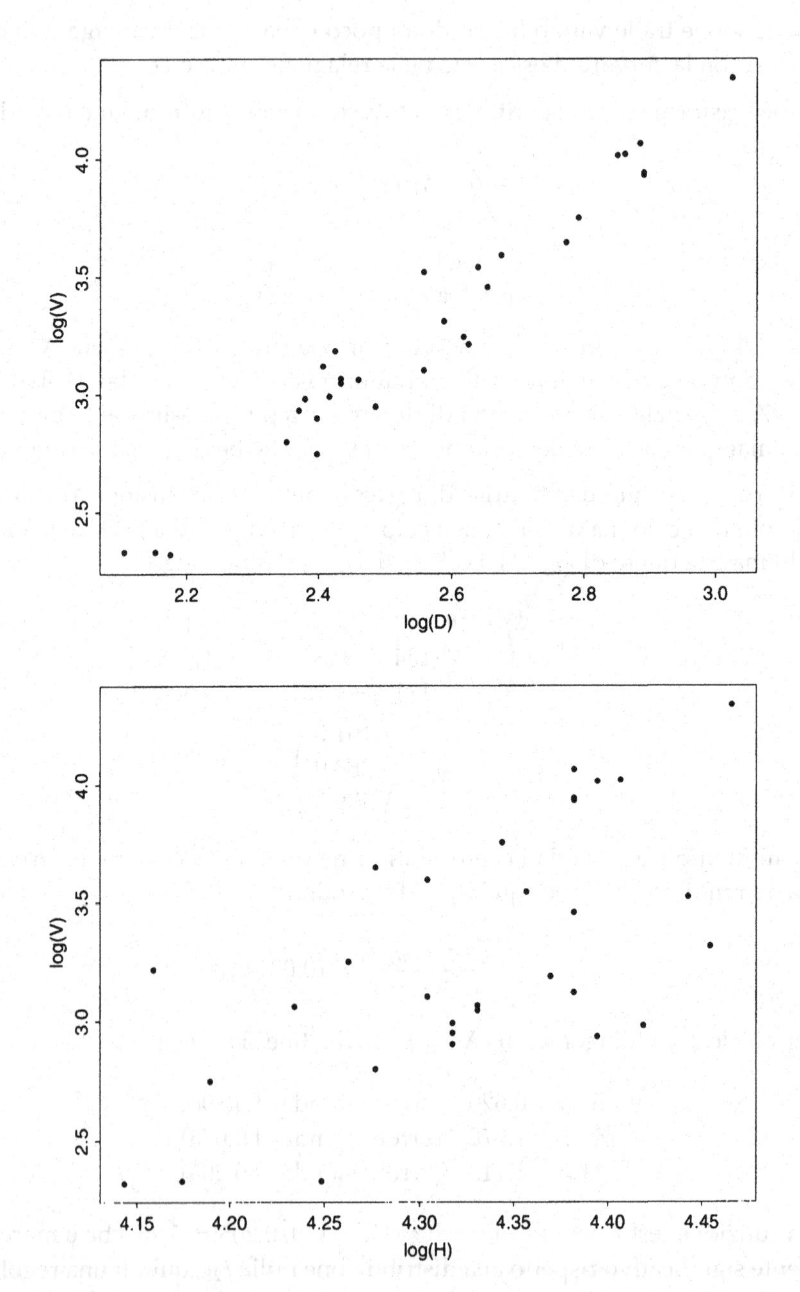

Fig. 5.8: Dati degli alberi di ciliegio: valori osservati di $\log V$ rispetto ai valori interpolati

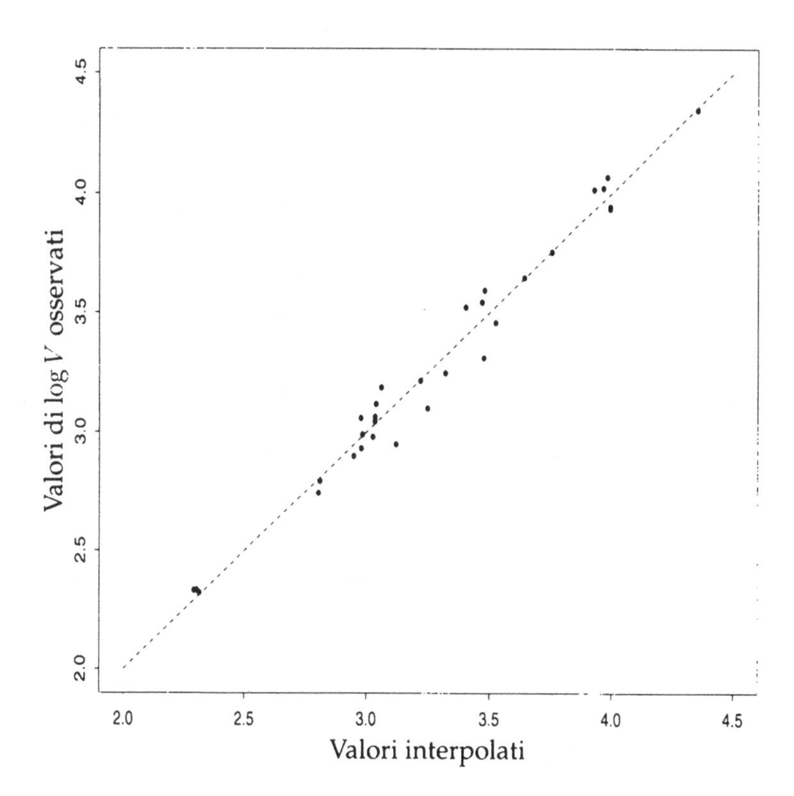

Come parziale diagnostica di adeguatezza, la Figura 5.8 riporta il grafico dei valori osservati rispetto a quelli interpolati di $\log V$, e la bisettrice del quadrante. I punti sono ben accostati alla linea di identità, senza indicazioni di scostamento.

Per ottenere una regione di confidenza per (γ_1, γ_2), poniamo

$$H = \begin{pmatrix} 0 & 1 & 0 \\ 0 & 0 & 1 \end{pmatrix}$$

e K, definita secondo la (5.25), è

$$K = \begin{pmatrix} 1{,}648 & 0{,}320 \\ 0{,}320 & 0{,}221 \end{pmatrix}.$$

Quindi si calcoli la statistica (5.38) per tutta una regione di possibile scelte di $h = (h_1, h_2)^\top$. La Figura 5.9 mostra le curve di livello di questa statistica,

Fig. 5.9: Dati degli alberi di ciliegio: regioni di confidenza di livello 75%, 90% and 95% per (γ_1, γ_2); il segno + indica il punto SMV, il segno $\circ$ indica il punto (2,1)

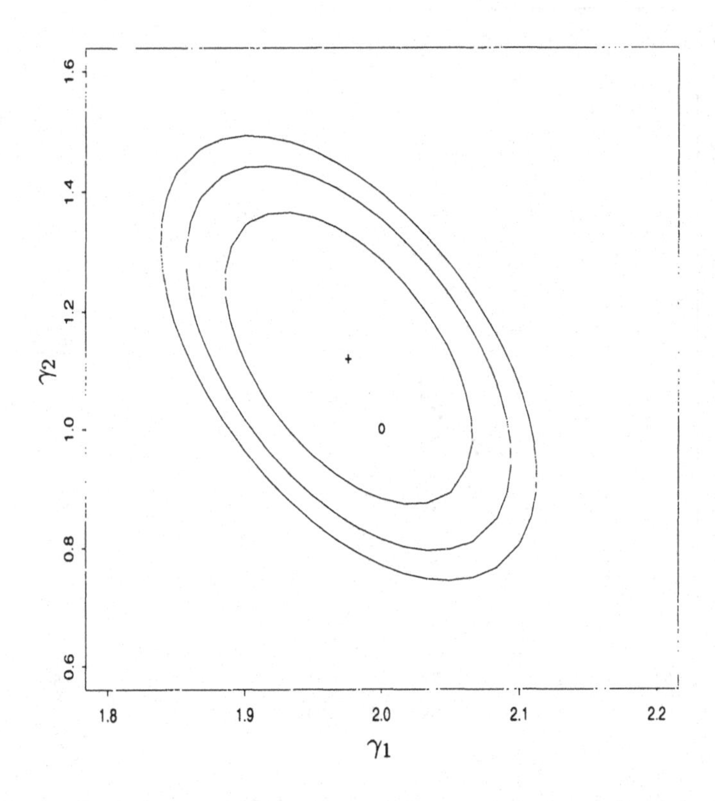

scelte in modo da corrispondere ai punti percentili di livello 75%, 90% e 95% della distribuzione $F_{2,28}$; la regione interna a ciascuna curva costituisce una regione di confidenza di livello corrispondente.

Nella Figura 5.9, il segno + indica il punto SMV mentre $\circ$ indica il punto $(2, 1)$, cioè la coppia di valori inizialmente congetturata per i parametri. Il simbolo $\circ$ è ben addentro ognuna delle regioni di confidenza, il che costituisce evidenza empirica a favore dell'ipotesi formulata.

Per γ_0, otteniamo $\hat{\gamma}_0 = \exp(\hat{\alpha}) = 0.001333$. Questo numero può essere scritto

$$\hat{\gamma}_0 \approx 0.244 \frac{\pi}{4 \times 144}$$

mostrando migliore accostamento alla 'forma a cono' piuttosto che alla 'forma a cilindro'. Un esame più dettagliato di questo aspetto è lasciato come esercizio per il lettore.

5.4.2 Regressione Polinomiale

Un importante caso particolare di modello lineare nasce quando si vogliono interpolare i valori della variabile y mediante una funzione del tipo

$$y = \beta_1 + \beta_2 x + \beta_3 x^2 + \cdots + \beta_{m+1} x^m + \varepsilon \tag{5.42}$$

dove quindi le variabili esplicative sono in realtà funzioni di una stessa variabile x (ma naturalmente non possono essere funzioni lineari).

Per semplicità di esposizione consideriamo il caso in cui $m = 2$. Se la variabile x è stata osservata in corripondenza ai valori $(x_1, \ldots, x_n)$, allora il modello di regressione diventa

$$y = \begin{pmatrix} 1 & x_1 & x_1^2 \\ 1 & x_2 & x_2^2 \\ \vdots & \vdots & \vdots \\ 1 & x_n & x_n^2 \end{pmatrix} \begin{pmatrix} \beta_1 \\ \beta_2 \\ \beta_3 \end{pmatrix} + \varepsilon$$

che prende il nome di modello di *regressione quadratica*; qui il termine 'quadratico' si riferisce al tipo di relazione tra y e x nella (5.42), ma il modello è pur sempre lineare nei parametri. Naturalmente si può passare ad una regressione cubica, e così via; si parlerà in generale di *regressione polinomiale*.

In generale, è possibile operare una trasformazione delle colonne della matrice X in modo da renderle tra loro ortogonali, tramite il procedimento di ortogonalizzazione di Gram–Schmidt. Ciò risulta particolarmente agevole nel caso, peraltro abbastanza frequente, in cui i valori x_i siano equispaziati.

Continuando con il caso della regressione quadratica, se ad esempio $n = 5$ e $x_i = i$ (per $i = 1, \ldots, 5$), allora le due matrici

$$X = \begin{pmatrix} 1 & 1 & 1 \\ 1 & 2 & 4 \\ 1 & 3 & 9 \\ 1 & 4 & 16 \\ 1 & 5 & 25 \end{pmatrix} \qquad Z = \begin{pmatrix} 1 & -2 & 2 \\ 1 & -1 & -1 \\ 1 & 0 & -2 \\ 1 & 1 & -1 \\ 1 & 2 & 2 \end{pmatrix}$$

Tabella 5.4: Analisi della varianza per regressione quadratica

Componente	SQ	g.d.l.
Costante	$(\sum y_i)^2/n$	1
Lineare	$(\sum y_i z_{i2})^2/\sum z_{i2}^2$	1
Quadratica	$(\sum y_i z_{i3})^2/\sum z_{i3}^2$	1
Residua	$\sum_i y_i^2 - \sum_j(\hat{\gamma}_j^2 \sum_i z_{ij}^2)$	$n-3$
Totale	$\sum_i y_i^2$	n

generano lo stesso spazio delle colonne, cioè $\mathcal{C}(X) = \mathcal{C}(Z)$. Ciò implica che i due modelli

$$y = X\beta + \varepsilon, \qquad y = Z\gamma + \varepsilon$$

sono perfettamente equivalenti dal punto di vista geometrico. Vi sono però importanti differenze dal punto di vista statistico:

- la matrice $(Z^\top Z)^{-1}$ è diagonale, il che implica che le stime di γ hanno una semplice espressione, e precisamente

$$\hat{\gamma}_i = \frac{z_i^\top y}{\|z_i\|^2}$$

dove z_i è la i-ma colonna di Z;

- il fatto che $(Z^\top Z)^{-1}$ sia diagonale implica anche che le componenti di $\hat{\gamma}$ sono v.c. incorrelate, facilitando la loro interpretazione;

- il termine $\|PY\|^2$ della Tabella 5.1 può essere scomposto in termini tra loro indipendenti, ciascuno dei quali caratterizzato da 1 g.d.l., come è esplicitato nella Tabella 5.4; il rapporto tra la MQ relativa ad una componente di regressione e la MQ_{res} dà luogo ad una F di Snedecor con $(1, n-3)$ g.d.l..

Per valori generici di n e del grado m del polinomio, i vettori colonna della matrice Z si ottengono in corrispondenza ai valori assunti da particolari polinomi, detti appunto *polinomi ortogonali* dei quali esistono già tavole appositamente predisposte, ad esempio nelle *Biometrika Tables* (Pearson & Hartley, 1970-72).

5.4.3 Test t a Due Campioni

Consideriamo lo stesso impianto e lo stesso sistema d'ipotesi trattato nel § 4.4.3 eccetto che indichiamo le medie delle due popolazioni con β_1, β_2 invece di μ, η. Inseriamo i due campioni in un unico vettore risposta y, cioè poniamo

$$y = (z_1, \ldots, z_n, x_1, \ldots, x_m)^\top$$

di dimensione $n + m$; definiamo inoltre

$$X = \begin{pmatrix} 1 & 0 \\ 1 & 0 \\ \vdots & \vdots \\ 1 & 0 \\ 0 & 1 \\ 0 & 1 \\ \vdots & \vdots \\ 0 & 1 \end{pmatrix} = \begin{pmatrix} 1_n & 0 \\ 0 & 1_m \end{pmatrix}, \qquad \beta = \begin{pmatrix} \beta_1 \\ \beta_2 \end{pmatrix}.$$

Si osservi che l'appartenenza di un elemento campionario ad una o all'altra popolazione è stata qui rappresentata mediante un opportuno utilizzo di *variabili indicatrici* che assumono il valore 0 o 1, a seconda del caso. Abbiamo quindi espresso una variabile sostanzialmente qualitativa, quale l'appartenenza ad un gruppo, mediante una quantativa.

Applicando la (5.11) e la (5.17), abbiamo che

$$X^\top X = \begin{pmatrix} n & 0 \\ 0 & m \end{pmatrix}, \qquad X^\top y = \begin{pmatrix} \sum_i z_i \\ \sum_i x_i \end{pmatrix}, \qquad \hat{\beta} = \begin{pmatrix} \hat{\beta}_1 \\ \hat{\beta}_2 \end{pmatrix} = \begin{pmatrix} \bar{z} \\ \bar{x} \end{pmatrix}$$

ed è facile verificare che le SMV di μ, η, σ^2 sono le stesse del Capitolo 4. Saggiare il sistema d'ipotesi (4.23) equivale a considerare il (5.33) con

$$H = (1 \quad -1)$$

di dimensione 1×2. Applicando la (5.24) abbiamo

$$\hat{\beta}_0 \;=\; \begin{pmatrix} \bar{z} \\ \bar{x} \end{pmatrix} - \begin{pmatrix} 1/n & 0 \\ 0 & 1/m \end{pmatrix} \begin{pmatrix} 1 \\ -1 \end{pmatrix} (1/n + 1/m)^{-1} (1 \quad -1) \begin{pmatrix} \bar{z} \\ \bar{x} \end{pmatrix}$$

$$= \begin{pmatrix} \bar{z} - \dfrac{\bar{z}-\bar{x}}{n(1/m+1/m)} \\ \bar{x} - \dfrac{\bar{z}-\bar{x}}{m(1/m+1/m)} \end{pmatrix}$$
$$= \frac{n\bar{z}+m\bar{x}}{n+m}\begin{pmatrix} 1 \\ 1 \end{pmatrix}.$$

Nel caso specifico avremmo potuto ottenere $\hat{\beta}_0$ in modo più semplice, considerando che sotto l'ipotesi nulla y si comporta come un campione da una distribuzione comune a tutti gli $n+m$ valori campionari, e quindi usando le formule dell'Esempio 5.2.3; ma si è preferito procedere usando le formule generali, appunto per illustrarne l'uso.

Allora i termini previsti per il calcolo della (5.35) sono

$$\begin{aligned} SQ_{reg(\perp C_0)} &= n\left(\bar{z} - \frac{n\bar{z}+m\bar{x}}{n+m}\right)^2 + m\left(\bar{x} - \frac{n\bar{z}+m\bar{x}}{n+m}\right)^2 \\ &= \frac{(\bar{z}-\bar{x})^2}{1/n+1/m} \\ SQ_{res} &= \sum_{i=1}^{n}(y_i - \hat{\beta}_1)^2 + \sum_{i=n+1}^{n+m}(y_i - \hat{\beta}_2)^2 \\ &= \sum_{i=1}^{n}(z_i - \bar{z})^2 + \sum_{i=1}^{m}(x_i - \bar{x})^2 \end{aligned}$$

e in definitiva

$$F = \frac{(\bar{z}-\bar{x})^2/(1/n+1/m)}{SQ_{res}/(n+m-2)}$$

che è pari a t^2 con t definito come al § 4.4.3. La distribuzione di F è quella di una F di Snedecor con $(1, n+m-2)$ g.d.l.. In questo caso noi rifiutiamo l'ipotesi nulla per valori grandi della statistica F, cosa che è equivalente a rifiutare per valori grandi di $|t|$, come nel § 4.4.3, e la corrispondenza tra le due distribuzioni assicura la concordanza delle decisioni.

5.4.4 Analisi della Varianza ad un Criterio

Consideriamo ora l'impianto del § 4.4.5, salvo sostituire il simbolo μ_i con β_i; poniamo inoltre

$$y = (y_{11}, \ldots, y_{1n}, \ldots, y_{i1} \ldots, y_{in}, \ldots, y_{m1}, \ldots, y_{mn})^\top,$$

$$X = \begin{pmatrix} 1_n & 0 & \cdots & 0 \\ 0 & 1_n & \cdots & 0 \\ \vdots & \vdots & \ddots & \vdots \\ 0 & 0 & \cdots & 1_n \end{pmatrix}.$$

rispettivamente di dimensione $nm \times 1$ e $nm \times m$. La variabile qualitativa che denota l'appartenenza ad una delle m possibili popolazioni è spesso chiamata *fattore* e i suoi possibili 'valori' sono detti *livelli*. In questo caso il fattore è stato rappresentato mediante l'impiego di m variabili indicatrici, anche se vedremo tra poco che in effetti una di queste è ridondate.

Abbiamo quindi il modello di regressione

$$y = X\beta + \varepsilon$$

dove $\beta = (\beta_1, \ldots, \beta_m)^\top$ è il vettore delle medie. Si verifica facilmente con un po' di algebra che

$$X^\top X = n\, I_m, \qquad \hat{\beta} = (\bar{y}_1, \ldots, \bar{y}_m)^\top$$

dove gli elementi di $\hat{\beta}$ sono le medie aritmetiche definite al § 4.4.5.

In questo caso la matrice H che esprime l'uguaglianza delle m medie è

$$H = \begin{pmatrix} 1 & -1 & 0 & \cdots & 0 & 0 \\ 1 & 0 & -1 & \cdots & 0 & 0 \\ \vdots & \vdots & \vdots & \ddots & \vdots & \vdots \\ 1 & 0 & 0 & \cdots & -1 & 0 \\ 1 & 0 & 0 & \cdots & 0 & -1 \end{pmatrix}$$

di dimensione $(m-1) \times m$. Essa è tale che $H\beta$ è il vettore delle $(m-1)$ differenze $(\beta_1 - \beta_2), \ldots, (\beta_1 - \beta_m)$ e quindi saggiare l'ipotesi $H\beta = 0$ equivale a saggiare che $\beta_1 = \beta_2 = \cdots = \beta_m$. Per l'inversione di

$$H(X^\top X)^{-1}H^\top = \frac{1}{n}(I_{m-1} + 1_{m-1}1_{m-1}^\top)$$

si utilizzi la (A.26) che dà

$$(H(X^\top X)^{-1}H)^{-1} = n\left(I_{m-1} - \frac{1}{m}1_{m-1}1_{m-1}^\top\right).$$

Da qui, tenendo conto della (5.26), otteniamo

$$\begin{aligned}
\|\hat{\mu} - \hat{\mu}_0\|^2 &= y^\top P_H y \\
&= n\hat{\beta}^\top H^\top \left(I_{m-1} - \frac{1}{m} 1_{m-1} 1_{m-1}^\top \right) H\hat{\beta} \\
&= n \left(\|H\hat{\beta}\|^2 - \frac{1}{m} \|1_{m-1}^\top H\hat{\beta}\|^2 \right) \\
&= n \left(\sum_{i=2}^{m} (\bar{y}_i - \bar{y}_1)^2 - \frac{1}{m} \left((m-1)\bar{y}_1 - \sum_{i=2}^{m} \bar{y}_i \right)^2 \right) \\
&= n \sum_{i=1}^{m} (\bar{y}_i - \bar{y})^2 ,
\end{aligned}$$

dove $\bar{y}$ è la media generale degli elementi di y. In effetti anche in questo caso si sarebbe potuto ottenere $SQ_{reg(\perp C_0)}$ più semplicemente, notando che sotto H_0 la stima vincolata di β è formata da un vettore $m \times 1$ di elementi tutti pari alla media generale $\bar{y}$.

Allora, per un generico elemento y_{ij}, le due stime di $\mathbb{E}\{y_{ij}\}$, sotto l'ipotesi generale e la nulla, sono rispettivamente $\bar{y}_i$ e $\bar{y}$ e quindi, in definitiva,

$$SQ_{reg(\perp C_0)} = \sum_{i=1}^{m} \sum_{j=1}^{n} (\bar{y}_i - \bar{y})^2$$

che è pari all'espressione precedente.

Osservazione 5.4.2 Oltre che dalla condizione $H\beta = 0$, l'uguaglianza delle m medie può essere espressa anche in altri modi, ad esempio dalla condizione $\tilde{H}\beta = 0$ con

$$\tilde{H} = \begin{pmatrix} 1 & -1 & 0 & \cdots & 0 & 0 \\ 0 & 1 & -1 & \cdots & 0 & 0 \\ \vdots & \vdots & \vdots & \ddots & \vdots & \vdots \\ 0 & 0 & 0 & \cdots & 1 & -1 \end{pmatrix}$$

di dimensione $(m-1) \times m$. Essa è tale che $\tilde{H}\beta$ è il vettore delle $(m-1)$ differenze $(\beta_1 - \beta_2), \ldots, (\beta_{m-1} - \beta_m)$; quindi saggiare l'ipotesi $\tilde{H}\beta = 0$ equivale a saggiare che $\beta_1 = \beta_2 = \cdots = \beta_m$. Si può verificare anche che l'utilizzo della matrice $\tilde{H}$ al posto della H non altera la scomposizione delle somme di quadrati.

È molto comune, soprattutto nel lavoro applicativo, che si adotti una diversa parametrizzazione del modello. Invece della rappresentazione

$$y_{ij} = \beta_i + \varepsilon_{ij}$$

si preferisce scrivere, per maggiore semplicità di interpretazione,

$$y_{ij} = \bar{\mu} + \alpha_i + \varepsilon_{ij} \tag{5.43}$$

dove α_i rappresenta lo scostamento medio per la i-ma distribuzione dal valore medio globale $\bar{\mu} = \sum_i \beta_i / m$.

Il motivo dell'introduzione della formulazione (5.43) è più chiaro se interpretiamo l'indice di riga di y_{ij} come contrassegno di una qualche *trattamento* somministrato alle unità statistiche e l'indice di colonna come identificatore dell'unità statistica all'interno del *gruppo di trattamento.* Allora α_i viene interpretato come *effetto del trattamento,* inteso come scarto medio tra la generica osservazione con quel dato trattamento e un valore di riferimento $\bar{\mu}$. Schematicamente abbiamo allora la scomposizione

(osservazione) = (media generale) + (effetto del trattamento) + (errore).

Il tipo di parametrizzazione (5.43) evidenzia che l'effetto del trattamento è di natura *additiva.*

Ovviamente la (5.43) costituisce solo un diverso modo di rappresentare le stesse quantità, per cui deve verificarsi che

$$\beta_i = \bar{\mu} + \alpha_i \qquad (i = 1, \ldots, m). \tag{5.44}$$

Dal fatto che $\sum \beta_i = \sum (\bar{\mu} + \alpha_i)$ segue che

$$\sum_{i=1}^{m} \alpha_i = 0$$

e quindi uno degli α_i può essere scritto in funzione degli altri, ad esempio

$$\alpha_m = -\alpha_1 - \cdots - \alpha_{m-1},$$

e anzi tale sostituzione (o una sua equivalente) è necessaria, pena la non identificabilità del modello. Il corrispondente modello di regressione è

$$y = Z\gamma + \varepsilon \tag{5.45}$$

dove

$$Z = \begin{pmatrix} 1_n & 1_n & 0 & \cdots & 0 & 0 \\ 1_n & 0 & 1_n & \cdots & 0 & 0 \\ \vdots & \vdots & \vdots & \ddots & \vdots & \vdots \\ 1_n & 0 & 0 & \cdots & 1_n & 0 \\ 1_n & 0 & 0 & \cdots & 0 & 1_n \\ 1_n & -1_n & -1_n & \cdots & -1_n & -1_n \end{pmatrix}, \quad \gamma = \begin{pmatrix} \bar{\mu} \\ \alpha_1 \\ \vdots \\ \alpha_{m-1} \end{pmatrix}$$

di dimensione rispettiva $nm \times m$ e $m \times 1$. Siccome risulta

$$X(X^\top X)^{-1} X^\top = Z(Z^\top Z)^{-1} Z^\top$$

allora abbiamo che

$$X\hat{\beta} = Z\hat{\gamma}$$

qualunque sia il vettore y.

La forma di Z mostra che in realtà, come anticipato in precedenza, ci sono solo $m-1$ variabili indicatrici necessarie per introdurre un fattore a m livelli.

La condizione di identificabilità $\sum_i \alpha_i = 0$ potrebbe essere sostituita con un altro vincolo di nullità di una combinazione lineare degli α_i; di fatto ciò significherebbe porre pari a zero una media pesata degli α_i. Ciò cambierebbe il valore delle stime $\hat{\alpha}_i$, ma non la proiezione $\hat{\mu}$ e la funzione test associata al problema di verifica d'ipotesi di cui diremo ora.

Saggiare l'uguaglianza delle m medie β_i è ora equivalente a saggiare l'ipotesi $H_* \gamma = 0$ con

$$H_* = \begin{pmatrix} 0 & 1 & 0 & \cdots & 0 & 0 \\ 0 & 0 & 1 & \cdots & 0 & 0 \\ \vdots & \vdots & \vdots & \ddots & \vdots & \vdots \\ 0 & 0 & 0 & \cdots & 1 & 0 \\ 0 & 0 & 0 & \cdots & 0 & 1 \end{pmatrix}$$

di dimensione $(m-1) \times m$. Si lascia al lettore verificare che la corrispondente scomposizione delle somme di quadrati è la stessa della parametrizzazione precedente.

Veniamo ora alla particolarizzazione della Tabella 5.2 al caso in esame. Siccome generalmente non si è interessati ad una verifica d'ipotesi sul valore medio globale $\bar{\mu}$, è pratica comune sottrarre il contributo di questo termine, $nm\bar{y}^2$, dalla somma dei quadrati totale; ciò dà luogo al termine

$$\sum_i \sum_j y_{ij}^2 - nm\bar{y}^2 = \sum_i \sum_j (y_{ij} - \bar{y})^2$$

che, a meno di una costante moltiplicativa, è la 'varianza totale' dei dati. Tale varianza totale è scomposta in una componente di varianza da attribuire alla eterogeneità tra le medie delle popolazioni ed una componente residua da attribuire alla componente di errore del modello. La Tabella 5.5 riporta i termini in questione.

Tabella 5.5: Tavola di analisi della varianza

Componente	SQ	g.d.l.
Popolazioni	$n\sum_i(\bar{y}_i - \bar{y})^2$	$m - 1$
Residuo	$\sum_i \sum_j (y_{ij} - \bar{y}_i)^2$	$(m - 1)n$
Totale	$\sum_i \sum_j (y_{ij} - \bar{y})^2$	$nm - 1$

L'indipendenza della componente dovuta alle popolazioni da quella del termine costante, $nm\bar{y}^2$, segue dal fatto che la prima colonna di Z, che compete a $\bar{\mu}$, è ortogonale alle restanti $m - 1$ colonne, che competono agli α_i. La funzione test per la nullità di tutti gli α_i è data ovviamente dalla stessa espressione F vista al § 4.4.5.

5.4.5 Analisi della Varianza a Due Criteri

Lo schema di analisi della varianza considerato nel paragrafo precedente è il prototipo di una famiglia molto variegata di tecniche. Noi non vogliamo addentrarci in profondità su questo terreno che costituisce un importante capitolo a sè stante della Statistica. Qui ci prefiggiamo solo di tratteggiare una prima diramazione, omettendo anche taluni dettagli tecnici. Una trattazione esauriente dell'intero argomento è fornita dai testi, tra loro complementari, di Scheffé (1959) e di Cochran & Cox (1950);

La scomposizione (5.43) ha significato se le unità sperimentali sono sostanzialmente omogenee e sono esposte al trattamento nelle medesime modalità. In questo caso differenze rilevate tra le popolazioni (cioè i gruppi di trattamento) possono effettivamente essere imputate al trattamento ed è corretto dedurre che esiste una diversità tra i trattamenti per quanto riguarda i loro effetti. Può però succedere che, per esigenze sperimentali o per difficoltà nel reperire unità statistiche realmente omogenee, all'effetto del trattamento si sovrappongano anche altre componenti tali da disturbare o modificare l'interpretazione dei risultati. Di ciò va tenuto conto tanto nella progettazione dell'esperimento che nell'analisi successiva dei dati.

Per esemplificare, supponiamo che i trattamenti in questione siano dati da alcuni tipi di fertilizzanti agricoli e la variabile risposta sia la quantità di cereale prodotta per unità di terreno. Può però essere difficile condurre tutte le prove su terreni con le medesime caratteristiche chimiche e geologiche, e del resto ciò non sarebbe neanche del tutto aspicabile perché in tale caso i risultati dell'indagine sarebbero applicabili solo a quello specifico tipo di terreno. Del resto effettuare la sperimentazione e poi l'analisi statistica senza tener conto del tipo di terreno darebbe luogo ad una situazione di sovrapposizione dei due effetti, trattamento e tipo di terreno, che alla fine non sarebbero più distinguibili.

Per superare il problema possiamo fare in modo di provare ciascun trattamento su ciascun tipo di terreno (supposto che i terreni siano classificabili in una casistica abbastanza ristretta). Allora y_{ij} rappresenta il prodotto di cereale relativo al fertilizzante i-mo usato sul terreno di tipo j, per $i = 1, \dots m$ e $j = 1, \dots, n$. Con l'aggiunta di un'ipotesi di additività degli effetti delle componenti, arriviamo a scrivere

$$y_{ij} = \bar{\mu} + \alpha_i + \gamma_j + \varepsilon_{ij}$$

dove γ_j è l'effetto del tipo di terreno, detto *effetto di blocco*. Per ragioni analoghe a quelle per cui $\sum_i \alpha_i = 0$, abbiamo il vincolo che

$$\sum_j \gamma_j = 0.$$

Generalmente i parametri α_i relativi ai trattamenti sono dei parametri di interesse, mentre spesso i γ_j associati ai blocchi sono parametri di disturbo.

Tabella 5.6: Tavola di analisi della varianza a due criteri

Componente	SQ	g.d.l.
Trattamenti	$n\sum_i(\bar{y}_{i+} - \bar{y})^2$	$m-1$
Blocchi	$m\sum_j(\bar{y}_{+j} - \bar{y})^2$	$n-1$
Residuo	$\sum_i\sum_j(y_{ij} - \bar{y}_{i+} - \bar{y}_{+j} + \bar{y})^2$	$(m-1)(n-1)$
Totale	$\sum_i\sum_j(y_{ij} - \bar{y})^2$	$nm-1$

Non svilupperemo qui tutta l'elaborazione algebrica così in dettaglio come nel §5.4.4. Riportiamo solo che si perviene ad una tavola di analisi della varianza del tipo della Tabella 5.6, dove ora appare anche una componente di variabilità dovuta ai blocchi. Nella tabella, $\bar{y}_{i+}$ e $\bar{y}_{+j}$ indicano rispettivamente le medie aritmetiche dei dati della riga i-ma e della colonna j-ma.

Sottolineamo il ruolo essenziale dell'ipotesi di additività degli effetti: stiamo dicendo che l'uso del fertilizzante i è di aumentare (o diminuire) la resa del terreno sempre della stessa entità, indipendentemente dal tipo di terreno su cui viene impiegato; e lo stesso discorso vale per l'effetto dei blocchi. Se l'ipotesi di addività venisse meno, dovremo scrivere

$$y_{ij} = \bar{\mu} + \delta_{ij} + \varepsilon_{ij}$$

dove δ_{ij} indica l'effetto del trattamento i nel blocco j e tale effetto varia appunto da blocco a blocco; si parla allora di interazione tra i due fattori, trattamento e blocco.

Siamo però caduti in un problema di non identificabilità, dovuto sostanzialmete al fatto che δ_{ij} e ε_{ij} non sono distinguibili in alcun modo. Nè vi è modo di aggirare il problema una volta che i dati sono stati raccolti: è necessario un diverso progetto dell'esperimento. Noi non approfondiremo questo problema e rimandiamo alla letteratura citata prima.

5.4.6 Analisi della Covarianza

Nel §5.4.1 abbiamo trattato il caso in cui le colonne della matrice di regressione X contengono valori di una o più variabili quantitative. Nel §5.4.3, nel §5.4.4 e nel §5.4.5, la X conteneva una o più variabili indicatrici per rappresentare la modalità assunta da una variabile qualitativa. Consideriamo ora un caso misto, in cui sono presenti ambedue i tipi di variabili esplicative.

Affinché la formulazione non appaia artificiosa conviene fare riferimento ad un problema specifico. Si considerino due gruppi di soggetti: gli appartenenti al primo gruppo sono sottoposti al trattamento A, quelli del secondo gruppo al trattamento B. Lo scopo dello studio è di valutare la eventuale differenza esistente tra gli effetti dei due trattamenti; a differenza però della formulazione del § 5.4.3, vogliamo tenere conto della presenza di una variabile esplicativa per rendere più accurato il confronto tra i due trattamenti.

Si pensi ad esempio al caso in cui A e B sono due trattamenti per temprare una certo metallo e y è una misura della resistenza del metallo prodotto. Se si effettua un certo numero di prove con ciascuno dei due trattamenti, avendo cura che nessuno dei due trattamenti risulti svantaggiato da fattori esterni, allora la t di Student del § 5.4.3 risponde alle nostre esigenze. Può darsi tuttavia che vi siano fattori, incontrollabili dallo sperimentatore, che influenzano i risultati e di cui è opportuno tenere conto. Potrebbe essere che il grado di purezza x del metallo non sia sempre esattamente lo stesso nelle varie prove e, del resto, il grado di impurità ha un effetto rilevante sulla resistenza del metallo. Vogliamo allora confrontare A e B *al netto dell'effetto della variabile x*, giacché trascurando tale variabile potremmo attribuire al trattamento le differenze riscontrate nei due gruppi di valori, mentre in realtà la differenza è causata da uno sbilanciamento nei valori di x tra un gruppo e l'altro.

Introduciamo l'ipotesi semplificatrice che l'effetto della x sulla y sia proporzionale al valore di x e che la costante di proporzionalità γ sia la stessa per i due gruppi. Ciò significa che valgono relazioni del tipo

$$\begin{aligned} y &= \bar{\mu} + \alpha + \gamma x + \varepsilon, \\ y &= \bar{\mu} - \alpha + \gamma x + \varepsilon, \end{aligned}$$

rispettivamente per il primo e il secondo gruppo. Le due intercette all'origine sono state parametrizzate in modo analogo alla (5.44). Supponendo allora di effettuare n misure da ciascuno dei due gruppi di trattamento, arriviamo a scrivere il modello di regressione

$$\begin{pmatrix} y_1 \\ \vdots \\ y_{2n} \end{pmatrix} = \begin{pmatrix} 1 & 1 & x_1 \\ \vdots & \vdots & \vdots \\ 1 & 1 & x_n \\ 1 & -1 & x_{n+1} \\ \vdots & \vdots & \vdots \\ 1 & -1 & x_{2n} \end{pmatrix} \begin{pmatrix} \mu \\ \alpha \\ \gamma \end{pmatrix} + \varepsilon$$

dove le prime n righe della matrice di regressione competono al primo gruppo e le restanti al secondo. Si osservi che le prime due colonne della matrice di regressione risultano ortogonali, mentre ciò non sarebbe vero se sostituissimo ad esempio i "-1" con degli "0".

Naturalmente l'ipotesi che le numerosità dei due gruppi coincidano è fatta per semplicità di esposizione. Nei casi reali spesso questa condizione non è verificata e la relativa trattazione è un poco più complicata, ma sostanzialmente analoga.

Per semplicità di notazione indichiamo con x_{iA} l'elemento i-mo del vettore x, con x_{iB} l'elemento $(i+n)$-mo di x, in quanto elementi rispettivamente del gruppo di trattamento A e del gruppo B; adottiamo inoltre un'analoga notazione per gli elementi di y. Allora risulta che

$$\begin{aligned} X^\top X &= \begin{pmatrix} 2n & 0 & \sum x_i \\ 0 & 2n & \sum x_{iA} - \sum x_{iB} \\ \sum x_i & \sum x_{iA} - \sum x_{iB} & \sum x_i^2 \end{pmatrix}, \\ X^\top y &= \begin{pmatrix} \sum y_i \\ \sum y_{iA} - \sum y_{iB} \\ \sum x_i y_i \end{pmatrix}, \end{aligned}$$

dove le somme sono estese a tutti gli elementi del vettore indicato. Si può allora verificare che le soluzioni delle equazioni normali soddisfano a

$$\begin{aligned} \hat{\gamma} &= \frac{\sum(x_{iA} - \bar{x}_A) y_{iA} + \sum(x_{iB} - \bar{x}_B) y_{iB}}{\sum(x_{iA} - \bar{x}_A)^2 + \sum(x_{iB} - \bar{x}_B)^2}. \\ \hat{\alpha} &= \frac{1}{2}\left(\bar{y}_A - \bar{y}_B - \hat{\gamma}(\bar{x}_A - \bar{x}_B)\right), \\ \hat{\mu} &= \bar{y} - \hat{\gamma}\bar{x}. \end{aligned}$$

dove la barra denota la media aritmetica degli elementi del vettore indicato.

In questa situazione siamo particolarmente interessati a saggiare il sistema d'ipotesi

$$\begin{cases} H_0 : \alpha = 0, \\ H_1 : \alpha \neq 0 \end{cases}$$

in quanto 2α rapresenta la differenza tra gli effetti dei trattamenti, detto comunemente *effetto del trattamento*. Ciò è possibile usando la funzione test F, che prende la forma del tipo (5.39)

$$F = \frac{\hat{\alpha}^2\, 2n[\sum(x_{iA} - \bar{x}_A)^2 + \sum(x_{iB} - \bar{x}_B)^2]}{s^2\,[\sum x_i^2 - (\sum x_i)^2/(2n)]}$$

avente $(1, 2n - 3)$ g.d.l..

Si potrebbe discutere la ragionevolezza dell'assunto di parallelismo, introducendo invece due rette di regressione distinte per i due gruppi, con coefficienti angolari rispettivi γ_A, γ_B. Ciò è certamente possibile e in taluni casi opportuno. Il problema diventa però più complicato, non tanto dal punto di vista formale, quanto dal punto di vista interpretativo. In tale caso non ha più senso parlare di *effetto* del trattamento preso come valore a sè stante. Infatti, scelti due elementi campionari, uno da ciascuno dei due gruppi, in modo che il valore di x sia lo stesso, risulta che $\mathbb{E}\{y_{iA}\} - \mathbb{E}\{y_{iB}\}$ non è più una costante, ma dipende dal valore di x associato, e precisamente

$$\mathbb{E}\{y_{iA}\} - \mathbb{E}\{y_{iB}\} = 2\alpha + (\gamma_A - \gamma_B)x$$

che varia con x. Si parla in questo caso di *interazione* tra il trattamento e la variabile x. Noi non approfondiremo questo aspetto.

5.5 Sulla Scelta del Modello

Tutta la nostra trattazione dell'inferenza statistica si è sviluppata partendo dalla ferma assunzione che noi disponiamo di un modello statistico da cui muovere. Secondo quanto esposto al § 1.3, tale modello deve rispettare due condizioni principali:

(a) è costituito da una classe di distribuzioni di probabilità che include quella che genera effettivamente i dati,

(b) tale classe viene specificata prima di iniziare la raccolta dei dati, o almeno la loro analisi.

Questi requisiti sono facilmente rispettabili quando il meccanismo generatore dei dati ha una struttura semplice o comunque del tutto visibile. Il caso piú solare è quello della replicazione di un'esperimento con esito dicotomico: se le successive repliche sono effettuate in condizioni che possono essere ragionevolmente ritenute costanti, allora la distribuzione del numero di successi è binomiale. In questo esempio, la conoscenza del meccanismo fisico di generazione dei dati si traduce immediatamente in una implicazione sulla natura probabilistica del fenomeno.

L'esempio precedente è emblematico per la sua semplicità. Anche se non è l'unico esempio di tale genere, resta comunque vero che la maggior parte dei casi pratici sono più complessi, soprattutto quando si ha a che fare con l'analisi della dipendenza tra variabili, come nel caso dei modelli lineari o in quelli considerati nel prossimo capitolo. Nello studio delle relazioni tra variabili il numero talvolta elevato di variabili in gioco e l'estrema varietà dei modi in cui le relazioni tra variabili posso esprimersi rende l'intero problema molto più intricato del solito. In queste situazioni più complesse, la formulazione del modello statistico che rispetti i requisiti (a) e (b) precedenti richiederebbe che esista una teoria del fenomeno in esame in grado di fornirci le informazioni necessarie. Purtroppo i casi in cui possiamo contare su una tale teoria sono limitati; è di gran lunga più frequente il caso in cui il modello che viene adattato ai dati non preesiste rispetto a questi, ma viene elaborato alla luce dei dati stessi.

Nasce allora il problema della *scelta (o selezione) del modello*, termine che abbraccia genericamente tutto il problema descritto sopra, ma che poi si articola in un'ampia varietà di sottoproblemi: scelta delle variabili rilevanti, scelta della eventuale trasformazione delle variabili, scelta del tipo di relazione matematica tra le variabili, e altro ancora.

Chiaramente il problema che stiamo discutendo è estremamente complesso e una sua discussione esauriente è completamente aldilà dei nostri obiettivi. Ci limitiamo ad alcune considerazioni generali.

Ci sono diversi modi, completamente diversi tra loro, per affrontare il problema in questione. Alcuni vivono sostanzialmente all'interno della Statistica parametrica, altri si collocano ad di fuori di questa. L'elencazione che segue è quanto mai essenziale; nella sua lettura bisogna anche tener conto che non tutti gli approcci considerano esattamente gli stessi problemi e quindi un confronto in diretto parallelismo non è possibile.

Ampliamento del modello Questo primo modo di procedere agisce ancora entro l'ambito della Statistica parametrica, in quanto si amplia il modello iniziale in modo che includa anche forme diverse dal modello lineare.

Prendiamo le mosse da un procedimento molto semplice, che si colloca ancora nell'ambito dei modelli lineari. Supponiamo che x sia una variabile esplicativa, di cui si sospetta un possibile effetto non lineare sulla variabile risposta. Si inserisce allora nel modello lineare, oltre alla variabile x stessa, anche x^2 o $\log(x)$ o qualche altra funzione non lineare e si va poi a saggiare l'ipotesi che il coefficiente di regressione di x^2 o di $\log(x)$ sia trascurabile. Questo artifizio viene utilizzato non perché si ritenga che realmente l'eventuale componente non lineare sia precisamente del tipo descritto dalla funzione x^2 o $\log(x)$, ma lo si fa solo per cogliere genericamente la componente non lineare della relazione.

Il procedimento appena descritto è piutosto primitivo, ma può essere raffinato e applicato anche ad altre situazioni. Un problema diffuso è quello della scelta della scala su cui esprimere la relazione tra y e $X\beta$, ovvero qual è la trasformazione $T(y)$ per cui vale il modello lineare. Una tecnica costruita per questo scopo è quella della trasformazione di Box–Cox (Box & Cox, 1964). In questa formulazione si ipotizza che valga un modello lineare del tipo

$$T(y, \lambda) = X\beta + \varepsilon$$

per una qualche trasformazione non lineare $T(y, \lambda)$ di y dipendente da un parametro λ ignoto, che andrà stimato alla stregua degli altri parametri del modello. La trasformazione originale di Box & Cox prevedeva

$$T(z, \lambda) = \begin{cases} \dfrac{z^\lambda - 1}{\lambda} & \text{se } \lambda \neq 0 \\ \log z & \text{se } \lambda = 0 \end{cases}$$

che è continua rispetto a λ per ogni z, e che comprende, a meno di aggiustamenti inessenziali, la trasformazione identità ($\lambda = 1$), quella logaritmica ($\lambda = 0$) e gli elevamenti a potenza. La proposta ebbe un notevole successo e sono state sviluppate varianti alla forma di $T(y, \lambda)$. Inoltre il procedimento è stato applicato anche alla scelta della trasformazione delle variabili esplicative, fornendo così una soluzione più evoluta di quella descritta in prima battuta, con il semplice inserimento della variabile esplicativa x^2.

Diagnostiche grafiche Un secondo modo di affrontare il problema è attraverso l'uso di metodi grafici che consentono un'esplorazione puramente qualitativa dei dati, ma comunque estremamente utile. Questi metodi fanno ampio uso dei residui

$$y_i - \hat{\mu}_i \quad (i = 1, \ldots, n)$$

eventualmente standardizzati nella forma

$$e_i = \frac{y_i - \hat{\mu}_i}{s} \quad (i = 1, \ldots, n)$$

o simili. Si può facilmente mostrare che, se il modello è stato specificato correttamente, gli e_i sono determinazioni di v.c. di valor medio 0 e varianza $(n-1)/n$; inoltre questi e_i dovrebbero avere un andamento del tutto irregolare, in virtù della indipendenza delle v.c. ε_i di cui sono sostanzialmente delle stime. Viceversa, quando i residui standardizzati si presentano in modo non conforme alle aspettative, questo diventa un'indicazione contro l'adeguatezza del modello specificato.

Pertanto il diagramma di dispersione delle coppie $(\hat{\mu}_i, e_i)$ è un semplice strumento di largo utilizzo, la cui ispezione può spesso segnalare comportamenti dei residui che non siano in linea con il comportamento previsto per un modello correttamente specificato.

Le tecniche disponibili sono comunque numerose, non tutte basate esplicitamente sui residui. Talune tecniche sono semplicissime e rapide da costruire, come quella menzionata sopra, altre sono complesse sia nell'intepretazione che nella costruzione stessa e di fatto richiedono l'uso di un calcolatore, in particolare quelle in cui si produce un'animazione grafica.

Il complesso dei metodi grafici fornisce un potente strumento sia per suggerire la natura della dipendenza tra le variabili sia per segnalare qualche adeguatezza del modello esaminato: presenza di non linearità, presenza di dati anomali, correlazione degli errori ε_i e altro ancora.

Per una discussione approfondita di questi metodi si veda Cook & Weisberg (1982, 1994) e Cleveland (1995).

Regressione non parametrica Quest'ultimo modo di procedere imbocca una strada sostanzialmente diversa dalle precedenti. Ragionando per semplicità nel caso in cui ci siano solo due variabili osservate, x e y, ipotizziamo una relazione del tipo

$$y = r(x) + \varepsilon$$

dove $r(\cdot)$ è una funzione per la quale non ipotizziamo una specifica forma matematica, ma solo delle condizioni di regolarità, ad esempio la derivabilità.

Siccome l'insieme delle funzioni $r(\cdot)$ di tale tipo non è parametrizzabile, ci troviamo ad operare nell'ambito della Statistica non parametrica. Esistono varie tecniche per affrontare questo problema, di cui si trovano esposizioni nei libri di Silverman (1986), Härdle (1990) e Bowman & Azzalini (1997).

Ovviamente un approccio non parametrico alla stima di $r(x)$ presenta una forte attrattiva dal punto di vista concettuale, perché ci libera dalla responsabilità di scegliere una forma specifica per $r(x)$. Ciò è tanto più gradito quanto più vaghe sono le nostre informazioni sulla natura di $r(x)$. Esistono però anche degli svantaggi in questo modo di procedere.

- Spesso l'utilizzatore finale, cioè chi ci ha richiesto l'analisi dei dati, gradirebbe che gli venisse fornita $r(x)$ in una forma matematicamente compatta e di facile interpretazione (anche se lui stesso non sa suggerirci quale sia questa forma!), mentre i metodi non parametrici non rispettano questo requisito. Ciò si verifica proprio perché tali metodi scelgono come stima $\hat{g}(x)$ un elemento preso da un insieme di funzioni di cui l'aspetto 'semplicità matematica' non è una caratterizzazione, né può esserlo se si vuole comprendere qualunque funzione purché abbastanza regolare.

◇ L'insieme dello spazio delle possibili alternative si è molto allargato passando da una forma parametrica ad una non parametrica di $r(x)$; ciò si riflette in un decadimento delle prestazioni dal punto di vista statistico, cioè un aumento della varianza dello stimatore e anche una sua distorsione. Fin quando la variabile esplicativa analizzata è una sola, questo decadimento di prestazioni non è molto vistoso, ma se passiamo al caso multiplo

$$y = r(x_1, \ldots, x_p) + \varepsilon$$

allora l'effetto è più sensibile.

◇ Il confronto tra raccolte di dati diverse è più difficile nell'approccio non parametrico, dato che non si lavora con un piccolo numero di elementi di sintesi (i parametri), ma con intere funzioni.

Queste considerazioni non vogliono sminuire l'importanza di questa impostazione, ma solo cautelare contro il facile entusiasmo per un approccio che ci libera, almeno in parte, dalla difficoltà di specificazione del modello.

Un problema collegato è quello della stabilità delle conclusioni rispetto alla specificazione del modello. Sarebbe palesemente inopportuno che le conclusioni dell'analisi dipendessero in modo rilevante da elementi del modello su cui non ci sentiamo affatto sicuri.

Una tipica situazione di questo genere è fornita dai modelli di regressione quando la normalità del termine di errore viene assunta per convenienza matematica, più che per vera convinzione. In diversi casi pratici è stato rilevato che l'effettiva distribuzione degli errori (esaminata tramite i residui) era molto discosta dalla normalità. A seconda del tipo di questo scostamento i metodi basati sulla verosimiglianza possono essere più o meno influenzati quanto a distorsione, perdita di efficienza e altro.

Una situazione particolarmente pericolosa è la presenza di dati anomali, dovuti per esempio ad errori di registrazione dei dati. In taluni casi la presenza di tali valori può condurre a conclusioni improprie o addirittura scorrette, se non trattata adeguatamente. Vi sono vari approcci possibili a questi problemi; uno, già menzionato, è l'uso di diagnostiche grafiche per individuare e poi rimuovere i dati anomali. Un approccio più formale e, in un certo senso, più sistematico è offerto dai metodi robusti, che sono specificamente costruiti per essere sostanzialmente indifferenti alla presenza di valori anomali e, più in generale, alla caduta di assunti. Per una descrizione autorevole di questo approccio, si veda Hampel *et al.* (1986).

Non bisogna peraltro pensare a questi diversi approcci come completamente alternativi. Essi sono sì molto diversi dal punto di vista logico, ma nell'analisi pratica dei dati queste tecniche vengono usate congiuntamente in modo complementare le une alle altre, in fasi diverse dell'analisi dei dati.

Generalmente tecniche grafiche vengono usate nell'analisi preliminare, chiamata spesso *analisi esplorativa*, per formulare un primo modello. A questo modello vengono applicate tecniche formali come le stime di massima verosimiglianza o test statistici. Il risultato di queste tecniche formali va però considerato in modo critico, vista la genesi empirica del modello adattato. Ciò può portare a riconsiderare il primo modello, ad esempio perchè l'analisi dei residui evidenzia certe inadeguatezze. Il primo modello deve quindi essere modificato di conseguenza. In casi estremi, bisogna ripetere più volte le operazioni precedenti fino a quando non si arriva ad una formulazione soddisfacente. Quindi il modello non è un'entità specificata una volta per tutte, ma evolve via via che l'analisi si sviluppa.

Questo modo di procedere è chiaramente molto diverso da quanto abbiamo presunto nei capitoli precedenti, ma del resto è spesso reso necessario dal fatto che purtroppo non abbiamo una teoria del fenomeno che ci fornisca il modello. Inoltre, anche quando una tale teoria è disponibile, è buona pratica scientifica sottoporre il modello e quindi la teoria a ulteriori verifiche.

Vi è però anche il rischio di eccedere in questo atteggiamento di 'interazione con i dati', arrivando a formulazioni costruite unicamente per ottenere un buon accostamento tra dati interpolati $\hat{y}_i$ e dati osservati y_i, ma iper-elaborate o prive di senso dal punto di vista del fenomeno in esame. La scelta del punto di equilibrio tra tutte queste componenti in gioco è una difficoltà primaria dell'analisi dei dati reali.

Si capisce che questo procedimento di costruzione del modello non segue una precisa sequenza di operazioni in accordo ad un qualche rigoroso protocollo. Si tratta invece di un procedimento complesso in cui confluiscono considerazioni diverse, sia di natura statistica sia inerenti il fenomeno in esame.

Non esistendo linee–guida formali, l'esperienza gioca un ruolo fondamentale. Purtroppo l'esperienza non è facilmente codificabile e trasferibile, ma comunque alcuni libri offrono un'utile lettura: si veda Cox & Snell (1981) Weisberg (1985), Anderson & Loynes (1987) e Chatfield (1988).

Esercizi

5.1 Siano $T_1, \ldots, T_r$ stimatori non distorti dello stesso parametro θ e siano $v_1, \ldots, v_r$ le rispettive varianze (note). Nell'ipotesi che tali stimatori siano tra loro indipendenti, qual è la combinazione lineare di $T_1, \ldots, T_r$ che fornisce lo stimatore non distorto con varianza minima?

5.2 Sotto gli assunti del § 5.2.1, mostrare che $X^\top X$ è definita positiva (e quindi di rango p).

5.3 Si consideri un modello di regressione con $p = 1$, $X = (x_1, \ldots, x_n)^\top$. Sotto quali condizioni sulla sequenza $(x_1, x_2, \ldots)$ la stima del parametro di regressione è consistente?

5.4 Mostrare che il sottoinsieme di $\mathcal{C}(X)$ soddisfacente la condizione $H\beta = 0$, con H definito come nel § 5.2.5, è un sottospazio vettoriale di dimensione $p - q$ di $\mathbb{R}^n$.

5.5 Verificare che $H\hat{\beta}_0 = 0$ con $\hat{\beta}_0$ definito da (5.24).

5.6 Verificare l'affermazione del § 5.2.5 che un vettore Xc di $\mathcal{C}(X)$, tale che $Hc = 0$, risulta ortogonale a $y - \hat{\mu}_0$.

5.7 Verificare l'affermazione del § 5.2.5 che $\hat{\mu} - \hat{\mu}_0 \perp \hat{\mu}_0$.

5.8 Mostrare che le matrici $P_0, P - P_0, I_n - P$ sono tra loro ortogonali e hanno il rango prescritto al § 5.3.3.

5.9 Nel § 5.4.1 verificare che $\mathcal{C}(X) = \mathcal{C}(Z)$.

5.10 Nell'impianto del § 5.4.3, ottenere un intervallo di confidenza per l'effetto del trattamento $\delta = \beta_2 - \beta_1$.

5.11 Nel § 5.4.4 ottenere $\hat{\gamma}$.

5.12 In § 5.4.4, ottenere il TRV per l'ipotesi che $\beta_1 = \ldots = \beta_r$, dove $1 < r < m$.

5.13 Sotto quale condizione sulla matrice X si verifica che $\sum_i \hat{\varepsilon}_i = 0$?

5.14 Si consideri il caso di regressione lineare semplice , cioè

$$y_i = \beta_1 + \beta_2 x_i + \varepsilon_i \qquad (i = 1, \ldots, n).$$

(a) Dimostrare che $\text{var}\left\{\hat{\beta}_1\right\}$ è minima se le x_i sono scelte in modo che $\sum_i x_i = 0$.

(b) Nel caso in cui le x_i possano essere liberamente scelte nell'intervallo chiuso $[a, b]$ e n sia pari, dimostrare che $\text{var}\left\{\hat{\beta}_2\right\}$ è minima se metà degli x_i sono scelti pari ad a e l'altra metà pari a b.

5.15 Consideriamo una matrice di regressione con due colonne, diciamo $X = (x_1, x_2)$, e indichiamo con $\hat{\beta}_1^*$ e $\hat{\beta}_2^*$ i coefficienti di regressione del vettore y rispettivamente su x_1 e su x_2 considerati individualmente, cioè

$$\hat{\beta}_1^* = \frac{y^\top x_1}{x_1^\top x_1}, \quad \hat{\beta}_2^* = \frac{y^\top x_2}{x_2^\top x_2}.$$

Stabilire la relazione che lega questi due coefficienti a $\hat{\beta}$, vettore dei coefficienti di regressione di y sulla matrice X. Verificare che il risultato, applicando al caso dell'Esempio 5.2.4, fornisce le formule viste in quell'esempio.

5.16 Si consideri il caso in cui l'ipotesi $\text{var}\{\varepsilon\} = \sigma^2 I_n$ è sostituita da $\text{var}\{\varepsilon\} = \sigma^2 W$, con W matrice definita positiva, supposta nota. Come si modifica la SMQ di β se la distanza euclidea tra y e $X\hat{\beta}$ viene sostituita dalla più generale distanza di Mahalanobis? Si parla in questo caso di *minimi quadrati generalizzati* Ottenere anche la corrispondente matrice di varianza delle stime.

Osservazione. Un modo abbastanza frequente in cui si verifica una situazione di questo genere è quando il generico valore y_i della variabile risposta è in realtà la media aritmetica di più osservazioni, diciamo m_i, fatte con lo stesso vettore riga $\tilde{x}_i$ di variabili esplicative. In questo caso si pone

$$W = \text{diag}(1/m_1, \ldots, 1/m_i, \ldots, 1/m_n)$$

in quanto la generica componente ha varianza inversamente proporzionale al numero di dati di cui rappresenta la media. Si dice allora che m_i è il *peso* della i-ma osservazione e si parla di *minimi quadrati pesati.*

5.17 Per un modello lineare standard del tipo (5.7) per il quale sono già state calcolate le quantità di interesse

$$T_n = \{\hat{\beta}, \hat{\sigma}^2, (X^\top X)^{-1}\},$$

supponiamo che sopravvenga un'ulteriore osservazione y_{n+1} e il corrispondente vettore di variabili esplicative $\tilde{x}_{n+1}$. Si indichi con y_*, X_* rispettivamente il nuovo vettore della variabile risposta e la nuova matrice di regressione; allora y_* ha $n + 1$ componenti e X_* ha $n + 1$ righe.

Sviluppare delle formule che consentano di aggiornare le stime dei parametri, senza dover ripercorrere dall'inizio il computo delle stime e la relativa matrice di varianza, il che sarebbe laborioso se il numero di variabili esplicative è elevato. In altre parole vogliamo esprimere la nuova terna T_{n+1} in funzione della vecchia terna T_n e dei nuovi dati $\{y_{n+1}, \tilde{x}_{n+1}\}$.

Osservazione. Formule di questo genere consentono di aggiornare ricorsivamenete le stime dei minimi quadrati e le altre quantità connesse qualora i dati non siano forniti tutti insieme, ma vengano raccolti sequenzialmente nel tempo, ad esempio in talune applicazioni di elaborazione in tempo reale. Si parla in tale caso di *calcolo ricorsivo dei minimi quadrati.* Un altro utilizzo di tali formule è connesso a metodi di diagnostica grafica dei modelli, per esaminare l'effetto della *rimozione* invece che l'aggiunta di una osservazione; ciò si realizza con una piccola e ovvia variazione delle formule relativa all'agggiunta di una osservazione.

5.18 Sviluppare TRV per sistema di ipotesi (5.33) nel caso in cui σ^2 sia noto.

Capitolo 6

Modelli Lineari Generalizzati

6.1 Carenze dei Modelli Lineari

Nella parte iniziale del Capitolo 5 abbiamo portato vari argomenti per mostrare l'utilità operativa dei modelli lineari, nel senso che la loro potenzialità di impiego è in effetti più ampia di quanto non possa sembrare a prima vista. Resta comunque vero che in un gran numero di situazioni noi non siamo ragionevolmente in grado di ricondurre la relazione tra le variabili alla forma prevista dal modello lineare. Vediamo in dettaglio le ragioni di queste difficoltà.

- Può succedere che la relazione sia del tipo (5.1) con $r(\cdot)$ decisamente non lineare nei parametri. Se la forma di $r(\cdot)$ è nota preliminarmente, come nel caso della (5.3), una linearizzazione del tipo (5.5) è spesso difficilmente accettabile.

- Anche quando $r(\cdot)$ non è di forma nota, talvolta sappiamo abbastanza sulla natura del fenomeno da escludere a priori una relazione lineare. La più comune situazione di questo tipo è legata alla conoscenza del campo di variazione di y. Ad esempio, supponiamo che y rappresenti la frazione massima di superficie corporea che risulta colpita nell'evoluzione di una certa malattia della pelle e le variabili esplicative siano dei fattori prognostici per tale malattia; ovviamente y sta in $(0,1)$ ma l'iperpiano di regressione stimato non può rispettare questa condizione. In particolare, se noi utilizziamo la relazione stimata per predire, all'insorgere della patologia, la frazione y_{n+1} relativa ad un nuovo soggetto di cui sono noti i fattori prognostici, può succedere che il valore $\hat{y}_{n+1}$ cosí predetto fuoriesca da (0,1).

- ◇ La varianza del termine di errore, e quindi anche della variabile risposta, è costante, mentre spesso si riscontra empiricamente che ciò non è vero; ad esempio è frequente il caso in cui la varianza della variabile risposta cresce monotonicamente con il suo valore medio.

- ◇ Nei modelli lineari, la distribuzione della variabile risposta è ipotizzata normale, almeno quando dobbiamo procedere a una verifica di ipotesi o costruzione di intervalli di confidenza. Spesso si ha invece a che fare con distribuzioni di y molto lontane dalla normalità. Una tecnica spesso usata è quella di trasformare la variabile risposta y mediante una trasformazione non lineare che la riporti ad una distribuzione normale; si veda Box & Cox (1964) per una descrizione più appropriata. Questo metodo non è però applicabile sempre; in particolare non lo è in tutti i casi in cui y è una variabile discreta, il che si verifica con una notevole frequenza.

Nella restante parte di questo capitolo descriveremo una ampia classe di modelli che include quelli lineari del capitolo precedente e consente di trattare con funzioni $r(\cdot)$ non lineari e variabili non normali.

Non bisogna pensare che la classe di modelli che introdurremo includa *tutti* i possibili casi di relazioni tra variabili. Del resto una tale classe di modelli sarebbe così ampia da essere alla fine priva di qualunque struttura e pertanto non molto interessante da sviluppare. La classe di modelli che svilupperemo, detti *modelli lineari generalizzati* (MLG), pur non essendo enormemente ampia da un punto di vista prettamente matematico, è tuttavia sufficientemente flessibile da incorporare un grande numero di situazioni rilevanti per le applicazioni pratiche.

Inoltre la classe dei MLG ha anche il pregio di permettere una trattazione unificata di una serie di modelli specifici, che storicamente erano introdotti separatamente gli uni dagli altri, per assolvere a scopi del tutto diversi, e che ora appaiono come casi particolari di un'unica tipologia. In effetti taluni di questi casi particolari sono stati già introdotti in questo libro, come vedremo nel seguito.

Tabella 6.1: Dati delle stoffe, da Bissell (1972): per ogni rotolo di stoffa L rappresenta la lunghezza (in metri) e D il numero di difetti (Dati da *Biometrika*, **59**, 440, riprodotti con il permesso del *Biometrika Trust*)

L	D	L	D
551	6	543	8
651	4	842	9
832	17	905	23
375	9	542	9
715	14	522	6
868	8	122	1
271	5	657	9
630	7	170	4
491	7	738	9
372	7	371	14
645	6	735	17
441	8	749	10
895	28	495	7
458	4	716	3
642	10	952	9
492	4	417	2

La classe dei MLG è stata presentata da Nelder & Weddeburn (1972), i quali hanno evidenziato che un gran numero di modelli e metodi specifici già in uso rientravano appunto in un'unica tipologia. Una trattazione esauriente dell'argomento è McCullagh & Nelder (1989).

Esempio 6.1.1 Alcuni degli aspetti menzionati fin qui sono illustrati dai dati della Tabella 6.1, presentati originariamente da Bissell (1972). Per un certo numero di rotoli di stoffa, la tabella fornisce la lunghezza L e il numero di difetti osservati D su ciascun rotolo. È naturale considerare L come variable esplicativa e D come variabile risposta. Quest'ultima è discreta, e la sua discretezza si restringe a pochi valori effettivi quando L è piccolo, come si vede anche dal diagramma di dispersione in Figura 6.1. Questo grafico conferma l'ovvia congettura che il valore medio di D cresce con L e mostra anche che la variabilità di D aumenta con L, e quindi con il suo stesso valore medio.

La discretezza di D e la sua variabilità non costante rispetto ad L rendono inappropriato l'uso di un modello lineare per questi dati. Invece, considera-

Fig. 6.1: Dati delle stoffe: diagramma di dispersione di $(L, D.)$

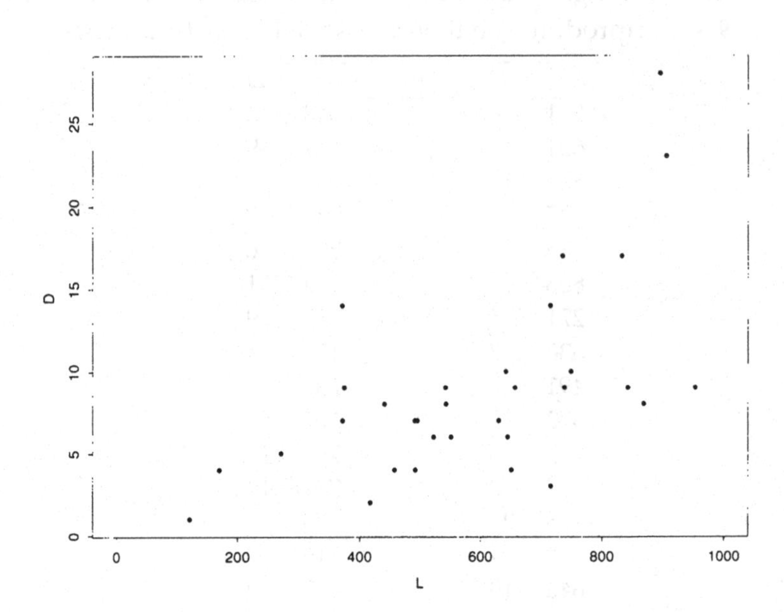

zioni analoghe a quelle dell'esempio 2.3.14 conducono alla formulazione

$$D \sim Poisson(\beta L)$$

almeno come modello di prima formulazione; qui β è un numero positivo. Questo modello è un'esemplificazione dei MLG che vedremo in questo capitolo.

6.2 Modelli Lineari Generalizzati

6.2.1 Un'Interessante Classe di Distribuzioni

Siccome considereremo una categoria di distribuzioni di probabilità che è un sottoinsieme delle famiglie esponenziali, introduciamo una notazione specifica per questo genere di distribuzioni. Per una v.c. reale Y scriveremo che

$$Y \sim EF(b(\theta),\ \psi/w))$$

se Y ha funzione di (densità di) probabilità del tipo

$$f(y) = \exp\left(\frac{w}{\psi}\{y\theta - b(\theta)\} + c(y, \psi)\right) \tag{6.1}$$

dove θ, ψ sono dei parametri scalari ignoti, w è una costante nota, e $b(\cdot)$ e $c(\cdot)$ sono funzioni note la cui scelta individua una particolare distribuzione di probabilità.

Per ogni particolare scelta di ψ, detto *parametro di disperisone*, la (6.1) costituisce una famiglia esponenziale di parametro θ, anche se ovviamente la (6.1) *non* è una famiglia esponenziale quando θ, ψ variano simultaneamente. Tuttavia, per molta parte di quanto diremo, ψ potrà essere visto come fissato.

Siccome per il calcolo dei momenti possiamo considerare ψ come una costante, allora possiamo procedere con ragionamento analogo a quello per ottenere la (2.7) e (2.8) e concludiamo che

$$\mathbb{E}\{Y\} = b'(\theta), \qquad \text{var}\{Y\} = b''(\theta)\psi/w\,.$$

È possibile mostrare l'esistenza delle derivate $b'(\cdot), b''(\cdot)$. Per le successive elaborazioni algebriche, poniamo

$$\mu = b'(\theta), \qquad V(\mu) = b''(\theta)\,.$$

La funzione $V(\mu)$, detta *funzione di varianza*, è intesa come funzione del valore medio μ anche se appare scritta come funzione di θ; ciò è possibile invertendo la relazione tra θ e μ.

Esempio 6.2.1 Se $Y \sim$ Poisson (μ), la sua funzione di probabilità vale

$$\begin{aligned} f(y) &= \exp(y \log \mu - \mu - \log y!) \qquad \text{per } y = 0, 1, \dots \\ &= \exp(y\theta - e^\theta - \log y!) \end{aligned}$$

con $\theta = \log \mu$. Si vede subito che

$$\begin{aligned} &b(\theta) = e^\theta\,, \\ &\mu = b'(\theta) = e^\theta\,, \\ &b''(\theta) = e^\theta = \mu\,, \\ &\psi = 1\,, \quad w = 1\,, \\ &c(\psi, y) = -\log y! \end{aligned}$$

e quindi $V(\mu) = \mu$. In questo caso il parametro ψ non è in effetti presente.

Esempio 6.2.2 Se $Y \sim N(\mu, \sigma^2)$, la funzione di densità di probabilità vale

$$\begin{aligned} f(y) &= \exp\left\{-\frac{1}{2\sigma^2}(y-\mu)^2 - \frac{1}{2}\log(2\pi\sigma^2)\right\} \\ &= \exp\left\{\frac{1}{\sigma^2}\left(y\mu - \frac{\mu^2}{2}\right) - \frac{1}{2}\left(\frac{y^2}{\sigma^2} + \log(2\pi\sigma^2)\right)\right\} \end{aligned}$$

per $y \in \mathbb{R}$. Questa funzione di densità è del tipo (6.1) ponendo

$$\begin{aligned} &\theta = \mu\,, \qquad \psi = \sigma^2\,, \\ &b(\theta) = \frac{\mu^2}{2}\,, \\ &b'(\theta) = \mu\,, \qquad b''(\theta) = 1\,, \\ &\psi = \sigma^2\,, \quad w = 1\,, \\ &V(\mu) = b''(\theta)\psi/w = \sigma^2\,. \end{aligned}$$

Altre importanti distribuzioni del tipo (6.1) sono indicate nella Tabella 6.2, assieme agli altri elementi caratteristici.

6.2.2 La Nuova Classe di Modelli

Conviene iniziare riconsiderando gli elementi che definiscono gli elementi di un modello lineare. Per la generica unità i–ma noi construiamo un *predittore lineare* $\eta_i = x_i^\top \beta$ dove $x_i^\top$ è la i–ma riga[1] di X per $i = 1, \ldots, n$; inoltre ipotizziamo che la corrispondente osservazione y_i sia tratta da $Y_i \sim N(\mu_i, \sigma^2)$ dove la relazione tra valore medio μ_i e predittore lineare η_i è di identità. In forma schematica possiamo scrivere allora

$$Y_i \sim N(\mu_i, \sigma^2), \qquad \mu_i = \eta_i, \qquad \eta_i = x_i^\top \beta\,. \tag{6.2}$$

La classe dei MLG si ottiene estendendo la formulazione precedente in due direzioni:

- considerando come distribuzione possibile per Y_i non solo la normale, ma una qualunque altra distribuzione $EF(b(\theta_i), \psi/w_i)$ tale che $b'(\theta_i) = \mu_i$;

[1] In questo capitolo, a differenza del precedente, $x_i^\top$ indicherà la generica *riga* di X, a differenza della convenzione usata nel capitolo precedente.

Tabella 6.2: Elementi caratteristici di alcune distribuzioni di tipo (6.1)

Distribuzione	Normale $N(\mu, \sigma^2)$	Poisson $P(\mu)$	Binomiale$/m$ $Bin(m, \mu)/m$	Gamma $G(\omega, \omega/\mu)$
Supporto	$(-\infty, \infty)$	$\{0, 1, 2, \dots\}$	$\{0, \frac{1}{m}, \frac{2}{m}, \dots, 1\}$	$(0, \infty)$
ψ	σ^2	1	1	ω^{-1}
w	1	1	m	1
$b(\theta)$	$\theta^2/2$	$\exp(\theta)$	$\log(1+e^\theta)$	$-\log(-\theta)$
$c(y;\ \psi)$	$-\frac{1}{2}\left(\frac{y^2}{\psi} + \log(2\pi\psi)\right)$	$-\log y!$	$\log\binom{m}{my}$	$\omega\log(\omega y) - \log y$ $-\log\Gamma(\omega)$
$\mu(\theta)$	θ	$\exp(\theta)$	$e^\theta/(1+e^\theta)$	$-1/\theta$
Legame canonico	identità	logaritmo	logit	reciproco
$V(\mu)$	1	μ	$\mu(1-\mu)$	μ^2

◇ considerando altre forme di legame tra il predittore lineare η_i e il valor medio μ_i, e cioè ipotizzando $g(\mu_i) = \eta_i$ con $g(\cdot)$ funzione monotona derivabile detta *funzione di legame*, o semplicemente *legame*, tra μ e η.

In forma schematica scriviamo allora che un MLG è caratterizzato dai seguenti elementi:

$$\begin{array}{ccc} Y_i \sim EF(b(\theta_i), \psi/w_i), & g(\mu_i) = \eta_i, & \eta_i = x_i^\top \beta, \\ \text{con } b'(\theta_i) = \mu_i & & \\ \textit{struttura stocastica,} & \textit{legame,} & \textit{predittore lineare.} \end{array} \tag{6.3}$$

Più analiticamente, un MLG è caratterizzato dai seguenti elementi:

(a) le osservazioni $y_1, \ldots, y_n$ sono tratte da v.c. $Y_1, \ldots, Y_n$ tra loro indipendenti;

(b) ciascuna Y_i ha distribuzione di tipo $EF(b(\theta_i), \psi/w_i)$ con $\mathbb{E}\{Y_i\} = \mu_i = b'(\theta_i)$, per $i = 1, \ldots, n$;

(c) esiste una funzione $g(\cdot)$ tale per cui $g(\mu_i) = x_i^\top \beta$, dove x_i è un vettore di costanti e β un vettore di parametri;

(d) le funzioni $g(\mu)$, $b(\theta)$ e $c(y; \psi)$ e il parametro di dispersione ψ sono comuni a tutte le Y_i, mentre il fattore di peso w può variare da individuo a individuo;

(e) le quantità qui indicate da lettere greche sono ignote, mentre quelle indicate da lettere latine minuscole sono osservate, o comunque assunte note.

Ovviamente quando la funzione di legame $g(\cdot)$ è l'identità e la struttura di errore è di tipo normale, ritorniamo ad un modello lineare tradizionale.

In effetti è in virtù della connessione con i modelli lineari che viene mantenuta anche qui l'espressione "termine di errore", anche se in effetti nei MLG non esiste un "termine di errore" ε come nella (5.4) oppure (5.7). Infatti nel caso di normalità è equivalente scrivere $Y \sim N(\mu_i, \sigma^2)$ oppure $Y_i = \mu_i + \varepsilon_i$ con $\varepsilon_i \sim N(0, \sigma^2)$. In questi casi abbiamo una separazione completa tra la componente sistematica μ_i (che dipende da x_i e β, ma non dalla natura della componente aleatoria) e la componente puramente aleatoria

ε_i che non dipende per nulla da x_i e β. Nel caso dei MLG questa precisa separazione della variabile risposta Y_i in due componenti, sistematica e accidentale, non è più possibile, come si chiarirà negli esempi.

Esempio 6.2.3 Le v.c. $Y_2, \ldots, Y_n$ siano di tipo Poisson di valor medio rispettivo $\mu_1, \ldots, \mu_n$ e siano tra loro indipendenti. Supponiamo poi che per una qualche funzione di legame $g(\cdot)$ valga la relazione

$$g(\mu_i) = x_i^\top \beta \tag{6.4}$$

dove il significato di $x_i^\top$ e β è quello usuale; ad esempio potrebbe essere che $g(\cdot)$ è la funzione logaritmo, nel qual caso la positività di

$$\mu_i = \exp(x_i^\top \beta)$$

è assicurata.

In questa situazione, detta di *regressione poissoniana*, la variabile risposta Y_i non è scomponibile in una forma

$$Y_i = \mu_i + \varepsilon_i$$

in cui ε_i sia un puro termine di errore. Infatti la v.c. ε_i che deve realizzare l'uguaglianza richiesta ha una distribuzione che dipende ancora da μ_i (se non altro perché deve essere tale che la somma con μ_i deve essere un intero non negativo) e sembra improprio chiamare termine di errore qualcosa che dipende dalla componente sistematica.

Esempio 6.2.4 Nell'Esempio 2.4.4 abbiamo introdotto il modello di regressione logistica. È facile verificare che si tratta di un modello che rientra tra i MLG, con funzione di probabilità per la i–ma componente

$$f(y_i) = \exp\{\theta_i y_i - \log(1 + e^{\theta_i})\}$$

dove $\theta_i = \operatorname{logit}(\mu_i)$, con l'assunzione che θ_i sia una funzione lineare di una variabile esplicativa, per $i = 1, \ldots, n$. Quindi in questo caso

$$\begin{aligned} b(\theta) &= \log(1 + e^\theta), \\ b'(\theta) &= \frac{e^\theta}{1 + e^\theta} = \mu, \\ b''(\theta) &= \frac{e^\theta}{(1 + e^\theta)^2} = \mu(1 - \mu) = V(\mu). \end{aligned}$$

Vogliamo ora estendere il modello di regressione logistica, in due direzioni. La prima estensione consiste nel considerare diverse variabili esplicative, riunite nel vettore $x_i^\top$, e nell'assumere

$$\theta_i = x_i^\top \beta,$$

che aumenta la flessibilità del modello senza comportare molte complicazioni formali.

La seconda estensione consiste nel considerare la possibilità di più repliche dell'esperimento in corrispondenza ad una fissata combinazione dei fattori sperimentali. Nel caso che la variabile esplicativa sia una sola ciò significa che, in generale, in corrispondenza ad un certo valore di questa variabile esplicativa vengono effettuate più repliche dell'esperimento invece di una osservazione singola; ciò significa che nell'Esempio 2.4.4 per ogni scelta del dosaggio di sostanza tossica noi effettuiamo la prova con più cavie invece di una sola. Nel caso di due variabili esplicative l'effettuazione delle repliche si intende in corrispondenza ad ogni particolare coppia di valori delle variabili esplicative, e cosí via per tre o più variabili.

Se m_i è il numero di repliche effettuate in corrispondenza dei valori x_i delle variabili esplicative, allora il corrispondente numero di successi è una variabile $\tilde{Y}_i \sim Bin(m_i, \mu_i)$. Siccome il nostro obiettivo è studiare la relazione tra le variabili esplicative e la probabilità di successo, allora non utilizziamo come variabile risposta il numero di successi bensí la frequenza relativa di successi $Y_i = \tilde{Y}_i/m_i$. In questo modo $E[Y_i] = \mu_i$ è appunto la probabilità in questione. La funzione di probabilità della generica osservazione è, tralasciando ovunque di indicare il deponente i,

$$\begin{aligned} f(y) &= \binom{m}{my} \mu^{ym}(1-\mu)^{m(1-y)} \\ &= \exp\left[m\left\{y\theta - \log(1+e^{\theta})\right\} + \log\binom{m}{my}\right] \end{aligned}$$

per $y = 0, \frac{1}{m}, \frac{2}{m}, \ldots, 1$. La funzione $b(\theta)$ resta come nel caso particolare precedente, mentre ora $w = m$, che è comunque una costante nota.

6.2.3 Verosimiglianza e Informazione di Fisher

Date le osservazioni campionarie $y_1, \ldots, y_n$ vogliamo procedere a fare inferenza sui parametri β e ψ, con particolare interesse per β che determina la relazione tra le variabili esplicative e μ, mentre ψ è solo un parametro di disturbo, quando è presente.

Indichiamo con p la dimensione di β e con $X = (x_{ij})$ la matrice $n \times p$ con i–ma riga $x_i^\top$. In virtù dell'ipotesi di indipendenza tra le componenti, è immediato scrivere la log-verosimiglianza

$$\begin{aligned}\ell(\beta) &= \sum_{i=1}^{n}\left(\frac{w_i\{y_i\theta_i - b(\theta_i)\}}{\psi} + c_i(y_i, \psi)\right)\\ &= \sum_{i=1}^{n}\ell_i(\beta)\,.\end{aligned}$$

Per ottenere le equazioni di verosimiglianza. Calcoliamo

$$\frac{\partial \ell_i}{\partial \beta_j} = \frac{\partial \ell_i}{\partial \theta_i}\,\frac{\partial \theta_i}{\partial \mu_i}\,\frac{\partial \mu_i}{\partial \eta_i}\,\frac{\partial \eta_i}{\partial \beta_j}$$

i cui termini possono essere riscritti come

$$\begin{aligned}\frac{\partial \ell_i}{\partial \theta_i} &= \frac{y_i - b'(\theta_i)}{\psi/w_i} = \frac{y_i - \mu_i}{\psi/w_i}\,,\\ \frac{\partial \mu_i}{\partial \theta_i} &= b''(\theta_i) = \frac{w_i\,\mathrm{var}\{Y_i\}}{\psi}\,,\\ \frac{\partial \eta_i}{\partial \beta_j} &= x_{ij}\,.\end{aligned}$$

Quindi abbiamo

$$\frac{\partial \ell_i}{\partial \beta_j} = \frac{y_i - \mu_i}{\psi/w_i}\,\frac{\psi/w_i}{\mathrm{var}\{Y_i\}}\,\frac{\partial \mu_i}{\partial \eta_i}\,x_{ij}$$

e le equazioni di verosimiglianza per β sono

$$\sum_{i=1}^{n}\frac{(y_i - \mu_i)x_{ij}}{\mathrm{var}\{Y_i\}}\,\frac{\partial \mu_i}{\partial \eta_i} = 0 \qquad (j = 1, \ldots, p)\,. \tag{6.5}$$

Per ottenere l'informazione di Fisher consideriamo le derivate seconde di $\ell_i(\beta)$ ottenendo

$$\begin{aligned}-\mathbb{E}\left\{\frac{\partial^2 \ell_i}{\partial \beta_j\,\partial \beta_k}\right\} &= \mathbb{E}\left\{\frac{\partial \ell_i}{\partial \beta_j}\,\frac{\partial \ell_i}{\partial \beta_k}\right\}\\ &= \mathbb{E}\left\{\left(\frac{(Y_i - \mu_i)x_{ij}}{\mathrm{var}\{Y_i\}}\,\frac{\partial \mu_i}{\partial \eta_i}\right)\left(\frac{(Y_i - \mu_i)x_{ik}}{\mathrm{var}\{Y_i\}}\,\frac{\partial \mu_i}{\partial \eta_i}\right)\right\}\\ &= \frac{x_{ij}\,x_{ik}}{\mathrm{var}\{Y_i\}}\left(\frac{\partial \mu_i}{\partial \eta_i}\right)^2.\end{aligned}$$

Quindi la matrice di informazione attesa ha elemento (j, k)–mo

$$-\sum_{i=1}^{n} \mathbb{E}\left\{ \frac{\partial^2 \ell_i}{\partial\beta_j \, \partial\beta_k} \right\}$$

ovvero, in notazione matriciale,

$$I(\beta) = X^\top \tilde{W} X \tag{6.6}$$

con

$$\tilde{W} = \begin{pmatrix} \tilde{w}_1 & 0 & \cdots & 0 \\ 0 & \tilde{w}_2 & \cdots & 0 \\ \vdots & \vdots & \ddots & \vdots \\ 0 & 0 & \cdots & \tilde{w}_n \end{pmatrix}$$

avendo posto

$$\tilde{w}_i = \frac{1}{\text{var}\{Y_i\}} \left(\frac{\partial\mu_i}{\partial\eta_i} \right)^2 = \frac{w_i}{\psi \, V(\mu_i)} \left(\frac{\partial\mu_i}{\partial\eta_i} \right)^2 . \tag{6.7}$$

Esempio 6.2.5 Consideriamo la stessa situazione dell'Esempio 3.1.13 salvo che indichiamo con β_1, β_2 i parametri di regressione. La funzione di densità della generica osservazione è, omettendo il deponente i,

$$\begin{aligned} f(y) &= \exp(-\rho y + \log \rho) \\ &= \exp(\theta y + \log(-\theta)) \end{aligned}$$

ponendo

$$\theta = -\rho = -e^{-\eta}$$

per cui

$$\begin{aligned} b(\theta) &= -\log(-\theta) , \\ b'(\theta) &= -\frac{1}{\theta} = \mu , \\ b''(\theta) &= \frac{1}{\theta^2} = \mu^2 = V(\mu) , \\ w &= 1 , \\ \frac{\mathrm{d}\mu}{\mathrm{d}\eta} &= -e^{-\eta} = \frac{1}{\theta} . \end{aligned}$$

Applicando la (6.5) otteniamo

$$\sum_{i=1}^{n} \frac{(y_i + 1/\theta_i)}{1/\theta_i^2} \, x_{ij} \, \frac{1}{\theta_i} = 0$$

dove $x_{i1} = 1$, $x_{i2} = x_i$. Sostituendo le espressioni sviluppate in precedenza possiamo anche scrivere

$$\sum_i (y_i - 1/\rho_i) x_{ij} \rho_i = 0$$

che dà luogo al sistema di equazioni

$$\begin{aligned} \sum y_i \rho_i - n &= 0\,, \\ \sum x_i y_i \rho_i - \sum x_i &= 0\,, \end{aligned}$$

equivalente a quello dato nell'Esempio 3.1.13 una volta sostituita l'espressione di ρ_i e tenuto conto che $\sum x_i = 0$.

Inoltre la (6.7) conduce a $\tilde{w}_i = 1$; quindi dalla (6.6) otteniamo che l'informazione di Fisher è

$$I(\beta) = X^\top X$$

che conferma il risultato dell'Esempio 3.2.5.

6.2.4 Legami Canonici e Statistiche Sufficienti

La funzione di legame $g(\mu)$ non è soggetta a speciali restrizioni e può essere scelta in molti modi diversi. Esiste tuttavia una sua scelta che gode di particolari proprietà; essa è data da

$$g(\mu_i) = \theta_i \qquad \text{cioè} \qquad \eta_i = \theta_i \tag{6.8}$$

che è detto *legame canonico*, nel qual caso il predittore lineare η_i coincide con il parametro naturale della famiglia esponenziale. Nel caso di legame canonico si verifica che

$$\begin{aligned} \ell(\beta) &= \sum_{i=1}^{n} w_i \left\{ y_i \theta_i - b(\theta_i) \right\} / \psi + \sum_{i=1}^{n} c_i(y_i, \psi) \\ &= \sum_i w_i \left\{ y_i x_i^\top \beta - b(x_i^\top \beta) \right\} / \psi + \sum_i c_i(y_i, \psi) \\ &= \left\{ \left(\sum w_i y_i x_i \right)^\top \beta - \sum w_i b(x_i^\top \beta) \right\} / \psi + \sum c_i(y_i, \psi) \end{aligned}$$

che mostra che $(\sum_i w_i y_i x_i)$ è una statistica sufficiente per β nel caso che il parametro ψ sia assente oppure noto. Se ψ è ignoto, ma la verosimiglianza è ancora di struttura esponenziale, $(\sum_i w_i y_i x_i)$ è comunque una componente della statistica sufficiente minimale.

Esempio 6.2.6 Supponiamo che $Y_i \sim G(\omega, \omega/\mu_i)$ dove l'indice ω è costante tra le varie osservazioni, mentre il valor medio μ_i segue uno schema del tipo (6.4). La funzione di densità di una osservazione è, omettendo il deponente i,

$$\begin{aligned} f(y) &= \exp\left(-\frac{\omega}{\mu}y\right)\left(\frac{\omega}{\mu}\right)^{\omega} y^{\omega-1}/\Gamma(\omega) \\ &= \exp\left\{\omega\left(-\frac{y}{\mu}+\log\mu\right)+(\omega-1)\log y-\log\Gamma(\omega)-\omega\log\omega\right\} \\ &= \exp\{\omega\,(\theta y+\log(-\theta))+c(y,\omega)\} \end{aligned}$$

per $y > 0$, avendo posto $\theta = -1/\mu$ e

$$c(y,\omega) = (\omega-1)\log y - \log\Gamma(\omega) - \omega\log\omega\,.$$

Il legame canonico si ottiene quando

$$-\frac{1}{\mu_i} = \theta_i = x_i^\top\beta$$

e in questo caso

$$\ell(\beta) = \exp\left\{\omega\left[\left(\sum_i x_i\,y_i\right)^\top\beta + \sum_i \log\left(-x_i^\top\beta\right)\right] + \sum_i c(y_i,\omega)\right\}$$

che conferma che $\sum_i x_i\,y_i$ è una statistica sufficiente se ω è noto, come ad esempio nel caso di distribuzione esponenziale negativa ($\omega = 1$). Se anche ω è ignoto, allora si vede facilmente che la minima statistica sufficiente è data da $\left(\sum_i x_i^\top y_i, \sum_i \log y_i\right)^\top$.

La Tabella 6.2 riporta i legami canonici relativi ad altre distribuzioni.

L'adozione di una funzione di legame canonica dà luogo anche ad altri vantaggi. Per quanto riguarda le derivate della log-verosimiglianza, abbiamo che

$$\frac{\mathrm{d}\mu_i}{\mathrm{d}\eta_i} = \frac{\mathrm{d}\mu_i}{\mathrm{d}\theta_i} = \frac{\mathrm{d}b'(\theta_i)}{\mathrm{d}\theta_i} = b''(\theta_i),$$

tenendo presente la (6.8), e quindi

$$\frac{\partial\ell_i}{\partial\beta_j} = \frac{(y_i-\mu_i)x_{ij}}{\mathrm{var}\{Y_i\}}\,b''(\theta_i) = \frac{w_i(y_i-\mu_i)x_{ij}}{\psi}\,. \tag{6.9}$$

Questo semplifica la (6.5) e inoltre implica

$$\sum_i y_i\,x_{ij} = \sum_i x_{ij}\,\hat\mu_i$$

nel caso comune che $w_i = 1$. In notazione matriciale possiamo scrivere

$$X^{\top} y = X^{\top} \hat{\mu} . \tag{6.10}$$

indicando con $\hat{\mu}_i$ i valori di μ_i corrispondenti alla SMV $\hat{\beta}$ di β.

Supponiamo, come spesso si verifica, che una colonna di X sia 1_n. Allora la (6.10) dice che il totale dei valori osservati y è uguale al totale dei valori interpolati $\hat{\mu}$, e un'uguaglianza analoga vale per le altre colonne di X.

Un'altra interessante proprietà dei legami canonici riguarda l'informazione di Fisher. Derivando la (6.9) abbiamo

$$\frac{\partial^2 \ell_i}{\partial \beta_j \, \partial \beta_k} = - \frac{w_i \, x_{ij}}{\psi} \frac{\partial \mu_i}{\partial \beta_k}$$

la quale non dipende dalle osservazioni. Pertanto abbiamo che

$$\frac{\partial^2 \ell}{\partial \beta_j \, \partial \beta_k} = \mathbb{E}\left\{ \frac{\partial^2 \ell}{\partial \beta_j \, \partial \beta_k} \right\}$$

e quindi informazione attesa e informazione osservata coincidono.

6.2.5 L'Algoritmo dei Minimi Quadrati Pesati Iterati

Le equazioni di verosimiglianza (6.5) non si prestano, in generale, ad una soluzione esplicita e bisogna pertanto ricorrere a metodi di calcolo numerico.

Uno dei motivi che hanno contribuito al successo dei MLG è la possibilità di affrontare con un unico algoritmo il problema della soluzione della (6.5). Inoltre questo algoritmo agisce risolvendo una successione di problemi di stima di minimi quadrati per i quali sono disponibili metodi di calcolo ben collaudati.

Siccome il metodo che consideriamo è iterativo, esso procede modificando la s–ma soluzione approssimata $\beta^{(s)}$ per ottenere la successiva approssimazione $\beta^{(s+1)}$ fino a raggiungere la stabilità. Analogamente indichiamo con $u^{(s)}$ il punteggio di Fisher calcolato nel punto $\beta^{(s)}$, e così via per le altre quantità coinvolte. Per aggiornare la soluzione approssimata $\beta^{(s)}$ usiamo l'algoritmo del punteggio di Fisher per il quale la regola di aggiornamento è

$$\beta^{(s+1)} = \beta^{(s)} + \left(I(\beta^{(s)})\right)^{-1} u^{(s)},$$

che è simile al metodo di Newton–Raphson (3.5), ma con la matrice hessiana sostituita dall'informazione attesa e con segno cambiato. L'espressione precedente è equivalente a

$$I(\beta^{(s)})\beta^{(s+1)} = I(\beta^{(s)})\beta^{(s)} + u^{(s)}. \tag{6.11}$$

Il membro di destra di questa equazione è un vettore con h–mo elemento

$$\sum_j \left[\sum_i \frac{x_{ih} x_{ij}}{\text{var}\{Y_i\}} \left(\frac{\partial \mu_i}{\partial \eta_i} \right)^2 \right] \beta_j^{(s)} + \sum_i \frac{\left(y_i - \mu_i^{(s)}\right) x_{ih}}{\text{var}\{Y_i\}} \left(\frac{\partial \mu_i}{\partial \eta_i} \right)$$

per cui possiamo anche scrivere

$$I(\beta^{(s)})\beta^{(s)} + u^{(s)} = X^\top \tilde{W}^{(s)} z^{(s)}$$

se $z^{(s)}$ è un vettore con i-mo elemento

$$\begin{aligned} z_i^{(s)} &= \sum_j x_{ij}\beta_j^{(s)} + \left(y_i - \mu_i^{(s)}\right) \left(\frac{\partial \eta_i^{(s)}}{\partial \mu_i^{(s)}} \right) \\ &= \eta_i^{(s)} + \left(y_i - \mu_i^{(s)}\right) \left(\frac{\partial \eta_i^{(s)}}{\partial \mu_i^{(s)}} \right) \end{aligned} \tag{6.12}$$

e $\tilde{W}^{(s)}$ ha gli elementi dati da (6.7) calcolati in corrispondeza a $\beta^{(s)}$. Allora, tenuto conto della (6.6), la (6.11) diventa

$$(X^\top \tilde{W}^{(s)} X)\beta^{(s+1)} = X^\top \tilde{W}^{(s)} z^{(s)}$$

ovvero

$$\beta^{(s+1)} = \left(X^\top \tilde{W}^{(s)} X\right)^{-1} X^\top \tilde{W}^{(s)} z^{(s)}. \tag{6.13}$$

Questa relazione è quella che dà la stima dei parametri di regressione di un modello lineare per una variabile risposta artificiale $z^{(s)}$ usando pesi $w_i^{(s)}$. Notiamo che per il calcolo di $W^{(s)}$ possiamo porre $\psi = 1$ dato che ψ si semplifica, e quindi la sua conoscenza non è necessaria. L'algoritmo ha allora due passi principali:

- dato $\beta^{(s)}$ si calcolano $z^{(s)}$ e $\tilde{W}^{(s)}$, tramite rispettivamente la (6.12) e la (6.7);

- da qui tramite la (6.13) si ottiene $\beta^{(s+1)}$.

Si procede ripetendo ciclicamente questi due passi fino a quando la sequenza dei $\beta^{(s)}$ si è stabilizzata. Dovrebbe a questo punto essere chiaro il motivo del nome *minimi quadrati pesati iterati* che si dà a questo algoritmo, abbreviato in MQPI.

Per meglio comprendere la natura della variabile z_i è utile considerare il seguente sviluppo in serie di Taylor di $g(y_i)$ a partire dal punto μ_i

$$
\begin{aligned}
g(y_i) &\approx g(\mu_i) + (y_i - \mu_i)\, g'(\mu_i) \\
&= \eta_i + (y_i - \mu_i)\, \frac{d\eta_i}{d\mu_i} \\
&= z_i
\end{aligned}
$$

la quale dice che z_i è un'approssimazione locale a $g(y_i)$.

Questa considerazione ci offre anche lo spunto per affrontare un problema che abbiamo trascurato finora: come avviare l'algoritmo. Possiamo porre inizialmente $z_i^{(0)} = g(y_i)$ e $\tilde{W}^{(0)}$ pari all'identità; da qui si ottiene $\beta^{(1)}$ e così si dà inizio al processo iterativo. Per taluni modelli sarà necessario aggiustare un poco questa scelta di $z_i^{(0)}$ per evitare problemi come ad esempio il calcolo di $\log(0)$, come si chiarirà in uno dei prossimi esempi.

Esempio 6.2.7 Se applichiamo l'algoritmo MQPI ad un problema di regressione lineare standard, del tipo del Capitolo 5, ci aspettiamo un comportamento in un qualche senso 'ideale', visto che la (6.13) è una generalizzazione della (5.11).

Risulta infatti che il vettore $z^{(0)}$ è uguale al vettore y e, se $\tilde{W}^{(0)} = I_n$, la (6.13) dà direttamente $\beta^{(1)} = \hat{\beta}$, l'usuale SMQ. Inoltre, inserendo questo $\beta^{(1)}$ nella (6.12), troviamo che $z^{(1)}$ vale ancora y e anche $\tilde{W}^{(1)}$ non cambia, cosicché $\beta^{(2)} = \beta^{(1)}$. L'algoritmo ha raggiunto la perfetta stabilità in una sola iterazione.

Esempio 6.2.8 Particolarizziamo l'algoritmo dei minimi quadrati pesati iterati al caso della regressione logistica considerata nell'Esempio 6.2.4 di cui manteniamo la simbologia. Per specificazione dell'algoritmo abbiamo bisogno delle seguenti quantità:

$$
\begin{aligned}
\text{var}\{Y_i\} &= (\psi/w_i)\,V(\mu_i) = \frac{1}{m_i}\mu_i(1-\mu_i)\,,\\
g(\mu) &= \log\frac{\mu}{1-\mu_i} = \eta,\\
\mu &= \frac{e^\eta}{1+e^\eta}\,,\\
\eta_i &= x_i^\top\beta = \theta_i\,,\\
\frac{\mathrm{d}\mu}{\mathrm{d}\eta} &= \frac{e^\eta}{(1+e^\eta)^2} = \mu(1-\mu)\,,\\
z_i^{(s)} &= \eta_i^{(s)} + \frac{y_i-\mu_i^{(s)}}{\mu_i^{(s)}\left(1-\mu_i^{(s)}\right)}\,,\\
w_i^{(s)} &= m_i\,\mu_i^{(s)}\left(1-\mu_i^{(s)}\right).
\end{aligned}
$$

L'uguaglianza $\eta_i = \theta_i$ significa che la funzione di legame logit è quella canonica. Per avviare l'algoritmo possiamo considerare

$$z_i^{(0)} = g(y_i) = \log\frac{y_i}{1-y_i} = \log\frac{\tilde{y}_i}{m_i-\tilde{y}_i}$$

che però non è utilizzabile se $\tilde{y}_i = 0$ oppure $\tilde{y}_i = m_i$ per almeno un valore di i. Per evitare questo problema modifichiamo leggermente la precedente assegnazione con

$$z_i^{(0)} = \log\frac{\tilde{y}_i+1/2}{m_i-\tilde{y}_i+1}$$

detto *logit empirico*. Esso è stato introdotto qui per puri motivi di aggiustamento numerico, ma esistono ulteriori ragioni per il suo utilizzo; si veda Cox & Snell (1989, pag. 31–33).

Il diagramma di Figura 6.2 riassume in modo schematico le operazioni per la relizzazione operativa dell'algoritmo. Esemplifichiamo ora il comportamento dell'algoritmo per dei dati specifici, riportati in Tabella 6.3. Questi dati, ripresi da Bliss (1935), rappresentano l'esito di un esperimento biologico: ad un certo numero di scarafaggi si è somministrata una dose di una sostanza velenosa e si è registrata la sopravvivenza o meno degli animali al trattamento, ripetendo la prova con diversi animali a diversi dosaggi.

In base ad analisi preliminari, è risultato che una descrizione adeguata della relazione tra la probabilità $\pi(x)$ che l'animale trattato muoia e la dose di veleno è data dalla relazione

$$\text{logit}\{\pi(x)\} = \beta_1 + \beta_2 x$$

Fig. 6.2: Schematizzazione dell'algoritmo dei minimi quadrati iterati nel caso di regressione logistica

assegnazioni iniziali	$z_i \leftarrow \log((\tilde{y}_i + 1/2)/(m_i - \tilde{y}_i + 1))$ $\tilde{W} \leftarrow$ matrice identità
	$\downarrow$
ripetere questi passi fino alla convergenza	$R \leftarrow (X^\top \tilde{W} X)^{-1}$ $\beta \leftarrow R\, X^\top \tilde{W} z$ $\eta \leftarrow X\beta$ $\mu_i \leftarrow \exp(\eta_i)/(1 + \exp(\eta_i))$ $\Delta_i \leftarrow \mu_i(1 - \mu_i)$ $z_i \leftarrow \eta_i + (\tilde{y}_i - \mu_i)/\Delta_i$ $\tilde{W} \leftarrow \mathrm{diag}(\Delta_1\, m_1, \ldots, \Delta_n\, m_n)$
	$\downarrow$
assegnazioni finali	$\hat{\beta} \leftarrow$ ultima assegnazione di β $\mathrm{var}\left\{\hat{\beta}\right\} \leftarrow$ ultima assegnazione di R

dove x rappresenta il logaritmo della dose di veleno somministrata. Se noi applichiamo l'algoritmo MQPI al caso in questione, come specificato dal diagramma di Figura 6.2, la succesione di valori stimati e altre quantità associate è riportata nella Tabella 6.4, da cui si vede che la convergenza si raggiunge dopo un limitato numero di iterazioni. La Figura 6.3 riporta le frazioni osservate di eventi per ogni dato livello di dosaggio e la curva stimata

$$\hat{\pi}(x) = \frac{\exp(\hat{\beta}_1 + \hat{\beta}_2 x)}{1 + \exp(\hat{\beta}_1 + \hat{\beta}_2 x)} .$$

Tabella 6.3: Dati di Bliss (1935): scarafaggi esposti a sostanza velenosa

log(dose) (log CS_2mg/l)	n.ro insetti trattati	n.ro insetti uccisi
1,6907	59	6
1,7242	60	13
1,7552	62	18
1,7842	56	28
1,8113	63	52
1,8369	59	53
1,8610	62	61
1,8839	60	60

Tabella 6.4: Dati di Bliss (1935): successive iterazioni dell'algoritmo MQPI

ciclo	β_1	e.s.(β_1)	β_2	e.s.(β_2)
1	-58,66	10,05	34,27	5,60
2	-60,54	5,04	34,17	2,84
3	-60,73	5,17	34,28	2,91
4	-60,71	5,18	34,27	2,91
5	-60,72	5,18	34,27	2,91

Fig. 6.3: Dati di Bliss: rappresentazione grafica dei dati e della curva stimata. I rombi rappresentano le frequenze relative osservate di eventi, la curva continua è la logistica stimata

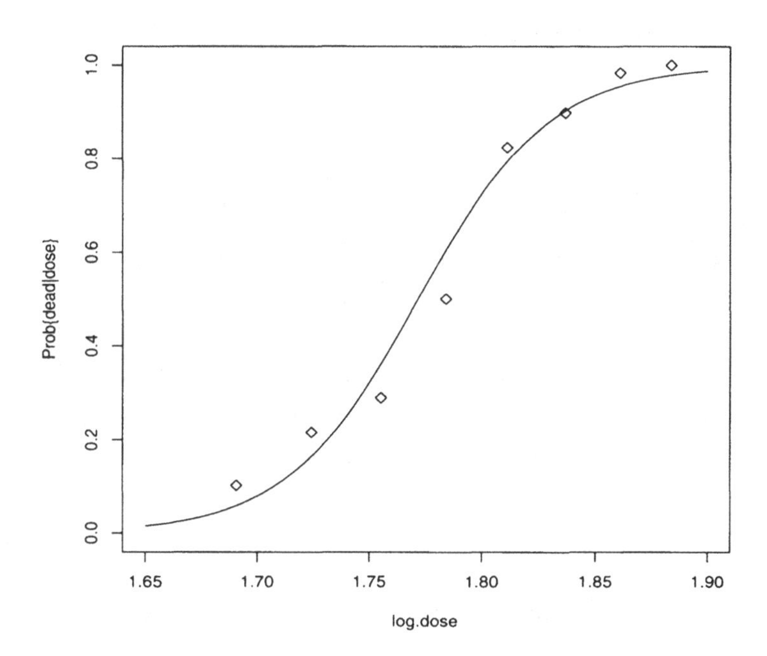

6.2.6 Stima del Parametro di Dispersione

Per stimare il parametro di dispersione ψ, si potrebbe usare la metodo della massima verosimiglianza, ma è più comune utilizzare uno stimatore alternativo, che ora descriviamo.

Una volta che l'algoritmo MQPI ha prodotto la stima $\hat{\beta}$, abbiamo a disposizione il vettore dei valori medi stimati $(\hat{\mu}_1, \ldots, \hat{\mu}_n)$. Quindi possiamo calcolare

$$\tilde{\psi} = \frac{1}{n-p} \sum_i \frac{w_i(y_i - \hat{\mu}_i)^2}{V(\hat{\mu}_i)} \tag{6.14}$$

che è basato sulla relazione $\mathrm{var}\{Y_i\} = V(\mu_i)\,\psi/w_i$. Nel caso di modelli lineari con legame identità, $\tilde{\psi}$ coincide con s^2 definito da (5.19); questa connessione spiega il termine $n-p$ term al denominatore, invece del semplice

n. Questa stima è molto più semplice da calcolare e, in certi casi, offre maggiore stabilità numerica che la SMV; per approfondimenti, si veda Nelder & McCullagh (1989, pagg. 275–276).

6.3 Adeguatezza dei Modelli

6.3.1 Devianza

Consideriamo il problema di confrontare due MLG, chiamiamoli M_1 e M_2, tali che $M_2 \subset M_1$ nel senso che M_1 e M_2 sono modelli di analoga specificazione, ma M_2 impone vincoli supplementari sui parametri del predittore lineare; si tratta quindi di *modelli annidati*. Più in particolare, M_1 è un modello contenente p_1 parametri e M_2 un modello con p_2 parametri, in modo tale che M_2 è la restrizione di M_1 ottenuta imponendo vincoli del tipo $g_i(\beta) = 0$ (per $i = 1, \ldots, p_2 - p_1$), analogamente alla (4.19).

Ancora una volta utilizzeremo come criterio per confrontare M_1 e M_2 il rapporto di verosimiglianza. Tuttavia, visto che i MLG sono un'estensione dei modelli lineari, vogliamo esprimere il rapporto di verosimiglianza in un modo che mantenga chiara la connessione tra le due classi di modelli anche per quanto attiene tale statistica.

Nel capitolo precedente abbiamo visto che per i modelli lineari il rapporto di verosimiglianza è funzione della devianza

$$D = \sum_i (y_i - \hat{\mu}_i)^2 = \|y - \hat{\mu}\|^2$$

associata a ciascuno dei due modelli. Infatti la verosimiglianza dipende dai dati solo attraverso D, come si vede scrivendo

$$\ell(\hat{\beta}) = c - \frac{n}{2} \log \sigma^2 - \frac{D}{2\sigma^2} \, .$$

Chiamiamo *modello saturo* quello in cui le stime di μ_i coincidono con y_i, cosa che è possibile con un modello contenente n parametri. Tale modello non è di utilità pratica, ma ci serve unicamente come termine di confronto per il modello effettivamente in esame. Tecnicamente esso serve a liberare la log-verosimiglianza dalle costanti arbitrarie.

Se noi confrontiamo la log-verosimiglianza del modello in questione con quella del modello saturo, con $\tilde{\mu}_i = y_i$, abbiamo che il rapporto di verosimiglianza tra il modello in esame e quello saturo vale

$$-2\{\ell(\hat{\beta}) - \ell(\tilde{\beta})\} = \frac{D}{\sigma^2}$$

ed è pari alla devianza stessa, a meno di una costante. Inoltre per confrontare due modelli annidati ($M_2 \subset M_1$), il rapporto di verosimiglianza diventa

$$W = -2\left\{\ell(\hat{\beta}_2) - \ell(\hat{\beta}_1)\right\} = \frac{D_2 - D_1}{\sigma^2},$$

e cioè sostanzialmente una differenza di devianze, a meno della costante σ^2, che abbiamo supposta nota.

L'uso dello stesso simbolo $\ell(\cdot)$ per riferirsi a log-verosimiglianze con diverso numero di parametri è per semplicità di notazione.

Vogliamo ora estendere il concetto di devianza visto finora all'ambito del MLG. Definiamo ancora come modello saturo quello contenente n parametri e tale quindi che la corrispondente stima di μ_i coincida con y_i. Analogamente indichiamo con $\tilde{\theta}_i$ il corrispondente valore di θ_i. Risulta allora che

$$\begin{aligned} W(y) &= -2\left[\ell(\hat{\beta}) - \ell(\tilde{\beta})\right] \\ &= -2\sum_i \frac{w_i}{\psi}\left[\left(y_i\hat{\theta}_i - b(\hat{\theta}_i)\right) - \left(y_i\tilde{\theta}_i - b(\tilde{\theta}_i)\right)\right] \\ &= \frac{\sum_i d_i}{\psi}. \end{aligned}$$

Poniamo ora *per definizione* che la quantità

$$D(y;\hat{\mu}) = \sum_i d_i$$

è detta *devianza di un* MLG e il generico termine d_i è il contributo della i-ma osservazione alla devianza; la quantità $D(y;\hat{\mu})/\psi$ è detta *devianza normalizzata*. È facile vedere che questa definizione di devianza si riduce alla precedente forma $\|y - \mu\|^2$ nel caso che il MLG sia un modello lineare.

Nel caso di modelli annidati ($M_2 \subset M_1$) tali che il modello M_2 sia corretto, ossia una valida restrizione di M_1, abbiamo

$$\frac{D(y;\, \hat{\mu}_2) - D(y;\, \hat{\mu}_1)}{\psi} \quad \xrightarrow{d} \quad \chi^2_{p_1 - p_2}$$

per $n \to \infty$, in base ai risultati del Capitolo 4. Si noti che questa affermazione vale per il caso in cui il numero di parametri p_1 e p_2 è costante rispetto ad n.

Esempio 6.3.1 Nel caso di MLG con distribuzione dei dati di tipo Poisson, $\psi = 1$ e la devianza coincide con la devianza normalizzata e vale

$$\begin{aligned} D &= -2 \sum \{(y_i \log \hat{\mu}_i - \hat{\mu}_i) - (y_i \log y_i - y_i)\} \\ &= 2 \sum_i \{y_i \log (y_i/\hat{\mu}_i) - y_i + \hat{\mu}_i\} \end{aligned}$$

ponendo che $0 \log 0 = 0$. La precedente espressione si semplifica in

$$D = 2 \sum_i y_i \log \frac{y_i}{\hat{\mu}_i}$$

se $\sum y_i = \sum \hat{\mu}_i$. In base alla (6.10) questa condizione è verificata in particolare quando siamo in presenza di legame canonico e $1_n \in \mathcal{C}(X)$, una situazione assai frequente.

6.3.2 Residui

Nel capitolo precedente abbiamo introdotto i residui come strumento per valutare informalmente l'adeguatezza di un modello lineare. Qui vogliamo estendere l'idea di residui ai MLG, in modo da poter continuare ad utilizzare le tecniche diagnostiche e grafiche già sviluppate per i modelli lineari.

In un certo senso l'estensione diretta del concetto di residuo è data da

$$e_i^P = \frac{y_i - \hat{\mu}_i}{\sqrt{V(\mu_i)/w_i}}$$

che è detto *residuo di Pearson,* per un motivo che si chiarirà tra poco.

L'espressione di e_i^P è analoga a quella del caso dei modelli lineari, dove esisteva una componente ε_i di cui e_i era in qualche modo la stima. Ora però un tale ε_i non esiste e quindi ha senso considerare il contributo alla devianza dalla i-ma osservazione

$$e_i^D = \text{sign}\,(y_i - \hat{\mu}_i)\sqrt{d_i}$$

che prende appunto il nome di *residuo di devianza.*

Infine menzioniamo anche il *residuo di Anscombe*

$$e_i^A = \frac{A(y_i) - A(\mu_i)}{A'(\mu_i)\sqrt{V(\mu_i)}}$$

dove la trasformazione

$$A(x) = \int \frac{1}{V^{1/3}(x)} \mathrm{d}x$$

è scelta in modo da rendere la loro distribuzione prossima alla normale per quanto possible. Per un'esposizione un poco più esauriente vedere McCullagh & Nelder (1989, § 2.4.2).

Esempio 6.3.2 Nel caso della distribuzione di Poisson, i tre tipi di residui si specificano rispettivamente in

$$\begin{aligned} e_i^P &= \frac{y_i - \hat{\mu}_i}{\sqrt{\hat{\mu}_i}}, \\ e_i^D &= \text{sign}\,(y_i - \hat{\mu}_i)\sqrt{2\left\{y_i \log(y_i/\hat{\mu}_i) - y_i + \hat{\mu}_i\right\}}, \\ e_i^A &= \frac{\frac{3}{2}\left(y_i^{2/3} - \hat{\mu}_i^{2/3}\right)}{\hat{\mu}_i^{1/6}}. \end{aligned}$$

Siccome $\sum_i (e_i^P)^2$ è pari alla statistica X^2 di Pearson vista al §4.4.9, questo spiega il nome di residui di Pearson.

Esempio 6.3.3 Per illustrazione numerica, consideriamo di nuovo i dati dei rotoli di stoffa introdotti all'Esempio 6.1.1. Nei commenti successivi all'introduzione dei dati noi abbiamo in effetti suggerito una regressione poissoniana con funzione di legame, usando la lunghezza L come variabile esplicativa per il numero di difetti D. In questo caso, la SMV di β ammette una rappresentazione esplicita, precisamente $\hat{\beta} = \sum_i D_i / \sum_i L_i$, che vale 0.0151 per i dati dell'esempio.

Le Figure 6.4 e 6.5 presentano due modi leggermente diversi di esaminare l'*adeguatezza dell'accostamento* del modello ai dati. Nella Figura 6.4, al diagramma di dispersione dei punti osservati sono state sovrapposte la retta di regressione stimata $\hat{\beta} L$ e due curve di equazione $\hat{\beta} L \pm 2\sqrt{\hat{\beta} L}$. La distanza tra la retta di regressione e queste due curve è regolata dall'scarto quadratico medio previsto dal modello, cioè $\sqrt{\hat{\beta} L}$, multiplicato per il fattore 2 che corrisponde ad un intervallo di probabilità circa pari a 0,95, se approssiamo la distribuzione di Poisson con la normale.

Se il modello ipotizzato fosse corretto, noi ci aspetteremmo circa 5% dei dati osservati cadere al di fuori delle bande, cioè meno di 2 punti sui 32 disponibili, mentre nel nostro caso ce ne sono 4 di questi punti. Questa discrepanza fa pensare ad una parziale inadeguatezza del modello per questi dati. Notiamo che questa procedura è equivalente a calcolare i residui di Pearson e confrontarle con l'intervallo di riferimento $(-2, 2)$.

Siccome stiamo usando bande di riferimento desunte dalla distribuzione normale inveceche dalla Poisson, si protrebbe pensare che la mancanza di accostamento evidenziata prima potrebbe essere dovuta in realtà alla inadeguatezza delle bande di diferimento. Per migliorare l'approssimazione alla normalità sostituiamo i residui di Pearson con quelli di Anscombe $\hat{\varepsilon}_i^A$ il cui grafico è mostrato in Figura 6.5. La nuova forma di grafico è un poco diversa dalla prcedente, in quanto mostra le coppie $(\hat{\mu}_i, \hat{\varepsilon}_i^A)$ dei valori interpolati e dei residui, e le bande di ampiezza costante 2.

Fatto salvo che ora usiamo dei residui diversi, il nuovo tipo di grafico contiene sostanzialmente la stessa informazione di quello in Figura 6.4; stiamo solo prendendo la retta stimata come ascissa, misurando le distanze dei residui rispetto a questa retta, e aggiustando la scala per avere bande di ampiezza costante. Il tipo di grafico visto prima è più semplice e diretto da interpretare, ma è utilizzabile solo quando c'è un'unica variabile esplicativa. In generale, si può usare solo il secondo tipo di grafico, o una sua variante.

Per quanto riguarda l'intepretazione, la Figure 6.5 dà indicazioni analoghe alla Figure 6.4, e anzi un poco rafforzate. La carenza di adeguatezza del modello non è estrema, ma un riesame della scelta del modello è opportuna. Torneremo su questo punto più avanti.

6.4 Applicazioni alle Tabelle di Frequenza

6.4.1 Modi di Campionamento

Si consideri una tabella di frequenze del tipo della Tabella 6.5. Abbiamo già visto al § 4.4.9 come affrontare la verifica d'ipotesi dell'indipendenza tra i

Fig. 6.4: Dati delle stoffe: retta di regressione poissoniana (linea continua) e bande di dispersione (linee tratteggiate) di probabilità approssimata 0,95 per ogni ascissa

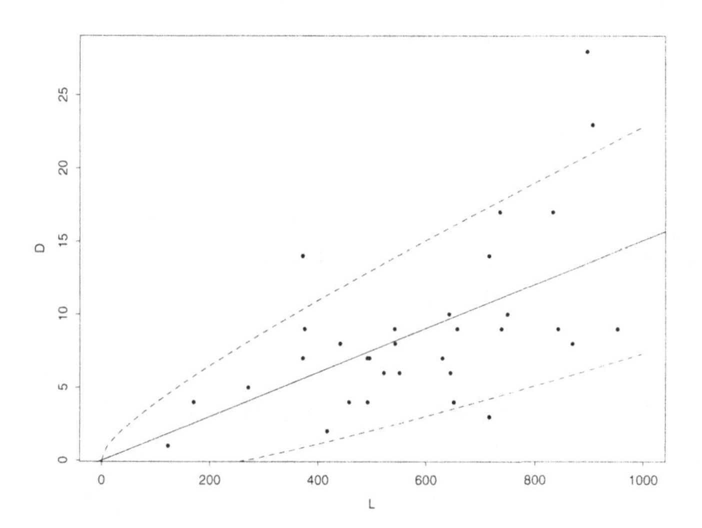

Fig. 6.5: Dati delle stoffe: diagramma dei residui di Anscombe rispetto ai valori stimati e bande $(-2, 2)$

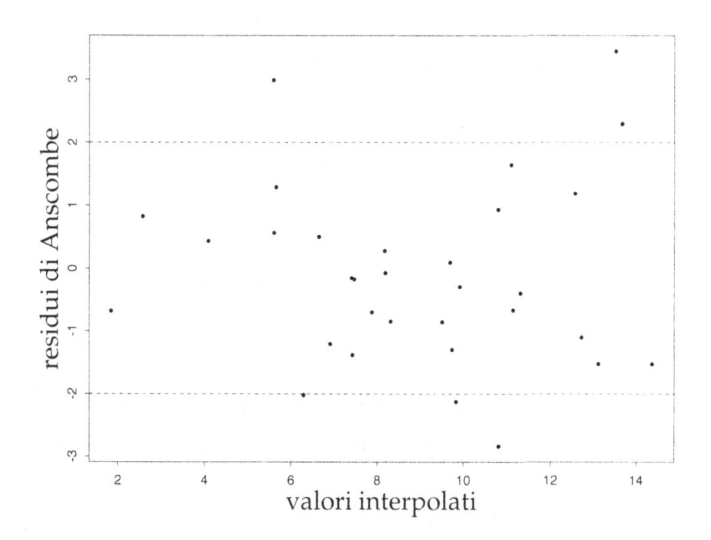

Tabella 6.5: Una tabella di frequenze

	B_1	B_2	$\cdots$	B_c	Totale
A_1	y_{11}	y_{12}	$\cdots$	y_{1c}	y_{1+}
A_2	y_{21}	y_{22}	$\cdots$	y_{2c}	y_{2+}
$\vdots$	$\vdots$	$\vdots$	$\ddots$	$\vdots$	$\vdots$
A_r	y_{r1}	y_{r2}	$\cdots$	y_{rc}	y_{r+}
Totale	y_{+1}	y_{+2}	$\cdots$	y_{+c}	$y_{++} = N$

fattori A e B, ma ora vogliamo riconsiderare il problema alla luce dei nuovi concetti introdotti, perché ci forniranno strumenti più versatili e generali.

Per poter scrivere la verosimiglianza dobbiamo individuare il meccanismo probabilistico generatore dei dati ed esso può essere di tipi diversi, a seconda del modo in cui i dati sono stati raccolti.

Supponiamo ad esempio di voler studiare la dipendenza esistente tra l'esposizione ad un fattore di rischio ed il verificarsi di un certo evento. Ci sono diversi modi di raccogliere i dati e corrispondentemente diverse distribuzioni probabilistiche.

(a) *Osservazione diretta del fenomeno.* Noi osserviamo il fenomeno per un dato periodo di tempo e classifichiamo gli eventi. Sotto condizioni abbastanza generali, ogni y_{jk} della tabella è generato da un processo di Poisson con media μ_{jk}, indipendente dai processi associati alle altre osservazioni, e quindi

$$f(y) = \prod_{j=1}^{r} \prod_{k=1}^{c} \frac{e^{-\mu_{jk}} \mu_{jk}^{y_{jk}}}{y_{jk}!} . \tag{6.15}$$

Pensiamo ad esempio ad uno studio che intenda valutare l'efficacia delle cinture di sicurezza per diminuire gli effetti degli incidenti stradali. In questo caso potremmo avere $r = c = 2$, i livelli del fattore A indicano l'impiego o meno delle cinture, i livelli di B la presenza o meno di lesioni alle persone coinvolte. Se prendiamo come "popolazione" di riferimento quella degli incidenti verbalizzati dalla polizia stradale, un possibile modo di raccogliere i dati è registrare i dati di tutti gli incidenti verificatisi in un dato territorio in un dato arco di tempo. In questo caso è plausibile l'utilizzo della (6.15) come distribuzione delle variabili coinvolte.

(b) *Osservazione per un numero fissato di eventi.* Se però noi decidiamo preliminarmente di raccogliere i dati relativi a N incidenti stradali, invece di fissare il tempo di osservazione del fenomeno, allora la distribuzione dei dati cambia. Tenuto conto che a priori $N \sim \text{Poisson}(\mu_{++})$ dove $\mu_{++} = \sum_j \sum_k \mu_{jk}$, allora risulta che, se N è fissato, abbiamo

$$\begin{aligned} f(y|N) &= \frac{\prod_j \prod_k e^{-\mu_{jk}} \mu_{jk}^{y_{jk}} / y_{jk}!}{e^{-\mu_{++}} \mu_{++}^{N} / N!} \\ &= \prod_j \prod_k \frac{N!}{y_{jk}!} \pi_{jk}^{y_{jk}} \end{aligned} \tag{6.16}$$

che è una distribuzione multinomiale con probabilità

$$\pi_{jk} = \mu_{jk} / \mu_{++}$$

(per $j = 1, \ldots, r$; $k = 1, \ldots, c$), in base alla proprietà (e) del § A.6.2.

(c) *Una marginale fissata.* Se noi non vincoliamo soltanto il numero totale N di eventi osservati, ma imponiamo valori prefissati a tutta una riga o colonna di frequenze marginali, allora la distribuzione si modifica ulteriormente. Ad esempio, noi potremmo decidere preliminarmente di esaminare i dati relativi a y_{+1} incidenti in cui non ci sono stati feriti e y_{+2} incidenti in cui ci sono invece stati dei feriti, costituendo così due sub-popolazioni, per poi confrontare il numero di persone che indossavano le cinture di sicurezza in ciascuno dei due gruppi individuati. In questo caso un'intera riga di frequenze marginali è fissata e la distribuzione delle frequenze osservate è

$$f(y|y_{+k}, k = 1, \ldots, c) = \prod_{k=1}^{c} \left(\prod_{j=1}^{r} \frac{y_{+k}!}{y_{jk}!} \pi_{j|k}^{y_{jk}} \right)$$

con

$$\pi_{j|k} = \frac{\mu_{jk}}{\mu_{+k}} .$$

In questo caso la distribuzione dei dati è data dal prodotto di c funzioni di probabilità di tipo multinomiale.

Noi abbiamo introdotto la discussione sull'analisi delle tabelle di frequenza partendo dal problema della verifica dell'indipendenza tra due fattori A e B, ma in realtà questo è un problema specifico. Nei prossimi paragrafi vogliamo sviluppare una teoria per l'analisi di dati di frequenza applicabile ad una vasta gamma di problemi, non solo quello della indipendenza tra due fattori.

6.4.2 Modelli Log-lineari e Indipendenza

Il termine "modello log-lineare" denota un modello con legame logaritmico, per cui

$$\eta_i = x_i^\top \beta = \log \mathbb{E}\{Y_i\} \ .$$

Siccome questa funzione di legame è quella canonica per la distribuzione di Poisson, si capisce che i modelli log-lineari sono quelli più comuni per l'analisi di tabelle di frequenza.

In realtà i modelli log-lineari sono rilevanti non solo per il caso in cui la distribuzione sia di tipo (6.15), ma anche negli altri casi descritti nello stesso paragrafo, come cercheremo di spiegare in parte in questo paragrafo e in parte nel successivo.

Conveniamo che y_i e y_{jk} denotano la stessa osservazione, ma y_{jk} è visto come elemento (j,k)–mo della Tabella 6.2 mentre y_i è visto come componente i–ma del vettore delle osservazioni.

Se la variabile Y_i ha distribuzione di Poisson indichiamo con μ_i il suo valor medio. A seconda che il totale N delle frequenze sia cauale o fissato risulta

$$\mathbb{E}\{Y_i\} = \mu_{++}\, \pi_i, \qquad \mathbb{E}\{Y_i|N\} = N\pi_i \tag{6.17}$$

dove

$$\pi_i = \frac{\mu_i}{\mu_{++}}$$

rappresenta comunque la probabilità che, quando si verifica un evento, esso cada nella i-ma cella.

Consideriamo intanto il problema della verifica dell'indipendenza tra i due fattori A e B e mostriamo che esso si traduce direttamente in un modello log-lineare. L'ipotesi di indipendenza implica che

$$\pi_{jk} = \pi_{j+}\,\pi_{+k} \tag{6.18}$$

per ogni j e k, e quindi la (6.17) prende la forma

$$\mathbb{E}\{Y_i\} = \mu_{++}\,\pi_{j+}\,\pi_{+k}, \quad \mathbb{E}\{Y_i|N\} = N\,\pi_{j+}\,\pi_{+k}$$

ovvero, per la prima di queste espressioni,

$$\eta_{jk} = \log \mathbb{E}\{Y_i\} = \log \mu_{++} + \log \pi_{j+} + \log \pi_{+k}.$$

La corrispondente espressione per il caso di N fissato è simile salvo che μ_{++} è sostituito da N, ma senza alterare la parte dell'espressione che dipende dai π_i. Ponendo

$$\lambda = \log \mu_{++}, \quad \lambda_j^A = \log \pi_{j+}, \quad \lambda_k^B = \log \pi_{+k},$$

possiamo scrivere la precedente espressione come

$$\eta_{jk} = \lambda + \lambda_j^A + \lambda_k^B \tag{6.19}$$

dando luogo ad una forma additiva nei parametri. Siccome valgono i vincoli $\sum_j \pi_{j+} = \sum_k \pi_{+k} = 1$, questo induce dei vincoli non lineari sui parametri della (6.19), lasciando in totale $1 + (r-1) + (c-1)$ parametri liberi.

Per limitare complicazioni dovute alla presenza di vincoli non lineari possiamo scegliere altre parametrizzazioni. Ad esempio possiamo mantenere la (6.19) ma ponendo

$$\begin{aligned}
\lambda &= \log \mu_{++} + \frac{1}{r}\sum_{j=1}^{r} \log \pi_{j+} + \frac{1}{c}\sum_{k=1}^{c} \log \pi_{+k}, \\
\lambda_j^A &= \log \pi_{j+} - \frac{1}{r}\sum_{j=1}^{r} \log \pi_{j+}, \\
\lambda_k^B &= \log \pi_{+k} - \frac{1}{c}\sum_{k=1}^{c} \log \pi_{+k}
\end{aligned}$$

cosicché valgono in due vincoli

$$\sum_j \lambda_j^A = \sum_k \lambda_k^B = 0$$

analoghi a quelli correntemente usati per l'analisi della varianza a due criteri di classificazione.

In alternativa possiamo imporre nella (6.19) che

$$\lambda_1^A = 0, \quad \lambda_1^B = 0,$$

che significa prendere il primo livello di ogni fattore come livello di riferimento.

Ai fini delle stime $\hat{\eta}_{jk}$, e quindi anche $\hat{\pi}_{jk}$, non è importante quale parametrizzazione e quale tipo di vincoli si adotta, purché ovviamente si tratti di parametrizzazioni equivalenti. Né cambia il valore della devianza associata. La differenza tra le varie parametrizzazioni ha per lo più rilevanza solo ai fini interpretativi.

Per saggiare l'ipotesi di indipendenza espressa dalla (6.18) dobbiamo dichiarare un'ipotesi più generale di riferimento. Quella più generale di tutte ha i π_{jk} completamente liberi da vincoli, salvo che $\sum_j \sum_k \pi_{jk} = 1$, e corrisponde al modello saturo.

Per rendere anche il corrispondente modello in forma log-lineare, in analogia alla (6.19), riparametrizziamo

$$\eta_{jk} = \log \mathbb{E}\{Y_i\} = \log \mu_{++} + \log \pi_{j+} + \log \pi_{+k} + \log \left(\pi_{jk}/(\pi_{j+}\, \pi_{+k})\right)$$

come

$$\eta_{jk} = \lambda + \lambda_j^A + \lambda_k^B + \lambda_{jk}^{AB} \tag{6.20}$$

con gli ulteriori vincoli

$$\sum_j \lambda_{jk}^{AB} = \sum_k \lambda_{jk}^{AB} = 0\,. \tag{6.21}$$

Il nuovo modello per η_{jk} ha ora $(r-1)(c-1)$ parametri in più di quello espresso dalla (6.19).

6.4.3 La Verosimiglianza dei Modelli Log-lineari

Abbiamo già visto che, a seconda del modo in cui i dati sono stati raccolti, abbiamo forme diverse della verosimiglianza. Consideriamo ora la verosimiglianza associata ai primi due casi: quella della distribuzione di Poisson e quella multinomiale. In questo paragrafo vogliamo analizzare la relazione intercorrente tra queste due funzioni di verosimiglianza.

Fissiamo l'attenzione su uno specifico, ma qualsivoglia, modello e scriviamo le due log-verosimiglianze, indicate rispettivamente con ℓ_P e ℓ_M. Detti $\mu_1, \ldots, \mu_n$ i valori medi corrispondenti al modello ipotizzato, abbiamo

$$\ell_P = \sum_i (y_i \log \mu_i - \mu_i) + c$$

nel caso di distribuzione di Poisson, mentre per la distribuzione multinomiale risulta

$$\begin{aligned} \ell_M &= \sum_i (y_i \log \pi_i) + c \\ &= \sum_i y_i \log \mathbb{E}\{Y_i|N\} + c \\ &= \sum_i (y_i \log \mu_i - y_i) + c . \end{aligned}$$

tenuto conto che $\mathbb{E}\{Y_i|N\} = N\pi_i \propto \mu_i$. Le due log-verosimiglianze coincidono a meno di una costante additiva sotto la condizione che il modello includa un termine costante cosicché $\sum \hat{\mu}_i = \sum y_i$, in base alla (6.10). Ciò consente di stimare modelli log-lineari con distribuzione dei dati di tipo multinomiale usando la verosimiglianza di tipo Poisson.

Una argomentazione equivalente, ma sviluppata un po' più in dettaglio, è la seguente. Scriviamo

$$\log \mu_i = \lambda + z_i^\top \beta$$

dove abbiamo evidenziato il parametro λ corrispondente alla variabile esplicativa costante e $z_i^\top \beta$ è la componente dovuta alle rimanenti esplicative z_i, privando β di un termine. Allora abbiamo

$$\ell_P(\lambda, \beta) = \sum_i y_i \log(\mu_i) - \sum_i \mu_i$$

$$
\begin{aligned}
&= \sum_i y_i(\lambda + z_i^\top \beta) - \sum_i \exp(\lambda + z_i^\top \beta) \\
&= N\lambda + (\sum y_i z_i^\top)\beta - \mu_{++} \\
&= \left\{ \left(\sum_i y_i z_i^\top \right) \beta - N \log \sum_i \exp(z_i^\top \beta) \right\} + [N \log(\mu_{++}) - \mu_{++}]
\end{aligned}
\tag{6.22}
$$

in quanto

$$
\mu_{++} = \sum_i \mu_i = \sum_i \exp(\lambda + z_i^\top \beta)
$$

per cui

$$
\log \mu_{++} = \lambda + \log \left[\sum_i \exp(z_i^\top \beta) \right] .
$$

Cambiando parametrizzazione, consideriamo la (6.22) come funzione di β e μ_{++}. Notiamo che il termine entro parentesi quadre della (6.22) è la log-verosimiglianza di una Poisson di media μ_{++} e corrisponde alla probabilità non condizionata di osservare N eventi totali. Il termine entro parentesi grafe dipende solo da β e, ponendo

$$
\pi_i = \frac{\mu_i}{\sum_s \mu_s} = \frac{\exp(z_i^\top \beta)}{\sum_s \exp(z_s^\top \beta)} , \tag{6.23}
$$

vediamo che quel termine si può scrivere come $\sum_i y_i \log \pi_i$, che è la log-verosimiglianza di una multinomiale con frequenze osservate $(y_1, \ldots, y_{n-1})$ e con y_n determinato dal vincolo $\sum_{i=1}^n y_i = N$.

Riassumendo, la (6.22) si scompone come

$$
\ell_P(\mu_{++}, \beta) = \ell_M(\beta) + [N \log(\mu_{++}) - \mu_{++}] .
$$

Nel membro di destra, il secondo addendo è la log-verosimiglianza poissoniana corrispondente al numero totale di osservazioni e il primo addendo dà la log-verosimiglianza della distribuzione delle frequenze, condizionatamente al numero totale di eventi osservati. Siccome il secondo addendo non dipende da β, il valore $\hat{\beta}$ che massimizza ℓ_P è lo stesso $\hat{\beta}$ che massimizza ℓ_M. Inoltre anche le derivate seconde rispetto a β sono le stesse per le due funzioni e quindi anche gli errori standard coincidono.

Usando la (6.23) noi usiamo i valori $\hat{\beta}$ stimati da ℓ_P per ottenere le stime delle probabilità π_i della ℓ_M, mentre λ, ovvero μ_{++}, non è presente in ℓ_M.

Osservazione 6.4.1 Nella discussione precedente noi abbiamo confrontato la verosimiglianza relativa al caso in cui il totale N è fissato a priori rispetto al caso in cui N è libero, mostrando la loro equivalenza. Potrebbe anche succedere che un'intera riga o colonna di frequenze marginali sia fissata. Ad esempio noi potremmo condurre uno studio sugli effetti dell'esposizione ad un fattore di rischio, decidendo a priori quanti soggetti esposti al fattore di rischio e quanti non esposti entrano nello studio e poi registrando a distanza di tempo, per ciascun gruppo, il numero di soggetti in cui si è verificato l'evento. In questo caso noi abbiamo fissato non solo il totale di soggetti esaminati, ma anche l'intera marginale che rappresenta il numero di soggetti per gruppo. Anche per questo caso è possibile sviluppare considerazioni analoghe alle precedenti e constatare l'equivalenza delle verosimiglianze.

6.4.4 Problemi più Complessi

Mediante l'introduzione di opportune variabili indicatrici possiamo fare in modo che il modello log-lineare individuato corrisponda ad una particolare struttura delle probabilità π_{jk} coinvolte. In particolare, usando le variabili indicatrici come nel caso dell'analisi della varianza a due criteri di classificazione, possiamo specificare l'ipotesi di indipendenza espressa dalla (6.19) oppure specificare il modello saturo. Si dà così luogo a due devianze la cui differenza coincide con la funzione test G^2 del § 4.4.9 e chiaramante con la stessa distribuzione asintotica $\chi^2_{(r-1)(c-1)}$.

Come già detto, l'ipotesi di indipendenza tra due fattori di una tabella a due entrate costituisce solo un caso molto particolare delle possibili situazioni e problemi che si possono incontrare nell'analisi di tabelle di frequenza. L'impianto teorico che abbiamo elaborato fin qui ci consente di trattare anche situazioni più complesse.

Innanzi tutto non è essenziale che la tabella di frequenza sia a due entrate: tabelle a tre o più entrate sono in uso comunemente, soprattutto nelle indagini di tipo sociale.

In secondo luogo, non è detto che ciascuno dei fattori, finora indicati con A e B, sia qualitativo privo di qualunque ordinamento tra le modalità; è anzi più frequente il caso in cui le modalità siano ordinate (del tipo 'insufficiente', 'sufficiente', 'discreto', 'buono"). In questi casi è desiderabile che l'analisi dei dati rifletta questo ordinamento tra le modalità. Se il fattore in questione ha k livelli, si eviterà di inserire $k-1$ variabili indicatrici e altrettanti parametri. Piuttosto, si cercherà di ridurre il numero di parametri e quindi la complessità del modello. Ci sono vari modi per affrontare il problema; il più semplice di tutti è introdurre una variabile quantitativa z con livelli del tipo $1, \ldots, k$, o eventualmente altri punteggi, e stimare un unico parametro. Se necessario, oltre alla componente z si può considerare ache la componente z^2. Si procede insomma in modo simile a quello dell'analisi della regressione o della covarianza.

Una trattazione esauriente di questo genere di problemi ci porterebbe molto aldilà degli obiettivi di questo libro, che si prefigge solo di presentare gli elementi essenziali. Per una discussione più approfondita si veda il libro di Agresti (1990, capp. 5–8) e quello di McCullagh & Nelder (1989, capp. 5 e 6)

6.4.5 Rapporto di Quote

Se E è un evento di probabilità p e $\bar{E}$ il suo complementare, chiamiamo *quota*[2] il rapporto $p/(1-p)$; la log-quota è detta logit.

Fissiamo l'attenzione su tabelle di frequenza 2×2 in cui uno dei fattori rappresenta l'esposizione ad un fattore di rischio X (ad esempio l'inclusione di un certo alimento nella dieta) e l'altro rappresenti il verificarsi di un certo evento E (ad esempio l'insorgenza di problemi circolatori del sangue). La situazione è riassunta nella Tabella 6.6 dove sono riportate le probabilità relative ai possibili esiti di una osservazione.

In uno *studio prospettico* noi fissiamo la numerosità delle osservazioni di

[2]Il termine quota è preso a prestito dall'ambito delle scommesse dove la quota denota l'ammontare riscosso in caso di vincita per una giocata di posta unitaria. Se un giocatore punta la posta unitaria sul verificarsi di un certo evento di probabilità p, allora la scommessa è equa se in caso di vincita egli riceverà una quota x che pareggia vincita e perdita attesa. Ciò significa che $(-1)(1-p) + xp = 0$ e questo implica $x = (1-p)/p$. Scambiando il ruolo degli esiti, chiamiamo quota il rapporto $p/(1-p)$.

Tabella 6.6: Una tabella 2×2 di probabilità

Esposizione a rischio	Verificarsi dell'evento $\bar{E}$	E	Totale
$\bar{X}$	π_{00}	π_{01}	π_{0+}
X	π_{10}	π_{11}	π_{1+}
totale	π_{+0}	π_{+1}	1

tipo $\bar{X}$ e di tipo X. In questo caso la differenza dei logit risulta

$$\log \frac{\pi_{11}}{\pi_{10}} - \log \frac{\pi_{01}}{\pi_{00}} = \log \frac{\pi_{00}\,\pi_{11}}{\pi_{01}\,\pi_{10}}\,.$$

In uno *studio retrospettivo* noi fissiamo la numerosità delle osservazioni di tipo $\bar{E}$ e di tipo E. In questo caso la differenza dei logit risulta

$$\log \frac{\pi_{11}}{\pi_{01}} - \log \frac{\pi_{10}}{\pi_{00}} = \log \frac{\pi_{00}\,\pi_{11}}{\pi_{01}\,\pi_{10}}\,.$$

Vediamo che le due differenze di logit coincidono e quindi, dopo trasformazione esponenziale, il *rapporto delle quote* (o dei *prodotti incrociati*) è in ogni caso

$$\omega = \frac{\pi_{00}\,\pi_{11}}{\pi_{01}\,\pi_{10}}$$

che costituisce una importante misura di associazione tra fattori.

Una delle principali proprietà del rapporto di quote è che può essere valutato indipendentemente dal tipo di campionamento. Questa proprietà di invarianza ripetto al tipo di campionamento diventa fondamentale quando si vorrebbe studiare un certo fenomeno in modo prospettico, ma esigenze pratiche ci obbligano a condurlo in modo retrospettivo. Nell'esempio accennato prima in cui si vuole esaminare l'effetto di una certa dieta sulla circolazione sanguigna, il modo ideale di condurre lo studio sarebbe prospettico, selezionando due gruppi di persone e sottoponendole a due regimi di dieta per poi esaminare a distanza di tempo gli effetti sulla circolazione sanguigna. Se però abbiamo motivo di ritenere che l'effetto della dieta contenente l'alimento potenzialmente pericoloso si manifesta solo dopo vari anni di somministrazione, allora diventa operativamente sconveniente procedere in questo modo. Si è quindi indotti ad utilizzare uno studio retrospettivo: si selezionano due gruppi di soggetti, uno con problemi circolatori e l'altro senza, e si va a vedere per ciascun soggetto se la dieta negli anni precedenti includeva o meno la sostanza in esame. A questo punto i risultati relativi alla log-quota per le osservazioni raccolte in modo retrospettivo sono trasferibili alla log-quota per lo studio prospettico. Si noti però che questa proprietà vale per il rapporto di quote, ma non vale per altre misure di associazione tra fattori.

Il rapporto di quote è in diretta connessione con i parametri del modello log-lineare. Infatti, usando la parametrizzazione (6.20) con i vincoli (6.21), un semplice conto mostra che

$$\log \omega = 4\,\lambda_{01}^{XE}\,.$$

Se si sceglie una parametrizzazione diversa o dei vincoli diversi, la relazione si modifica, ma comunque $\log \omega$ resta esprimibile in funzione dei λ_{jk}.

6.5 Quasi-verosimiglianza

Per tutto questo libro la nostra trattazione si è quasi interamente sviluppata sulla base dell'idea di verosimiglianza, tranne che per qualche digressione, di cui la più rilevante riguarda l'introduzione del criterio dei minimi quadrati.

Abbiamo visto che quest'ultimo metodo fornisce stime dei parametri di regressione senza specificare un vero e proprio modello probabilistico, ma solo enunciando (a) la relazione tra valor medio delle variabili e variabili esplicative, (b) la separazione tra tale valor medio e varianza dell'errore, nel senso che la varianza σ^2 dell'errore, e quindi anche delle osservazioni, non è legata al valor medio. In questa sezione, vogliamo sostanzialmente proseguire in questa direzione, solo con l'introduzione della eventuale relazione tra media e varianza. Stabiliamo pertanto che

$$\mathbb{E}\{Y_i\} = \mu_i\,, \qquad \mathrm{var}\{Y_i\} = \sigma^2 V(\mu_i)\,.$$

Risulta allora che la quantità

$$u = u(\mu, Y) = \frac{Y - \mu}{\sigma^2 V(\mu)}$$

(dove per semplictà abbiamo omesso i deponente i), si comporta come una funzione punteggio, nel senso che

$$\mathbb{E}\{u\} = 0\,, \quad \mathrm{var}\{u\} = \frac{1}{\sigma^2\, V(\mu)}\,, \quad -\mathbb{E}\left\{\frac{\mathrm{d}u}{\mathrm{d}\mu}\right\} = \frac{1}{\sigma^2\, V(\mu)}\,.$$

Quindi l'integrale di u dovrebbe comportarsi come una log-verosimiglianza. Allora poniamo per definizione che

$$Q(\mu; y) = \int_y^\mu u(t; y)\mathrm{d}t = \int_y^\mu \frac{y - t}{\sigma^2 V(t)}\mathrm{d}t$$

è una *quasi-verosimiglianza* (anche se più propriamente dovremmo dire quasi-log-verosimiglianza). Se abbiamo n osservazioni da variabili indipendenti poniamo

$$Q(\mu; y) = \sum_{i=1}^n Q(\mu_i; y_i)\,.$$

La funzione Q non è in generale una log-verosimiglianza, anche se abbiamo visto che ha molte delle sue proprietà formali. Esistono tuttavia dei casi in cui effettivamente Q *è* una log-verosimiglianza. Se questo si verifica, cioè se esiste una log-verosimiglianza ℓ tale che

$$\frac{\mathrm{d}\ell}{\mathrm{d}\mu} = \frac{y - \mu}{\sigma^2 V(\mu)}$$

con $\mathbb{E}\{Y\} = \mu$, $\mathrm{var}\{Y\} = \sigma^2 V(\mu)$, allora si può mostrare che ℓ ha struttura esponenziale.

Finora abbiamo considerato μ_i come una quantità libera da vincoli. In un modello di regressione μ_i è funzione del parametro β e un semplice conto mostra che le equazioni di quasi-verosimiglianza sono

$$\sum_{i=1}^n \frac{(y_i - \mu_i)}{V(\mu_i)} \frac{\partial \mu_i}{\partial \beta_j} = 0 \qquad \text{per } j = 1, \ldots, p\,.$$

Se poi la relazione tra β e μ_i è del tipo (6.4), allora le equazioni di quasi-verosimiglianza si riconducono esattamente alle equazioni di verosimiglianza (6.5)

Si può anche definire l'analogo della devianza. Per una singola osservazione y definiamo la quasi-devianza come

$$D(y;\hat{\mu}) = -2\sigma^2 Q(\hat{\mu};y) = 2\int_{\hat{\mu}}^{y} \frac{y-t}{V(t)}\mathrm{d}t$$

che è non negativa e anzi positiva se si esclude il caso $y = \hat{\mu}$. Per un insieme di n osservazioni, sommiamo le n quasi-devianze componenti.

La Tabella 6.7 raccoglie i casi più importanti di quasi-verosimiglianza.

Esempio 6.5.1 Riprendiamo l'esame dei dati sui rotoli di stoffa iniziata negli Esempi 6.1.1 e 6.3.3, e affrontiamo l aquestione della scarsa adeguatezza di accostamento ai dati del modello di regressione poissonina considerato all'inizio.

L'inadeguatezza riscontrata è in relazione con la presenza di variabilità maggiore di quella prevista da una v.c. di Poisson. Un fenomeno di questo, che tipo prende il nome di *sovradispersione*, può avere svariate origini. Un modo di interpretarlo è di assumere che, per un singolo rotolo di stoffa,

$$D_i \sim Poisson(\beta_i L_i) \qquad (i = 1, \ldots, n)$$

dove ora β_i è una v.c.. Una interpretazone fisica possibile di questa nuova ipotesi è che i vari rotoli di stoffa siano prodotti in condizioni diverse, (ad esempio da diverse macchine tessili), ognuna associata ad una diversa propensione alla creazione di difetti. Bissell (1972) ha esaminato i dati presumendo che β_i sia un valore tratto da una v.c. di tipo gamma, ed ha costruito la corrispondente analisi di verosimiglianza.

Se noi non vogliamo impegnarci con una specifica assunzione distributiva, una strategia alternativa è di usare un approccio di quasi-verosimiglianza, che richiede di specificare solo la forma dei primi due momenti. Nel nostro caso non c'e motivo per cambiare l'assunzione che $\mathbb{E}\{D\} = \beta L$. Per consentire di tener conto della presenza di sovradispersione diciamo che

$$\operatorname{var}\{D\} = \psi\, \mathbb{E}\{D\} = \psi\, \beta\, L$$

dove ψ varia in $(0, \infty)$. Questa espressione dice che la varianza di D cresce linermente con L, in corrispondenza con la Figura 6.1, ma non richiediamo più che $\operatorname{var}\{D\} = \mathbb{E}\{D\}$.

Tabella 6.7: Quasi-verosimiglianze $Q(\mu; y)$ associate ad alcune funzioni di varianza $V(\mu)$

$V(\mu)$	$Q(\mu; y)$	Parametro canonico	Distribuzione	Restrizioni
1	$-(y-\mu)^2/2$	μ	Normale	—
μ	$y \log \mu - \mu$	$\log \mu$	Poisson	$\mu > 0, y \geq 0$
μ^2	$-y/\mu - \log \mu$	$-1/\mu$	Gamma	$\mu > 0, y \geq 0$
μ^3	$-y/(2\mu^2) + 1/\mu$	$-1/(2\mu^2)$	Gauss. inversa	$\mu > 0, y \geq 0$
μ^ω	$\mu^{-\omega}\left(\frac{\mu y}{1-\omega} - \frac{\mu^2}{2-\omega}\right)$	$\frac{1}{(1-\omega)\mu^{\omega-1}}$	—	$\mu > 0, \omega \neq 0, 1, 2$
$\mu(1-\mu)$	$y \log\left(\frac{\mu}{1-\mu}\right) + + \log(1-\mu)$	$\log\left(\frac{\mu}{1-\mu}\right)$	Binomiale/m	$0 < \mu < 1,$ $0 \leq y \leq 1$
$\mu + \mu^2/\omega$	$y \log\left(\frac{\mu}{\omega+\mu}\right) + +\omega \log\left(\frac{\omega}{\omega+\mu}\right)$	$\log\left(\frac{\mu}{\omega+\mu}\right)$	Binom. negativa	$\omega > 0,$ $\mu > 0, y \geq 0$

Fig. 6.6: Dati delle stoffe: retta di regressione stimata (linea continua) e bande di dispersione attese (linee tratteggiate) di probabilità approssimata 0,95 per ogni ascissa, nell'ipotesi di sovradispersione

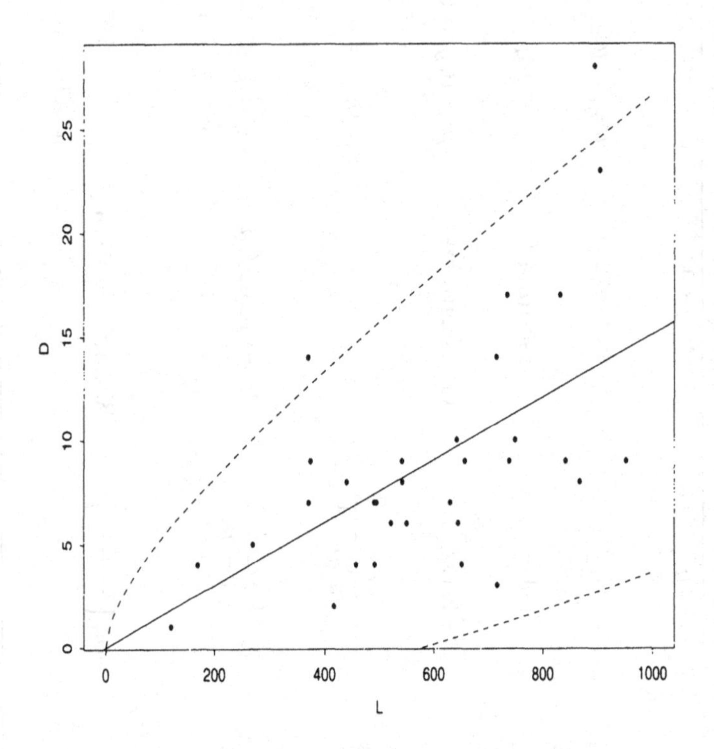

Per stimare ψ dai dati, usiamo la (6.14) che qui diventa

$$\tilde{\psi} = \sum_i \frac{(D_i - \hat{\beta}\, L_i)^2}{(n-1)\,\hat{\beta}\, L_i}\,.$$

Per i nostri dati otteniamo $\tilde{\psi} = 2{,}194$, un valore piuttosto diverso da 1, che è intrinseco con l'ipotesi poissoniana. Possiamo ora produrre un grafico analogo alla Figura 6.4 ma con bande allargate di un fattore $\sqrt{\tilde{\psi}}$, come mostrato nella Figura 6.6. Le bande più ampie accolgono alcuni dei punti sovradispersi, lasciandone fuori solo due, un numero di casi in accordo con la frazione attesa del 5%.

Esercizi

6.1 Completare gli elementi della Tabelle 6.2 e 6.7 non sviluppati nel testo, in particolare gli elementi caratteristici w, $b(\cdot)$, $c(\cdot)$, il legame canonico e la devianza per

(a) la distribuzione gamma di indice noto,

(b) la distribuzione gaussiana inversa,

(c) la distribuzione binomale negativa di indice ω noto.

6.2 Al § 6.2.2 è stato dichkarato che, in generale, non è possibile una precisa separazione tra termine di errore e variabile risposta in un MLG. Trovare un altro esempio oltre ai modelli lineari dove questa separazione è in effetti possibile.

6.3 La classe dei MLG include alcuni modelli del tipo (5.1) con errori ε gaussiani, a condizione che la funzione $r(\cdot)$ sia di una forma particolare. Determinare qual è questa forma, e quale MLG è appropriato.

6.4 Nell'Esercizio 5.16 abbiamo introdotto i minimi quadrati pesati. Mostrare come questi si possano inserire nell'impianto dei MLG.

6.5 Per i dati della Tabella 6.3, ottenere le stime di β_1, β_2 nel caso in cui la funzione di legame logit sia sostituita dalla funzione di legame *probit*

$$\Phi^{-1}(\pi(x)) = \beta_1 + \beta_2 x$$

e confrontare la nuova curva stimata con quella della Figura 6.3. *[Si riscontrerà che le due curve sono quasi identiche. Ciò non è inconsueto: in un gran numero di casi di regressione di dati dicotomici si riscontra che la scelta della funzione di legame non è critica.]*

6.6 Verificare l'affermazione del testo che la differenza di devianze per l'ipotesi di indipendenza tra i due fattori di un tabella di frequenze a due entrate coincide con la funzione test G^2 del § 4.4.9.

6.7 Verificare che, una volta stimato il modello (6.19) o una sua formulazione equivalente, la tabella di frequenze del modello stimato ha le stesse frequenze marginali del modello originario.

Esercizi

6.1 Completare i commenti della tabelle 6.2 e 6.3 [illegible] in particolare gli elementi caratteristici [illegible] il legame canonico [illegible]

(a) [illegible] utilizzate [illegible] binomiale nota;

(b) [illegible] distribuzione [illegible];

(c) [illegible] dati [illegible] nota.

6.2 Al [illegible] dei [illegible] generale [illegible] positivo [illegible] della [illegible] [illegible]. Trovare un altro esempio oltre [illegible] separa[illegible] [illegible].

6.3 [illegible] modello [illegible] tipo [illegible] con [illegible] che la funzione [illegible] una [illegible]. [illegible] approximato.

6.4 Nel [illegible] quadrati [illegible] pesati [illegible] completo del [illegible].

6.5 [illegible] della funzione [illegible]

[illegible]

[illegible] quella della [illegible] 3. [illegible] che [illegible] la [illegible] della funzione di legame canonica f.

6.6 Verificare l'affermazione del [illegible] di devianza per ipotesi di indipendenza tra due [illegible] della [illegible] coincide con la funzione [illegible] 4.[illegible]

6.7 Verificare che, una volta stimato [illegible] anche equivalente, la tabella di frequenze del modello stimato ha le stesse frequenze marginali di quella originaria.

Appendice A

Richiami di Teoria della Probabilità

In questo capitolo ci si propone di richiamare brevemente alcune nozioni ben note della Teoria della Probabilità e di sviluppare alcuni ulteriori temi meno comunemente reperibili nei testi di probabilità, ma che sono essenziali per lo sviluppo di questo libro.

A.1 Disuguaglianze

A.1.1 Disuguaglianza di Chebyshev

Sia X una v.c. con momento secondo finito; poniamo $\sigma = \sqrt{\mathrm{var}\{X\}}$. La disuguaglianza di Chebyshev asserisce allora che, per un generico numero reale positivo h,

$$\mathbb{P}\{| X - \mathbb{E}\{X\} | \geq h\sigma\} \leq \frac{1}{h^2}.$$

Questa affermazione è un corollario del seguente risultato.

Teorema A.1.1 *Se Y è una v.c. che assume valori non negativi e ammette valor medio finito, allora*

$$\mathbb{P}\{Y \geq t\} \leq \frac{\mathbb{E}\{Y\}}{t}$$

per ogni numero reale positivo t.

Dimostrazione. Indicando con $F(\cdot)$ la funzione di ripartizione di Y, abbiamo

$$\mathbb{E}\{Y\} = \int_{[0,\infty)} u\,\mathrm{d}F(u) \geq \int_{[t,\infty)} u\,\mathrm{d}F(u) \geq t \int_{[t,\infty)} \mathrm{d}F(u) = t\,\mathbb{P}\{Y \geq t\}\,.$$

QED

La disuguaglianza di Chebyshev segue allora usando il Teorema A.1.1 con $h = t$ e

$$Y = \left| \frac{X - \mathbb{E}\{X\}}{\sigma} \right|.$$

A.1.2 Disuguaglianza di Schwarz

Teorema A.1.2 *Siano X e Y v.c. con momento secondo finito, allora*

$$\{\mathbb{E}\{XY\}\}^2 \leq \mathbb{E}\{X^2\}\ \mathbb{E}\{Y^2\}\,. \tag{A.1}$$

Dimostrazione. Siccome l'affermazione non muta moltiplicando X e Y per delle costanti, possiamo limitarci a considerare il caso $\mathbb{E}\{X^2\} = \mathbb{E}\{Y^2\} = 1$. Dato che $(X \pm Y)^2 \geq 0$, allora

$$2 \mid XY \mid \leq X^2 + Y^2$$

e quindi

$$\{\mathbb{E}\{XY\}\}^2 \leq \{\mathbb{E}\{|XY|\}\}^2 \leq 1.$$

QED

La disuguaglianza di Schwarz si applica anche a sequenze di numeri reali. Infatti, se a ciascuna delle coppie di numeri reali (x_i, y_i) per $i = 1, \ldots, n$ pensiamo associata una probabilità costantemente pari a $1/n$, dal risultato generale precedente otteniamo che

$$\left(\sum_{i=1}^{n} x_i y_i\right)^2 \leq \left(\sum_{i=1}^{n} x_i^2\right)\left(\sum_{i=1}^{n} y_i^2\right). \tag{A.2}$$

A.1.3 Convessità e Disuguaglianza di Jensen

Definizione A.1.3 *Una funzione reale $f(\cdot)$ è detta convessa nell'intervallo I (finito o infinito) della retta reale se, per ogni punto c interno ad I, esiste in corrispondenza un valore b tale che*

$$f(x) \geq f(c) + b(c - x) \text{ per ogni } x \in I; \tag{A.3}$$

se nella (A.3) vale il segno $>$ per $x \neq c$, si dirà che $f(\cdot)$ è convessa in senso stretto.

Molti Autori usano una definizione un po' diversa: si chiede che, per ogni coppia di valori x_1 e x_2 ($x_1 < x_2$) interni ad I, la corda congiungente $(x_1, f(x_1))$ con $(x_2, f(x_2))$ sia tutta al di sopra della funzione $f(x)$ per $x \in (x_1, x_2)$, cioè si chiede che

$$pf(x_1) + (1-p)f(x_2) \geq f(px_1 + (1-p)x_2), \text{ per ogni } p \in (0,1). \tag{A.4}$$

Per verificare che la condizione (A.3) implica la (A.4) si scelga $c = px_1 + (1-p)x_2$; ponendo prima $x = x_1$ e poi $x = x_2$, si ottiene

$$f(x_1) \geq f(c) + b(x_1 - c), \quad f(x_2) \geq f(c) + b(x_2 - c).$$

Moltiplicando la prima di queste disuguaglianze per p, e la seconda per $1 - p$, e poi sommando i risultati abbiamo

$$\begin{aligned} pf(x_1) + (1-p)f(x_2) &\geq f(c) + b\{p(x_1 - c) + (1-p)(x_2 - c)\} \\ &= f(c) + b\{px_1 + (1-p)x_2 - c\} \\ &= f(c) \\ &= f(px_1 + (1-p)x_2). \end{aligned}$$

Si può anche dimostrare che vale il viceversa, e cioè che la condizione (A.4) implica la (A.3), come il lettore può verificare, e quindi le due condizioni sono equivalenti.

Nel caso che f sia derivabile due volte, si può dimostrare che la condizione (A.3) è equivalente a quella che richiede $f''(x) \geq 0$ per ogni x interno ad I.

Dalla definizione segue subito che la somma di n funzioni convesse nell'intervallo I è ancora una funzione convessa. Infatti, se $f_1(x), \dots, f_n(x)$

sono funzioni convesse in I e $g(x) = f_1(x) + \cdots + f_n(x)$, allora, prefissato un qualunque c interno ad I, si determina in corrispondenza ad ogni $f_i(\cdot)$ un b_i tale che

$$f_i(x) \geq f_i(c) + b_i(x - c) \quad \text{per ogni } x \in I.$$

Sommando per $i = 1, \ldots, n$, e ponendo $B = b_1 + \cdots + b_n$, abbiamo

$$g(x) \geq g(c) + B(x - c) \quad \text{per ogni } x \in I,$$

che è la condizione richiesta per la convessità di $g(x)$.

Vogliamo ora mostrare che un punto di minimo relativo per una funzione convessa è essenzialmente un minimo globale. Supponiamo che vi siano due punti x_1 e x_3 (con $x_1 < x_3$) di minimo locale, cioè aventi due intorni I_1 e I_3 tali per cui $f(x_1) \leq f(x)$ per ogni $x \in I_1$ con disuguaglianza stretta per almeno un punto di I_1, e analogamente per I_3. Se $f(x)$ non è costante in $[x_1, x_3]$, allora deve esistere un punto x_2 tra x_1 e x_3 tale che $f(x_1) < f(x_2) > f(x_3)$. Si cerchi ora di scegliere b_2 tale che

$$f(x) \geq f(x_2) + b_2(x - x_2) \quad \text{per ogni } x \in I.$$

Se $b_2 \geq 0$, allora non può essere $f(x_3) < f(x_2)$; se $b_2 \leq 0$, non può essere $f(x_1) < f(x_2)$. Allora $f(x)$ deve essere costante in $[x_1, x_3]$. In conclusione, se un punto è di minimo relativo esso è di minimo assoluto, fatta salva la possibilità di un intervallo dove $f(x)$ è costantemente pari a questo minimo.

Se X è una v.c. che prende valori in I, con valor medio μ, e $f(\cdot)$ è convessa in I, allora vale la disuguaglianza

$$f(X) \geq f(\mu) + b(X - \mu)$$

con probabilità 1, per qualche b opportuno. Si noti che, se X non è degenere, μ è interno a I; altrimenti, se μ è un estremo di I, allora X è una v.c. degenere e la relazione precedente è un'uguaglianza. Integrando ambo i membri della disuguaglianza rispetto alla distribuzione di X otteniamo

$$\mathbb{E}\{f(X)\} \geq f(\mathbb{E}\{X\}) \tag{A.5}$$

ammesso che il membro di sinistra esista; la (A.5) viene chiamata disuguaglianza di Jensen per funzioni convesse. Se $f(\cdot)$ è strettamente convessa e

X è non degenere, allora

$$\mathbb{P}\{f(X) > f(\mu) + b(X - \mu)\} > 0$$

e quindi nella (A.5) vale la disuguaglianza in senso stretto.

Una funzione $f(\cdot)$ è detta *concava* in I se $-f(\cdot)$ è convessa in I. Con ragionamento analogo a quello fatto per le funzioni convesse, otteniamo che per le funzioni concave

$$\mathbb{E}\{f(X)\} \leq f(\mathbb{E}\{X\})$$

se il membro di sinistra esiste.

Esempio A.1.4 Se X è una v.c. positiva non degenere, si ha che

$$\mathbb{E}\left\{\frac{1}{X}\right\} > \frac{1}{\mathbb{E}\{X\}}$$

(se i valori medi coinvolti esistono) in quanto $f(x) = 1/x$ è una funzione strettamente convessa sul semiasse positivo.

Esempio A.1.5 Se X è una v.c. positiva non degenere, si ha che

$$\mathbb{E}\{\log_b X\} < \log_b\{\mathbb{E}\{X\}\}$$

per qualunque base b positiva (ammesso che i valori medi esistano) perché il logaritmo è una funzione strettamente concava.

A.2 Alcune Distribuzioni Semplici Continue

A.2.1 La Distribuzione Normale

Diremo che una v.c. continua Y con funzione di densità in t

$$\frac{1}{\sqrt{2\pi}\sigma} \exp\left\{-\frac{1}{2}\left(\frac{t-\mu}{\sigma}\right)^2\right\} \quad (-\infty < t < \infty), \tag{A.6}$$

con $\sigma > 0$, è normale (o gaussiana) con parametri μ e σ^2; per brevità scriveremo $Y \sim N(\mu, \sigma^2)$. La densità (A.6) è unimodale e simmetrica attorno al punto $t = \mu$, con punti di flesso in $\mu + \sigma$ e $\mu - \sigma$.

Nel caso in cui $\mu = 0$ e $\sigma = 1$, diremo che Y è una normale standardizzata e indicheremo con

$$\phi(t) = \frac{1}{\sqrt{2\pi}} e^{-t^2/2}, \quad \Phi(t) = \int_{-\infty}^{t} \phi(u)\,\mathrm{d}u \tag{A.7}$$

rispettivamente la sua funzione di densità e la funzione di ripartizione. Tale funzione di ripartizione non ha una espressione esplicitabile; si ricorre pertanto a delle tavole appositamente predisposte o a metodi di calcolo approssimato; si veda ad esempio Abramowitz e Stegun (1965, cap. 26). Una semplice approssimazione, sufficientemente accurata per buona parte degli scopi pratici, è

$$\Phi(t) \approx \frac{1}{1 + \exp\{-at(1 + bt^2)\}} \tag{A.8}$$

con $a = 1{,}5976$ e $b = 0{,}044715$; l'errore massimo in valore assoluto che ne risulta è minore di 0,0002 (Page, 1977).

Se $Y \sim N(\mu, \sigma^2)$ allora la sua funzione caratteristica è

$$\mathbb{E}\{e^{itY}\} = \exp(it\mu - \tfrac{1}{2}\sigma^2 t^2)$$

da cui si ricavano facilmente alcune importanti proprietà della distribuzione normale.

◇ I momenti esistono di qualunque ordine finito, e precisamente

$$\mathbb{E}\{Y\} = \mu, \quad \mathrm{var}\{Y\} = \sigma^2,$$

$$\mathbb{E}\left\{(Y-\mu)^k\right\} = \begin{cases} 0 & \text{per } k \text{ dispari,} \\ 1 \times 3 \times \cdots \times (k-1)\sigma^k & \text{per } k \text{ pari.} \end{cases}$$

◇ Se $Y \sim N(\mu, \sigma^2)$ e a, b sono delle costanti, allora

$$a + bY \sim N(a + b\mu, b^2\sigma^2).$$

Da ciò segue che l'intera famiglia di distribuzioni può essere prodotta mediate trasformazione lineari cioè di traslazione e scala a partire da uno qualsiasi dei suoi membri. Ad esempio se $Z \sim N(0,1)$ l'intera famiglia si può ottenere dalla trasformazione $\mu + \sigma Z$ al variare di μ e σ (con $\sigma > 0$). Si dice allora che la famiglia delle distribuzioni normali costituisce una *famiglia (di distribuzioni) di posizione e scala.*

- ◇ se $Y_1 \sim N(\mu_1, \sigma_1^2)$ e $Y_2 \sim N(\mu_2, \sigma_2^2)$ con Y_1 e Y_2 indipendenti, allora $Y_1 + Y_2 \sim N(\mu_1 + \mu_2, \sigma_1^2 + \sigma_2^2)$; questo risultato si estende subito a combinazioni lineari di v.c. normali, cioè se $(Y_1, \ldots, Y_n)$ sono v.c. normali indipendenti di distribuzione rispettiva $N(\mu_i, \sigma_i^2)$ e a_i, b_i sono delle costanti ($i = 1, \ldots, n$), allora

$$\sum_{i=1}^{n} a_i Y_i + b_i \sim N\left(\sum_{i=1}^{n} a_i \mu_i + b_i, \sum_{i=1}^{n} a_i^2 \sigma_i^2\right).$$

Altre importanti proprietà della distribuzione normale verranno esposte al § A.5.

A.2.2 La Distribuzione Uniforme

Una v.c. continua Y con funzione di densità in t

$$f(t; a, b) = \begin{cases} \dfrac{1}{b-a} & \text{per } t \in (a, b), \\ 0 & \text{altrimenti,} \end{cases}$$

è detta uniforme in (a, b) e si scrive $Y \sim U(a, b)$, posto che a e b siano reali con $a < b$. Il valor medio e la varianza sono

$$\mathbb{E}\{Y\} = \frac{a+b}{2}, \quad \text{var}\{Y\} = \frac{(b-a)^2}{12}.$$

Anche la classe delle distribuzioni uniformi costituisce una famiglia di posizione e scala.

Un importante risultato connesso a questa distribuzione afferma: se Z è una generica v.c. continua con funzione di ripartizione $F(\cdot)$, allora $W = F(Z) \sim U(0, 1)$. Infatti, per $t \in (0, 1)$, abbiamo

$$\begin{aligned} \mathbb{P}\{W \leq t\} &= \mathbb{P}\{F(Z) \leq t\} \\ &= \mathbb{P}\{Z \leq F^{-1}(t)\} \\ &= F(F^{-1}(t)) \\ &= t \end{aligned}$$

che è la funzione di ripartizione di $U(0, 1)$ nel punto t per $0 < t < 1$. Se $t \leq 0$ allora ovviamente $\mathbb{P}\{W \leq t\} = 0$; viceversa, per $t \geq 1, \mathbb{P}\{W \leq t\} = 1$. Si noti che $F^{-1}(t)$ nella seconda delle uguaglianze precedenti può non essere unico, ma si può scegliere uno qualunque di tali valori e il risultato non cambia. La trasformazione $W = F(Z)$ è detta *trasformazione integrale* di Z.

A.2.3 La Distribuzione Gamma

Prima di introdurre la prossima distribuzione, definiamo la funzione gamma come

$$\Gamma(x) = \int_0^\infty t^{x-1} e^{-t}\, dt \tag{A.9}$$

per $x > 0$. Integrando la (A.9) per parti, otteniamo che

$$\Gamma(x+1) = x\,\Gamma(x)$$

da cui, se x è intero,

$$\begin{aligned}\Gamma(x) &= (x-1)\,\Gamma(x-1) \\ &= (x-1)\,(x-2)\cdots 1\,\Gamma(1) \\ &= (x-1)!\end{aligned}$$

Si può anche mostrare che

$$\Gamma(\tfrac{1}{2}) = \sqrt{\pi}.$$

Un'approssimazione di semplice calcolo per la funzione gamma è data dalla formula di Stirling in base alla quale

$$\Gamma(x) \asymp \sqrt{2\pi}\, x^{x-1/2}\, e^{-x} \qquad (x \to \infty) \tag{A.10}$$

dove il simbolo $\asymp$ qui indica che il rapporto tra il membro di destra e di sinistra converge a 1 per $x \to \infty$; nel caso di argomento intero la (A.10), fatti gli aggiustamenti del caso, diventa

$$n! \asymp \sqrt{2\pi}\, n^{n+1/2}\, e^{-n} \qquad (n \to \infty). \tag{A.11}$$

Diremo quindi che una v.c. continua Y è di tipo gamma di indice (o parametro di forma) ω e parametro di scala λ se ha funzione di densità in t

$$f(t;\omega,\lambda) = \begin{cases} \lambda^\omega\, t^{\omega-1}\, e^{-\lambda t}/\Gamma(\omega) & \text{per } t > 0, \\ 0 & \text{per } t \le 0, \end{cases} \tag{A.12}$$

per qualche ω e λ positivi; in tal caso scriveremo $Y \sim G(\omega, \lambda)$.

Questa distribuzione è spesso usata in pratica per la sua flessibilità al variare del parametro ω. Infatti se $0 < \omega \leq 1$, allora $f(t; \omega, \lambda)$ è sempre decrescente in t $(t > 0)$; invece, se $\omega > 1$, $f(t; \omega, \lambda)$ è prima crescente e poi decrescente. Si ha inoltre che

$$f'(0; \omega, \lambda) = \begin{cases} -\infty & \text{per } 0 < \omega < 1, \\ -\lambda^2 & \text{per } \omega = 1, \\ \infty & \text{per } 1 < \omega < 2, \\ \lambda^2 & \text{per } \omega = 2, \\ 0 & \text{per } \omega > 2. \end{cases}$$

Nel caso in cui ω sia intero, la (A.12) si può integrare ripetutamente per parti ottenendo

$$\mathbb{P}\{Y > t\} = \sum_{k=0}^{\omega-1} \frac{(\lambda t)^k e^{-\lambda t}}{k!}. \tag{A.13}$$

La funzione caratteristica di Y è

$$\mathbb{E}\{e^{itY}\} = (1 - it/\lambda)^{-\omega}. \tag{A.14}$$

Da qui, o per semplice integrazione diretta, abbiamo che

$$\mathbb{E}\left\{Y^k\right\} = \lambda^{-k}\omega(\omega + 1)\cdots(\omega + k - 1), \quad \text{per } k = 0, 1, 2, \ldots$$

e, in particolare,

$$\mathbb{E}\{Y\} = \omega/\lambda, \quad \operatorname{var}\{Y\} = \omega/\lambda^2.$$

Dalla (A.14) è immediato concludere che, se Y_1 e Y_2 sono v.c. gamma indipendenti con distribuzione rispettiva $G(\omega_1, \lambda)$ e $G(\omega_2, \lambda)$, allora $Y_1 + Y_2$ ha distribuzione $G(\omega_1 + \omega_2, \lambda)$. Si dice quindi che per la distribuzone gamma vale la proprietà additiva (rispetto al parametro ω).

A.2.4 La Distribuzione Esponenziale

Ponendo $\omega = 1$ nella (A.12) otteniamo la funzione di densità esponenziale negativa, detta anche, più semplicemente, densità esponenziale (di parametro λ). Pur trattandosi di un caso particolare della distribuzione gamma, la sua grande rilevanza pratica ne giustifica la menzione particolare.

Una fondamentale proprietà di questa distribuzione è la seguente. Se Y è una v.c. esponenziale di parametro λ, allora

$$\begin{aligned} \mathbb{P}\{Y > t + s \mid Y > s\} &= \frac{\exp\{-\lambda(t+s)\}}{\exp\{-\lambda s\}} \\ &= \exp(-\lambda t) \\ &= \mathbb{P}\{Y > t\}. \end{aligned}$$

Pensando a Y come al "tempo di attesa per il verificarsi di un evento E", le relazioni precedenti possono essere così descritte: "se ho già atteso per un tempo pari ad s, la probabilità di dover attendere un ulteriore tempo t è la stessa che avrei se io iniziassi ora la mia attesa". Si dice pertanto che l'esponenziale è una v.c. "senza memoria".

A.2.5 La Distribuzione Beta

Si definisce la funzione beta di argomenti p e q come

$$B(p,q) = \int_0^1 x^{p-1}(1-x)^{q-1}\,\mathrm{d}x$$

per p e q reali positivi. Si può mostrare che vale l'equaglianza

$$B(p,q) = \frac{\Gamma(p)\,\Gamma(q)}{\Gamma(p+q)}.$$

che stabilisce una connessione con la funzione gamma.

Diremo quindi che la v.c. continua Y è di tipo beta con parametri (p,q) se ha funzione di densità in t

$$f(t;p,q) = \begin{cases} \dfrac{t^{p-1}(1-t)^{q-1}}{B(p,q)} & \text{per } t \in (0,1), \\ 0 & \text{altrimenti.} \end{cases} \tag{A.15}$$

Al variare di p e q la forma della (A.15) varia considerevolmente:

- ◇ se $p > 1$, $q > 1$ è campanulare con un'unica moda in $(p-1)/(p+q-2)$;
- ◇ se $p < 1$, $q < 1$ è a forma di U con antimoda in $(p-1)/(p+q-2)$;
- ◇ se $p > 1$, $q \leq 1$ è monotona crescente;

- ◇ se $p \leq 1$, $q > 1$ è monotona decrescente;
- ◇ se $p = q = 1$ otteniamo la distribuzione $U(0, 1)$.

È anche ovvio dalla (A.15) che, se scambiamo p e q, otteniamo l'immagine riflessa della densità attorno all'ascissa $\frac{1}{2}$. Se $p = q$, la funzione di densità è simmetrica attorno a $\frac{1}{2}$.

Per semplice integrazione dalla (A.15) otteniamo che

$$\mathbb{E}\{Y^s\} = \frac{\Gamma(p+q)\,\Gamma(p+s)}{\Gamma(p)\,\Gamma(p+q+s)} \qquad \text{per } s > 0,$$

da cui

$$\mathbb{E}\{Y\} = \frac{p}{p+q}, \qquad \text{var}\{Y\} = \frac{p\,q}{(p+q)^2(p+q+1)}.$$

A.2.6 La Distribuzione Gaussiana Inversa

Una v.c. continua Y è detta appartenere alla famiglia gaussiana inversa, e indicata con $Y \sim N^-(\mu, \lambda)$, se ha funzione di densità

$$f(t;\mu,\lambda) = \begin{cases} 0 & \text{se } t \leq 0, \\ \left(\dfrac{\lambda}{2\,\pi\,t^3}\right)^{1/2} \exp\left(-\dfrac{\lambda}{2\,\mu^2}\,\dfrac{(t-\mu)^2}{t}\right) & \text{se } t > 0, \end{cases}$$

per qualche valore reale μ e λ.

Il nome di 'gaussiana inversa' è dovuto ad una serie di proprietà che caratterizzano questa distribuzione come 'duale' della normale. In particolare, la sua funzione generatrice dei cumulanticumulanti è la funzione inversa della corrispondente funzione della distribuzione normale; infatti, la funzione generatrice dei cumulanti di Y è

$$K(s) = \frac{\lambda}{\mu}\left\{1 - \left(1 - \frac{2\,\mu^2\,s}{\lambda}\right)^{1/2}\right\}$$

e, risolvendo l'equazione $K(s) = u$ rispetto a s, si ottiene appunto la funzione generatrice dei cumulanti della normale. Per una discussione dettagliata di questi e altri aspetti di connessione tra le due distribuzioni, si veda la monografia di Seshadri (1993). Notiamo che

$$\mathbb{E}\{Y\} = \mu, \qquad \text{var}\{Y\} = \frac{\mu^3}{\lambda}.$$

A.2.7 La Distribuzione di Cauchy

Una v.c. continua Y con funzione di densità in t

$$\frac{\lambda}{\pi\{\lambda^2 + (t-\theta)^2\}} \quad \text{per} \; -\infty < t < \infty$$

è detta di Cauchy con parametro di posizione θ e parametro di scala λ con $\lambda > 0$. La sua funzione di ripartizione è

$$\frac{1}{2} + \frac{1}{\pi} \arctan\left(\frac{t-\theta}{\lambda}\right)$$

da cui si vede che θ è la mediana della distribuzione. La funzione caratteristica corrispondente è

$$\exp(it\theta - \lambda|t|)$$

che non è derivabile in $t = 0$ e quindi la distribuzione di Cauchy non ammette momenti di alcun ordine.

Vi è una connessione tra questa distribuzione e la normale: se Z_1 e Z_2 sono v.c. $N(0,1)$ indipendenti, allora Z_1/Z_2 è una v.c. di Cauchy con parametro di posizione 0 e parametro di scala 1.

A.3 Alcune Distribuzioni Semplici Discrete

A.3.1 La Distribuzione Binomiale

Una v.c. discreta Y che prende valori $0, 1, \ldots, n$. con

$$\mathbb{P}\{Y = t\} = \binom{n}{t} p^t (1-p)^{n-t} \quad \text{per } t = 0, 1, \ldots, n \tag{A.16}$$

per $0 < p < 1$ e n intero naturale, è detta binomiale di indice n e parametro p; per brevità scriveremo $Y \sim Bin(n,p)$. La (A.16) fornisce la probabilità di ottenere t 'successi' in n replicazioni indipendenti di un esperimento casuale che ha probabilità costante di risultare in 'successo' pari a p. La funzione caratteristica di Y è

$$\mathbb{E}\{e^{itY}\} = \{1 + p(e^{it} - 1)\}^n \tag{A.17}$$

da cui otteniamo che

$$\mathbb{E}\{Y\} = np, \quad \mathrm{var}\{Y\} = np(1-p). \tag{A.18}$$

Inoltre dalla (A.17) si vede che, se $Y_1 \sim Bin(n_1, p)$ e $Y_2 \sim Bin(n_2, p)$ con Y_1 e Y_2 indipendenti, allora $Y_1 + Y_2 \sim Bin(n_1 + n_2, p)$.

A.3.2 La Distribuzione Ipergeometrica

Sia Y una v.c. discreta tale che

$$\mathbb{P}\{Y = t\} = \frac{\binom{M}{t}\binom{N-M}{n-t}}{\binom{N}{n}} \tag{A.19}$$

dove t è un intero soddisfacente a $\max(0, n-N+M) \leq t \leq \min(n, M)$ e N, n, M sono numeri naturali ($N \geq M$); allora diremo che Y è una v.c. ipergeometrica di parametri (N, n, M). La (A.19) fornisce la probabilità "di ottenere t palline bianche (diciamo t 'successi') in una estrazione in blocco di n palline da un'urna che ne contiene M di bianche e $N-M$ di nere".

Per determinare talune proprietà della v.c. Y conviene scrivere $Y = \sum_{i=1}^{n} I_i$ dove I_i è una variabile indicatrice che vale 1 o 0 a seconda che la i-ma prova (estrazione di una pallina) sia un successo o meno. Risulta allora che

$$\mathbb{P}\{I_i = 1\} = \frac{M}{N}, \quad \mathbb{P}\{I_i = I_j = 1\} = \frac{M(M-1)}{N(N-1)},$$
$$\mathrm{cov}\{I_i, I_j\} = -\frac{M(N-M)}{N^2(N-1)}$$

per $i, j = 1, \ldots, n$ ($i \neq j$). Da qui si ottiene che

$$\mathbb{E}\{Y\} = n\frac{M}{N}, \quad \mathrm{var}\{Y\} = n\frac{M}{N}\left(1 - \frac{M}{N}\right)\left(\frac{N-n}{N-1}\right). \tag{A.20}$$

Sostituendo M/N, rapporto tra numero di casi favorevoli e casi totali, con p nella (A.20), si ottengono espressioni analoghe alle (A.18) a parte per il fattore finale della varianza, fattore che è prossimo a 1 per $N \gg n$.

A.3.3 La Distribuzione di Poisson

Una v.c. discreta Y che prende valori $0, 1, 2, \ldots$ con

$$\mathbb{P}\{Y = t\} = \frac{e^{-\lambda}\,\lambda^t}{t!} \quad \text{per } t = 0, 1, \ldots \tag{A.21}$$

per qualche $\lambda > 0$ è detta di Poisson con parametro λ. Si determina rapidamente che la funzione caratteristica è

$$\mathbb{E}\{e^{itY}\} = \exp\{\lambda(e^{it} - 1)\}, \tag{A.22}$$

da cui abbiamo

$$\mathbb{E}\{Y\} = \lambda, \quad \mathrm{var}\{Y\} = \lambda.$$

Dalla (A.22) si vede anche che, se Y_1 e Y_2 sono v.c. di Poisson indipendenti di parametri rispettivamente λ_1 e λ_2, allora $Y_1 + Y_2$ è ancora di Poisson con parametro $\lambda_1 + \lambda_2$.

La distribuzione (A.21) può essere vista come una forma limite della (A.16). Infatti, se nella (A.16) si pone $p = \lambda/n$, per una costante λ positiva, e si fa divergere n, si ottiene appunto la (A.21).

La (A.13) stabilisce una relazione tra la funzione di ripartizione di una v.c. di Poisson calcolata nel punto p e la funzione di ripartizione di una v.c. gamma di indice intero p e parametro di scala λ.

A.3.4 La Distribuzione Binomiale Negativa

Una v.c. discreta Y che può prendere i valori interi non negaivi con

$$\mathbb{P}\{Y = t\} = \binom{t + r - 1}{t} p^r (1 - p)^t \quad \text{per } t = 0, 1, \ldots, \tag{A.23}$$

per qualche r reale positivo e $0 < p < 1$, è detta binomiale negativa di indice r e parametro p. Si tenga presente che il simbolo di coefficiente binomiale della (A.23) ha senso anche se r non è intero, in quanto si pone *per definizione*

$$\binom{v}{n} = \frac{v\,(v-1) \times \cdots \times (v - n + 1)}{n!}$$

per v reale positivo e n intero positivo, e

$$\binom{v}{0} = 1\,.$$

Nel caso che r sia intero la (A.23) può essere interpretata nel modo seguente. Si consideri una sequenza infinita di esperimenti che possono risultare in "successo" oppure "insuccesso", con probabilità costante ripettivamente p e $1-p$, e che questi esperimenti siano tra loro indipendenti; allora la (A.23) dà la probabilità di subire t "insuccessi" prima di conseguire un numero prefissato r di "successi". Quindi, in un certo senso, Y rappresenta un "tempo di attesa" per conseguire un certo numero di successi. Nel caso che r sia intero la (A.23) prende anche il nome di distribuzione di Pascal.

In ogni caso, per r intero o no, la funzione caratteristica di Y è

$$\mathbb{E}\{e^{itY}\} = \left(\frac{p}{1-(1-p)e^{it}}\right)^r \tag{A.24}$$

da cui otteniamo

$$\mathbb{E}\{Y\} = r\frac{1-p}{p}, \quad \text{var}\{Y\} = r\frac{1-p}{p^2}.$$

Dalla (A.24) si vede anche che la somma di due v.c. binomiali negative indipendenti di uguale parametro p è una v.c. binomiale negativa di parametro p e indice pari alla somma degli indici.

La distribuzione binomiale negativa può essere considerata l'analogo della distribuzione gamma nel senso che ora diremo. Si divida Y per n e al tempo stesso si modifichi p in modo tale che il valore medio resti pari ad una costante, diciamo μ ($\mu > 0$), cioè

$$\frac{r\,(1-p)}{n\,p} = \mu$$

da cui otteniamo

$$p = \frac{r}{r + n\mu}.$$

Sostituendo questa relazione nella (A.24) e facendo divergere n otteniamo un'espressione del tipo (A.14). L'operazione di dividere Y per n significa che in un'unità temporale si effettuano n prove invece di una, ma il parametro p è modificato in modo che il tempo di attesa medio non vari con n; ciò che abbiamo fatto allora è di rendere l'asse dei tempi fitto "come quello continuo", senza alterare il tempo medio di attesa.

La distribuzione (A.23) per $r = 1$ prende il nome particolare di distribuzione geometrica, la quale fornisce allora la probabilità che in una successione di repliche indipendenti di un esperimento si debba attendere per t "insuccessi" prima che si verifichi un "successo". Analogamente alla corrispondenza prima stabilita tra la binomiale negativa e la gamma, la geometrica può essere pensata come una versione discretizzata dell'esponenziale. Si noti che, se r è intero, possiamo pensare ad una v.c. binomiale negativa come alla somma di r v.c. geometriche indipendenti.

A.4 Distribuzioni di Probabilità Multiple

A.4.1 Richiami di Teoria delle Matrici

Diremo che una matrice A ha dimensione $m \times n$ se ha m righe e n colonne; per brevità diremo anche che A è una matrice $m \times n$ e scriveremo $A = (a_{ij})$, dove l'elemento tra le parentesi indica il generico elemento di A. La matrice trasposta di A sarà indicata con $A^\top$. Una matrice v di dimensione $n \times 1$ è detta vettore (colonna) di dimensione n o, equivalentemente, vettore $n \times 1$ e scriveremo $v \in \mathbb{R}^n$; analogamente una matrice di dimensione $1 \times n$ è detta vettore riga. Indicheremo con I_k la matrice identità di ordine k, con 1_n il vettore $n \times 1$ avente tutti gli elementi pari a 1 e con 0 una matrice di zeri (le cui dimensioni saranno chiare dal contesto). Se A è una matrice quadrata di ordine k, cioè una matrice $k \times k$, useremo la seguente terminologia e notazione:

1. A è simmetrica se $A^\top = A$;

2. $|A|$ è il determinante di A; vale la proprietà $|AB| = |A| \cdot |B|$;

3. se $|A| \neq 0$ diremo che A è non singolare e per essa esiste la matrice inversa A^{-1} tale che $AA^{-1} = A^{-1}A = I_k$; inoltre $(A^\top)^{-1} = (A^{-1})^\top$ e $(AB)^{-1} = B^{-1}A^{-1}$ se ambedue le inverse esistono;

4. A è semidefinita positiva se è simmetrica e tale che $u^\top Au \geq 0$ per ogni vettore $u \in \mathbb{R}^k$ non nullo; in tale caso scriveremo $A \geq 0$; inoltre useremo la scrittura $A \geq B$ per indicare che $A - B \geq 0$;

5. A è definita positiva se è simmetrica e tale che $u^\top Au > 0$ per ogni vettore $u \in \mathbb{R}^k$ non nullo; in tale caso scriveremo $A > 0$; inoltre useremo la scrittura $A > B$ per indicare che $A - B > 0$;

6. A è ortogonale se la sua trasposta coincide con la sua inversa, cioè $A^\top = A^{-1}$; in tale caso $|A| = \pm 1$;

7. tr(A) è la traccia di A, cioè la somma degli elementi sulla diagonale principale; vale la proprietà $\text{tr}(AB) = \text{tr}(BA)$, per due matrici A e B, anche non quadrate, ammesso che ambedue i prodotti AB e BA siano possibili;

8. A è idempotente se $A = A^2$; per una matrice idempotente il rango è pari alla traccia, cioè $\text{rg}(A) = \text{tr}(A)$;

9. A è una matrice diagonale se tutti gli elementi fuori dalla diagonale principale sono nulli; scriveremo anche che $A = \text{diag}(a_1, \dots, a_k)$ dove $(a_1, \dots, a_k)$ sono gli elementi della diagonale principale;

10. vale il cosiddetto *lemma di inversione di matrice*

$$(A + BCD)^{-1} = A^{-1} - A^{-1}B(C^{-1} + DA^{-1}B)^{-1}DA^{-1} \tag{A.25}$$

quando le dimensioni delle matrici sono tali da consentire i prodotti e le matrici inverse richieste esistono; in particolare, se b e d sono vettori e $c = 1$ scalare, la (A.25) diventa

$$(A + bd^\top)^{-1} = A^{-1} - \frac{1}{1 + d^\top A^{-1}b} A^{-1}bd^\top A^{-1} \tag{A.26}$$

detta *formula di Sherman–Morrison*.

Teorema A.4.1 (di scomposizione spettrale) *Se A è una matrice simmetrica di ordine k allora esistono dei reali $\lambda_1, \dots, \lambda_k$ ed una matrice ortogonale Q tali che*

$$A = Q\Lambda Q^\top, \quad \Lambda = \text{diag}(\lambda_1, \dots, \lambda_k).$$

Per la dimostrazione si rimanda ad un qualunque testo di teoria delle matrici. I numeri $\lambda_1, \dots, \lambda_k$ si chiamano *autovalori* di A e la j-ma colonna di Q si chiama *autovettore* associato a λ_j. È ovvio che, se $A \geq 0$, allora $\lambda_j \geq 0$ per ogni j e analogamente $A > 0$ implica $\lambda_j > 0$ per ogni j.

Dal teorema precedente e dalle proprietà del determinante di una matrice ortogonale segue subito che

$$|A| = |\Lambda| = \prod_{j=1}^{k} \lambda_j.$$

Vogliamo ora introdurre la nozione di radice quadrata di una matrice, cioè per una matrice $A \geq 0$ vogliamo individuare in corrispondenza una matrice B tale che $A = BB^\top$. Iniziamo dal caso elementare in cui A è diagonale, diciamo $A = \mathrm{diag}(a_1, \dots, a_k)$; allora è naturale porre $B = \mathrm{diag}(a_1^{1/2}, \dots, a_k^{1/2})$. Passando poi al caso in cui A è una generica matrice semidefinita positiva e ponendo $B = Q\Lambda^{1/2} = Q\ \mathrm{diag}(\lambda_1^{1/2}, \dots, \lambda_k^{1/2})$ abbiamo

$$A = Q\Lambda Q^\top = (Q\Lambda^{1/2})(\Lambda^{1/2}Q^\top) = BB^\top.$$

Diremo pertanto che B è *una* radice quadrata di A. Si noti che, se $A > 0$,

$$B^{-1} = (Q\Lambda^{1/2})^{-1} = \Lambda^{-1/2}Q^\top.$$

A.4.2 Variabili Casuali Multiple

Siano $X_1, \dots, X_k$ v.c. definite sullo stesso spazio di probabilità . Allora il vettore casuale

$$X = \begin{pmatrix} X_1 \\ X_2 \\ \vdots \\ X_k \end{pmatrix};$$

costituisce una *v.c. multipla*. Il valore medio di X è definito come vettore dei valori medi delle componenti, se tutti questi esistono, cioè si definisce

$$\mathbb{E}\{X\} = \begin{pmatrix} \mathbb{E}\{X_1\} \\ \mathbb{E}\{X_2\} \\ \vdots \\ \mathbb{E}\{X_k\} \end{pmatrix}$$

e la *matrice di varianza* (o matrice di dispersione) è definita come

$$\operatorname{var}\{X\} = \begin{pmatrix} \operatorname{var}\{X_1\} & \operatorname{cov}\{X_1, X_2\} & \dots & \operatorname{cov}\{X_1, X_k\} \\ \operatorname{cov}\{X_2, X_1\} & \operatorname{var}\{X_2\} & \dots & \operatorname{cov}\{X_2, X_k\} \\ \vdots & \vdots & \ddots & \vdots \\ \operatorname{cov}\{X_k, X_1\} & \operatorname{cov}\{X_k, X_2\} & \dots & \operatorname{var}\{X_k\} \end{pmatrix}$$

supponendo l'esistenza di ogni elemento della matrice. In realtà l'esistenza degli elementi sulla diagonale principale è sufficiente a garantire l'esistenza di tutti gli altri, come si può verificare per esercizio. Si noti che $\operatorname{var}\{X\}$ è una matrice simmetrica e che $\operatorname{var}\{X_i\}$ è una scrittura equivalente a $\operatorname{cov}\{X_i, X_i\}$.

La matrice che si ottiene dividendo il generico termine $\operatorname{cov}\{X_i, X_j\}$ per il prodotto dei rispettivi scarti quadratici medi, $\sqrt{\operatorname{var}\{X_i\}\operatorname{var}\{X_j\}}$, è detta *matrice di correlazione*. Se $\operatorname{var}\{X\}$ è una matrice diagonale diremo che X è a componenti incorrelate.

A.4.3 Alcune Proprietà Generali

Diamo qui alcune semplici proprietà del valor medio e della matrice di varianza di v.c. multiple. Per tutto questo paragrafo poniamo $X = (X_1, \dots, X_k)^\top$, con $\mathbb{E}\{X\} = \mu$, $\operatorname{var}\{X\} = V$.

Lemma A.4.2 *Sia $A = (a_{ij})$ una matrice $n \times k$ e $b = (b_1, \dots, b_n)^\top$ un vettore $n \times 1$; definiamo*

$$Y = AX + b.$$

Allora si ha che

(i) $\mathbb{E}\{Y\} = A\mu + b$,

(ii) $\operatorname{var}\{Y\} = A\,V A^\top$.

Dimostrazione. Sia Y_i la i-ma componente di Y. Mostriamo anzitutto che $\mathbb{E}\{Y_i\}$ esiste. Infatti

$$\mathbb{E}\{|Y_i|\} = \mathbb{E}\left\{\left|\sum_{j=1}^{k} a_{ij}X_j + b_i\right|\right\}$$

$$\begin{aligned} &\leq \mathbb{E}\left\{ \sum_j |a_{ij}| \cdot |X_j| + |b_i| \right\} = \sum_j |a_{ij}|\, \mathbb{E}\{|X_j|\} + |b_i| \\ &< \infty. \end{aligned}$$

per $i = 1, \ldots, k$. Quindi $\mathbb{E}\{Y_i\}$ esiste ed è tale che

$$\mathbb{E}\{Y_i\} = \mathbb{E}\left\{ \sum_{j=1}^{k} a_{ij} X_j + b_i \right\} = \sum_j a_{ij} \mathbb{E}\{X_j\} + b_i$$

per $i = 1, \ldots, k$. In forma matriciale queste relazioni si scrivono

$$\mathbb{E}\{Y\} = A\, \mathbb{E}\{X\} + b = A\mu + b.$$

Ciò dimostra la relazione *(i)* dell'enunciato; per la relazione *(ii)* la dimostrazione è del tutto analoga, tenendo presente che

$$\mathrm{cov}\{a_{ij} X_j,\ a_{rs} X_s\} = a_{ij}\, a_{rs}\, \mathrm{cov}\{X_j, X_s\}\,.$$

QED

Lemma A.4.3 *La matrice di varianza* $V = \mathrm{var}\{X\}$ *è semidefinita positiva, e inoltre è definita positiva se non esiste alcun vettore non nullo* b *tale che* $b^\top X$ *abbia distribuzione degenere.*

Dimostrazione. Sia $Y = b^\top X$; allora $0 \leq \mathrm{var}\left\{ b^\top X \right\} = b^\top V b$. Quindi $V \geq 0$. Se $b^\top V b = 0$ significa che $\mathrm{var}\left\{ b^\top X \right\} = 0$, cioè $b^\top X$ è pari ad una costante con probabilità 1. *QED*

Lemma A.4.4 *Se* $\mathrm{var}\{X\} = V > 0$ *allora esiste una matrice quadrata* C *di ordine* k *tale che* $Y = CX$ *ha componenti incorrelate a varianza unitaria, cioè* $\mathrm{var}\{Y\} = I_k$.

Dimostrazione. Per quanto detto alla fine del § A.4.1 sappiamo che possiamo scrivere $V = BB^\top$ con B radice quadrata non singolare di V. Ponendo

$Y = B^{-1}X$, abbiamo

$$\begin{aligned}\text{var}\{Y\} &= \text{var}\{B^{-1}X\} = B^{-1}\text{var}\{X\}(B^{-1})^\top \\ &= B^{-1}V(B^\top)^{-1} = B^{-1}BB^\top(B^\top)^{-1} \\ &= I_k\end{aligned}$$

QED

Lemma A.4.5 *Sia $A = (a_{ij})$ una matrice quadrata di ordine k. Allora*

$$\mathbb{E}\Big\{X^\top AX\Big\} = \mu^\top A\mu + \text{tr}(AV).$$

Dimostrazione.

$$\begin{aligned}\mathbb{E}\Big\{X^\top AX\Big\} &= \mathbb{E}\left\{\sum_{i=1}^{k}\sum_{j=1}^{k} X_i a_{ij} X_j\right\} \\ &= \sum_i\sum_j a_{ij}\mathbb{E}\{X_iX_j\} \\ &= \sum_i\sum_j a_{ij}(\mu_i\mu_j + v_{ij}) \\ &= \sum_i\sum_j a_{ij}\mu_i\mu_j + \sum_i\sum_j a_{ij}v_{ji} \\ &= \mu^\top A\mu + \sum_i (AV)_{ii} \\ &= \mu^\top A\mu + \text{tr}(AV)\end{aligned}$$

avendo indicato con μ_i e v_{ij} i generici elementi di μ e V, e con $(AV)_{ii}$ il generico elemento sulla diagonale principale di AV. Ciò completa la dimostrazione.

Lo stesso tipo di conteggio effettuato sopra può essere scritto in forma più compatta come

$$\begin{aligned}\mathbb{E}\Big\{X^\top AX\Big\} &= \mathbb{E}\Big\{\text{tr}(X^\top AX)\Big\} \\ &= \mathbb{E}\Big\{\text{tr}(AXX^\top)\Big\}\end{aligned}$$

$$\begin{aligned} &= \operatorname{tr}\left(A\,\mathbb{E}\left\{XX^\top\right\}\right) \\ &= \operatorname{tr}(A(\mu\mu^\top + V)) \\ &= \mu^\top A\mu + \operatorname{tr}(AV) \end{aligned}$$

tenendo conto che l'operatore traccia è lineare e quindi scambiabile con quello di valor medio. *QED*

A.5 La Distribuzione Normale Multipla

A.5.1 Funzione di Densità

Prima di dare la definizione formale di densità di una v.c. normale multipla, premettiamo alcune considerazioni che intendono illustrare la genesi di tale definizione. Sia $Z = (Z_1, \ldots, Z_k)^\top$ con $Z_1, \ldots, Z_k$ v.c. indipendenti e identicamente distribuite $N(0,1)$ e

$$Y = AZ + \mu$$

per qualche matrice A non singolare di dimensione $k \times k$, e μ vettore $k \times 1$. Le componenti del vettore casuale Y sono combinazioni lineari di v.c. normali indipendenti e abbiamo già visto al § A.2.1 che ciascuna di tali combinazioni lineari è una v.c. normale. È allora ragionevole pensare al vettore Y complessivamente come ad una generalizzazione al caso k-dimensionale della distribuzione normale. Ricaviamo ora la distribuzione di tale vettore casuale Y. La funzione di densità della Z nel punto $t \in \mathbb{R}^k$ è

$$f_Z(t) = \frac{1}{(2\pi)^{k/2}} \exp(-\tfrac{1}{2} t^\top t).$$

Abbiamo che

$$Z = A^{-1}(Y - \mu),$$

e quindi lo Jacobiano è

$$\left| \left(\frac{\partial Z_i}{\partial Y_j} \right) \right| = |A|^{-1} = |V|^{-1/2}$$

tenuto conto che

$$|V| = |AA^\top| = |A|^2.$$

Inoltre, posto $y = At + \mu$, abbiamo

$$\begin{aligned} t^\top t &= \{A^{-1}(y-\mu)\}^\top \{A^{-1}(y-\mu)\} \\ &= (y-\mu)^\top V^{-1}(y-\mu). \end{aligned}$$

Pertanto la funzione di densità di Y in y è

$$f_Y(y) = \frac{1}{(2\pi)^{k/2}|V|^{1/2}} \exp\{-\tfrac{1}{2}(y-\mu)^\top V^{-1}(y-\mu)\}. \tag{A.27}$$

A questo punto noi poniamo *per definizione* che una v.c. multipla $Y = (Y_1, \ldots, Y_k)^\top$ avente funzione di densità del tipo (A.27) è una v.c. normale multipla di parametri μ e V (quale che sia stata la sua genesi, anche diversa dall'operazione $Y = AZ + \mu$) e scriveremo

$$Y \sim N_k(\mu, V).$$

Se $k = 1$, e quindi μ e V si riducono a degli scalari, allora è indifferente scrivere $N(\mu, v)$ oppure $N_1(\mu, v)$.

Si osservi che, pur avendo detto che ogni v.c. con funzione di densità (A.27) è normale multipla, ciò non toglie che la (A.27) è la funzione di densità della trasformazione $AZ + \mu$ e quindi ogni proprietà che attiene alla distribuzione di $AZ + \mu$ attiene alla distribuzione (A.27). Questa considerazione torna utile per ottenere in modo molto semplice dei risultati che sarebbero abbastanza laboriosi se volessimo operare direttamente sulla (A.27). Ad esempio, per il lemma A.4.2 abbiamo che

$$\mathbb{E}\{Y\} = \mathbb{E}\{AZ + \mu\} = \mu, \quad \text{var}\{Y\} = \text{var}\{AZ + \mu\} = V$$

tenendo conto che $\mathbb{E}\{Z\} = 0, \text{var}\{Z\} = I_k$. Inoltre, se $X = BY + b$, con B matrice $k \times k$ non singolare e b vettore $k \times 1$, allora nel caso in cui $Y = AZ + \mu$,

$$X = BAZ + (B\mu + b), \quad (BA)(BA)^\top = BVB^\top$$

e quindi

$$X \sim N_k(B\mu + b, BVB^\top).$$

Le curve di livello della (A.27) sono individuate dai punti per cui $(y - \mu)^\top V^{-1}(y - \mu) =$ costante, e quest'ultima è l'equazione di un'ellissoide con centro in μ. In particolare, se $k = 2$, tale ellissoide si riduce ad un'ellisse, il cui asse principale forma un angolo

$$\omega = \tfrac{1}{2} \arctan\left(\frac{2v_{12}}{v_{11} - v_{22}}\right)$$

con l'asse y_1. La Figura A.1 fornisce alcune rappresentazioni grafiche della (A.27) nel caso di distribuzione doppia a marginali standardizzate, cioè con $k = 2$ e

$$\mu = \begin{pmatrix} 0 \\ 0 \end{pmatrix}, \quad V = \begin{pmatrix} 1 & \rho \\ \rho & 1 \end{pmatrix},$$

e quindi con funzione di densità in (y_1, y_2) data da

$$\frac{1}{2\pi\sqrt{1-\rho^2}} \exp\left(-\frac{1}{2(1-\rho^2)}(y_1^2 - 2\rho y_1 y_2 + y_2^2)\right). \tag{A.28}$$

In questo caso, essendo le varianze uguali, $\omega = \mathrm{sgn}(\rho)\pi/4$. Per valori di ρ rispettivamente pari a $\frac{1}{2}, 0, -\frac{1}{2}$, la Figura A.1 fornisce una rappresentazione prospettica della funzione di densità (A.28) ed una mediante curve di livello, che danno luogo ad ellissi di equidensità. La Figura A.2 fornisce grafici analoghi per il caso

$$\mu = \begin{pmatrix} 0 \\ 0 \end{pmatrix}, \quad V = \begin{pmatrix} 1 & 0 \\ 0 & v_{22} \end{pmatrix}$$

per $v_{22} = \frac{1}{2}, 1, 2$.

Osservazione A.5.1 Per le assunzioni fatte, ci siamo limitati a considerare il caso di v.c. normali multiple con matrice di varianza $V > 0$. Ciò non è in effetti indispensabile: è possibile considerare v.c. normali multiple con la più debole condizione che $V \geq 0$. Questa estensione esula dai nostri scopi e non è comunque di grande rilevanza pratica.

Osservazione A.5.2 Dalla (A.27) segue immediatamente che, se V è una matrice diagonale, le v.c. $Y_1, \ldots, Y_k$ sono indipendenti. In altre parole, se le componenti di una variabile normale multipla sono incorrelate, allora sono indipendenti. Questa conclusione è spesso parafrasata dicendo che "se le v.c. $Y_1, \ldots, Y_k$ sono normali e incorrelate allora

Fig. A.1: La densità normale doppia a componenti standardizzate, con ρ pari rispettivamente a $-\frac{1}{2}, 0, \frac{1}{2}$ (procedendo dall'alto verso il basso)

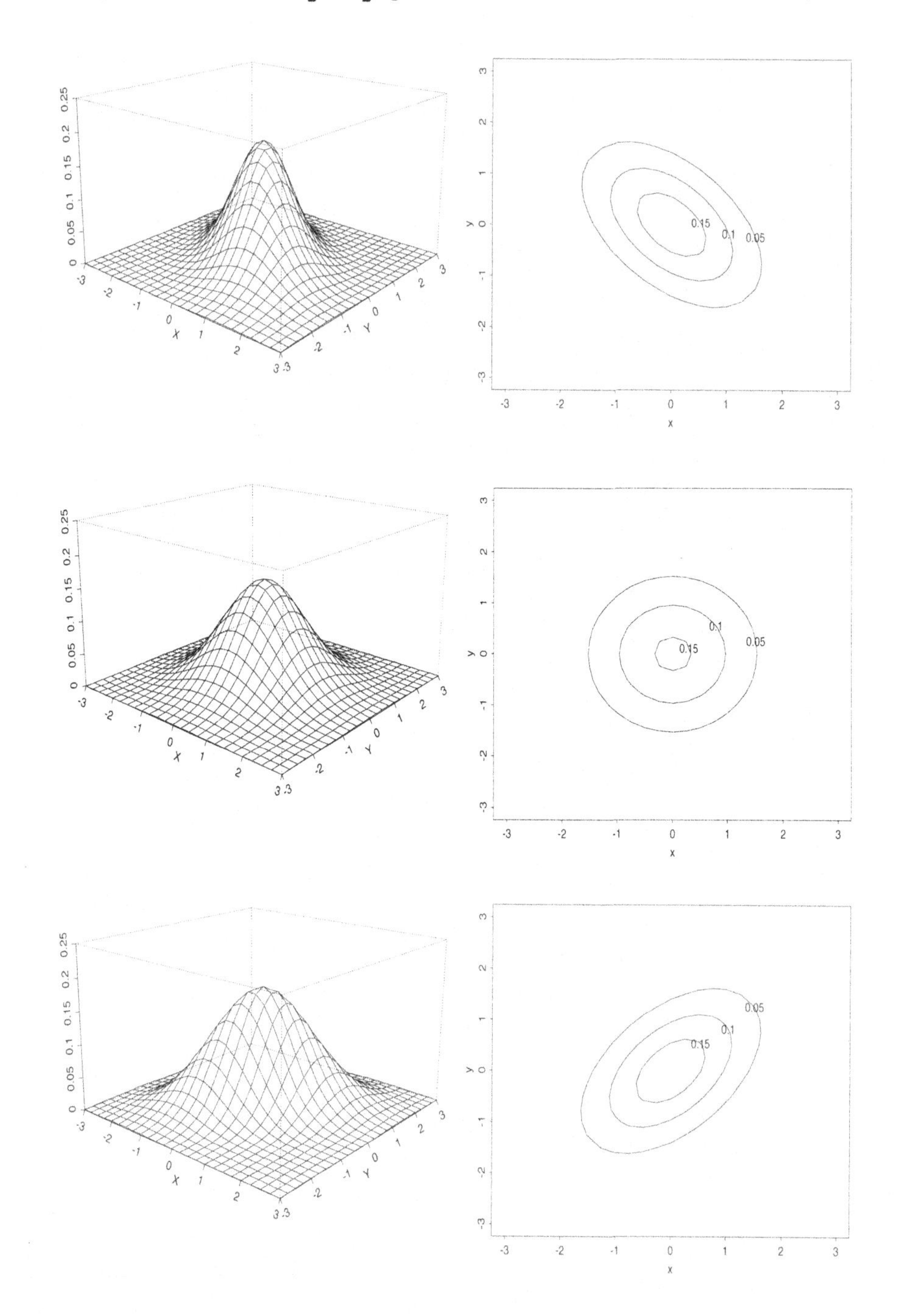

Fig. A.2: La densità normale doppia a componenti indipendenti, con media nulla, $v_{11} = 1$ e v_{22} pari rispettivamente a $\frac{1}{2}, 1, 2$ (procedendo dall'alto il basso)

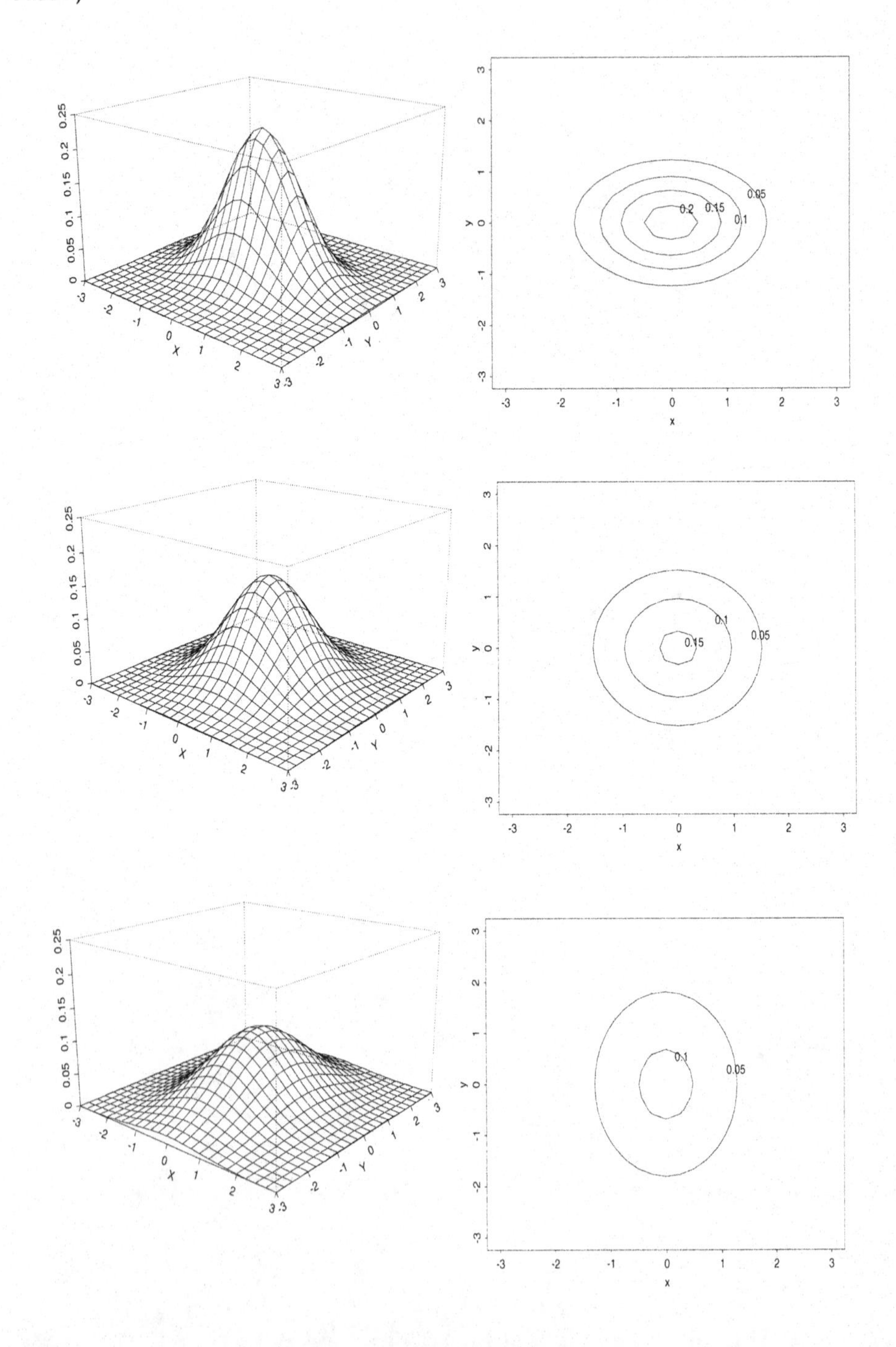

sono independenti", ma tale affermazione non è corretta, perché il fatto che $Y_1, \ldots, Y_k$ siano individualmente delle normali non implica che il vettore $(Y_1, \ldots, Y_k)^\top$ costituisca una normale multipla. (Cfr. Esercizio A.5).

A.5.2 Funzione Caratteristica

Lemma A.5.3 *Se A è una matrice $k \times k$ definita positiva e b è un vettore $k \times 1$, allora*

$$\int_{\mathbb{R}^k} \frac{1}{(2\pi)^{k/2}} \exp\{-\tfrac{1}{2}(y^\top Ay - 2b^\top y)\}\, \mathrm{d}y = \frac{\exp(\frac{1}{2}b^\top A^{-1}b)}{|A|^{1/2}}$$

dove $\mathrm{d}y$ *sta per* $\mathrm{d}y_1 \cdots \mathrm{d}y_k$.

Dimostrazione. Indichiamo con I l'integrale a sinistra del segno di uguaglianza. Sia $\mu = A^{-1}b$ e, entro il termine $\exp(\cdot)$ di I, aggiungiamo e sottraiamo $\frac{1}{2}\mu^\top A\mu$, cosicchè

$$\begin{aligned} I &= |A^{-1}|^{1/2} \exp(\tfrac{1}{2}\mu^\top A\mu) \int_{\mathbb{R}^k} g(y)\, \mathrm{d}y \\ &= \frac{\exp(\frac{1}{2}b^\top A^{-1}b)}{|A|^{1/2}} \end{aligned}$$

dove $g(y)$ è la funzione di densità (A.27) con V sostituito da A^{-1}. *QED*

L'artifizio usato qui di aggiungere e sottrarre un termine opportuno per ottenere un integrando del tipo (A.27) prende il nome di*completamento del quadrato* e risulta conveniente in varie occasioni di calcolo.

Il calcolo della funzione generatrice dei momenti di Y diventa immediato, in quanto

$$\begin{aligned} \mathbb{E}\Big\{\exp(t^\top Y)\Big\} &= \int_{\mathbb{R}^k} \exp(t^\top y)\, f_Y(y)\, \mathrm{d}y \\ &= \exp(-\tfrac{1}{2}\mu^\top V^{-1}\mu) \\ &\quad \int_{\mathbb{R}^k} \frac{\exp\left\{-\frac{1}{2}\left(y^\top V^{-1}y - 2(V^{-1}\mu + t)^\top y\right)\right\}}{(2\pi)^{k/2}\,|V|^{1/2}}\, \mathrm{d}y \\ &= \exp(\tfrac{1}{2}t^\top Vt + t^\top \mu) \end{aligned}$$

usando il lemma precedente con $A = V^{-1}$ e $b = V^{-1}\mu + t$. La funzione caratterstica di Y è

$$\mathbb{E}\Big\{\exp(it^\top Y)\Big\} = \exp(it^\top \mu - \tfrac{1}{2}t^\top V t).$$

A.5.3 Distribuzioni Marginali

Dividiamo Y in due vettori, cioè poniamo

$$Y = \begin{pmatrix} Y_1 \\ Y_2 \end{pmatrix}$$

con $Y_1 \in \mathbb{R}^r, Y_2 \in \mathbb{R}^{k-r}$ $(1 < r < k)$, e corrispondentemente poniamo

$$\mu = \begin{pmatrix} \mu_1 \\ \mu_2 \end{pmatrix}, \quad t = \begin{pmatrix} t_1 \\ t_2 \end{pmatrix}, \quad V = \begin{pmatrix} V_{11} & V_{12} \\ V_{21} & V_{22} \end{pmatrix}$$

con $V_{21} = V_{12}^\top$. La distribuzione marginale di Y_1 si calcola ponendo $t_2 = 0$ nella funzione caratteristica di Y; si ottiene

$$\exp\left(it_1^\top \mu_1 - \tfrac{1}{2}t_1^\top V_{11} t_1\right)$$

che è la funzione caratteristica di $N_r(\mu_1, V_{11})$.

Ciò significa che "tutte le marginali di una normale multipla sono normali (multiple)". Naturalmente questo non implica il viceversa: si possono dare esempi di v.c. multiple le cui marginali sono normali senza che la distribuzione congiunta sia normale multipla. (Cfr. Esercizio A.5).

A.5.4 Distribuzioni Condizionate

Otteniamo prima alcune relazioni relative all'inversa della matrice di varianza, e valide più in generale per una matrice simmetrica non singolare.

Utilizzando la stessa partizione in blocchi di Y e di V introdotta al paragrafo precedente scriviamo

$$V^{-1} = W = \begin{pmatrix} W_{11} & W_{12} \\ W_{21} & W_{22} \end{pmatrix}$$

con $W_{21} = W_{12}^{\top}$ in quanto l'inversa di una matrice simmetrica è anch'essa simmetrica. Dobbiamo avere che

$$I_k = V^{-1}V = WV = \begin{pmatrix} W_{11} & W_{12} \\ W_{21} & W_{22} \end{pmatrix} \begin{pmatrix} V_{11} & V_{12} \\ V_{21} & V_{22} \end{pmatrix} = \begin{pmatrix} I_r & 0 \\ 0 & I_{k-r} \end{pmatrix}.$$

Dal fatto che

$$W_{11}V_{12} + W_{12}V_{22} = 0$$

otteniamo

$$W_{12} = -W_{11}V_{12}V_{22}^{-1}.$$

Sostituendo questo in

$$W_{11}V_{11} + W_{12}V_{21} = I_r$$

otteniamo

$$W_{11}(V_{11} - V_{12}V_{22}^{-1}V_{21}) = I_r;$$

e così via per le altre relazioni; si arriva a

(a) $W_{11} = (V_{11} - V_{12}V_{22}^{-1}V_{21})^{-1}$,

(b) $W_{22} = (V_{22} - V_{21}V_{11}^{-1}V_{12})^{-1}$,

(c) $W_{12} = -W_{11}V_{12}V_{22}^{-1}$,

(d) $W_{21} = -W_{22}V_{21}V_{11}^{-1}$.

Vogliamo ora ottenere la funzione di densità di Y_1 condizionata al fatto che $Y_2 = y_2$ per qualche $y_2 \in \mathbb{R}^{k-r}$. Questa densità è proporzionale a

$$\exp(-\tfrac{1}{2}Q) = \exp\left\{-\tfrac{1}{2}\left(z^{\top}V^{-1}z - z_2^{\top}V_{22}^{-1}z_2\right)\right\}$$

dove $z = y - \mu$, $z_2 = y_2 - \mu_2$. Usando la (b) con W e V scambiati, e ponendo

$$V_{11\cdot 2} = V_{11} - V_{12}V_{22}^{-1}V_{21}$$

abbiamo

$$\begin{aligned} Q &= (z_1^{\top}, z_2^{\top}) \begin{pmatrix} W_{11} & W_{12} \\ W_{21} & W_{22} \end{pmatrix} \begin{pmatrix} z_1 \\ z_2 \end{pmatrix} - z_2^{\top}(W_{22} - W_{21}W_{11}^{-1}W_{12})z_2 \\ &= (z_1 + W_{11}^{-1}W_{12}z_2)^{\top}\, W_{11}\, (z_1 + W_{11}^{-1}W_{12}z_2) \\ &= (z_1 - V_{12}V_{22}^{-1}z_2)^{\top}\, V_{11\cdot 2}^{-1}\, (z_1 - V_{12}V_{22}^{-1}z_2) \end{aligned}$$

che, per y_2 fissato, è una forma quadratica in y_1. Pertanto Y_1 condizionata a $Y_2 = y_2$ è distribuita come

$$N_r\left(\mu_1 + V_{12}V_{22}^{-1}(y_2 - \mu_2),\ V_{11\cdot 2}\right). \tag{A.29}$$

Al variare di y_2, l'espressione della media condizionata fornisce quella di un iperpiano passante per $(\mu_1^\top, \mu_2^\top)^\top$ che è detto *iperpiano di regressione* La matrice di varianza (ovvero la varianza condizionata, nel caso scalare) non dipende invece da y_2 ed è sempre "più piccola" di quella non condizionata, nel senso che $V_{11} - V_{11\cdot 2} > 0$.

A.5.5 Distanza di Mahalanobis

Con riferimento ad una v.c. $Y \sim N_k(\mu, V)$, si utilizza spesso la metrica di Mahalanobis indotta dalla norma

$$\|a\|_V^2 = a^\top V^{-1} a$$

per $a \in \mathbb{R}^k$. Si tratta di una generalizzazione della usuale distanza euclidea alla quale si riduce quando $V = I_k$. La distanza di Mahalanobis gode di un'importante proprietà di invarianza; infatti, se si trasformano le coordinate mediante una matrice C non singolare, si ha che

$$\begin{array}{rcl} a & \to & Ca \\ V & \to & CVC^\top \\ \|a\|_V^2 & \to & (Ca)^\top (CVC^\top)^{-1}(Ca) = a^\top V^{-1} a = \|a\|_V^2 \end{array}$$

e quindi la distanza dall'origine di un vettore a non muta dopo la trasformazione di coordinate.

Questa norma è strettamente connessa alla espressione della densità normale. Infatti la (A.27) può essere scritta come

$$\exp(-\tfrac{1}{2}\|y - \mu\|_V^2)$$

a meno di una costante di normalizzazione. Quindi i punti y di uguale densità sono quelli che hanno uguale distanza di Mahalanobis da μ.

A.5.6 La Distribuzione Chi-quadrato

Se $Z = (Z_1, \ldots, Z_k)^\top \sim N_k(0, I_k)$ diremo che

$$U_k = Z^\top Z = \sum_{i=1}^{k} Z_i^2$$

è un χ^2 con k gradi di libertà e scriveremo

$$U_k \sim \chi_k^2.$$

Spesso useremo una notazione del tipo $W \sim c\,\chi_k^2$ con c costante positiva come scrittura di comodo per indicare che $W/c \sim \chi_k^2$.

Vogliamo ora determinare la funzione di densità di U_k. Consideriamo prima il caso $k = 1$; per $t > 0$ abbiamo

$$\mathbb{P}\{U_1 \le t\} = \mathbb{P}\{\{\}\, Z_1^2 \le t\} = \mathbb{P}\{\{\} - \sqrt{t} \le Z_1 \le \sqrt{t}\} = 2\{\Phi(\sqrt{t}) - \tfrac{1}{2}\}$$

la cui derivata è

$$f_1(t) = \frac{\mathrm{d}}{\mathrm{d}t}\{2\Phi(\sqrt{t}) - 1\} = \frac{t^{-1/2}e^{-t/2}}{\sqrt{2\pi}}$$

che è la funzione di densità di una v.c. gamma con indice $\frac{1}{2}$ e parametro di scala $\frac{1}{2}$. Quindi, per la proprietà additiva della v.c. gamma, $U_k \sim G(\frac{1}{2}k, \frac{1}{2})$, avente densità

$$f_k(t) = \frac{1}{2^{k/2}\Gamma(k/2)} t^{(k/2)-1} e^{-t/2} \qquad \text{per } t > 0.$$

Inoltre, utilizzando l'espressione dei momenti delle v.c. gamma, abbiamo che

$$\mathbb{E}\{U_k\} = k, \quad \operatorname{var}\{U_k\} = 2k.$$

È ovvio che, se $W_r \sim \chi_r^2$ con U_k e W_r indipendenti, allora $W_r + U_k \sim \chi_{r+k}^2$ per la proprietà additiva delle v.c. gamma.

A.5.7 Distribuzione di Media e Varianza Campionaria

Siano $(Y_1, \ldots, Y_n)$ v.c. indipendenti e identicamente distribuite $N(\mu, \sigma^2)$ o, equivalentemente, $Y = (Y_1, \ldots, Y_n)^\top \sim N_n(\mu 1_n, \sigma^2 I_n)$. Poniamo

$$\begin{aligned}\overline{Y} &= n^{-1} Y^\top 1_n = \frac{1}{n}\sum_{i=1}^{n} Y_i,\\ S^2 &= (n-1)^{-1}(Y - 1_n\overline{Y})^\top (Y - 1_n\overline{Y}) = \frac{1}{n-1}\sum_{i=1}^{n}(Y_i - \overline{Y})^2\end{aligned}$$

che chiameremo rispettivamente media campionaria e varianza campionaria corretta. Si vuole dimostrare che $\overline{Y}$ e S^2 sono v.c. indipendenti e che

$$\overline{Y} \sim N(\mu, \sigma^2/n), \quad S^2 \sim \frac{\sigma^2}{n-1}\chi^2_{n-1}.$$

Si consideri una qualsiasi matrice ortogonale A avente gli elementi della prima riga tutti pari a $1/\sqrt{n}$. Ad esempio potremmo scegliere la matrice di Helmert

$$A = \begin{pmatrix} \frac{1}{\sqrt{n}} & \frac{1}{\sqrt{n}} & \frac{1}{\sqrt{n}} & \frac{1}{\sqrt{n}} & \cdots & \frac{1}{\sqrt{n}} \\ \frac{1}{\sqrt{1\cdot 2}} & -\frac{1}{\sqrt{1\cdot 2}} & 0 & 0 & \cdots & 0 \\ \frac{1}{\sqrt{2\cdot 3}} & \frac{1}{\sqrt{2\cdot 3}} & -\frac{2}{\sqrt{2\cdot 3}} & 0 & \cdots & 0 \\ \frac{1}{\sqrt{3\cdot 4}} & \frac{1}{\sqrt{3\cdot 4}} & \frac{1}{\sqrt{3\cdot 4}} & -\frac{3}{\sqrt{3\cdot 4}} & \cdots & 0 \\ \vdots & \vdots & \vdots & \vdots & \ddots & \vdots \\ \frac{1}{\sqrt{n(n-1)}} & \frac{1}{\sqrt{n(n-1)}} & \frac{1}{\sqrt{n(n-1)}} & \frac{1}{\sqrt{n(n-1)}} & \cdots & -\frac{n-1}{\sqrt{n(n-1)}} \end{pmatrix}$$

che soddisfa le condizioni richieste. Quindi

$$Z = AY \sim N_n(\mu_z, \sigma^2 I_n)$$

dove $\mu_z = (\mu\sqrt{n}, 0, \ldots, 0)^\top$. Inoltre

$$Z_2^2 + \cdots + Z_n^2 = Z^\top Z - Z_1^2 = \sum_{j=1}^{n} Y_j^2 - n\overline{Y}^2 = (n-1)S^2$$

e quindi

$$\frac{1}{\sigma^2}\left(\sum_{j=2}^{n} Z_j^2\right) = \frac{n-1}{\sigma^2} S^2 \sim \chi^2_{n-1}$$

e, per l'indipendenza delle Z_j, S^2 è indipendente da $Z_1 = \sqrt{n}\,\overline{Y}$. La distribuzione di $\overline{Y}$ si calcola in modo ovvio.

A.5.8 Chi-quadrato Non Centrale

Se $Z = (Z_1, \ldots, Z_k)^\top \sim N_k(\mu, I_k)$, diremo che

$$U_k = Z^\top Z = \sum_{i=1}^{k} Z_i^2$$

è un χ^2 non centrale con k gradi di libertà e parametro di non centralità $\delta = \mu^\top \mu$, e scriveremo

$$U_k \sim \chi^2_k(\delta).$$

La notazione utilizzata evidenza che la distribuzione di U_k dipende da μ solo tramite δ, e non dipende dalle singole componenti di μ. Nel caso in cui il parametro di non centralità sia nullo, riotteniamo il chi-quadrato precedentemente visto, detto chi-quadrato centrale.

Teorema A.5.4 *Se $Y \sim N_k(\mu, V)$ con $V > 0$, allora*

$$Q = Y^\top V^{-1} Y = \|Y\|^2_{V^{-1}} \sim \chi^2_k(\mu^\top V^{-1}\mu).$$

Dimostrazione. Sia $V = BB^\top$; quindi

$$Q = Y^\top (BB^\top)^{-1} Y = (B^{-1}Y)^\top B^{-1} Y = Z^\top Z$$

con $Z = B^{-1}Y \sim N_k(B^{-1}\mu, I_k)$. Quindi $Z^\top Z \sim \chi^2_k(\delta)$, dove

$$\delta = (B^{-1}\mu)^\top B^{-1}\mu = \mu^\top V^{-1}\mu.$$

QED

Questo teorema dice che il quadrato della distanza di Mahalanobis dall'origine di un punto (scelto a caso nello spazio, secondo la legge di distribuzione normale) è distribuito come un chi-quadrato non centrale. È anche immediato che

$$\|Y - \mu\|_V^2 \sim \chi_k^2$$

e cioè se le distanza è calcolata dalla media della distribuzione normale, allora il chi-quadrato è centrale.

Teorema A.5.5 (di Fisher–Cochran) *Supponiamo che* $Y \sim N_k(\mu, I_k)$ *e che le matrici semidefinite positive* $A_1, \ldots, A_m$ *di rango rispettivo* $r_1, \ldots, r_m$ *siano tali che*

$$A_1 + A_2 + \cdots + A_m = I_k.$$

Allora ciascuna delle due affermazioni seguenti implica l'altra:

(i) le forme quadratiche $Q_j = Y^\top A_j Y$ per $j = 1, \ldots, m$ *sono* $\chi^2_{r_j}(\mu^\top A_j \mu)$ *indipendenti;*

(ii) $r_1 + r_2 + \cdots + r_m = k$.

Dimostrazione. Mostriamo che (i) implica (ii). Infatti

$$\begin{aligned} Y^\top Y &= Y^\top(A_1 + A_2 + \cdots + A_m)Y \\ &= Q_1 + \cdots + Q_m \\ &\sim \chi_r^2(\delta) \end{aligned}$$

con

$$r = \sum_j r_j, \quad \delta = \mu^\top \left(\sum_{j=1}^m A_j \right) \mu = \mu^\top \mu.$$

D'altro canto $Y^\top Y \sim \chi_k^2(\mu^\top \mu)$; quindi $r = k$.

Mostriamo ora che (ii) implica (i). Scriviamo $A_j = B_j B_j^\top$, con B_j matrice di ordine $k \times r_j$; ciò è possibile prendendo una radice quadrata di A_j come detto alla fine del § A.4.1 e cancellando le colonne relative agli autovalori nulli. Poniamo $B = (B_1, \ldots, B_m)$ che è quadrata per l'ipotesi fatta. Allora

$$BB^\top = B_1 B_1^\top + \cdots + B_m B_m^\top = A_1 + \cdots + A_m = I_k$$

e quindi B è anche ortogonale. Sia $Z = B^\top Y$, allora $Z \sim N_k(B^\top \mu, I_k)$. In definitiva

$$Q_j = Y^\top A_j Y = Y^\top B_j B_j^\top Y = Z_j^\top Z_j$$

dove $Z^\top = (Z_1^\top, \dots Z_m^\top)$. Le Z_j sono v.c. indipendenti $N_{r_j}(B_j^\top \mu, I_{r_j})$ e quindi le $Q_j \sim \chi^2_{r_j}(\mu^\top A_j \mu)$ tra loro indipendenti. *QED*

Corollario A.5.6 *Se $Y \sim N_k(\mu, I_k)$ e A è una matrice simmetrica idempotente di ordine k, allora $Y^\top AY \sim \chi^2_r(\mu^\top A\mu)$, dove $r = \text{rg}(A) = \text{tr}(A)$.*

Dimostrazione. Si applichi il teorema di Fisher–Cochran al caso $m = 2$ con $A_1 = A$, $A_2 = I_k - A$, le quali soddisfano le condizioni richieste, e in particolare $\text{rg}(A_1) + \text{rg}(A_2) = \text{tr}(A) + \text{tr}(I_k - A) = \text{tr}(I_k) = k$. *QED*

Osservazione A.5.7 Useremo il teorema di Fisher–Cochran più spesso nel caso il cui $\text{var}\{Y\} = \sigma^2 I_k$ invece che $\text{var}\{Y\} = I_k$. Se le opportune condizioni sono soddisfatte, applicando il teorema alla variabile trasformata $X = \sigma^{-1}Y$ si ha che $X^\top A_j X \sim \chi^2$ e quindi $Y^\top A_j Y \sim \sigma^2\chi^2(\mu^\top A_j\mu/\sigma^2)$.

Esempio A.5.8 Poniamo $Y \sim N_n(\mu 1_n, \sigma^2 I_n)$, come nel § A.5.7, e

$$\begin{aligned} A_1 &= \left(I_n - \frac{1}{n}1_n 1_n^\top\right)^\top \left(I_n - \frac{1}{n}1_n 1_n^\top\right) \\ &= I_n - \frac{1}{n}1_n 1_n^\top, \\ A_2 &= I_n - A_1 = \frac{1}{n}1_n 1_n^\top \end{aligned}$$

Si osservi che valgono le uguaglianze

$$\begin{aligned} Y^\top A_1 Y &= \sum_{j=1}^{n}(Y_j - \overline{Y})^2, \\ Y^\top A_2 Y &= \frac{\left(\sum_{j=1}^n Y_j\right)^2}{n} = n\,\overline{Y}^2 \end{aligned}$$

ponendo

$$\overline{Y} = \frac{1}{n}\sum_{j=1}^{n} Y_j.$$

e quindi in particolare $A_1 Y$ rappresenta il vettore degli scarti tra le Y_j e $\overline{Y}$. Le matrici A_1, A_2 sono idempotenti e hanno rango rispettivamente $n-1$ e 1, come si vede, ad esempio, dal calcolo della loro traccia. Siccome $A_1 + A_2 = I_n$ e inoltre $\mathrm{rg}(A_1) + \mathrm{rg}(A_2) = n$, allora

$$Y^\top A_1 Y \sim \sigma^2 \chi^2_{n-1}, \quad Y^\top A_2 Y \sim \sigma^2 \chi^2_1(n\mu^2/\sigma^2)$$

che è in accordo con quanto già visto al § A.5.7. Si noti che $Y^\top A_1 Y$ ha parametro di non centralità nullo in quanto $A_1 1_n = 0$.

A.5.9 Le Distribuzioni t e F

Nei § A.5.6 e A.5.8 abbiamo introdotto due distribuzioni che hanno origine come funzioni di v.c. normali, anche se dal punto di vista strettamente formale potrebbero essere definite in modo del tutto autonomo. Introdurremo qui due altre distribuzioni derivate dalla normale e che sono molto importanti in Statistica.

Se $Z \sim N(0,1)$ e $U \sim \chi^2_k$ con Z e U indipendenti, diremo che

$$T = \frac{Z}{\sqrt{U/k}} \tag{A.30}$$

è una v.c. t di Student con k gradi di libertà e scriveremo $T \sim t_k$. È possibile ottenere la funzione di densità e i momenti di T, ma essi non sono molto rilevanti; i momenti esistono fino all'ordine $k-1$. Se $k=1$, la funzione di densità di T coincide con quella di una v.c. di Cauchy di parametro di posizione 0 e di scala 1. Ciò che è più rilevante per le applicazioni è che:

1. la funzione di densità è positiva su tutto l'asse reale ed è simmetrica attorno all'origine, come si può facilmente prevedere osservando la definizione di T;

2. al divergere di k, la funzione di ripartizione di T converge a quella della $N(0,1)$, per ogni valore dell'argomento; questa affermazione segue facilmente dai teoremi che enunceremo al § A.8.2.

Se sostituiamo l'assunto $Z \sim N(0,1)$ con quello più generale $Z \sim N(\delta, 1)$, allora si dice che T è distribuita come una t non centrale, con parametro di non centralità δ, e scriveremo $T \sim t_k(\delta)$. È intuitivo e si può mostrare formalmente che la famiglia di queste distribuzioni è ordinata stocasticamente rispetto a δ.

Consideriamo nuovamente le quantità $\overline{Y}$ e S^2 introdotte nel § A.5.7, con le relative assunzioni. Allora la v.c.

$$T^* = \frac{\overline{Y}\sqrt{n}}{S}$$

si distribuisce come una t di Student con $n-1$ gradi di libertà, centrale o non centrale a seconda che μ sia nullo oppure no. Infatti possiamo scrivere

$$T^* = \frac{\overline{Y}/(\sigma/\sqrt{n})}{\sqrt{S^2/\sigma^2}}$$

dove il numeratore è $N(\mu\sqrt{n}/\sigma, 1)$ mentre il denominatore è un χ^2_{n-1} diviso per $n-1$ ed è indipendente dal numeratore in base ai risultati del § A.5.7. Il parametro di non centralità vale $\sqrt{n}\mu/\sigma$.

Per introdurre la distribuzione F di Snedecor manteniamo la stessa definizione per U e supponiamo che V sia un χ^2_m indipendente da U. Diremo allora che la quantità

$$F = \frac{V/m}{U/k}$$

è distribuita come una F di Snedecor con m gradi di libertà al numeratore e k gradi di libertà al denominatore. Se V è un χ^2 non centrale, allora anche la F è detta non centrale; la v.c. U è comunque un χ^2 centrale.

Anche per la F di Snedecor le espressioni della funzione di densità e dei momenti sono calcolabili, ma non di grande interesse. I valori percentili della distribuzione F sono tabulati per un gran numero di possibili coppie (m, k). È immediato verificare che t_k^2 si distribuisce come una F di Snedecor con 1 e k gradi di libertà.

In Statistica la F di Snedecor sorge nel modo seguente. Si considerino le quantità introdotte nell'enunciato del teorema di Fisher–Cochran, con l'ulteriore ipotesi che A_m sia una matrice tale che

$$A_m \mu = 0.$$

Sotto questa condizione $Y^\top A_m Y \sim \chi^2_{r_m}$ con parametro di non centralità $\mu^\top A_m \mu = 0$. Pertanto, per il teorema di Fisher–Cochran,

$$F_j = \frac{Y^\top A_j Y / r_j}{Y^\top A_m Y / r_m}$$

si distribuisce come una F di Snedecor (eventualmente non centrale) con gradi di libertà r_j e r_m, per $j = 1, \ldots, m-1$.

A.6 La Distribuzione Multinomiale

A.6.1 Definizione e Funzione di Probabilità

Un esperimento casuale può risultare in uno di $k+1$ eventi $E_0, \ldots, E_k$ mutuamente esclusivi e tali che

$$p_j = \mathbb{P}\{E_j\} \qquad \text{per } j = 0, 1, \ldots, k.$$

con $p_0 + p_1 + \cdots + p_k = 1$. Si effettuano n repliche indipendenti di tale esperimento e si indica con Y_j il numero di volte in cui si verifica l'evento E_j per $j = 0, \ldots, k$. Diremo che $Y = (Y_1, \ldots, Y_k)^\top$ è una v.c. multinomiale di indice n e di parametro $p = (p_1, \ldots, p_k)^\top$, e scriveremo $Y \sim Bin_k(n, p)$ in quanto rappresenta una generalizzazione della v.c. binomiale cui si riconduce per $k = 1$.

La funzione di probabilità di Y si ottiene con un ragionamento simile a quello con cui si scrive la funzione di probabilità della v.c. binomiale. Tenendo presente che $Y_0 = n - Y_1 - \cdots - Y_k$, abbiamo

$$\begin{aligned} \mathbb{P}\{Y = t\} &= \mathbb{P}\{Y_0 = t_0, \ldots, Y_k = t_k\} \\ &= \begin{pmatrix} & n & \\ t_1 & \cdots & t_k \end{pmatrix} p_0^{t_0} \, p_1^{t_1} \cdots p_k^{t_k} \end{aligned}$$

per un vettore $t = (t_1, \ldots, t_k)^\top$ di interi non negativi tali che $t_0 = n - t_1 - \cdots - t_k \geq 0$, indicando con

$$\begin{pmatrix} & n & \\ t_1 & \cdots & t_k \end{pmatrix} = \frac{n!}{t_0! \, t_1! \cdots t_k!}$$

il coefficiente multinomiale.

A.6.2 Alcune Semplici Proprietà

Dalla definizione stessa di v.c. multinomiale seguono in modo ovvio alcune interessanti conseguenze. Sia Y definita come nel paragrafo precedente; allora abbiamo che

(a) se $1 \leq r \leq k$, $(Y_1, \ldots, Y_r)^\top \sim Bin_r(n, (p_1, \ldots, p_r)^\top)$, cioè le distribuzioni marginali di una v.c. multinomiale sono ancora multinomiali, ponendo $Y_0 = n - Y_1 - \cdots - Y_r$;

(b) se $X \sim Bin_k(m, p)$ con X e Y indipendenti, allora $X + Y \sim Bin_k(n + m, p)$;

(c) se $1 \leq r \leq k$, e si pone

$$Y^* = \sum_{j=r}^{k} Y_j, \quad p^* = \sum_{j=r}^{k} p_j$$

allora

$$(Y_1, \ldots, Y_{r-1}, Y^*)^\top \sim Bin_r(n, (p_1, \ldots, p_{r-1}, p^*)^\top);$$

(d) se $1 \leq r < k$, allora la distribuzione di $(Y_1, \ldots, Y_r)^\top$ condizionata al fatto che $Y_{r+1} = t_{r+1}, \ldots, Y_k = t_k$ è $Bin_r(n - T, (p_1/\pi, \ldots, p_r/\pi)^\top)$ dove

$$T = \sum_{j=r+1}^{k} t_j, \quad \pi = \sum_{j=0}^{r} p_j;$$

quest'ultima affermazione risulta dal calcolo

$$\mathbb{P}\{Y_1 = t_1, \ldots, Y_r = t_r | Y_{r+1} = t_{r+1}, \ldots, Y_k = t_k\} =$$

$$= \frac{\mathbb{P}\{Y_1 = t_1, \ldots, Y_r = t_r, Y_{r+1} = t_{r+1}, \ldots, Y_k = t_k\}}{\mathbb{P}\{Y_{r+1} = t_{r+1}, \ldots, Y_k = t_k\}}$$

$$= \frac{\binom{n}{t_1 \cdots t_k} p_0^{t_0} \cdots p_r^{t_r} p_{r+1}^{t_{r+1}} \cdots p_k^{t_k}}{\binom{n}{t_{r+1} \cdots t_k} \pi^{n-T} p_{r+1}^{t_{r+1}} \cdots p_k^{t_k}}$$

$$= \binom{n - T}{t_1 \cdots t_r} \left(\frac{p_0}{\pi}\right)^{t_0} \left(\frac{p_1}{\pi}\right)^{t_1} \cdots \left(\frac{p_r}{\pi}\right)^{t_r}$$

tenendo presente che $t_0 + t_1 + \cdots + t_r = n - T$;

(e) se $(Y_0, Y_1, \ldots, Y_k)$ sono v.c. di Poisson tra loro indipendenti con valori medi rispettivi $(\mu_0, \mu_1, \ldots, \mu_k)$, la distribuzione di $(Y_1, \ldots, Y_r)$ condizionata a $\sum_{j=0}^{r} Y_j = t$ ha distribuzione $Bin_r(t, (\pi_1, \ldots, \pi_r)$ dove $\pi_r = \mu_r / \sum_{j=0}^{r} \mu_j$ per $r = 1, \ldots, k$.

In questi enunciati si è fatto riferimento alle prime r delle k componenti di Y per pura semplicità di notazione; ovviamente le stesse proprietà valgono scegliendo un qualunque sottoinsieme di r componenti di Y.

A.6.3 Funzione Caratteristica e Momenti

Se $n = 1$, la funzione caratteristica di Y è data da

$$\mathbb{E}\left\{\exp\left(i\sum_{j=1}^{k} t_j Y_j\right)\right\} = p_0 + \sum_{j=1}^{k} p_j e^{it_j}$$

siccome Y_j può prendere solo il valore 0 o 1 e $\sum_j Y_j \leq 1$. Per un generico n, tenendo presente la proprietà (b) del paragrafo precedente, si ottiene

$$\mathbb{E}\left\{\exp\left(i\sum_{j=1}^{k} t_j Y_j\right)\right\} = \left(p_0 + \sum_{j=1}^{k} p_j e^{it_j}\right)^n .$$

Derivando questa espressione rispetto alla componente t_j e calcolando il risultato in 0, otteniamo

$$\mathbb{E}\{Y_j\} = np_j, \quad \text{var}\{Y_j\} = np_j(1 - p_j), \quad \text{cov}\{Y_i, Y_j\} = -np_i p_j \text{ per } i \neq j.$$

A.7 Statistiche Ordinate

A.7.1 Definizione

Siano $(Y_1, \ldots, Y_n)$ v.c. indipendenti e identicamente distribuite con funzione di ripartizione $F(\cdot)$. Una permutazione $\left(Y_{(1)}, \ldots, Y_{(n)}\right)$ delle $(Y_1, \ldots, Y_n)$ tale per cui risulti

$$Y_{(1)} \leq \ldots \leq Y_{(n)} \tag{A.31}$$

è detta *statistica ordinata* di $(Y_1, \ldots, Y_n)$. La j-ma componente $Y_{(j)}$ con $1 \leq j \leq n$ è detta j-esima statistica ordinata. In generale la permutazione che realizza le disuguaglianze (A.31) non è unica a meno che tutti i valori Y_j siano distinti. Tuttavia, se le Y_j sono v.c. continue, allora l'unicità si verifica con probabilità 1 perché l'evento $\{Y_i = Y_j \text{ per } i \neq j\}$ si verifica con probabilità nulla.

Chiameremo *mediana campionaria* un numero reale che lascia alla sua sinistra tanti elementi di $(Y_1, \ldots, Y_n)$ quanti ne lascia alla sua destra. In particolare, se n è dispari, diciamo $n = 2k + 1$ con k intero, la mediana è $Y_{(k+1)}$. Se n è pari, diciamo $n = 2k$, la mediana sarà un qualunque numero reale tra $Y_{(k)}$ e $Y_{(k+1)}$; spesso si sceglie come mediana la semisomma di questi due valori, ma ciò è puramente convenzionale. Si veda Jackson (1921) per un criterio che individua univocamente un singolo valore della mediana sia nel caso di n dispari che pari.

A.7.2 Distribuzione del Minimo e del Massimo

Vogliamo calcolare la funzione di densità e la funzione di ripartizione di $Y_{(n)}$ nel caso in cui $(Y_1, \ldots, Y_n)$ siano v.c. continue con funzione di densità $f(\cdot) = F'(\cdot)$. Tenuto conto dell'indipendenza delle Y_j, abbiamo

$$\begin{aligned}
\mathbb{P}\{Y_{(n)} \leq t\} &= \mathbb{P}\{Y_{(1)} \leq t, \ldots, Y_{(n)} \leq t\} \\
&= \mathbb{P}\{Y_1 \leq t, \ldots, Y_n \leq t\} \\
&= \prod_{j=1}^{n} \mathbb{P}\{Y_j \leq t\} \\
&= \{F(t)\}^n
\end{aligned}$$

per t reale qualsiasi; la funzione di densità associata è

$$n\{F(t)\}^{n-1} f(t).$$

Analogamente, per $Y_{(1)}$ abbiamo

$$\begin{aligned}
\mathbb{P}\{Y_{(1)} > t\} &= \mathbb{P}\{Y_1 > t, \ldots, Y_n > t\} \\
&= \{1 - F(t)\}^n
\end{aligned}$$

con funzione di densità associata

$$n\{1 - F(t)\}^{n-1} f(t).$$

A.7.3 Distribuzione Congiunta di Più Statistiche Ordinate

Vogliamo ora ottenere la funzione di densità congiunta relativa alle variabili $(Y_{(k_1)}, Y_{(k_2)}, \ldots, Y_{(k_m)})$ con $1 \leq k_1 < k_2 < \cdots < k_m \leq n$, sotto l'ipotesi che $f = F'$ esista e sia continua. Fissati $t_1, \ldots, t_m$ reali di continuità per $f(\cdot)$ tali che $t_1 < \cdots < t_m$, dividiamo l'asse reale negli intervalli

$$(-\infty, t_1], (t_1, t_1 + \mathrm{d}t_1], (t_1 + \mathrm{d}t_1, t_2], \ldots, (t_m, t_m + \mathrm{d}t_m], (t_m + \mathrm{d}t_m, \infty)$$

aventi probabilità corrispondenti

$$F(t_1),\ f(t_1)dt_1 + o(\mathrm{d}t_1),\ F(t_2) - F(t_1) + O(\mathrm{d}t_1), \ldots,$$
$$f(t_m)\mathrm{d}t_m + o(\mathrm{d}t_m),\ 1 - F(t_m) + O(\mathrm{d}t_m),$$

e calcoliamo la probabilità di avere $k_1 - 1$ elementi di $(Y_1, \ldots, Y_n)$ nel primo intervallo, 1 nel secondo, $k_2 - k_1 - 1$ nel terzo, ..., $n - k_m$ nell'ultimo. Dall'espressione della distribuzione multinomiale otteniamo che la probabilità cercata è

$$\frac{n!}{(k_1 - 1)!\, 1!\, (k_2 - k_1 - 1)! \cdots 1!\, (n - k_m)!} F(t_1)^{k_1 - 1} f(t_1) \times \cdots$$
$$\times \{F(t_2) - F(t_1)\}^{k_2 - k_1 - 1} \cdots f(t_m)\{1 - F(t_m)\}^{n-k_m} \mathrm{d}t_1 \cdots \mathrm{d}t_m \quad \text{(A.32)}$$

a meno di infinitesimi di ordine superiore a $\mathrm{d}t_1\, \mathrm{d}t_2 \cdots \mathrm{d}t_m$. Pertanto la (A.32), rimossi i differenziali, rappresenta la funzione di densità cercata nel punto $(t_1, t_2, \ldots, t_m)^\top$.

Un importante caso particolare della (A.32) si ha con $m = n, k_j = j$ per $j = 1, \ldots, n$, cioè considerando la distribuzione congiunta dell'intera statistica ordinata. Otteniamo

$$n! f(t_1) f(t_2) \cdots f(t_n) \quad \text{per } t_1 < t_2 < \cdots < t_n.$$

Ponendo invece nella (A.32) $m = 1, k_m = 1$ oppure $k_m = n$, si riottengono la densità rispettivamente di $Y_{(1)}$ e di $Y_{(n)}$, già viste in precedenza.

A.7.4 Funzione di Ripartizione Campionaria

Strettamente connesso al concetto di statistica ordinata è il concetto di funzione di ripartizione campionaria o empirica che è definita come

$$F_n(t) = \frac{1}{n} \sum_{j=1}^{n} I_{(-\infty, t]}(Y_j),$$

dove $I_A(\cdot)$ è la funzione indicatrice di A, cioè

$$I_A(x) = \begin{cases} 1 & \text{se } x \in A \\ 0 & \text{altrimenti.} \end{cases} \tag{A.33}$$

In altre parole $F_n(t)$ è la frazione di elementi Y_i che giacciono tra $-\infty$ e t. La connessione con le statistiche ordinate è data dal fatto che

$$Y_{(j)} = \inf_t \{t : F_n(t) \geq j/n\} \qquad \text{per } j = 1, \ldots, n.$$

Inoltre vale la suggestiva eguaglianza

$$\frac{1}{n} \sum_{j=1}^{n} Y_j^k = \int_{\mathbb{R}} y^k \, \mathrm{d}F_n(y)$$

cioè il k-mo momento del vettore $(Y_1, \ldots, Y_n)^\top$ può essere visto come il k-mo momento della distribuzione di probabilità $F_n(\cdot)$. È anche chiaro che, per un qualunque t fissato, $nF_n(t) \sim Bin(n, F(t))$, e da ciò segue che

$$\mathbb{E}\{F_n(t)\} = F(t), \quad \text{var}\{F_n(t)\} = \frac{1}{n} F(t)(1 - F(t)).$$

Vale infine il seguente risultato che enunceremo senza dimostrazione.

Teorema A.7.1 (di Glivenko–Cantelli) *Posto*

$$D_n = \sup_{-\infty < t < \infty} |F_n(t) - F(t)|$$

si ha che

$$\mathbb{P}\left\{ \lim_{n \to \infty} D_n = 0 \right\} = 1.$$

A.8 Successioni di Variabili Casuali

Per i primi due paragrafi di questa sezon ci limiteremo a richiamare le definizioni e gli enunciati dei teoremi sulle successioni di v.c. che sono utilizzati più frequentemente in Statistica. Per una trattazione esauriente di questi argomenti si rimanda ad un buon testo di teoria della probabilità, quale ad esempio quello di Dall'Aglio (1987, cap. 5, 7, 8). Nella parte restante della sezione svilupperemo autonomamente il concetto di ordine in probabilità che non è comunemente trattato nei testi di Calcolo delle Probabilità, ma necessario per gli sviluppi asintotici relativi alla SMV e al TRV.

A.8.1 Definizioni

Sia $\{X_n\} = (X_1, X_2, \ldots, X_n, \ldots)$ una successione infinita di v.c. e sia X un'ulteriore v.c.; tutte queste v.c. siano definite sullo stesso spazio di probabilità.

(i) Diremo che $\{X_n\}$ converge *quasi certamente* (o con probabilità 1) alla v.c. X se

$$\mathbb{P}\left\{\lim_{n\to\infty} X_n = X\right\} = 1$$

e scriveremo brevemente $X_n \longrightarrow X$ (q.c.).

(ii) Diremo che $\{X_n\}$ converge *in probabilità* alla v.c. X se, per ogni $\epsilon > 0$,

$$\lim_{n\to\infty} \mathbb{P}\{|X_n - X| < \epsilon\} = 1$$

e scriveremo $X_n \xrightarrow{p} X$.

(iii) Se $F_n(\cdot)$ è la funzione di ripartizione di X_n per $n = 1, 2, \ldots$ e $F(\cdot)$ è la funzione di ripartizione di X, e si ha

$$\lim_{n\to\infty} F_n(t) = F(t)$$

per ogni punto t in cui $F(\cdot)$ è continua, diremo che $\{X_n\}$ converge *in distribuzione* a X e scriveremo $X_n \xrightarrow{d} X$. Questa definizione ha senso anche se le v.c. non sono tutte definite sullo stesso spazio di probabilità. Con un piccolo abuso di linguaggio spesso ci limiteremo ad indicare la distribuzione di X, ad esempio scrivendo $X_n \xrightarrow{d} N(0,1)$, poiché un noto risultato assicura che si può sempre costruire una v.c. avente funzione di ripartizione preassegnata.

A.8.2 Teoremi

I risultati che seguono vengono enunciati senza dimostrazione.

(a) Se $X_n \longrightarrow X$ (q.c.) allora $X_n \xrightarrow{p} X$.

(b) Se $\lim_{n\to\infty} \mathbb{E}\{(X_n - X)^2\} = 0$, allora $X_n \xrightarrow{p} X$.

(c) Se $X_n \xrightarrow{p} X$, allora $X_n \xrightarrow{d} X$.

(d) Se $X_n \xrightarrow{d} c$ dove c è una costante, allora $X_n \xrightarrow{p} c$.

(e) Se $X_n \xrightarrow{d} X$ e $g(\cdot)$ è una funzione continua, allora $g(X_n) \xrightarrow{d} g(X)$. Combinando questa affermazione con la precedente, otteniamo che $X_n \xrightarrow{p} c$ implica che $g(X_n) \xrightarrow{p} g(c)$, se g è continua.

(f) Se $X_n \xrightarrow{d} X$ e $Y_n \xrightarrow{d} c$ dove c è una costante, allora

$$\begin{aligned} X_n + Y_n &\xrightarrow{d} X + c, \\ X_n - Y_n &\xrightarrow{d} X - c, \\ X_n Y_n &\xrightarrow{d} Xc, \\ X_n / Y_n &\xrightarrow{d} X/c \quad \text{se } c \neq 0. \end{aligned}$$

Questo teorema vale anche sostituendo tutti i segni $\xrightarrow{d}$ con $\xrightarrow{p}$.

(g) Se $X_n \xrightarrow{d} X$, allora per ogni t reale, si ha che

$$\lim_{n\to\infty} \mathbb{E}\{\exp(itX_n)\} = \mathbb{E}\{\exp(itX)\}.$$

(h) Se la successione di funzioni caratteristiche di X_n ($n = 1, 2, \ldots$) converge al divergere di n alla funzione $c(\cdot)$ continua in 0, allora $c(\cdot)$ è la funzione caratteristica di una v.c. X tale che $X_n \xrightarrow{d} X$.

(i) *Legge forte dei grandi numeri.* Siano $X_1, X_2, \ldots$ variabili casuali indipendenti e identicamente distribuite tali che $\mathbb{E}\{X_1\}$ esista; allora

$$\frac{1}{n}\sum_{i=1}^{n} X_i \longrightarrow \mathbb{E}\{X_1\} \quad \text{(q.c.)}.$$

(j) *Teorema centrale di convergenza.* Siano $X_1, X_2, \ldots$ variabili casuali indipendenti e identicamente distribuite tali che $\mathbb{E}\{X_1^2\}$ esista; allora

$$\frac{\sum_{i=1}^{n} X_i - n\mathbb{E}\{X_1\}}{\sqrt{n \operatorname{var}\{X_1\}}} \xrightarrow{d} N(0, 1).$$

Esempio A.8.1 Si consideri t_k definito da (A.30). Se k diverge, allora $\operatorname{var}\{U/k\} \to 0$ e quindi, tenendo conto che $\mathbb{E}\{U/k\} = 1$, per il risultato (b) precedente abbiamo che $U/k \xrightarrow{p} 1$. Per la (c) e la (e), anche $\sqrt{U/k} \xrightarrow{p} 1$. In definitiva, per la quarta relazione delle (f), abbiamo che $t_k \xrightarrow{d} N(0, 1)$.

A.8.3 Ordine in Probabilità

Se $\{r_n; n = 1, 2, \ldots\}$ e $\{s_n; n = 1, 2, \ldots\}$ sono successioni di numeri reali, ricordiamo che si dice che r_n è di ordine inferiore a s_n, e scriviamo $r_n = o(s_n)$, se

$$\lim_{n\to\infty} \frac{r_n}{s_n} = 0.$$

Se invece

$$\lim_{n\to\infty} \left|\frac{r_n}{s_n}\right| < \infty,$$

diciamo che r_n è al più dello stesso ordine di s_n, e scriviamo $r_n = O(s_n)$.

Vogliamo ora presentare il concetto di ordine in probabilità per successioni di v.c.. Esso ricalca da vicino quello analogo per successioni numeriche.

Definizione A.8.2 *Sia $\{X_n\}$ una successione di v.c. e sia $\{r_n\}$ una successione di reali positivi. Diremo che*

(i) X_n è di ordine inferiore a r_n in probabilità e scriveremo $X_n = o_p(r_n)$ se

$$\frac{X_n}{r_n} \xrightarrow{p} 0,$$

(ii) X_n è al più dello stesso ordine di r_n in probabilità e scriveremo $X_n = O_p(r_n)$ se, per ogni $\varepsilon > 0$, esiste un reale M_ε tale che

$$\mathbb{P}\left\{\left|\frac{X_n}{r_n}\right| > M_\varepsilon\right\} < \varepsilon$$

per ogni n maggiore di un certo N_ε dipendente da ε.

Osservazione A.8.3 Nel caso che $\{r_n\}$ sia una successione costante, per cui possiamo porre $r_n \equiv 1$ senza perdita di generalità, $X_n = o_p(1)$ equivale a $X_n \xrightarrow{p} 0$, e $X_n = O_p(1)$ significa che $\{X_n\}$ non "esplode" al divergere di n, cioè non tende verso infinito o non aumenta indefinitamente la sua dispersione.

Esempio A.8.4 Sia $X_n \sim U(0, (n \log_2 n)^{-1})$, per $n > 1$ e quindi $\{X_n\} \xrightarrow{p} 0$. Si vuol stabilire se $X_n = o_p(n^{-1})$. Siccome

$$(X_n/n^{-1}) \sim U(0, (\log_2 n)^{-1})$$

allora

$$\mathbb{P}\left\{\left|\frac{X_n}{n^{-1}}\right| > \varepsilon\right\} = \max\{0, 1 - \varepsilon \log_2 n\} \to 0,$$

per ogni $\varepsilon > 0$. Quindi $X_n/n^{-1} \xrightarrow{p} 0$ e $X_n = o_p(n^{-1})$. È ovvio che $X_n = O_p((n \log_2 n)^{-1})$ perché $X_n/(n \log_2 n)^{-1} \sim U(0, 1)$ e quindi la condizione richiesta dalla definizione è soddisfatta da qualche numero $M_\varepsilon > 1 - \varepsilon$.

Esempio A.8.5 Sia Y_n una v.c. esponenziale di media $3/n + 1/n^2$ per $n = 1, 2, \ldots$; si vuole mostrare che $Y_n = O_p(n^{-1})$. Infatti, per $\delta > 0$,

$$\mathbb{P}\left\{\left|\frac{Y_n}{n^{-1}}\right| > \delta\right\} = \mathbb{P}\{Y_n > \delta/n\} = \exp\{-\delta/(3 + n^{-1})\}$$

e, chiamando ε il membro di destra, abbiamo

$$\delta = -(3 + n^{-1}) \log \varepsilon.$$

Quindi la condizione richiesta è soddisfatta per $M_\varepsilon = -4 \log \varepsilon$.

Teorema A.8.6 *Siano $\{r_n\}$ e $\{s_n\}$ sequenze di reali positivi e $\{X_n\}$, $\{Y_n\}$ sequenze di v.c..*

(i) Se $X_n = o_p(r_n)$, $Y_n = o_p(s_n)$, allora

$$X_n Y_n = o_p(r_n s_n), \quad X_n + Y_n = o_p(\max\{r_n, s_n\}).$$

(ii) Se $X_n = O_p(r_n)$. $Y_n = O_p(s_n)$, allora

$$X_n Y_n = O_p(r_n s_n), \quad X_n + Y_n = O_p(\max\{r_n, s_n\}).$$

(iii) Se $X_n = O_p(r_n)$, $Y_n = o_p(s_n)$, allora

$$X_n Y_n = o_p(r_n s_n).$$

Dimostrazione. (limitatamente al punto (i)). Se $|(X_n Y_n)/(r_n s_n)| > 1$, allora è verificata almeno una delle due disuguaglianze $|X_n/r_n| > 1$, $|Y_n/s_n| > 1$. Per ipotesi, dati $\varepsilon > 0$, $\delta > 0$, esiste un N_ε tale che

$$\mathbb{P}\left\{\left|\frac{X_n}{r_n}\right| > \varepsilon\right\} < \delta, \qquad \mathbb{P}\left\{\left|\frac{Y_n}{s_n}\right| > \varepsilon\right\} < \delta,$$

per ogni $n > N_\varepsilon$. Pertanto

$$\begin{aligned}
\mathbb{P}\left\{\left|\frac{X_n\, Y_n}{r_n\, s_n}\right| > \varepsilon^2\right\} &\leq \mathbb{P}\left\{\left\{\left|\frac{X_n}{r_n}\right| > \varepsilon\right\} \cup \left\{\left|\frac{Y_n}{s_n}\right| > \varepsilon\right\}\right\} \\
&\leq \mathbb{P}\left\{\left|\frac{X_n}{r_n}\right| > \varepsilon\right\} + \mathbb{P}\left\{\left|\frac{Y_n}{s_n}\right| > \varepsilon\right\} \\
&< 2\delta
\end{aligned}$$

per ogni $n > N_\varepsilon$. Questo mostra la prima affermazione del punto (i). Per la seconda, poniamo $q_n = \max\{r_n, s_n\}$. Quindi, con gli stessi $\varepsilon, \delta, N_\varepsilon$ usati in precedenza, avremo

$$\mathbb{P}\left\{\left|\frac{X_n}{q_n}\right| > \varepsilon\right\} < \delta, \qquad \mathbb{P}\left\{\left|\frac{Y_n}{q_n}\right| > \varepsilon\right\} < \delta,$$

per ogni $n > N_\varepsilon$. Allora

$$\begin{aligned}
\mathbb{P}\left\{\left|\frac{X_n + Y_n}{q_n}\right| > 2\varepsilon\right\} &\leq \mathbb{P}\left\{\left|\frac{X_n}{q_n}\right| + \left|\frac{Y_n}{q_n}\right| > 2\varepsilon\right\} \\
&\leq \mathbb{P}\left\{\left\{\left|\frac{X_n}{q_n}\right| > \varepsilon\right\} \cup \left\{\left|\frac{Y_n}{q_n}\right| > \varepsilon\right\}\right\} \\
&\leq \mathbb{P}\left\{\left|\frac{X_n}{q_n}\right| > \varepsilon\right\} + \mathbb{P}\left\{\left|\frac{Y_n}{q_n}\right| > \varepsilon\right\} \\
&< 2\delta
\end{aligned}$$

per ogni $n > N_\varepsilon$. Questo completa la parte (i). Per le altre parti la dimostrazione è analoga. *QED*

Questo teorema dice in sostanza che le regole per le somme e i prodotti di sequenze di v.c. sono le stesse che valgono per le somme e i prodotti delle usuali sequenze numeriche.

Siccome determinare l'ordine in probabilità di una sequenza non è generalmente semplice applicando la definizione, torna utile il sequente teorema che fa riferimento solo al secondo momento.

Teorema A.8.7 *Sia* $\{X_n\}$ *una succcessione di v.c. con* $\mathbb{E}\{X_n^2\} = r_n^2 < \infty$ *e sia* $\{s_n\}$ *una successione di reali positivi. Allora*

$$\begin{aligned}
(i) &\quad \text{se } r_n^2 = O(s_n^2), \quad X_n = O_p(s_n); \\
(ii) &\quad \text{se } r_n^2 = o(s_n^2), \quad X_n = o_p(s_n).
\end{aligned}$$

Dimostrazione. Consideriamo dapprima il caso (i). Per le ipotesi fatte, esiste un reale postivo a tale che $\mathbb{E}\{X_n^2\} < as_n^2$ per ogni n. Allora, in base al teorema A.1.1, abbiamo che

$$\begin{aligned}\mathbb{P}\left\{\left|\frac{X_n}{s_n}\right| \geq t\right\} &= \mathbb{P}\{X_n^2 \geq t^2 s_n^2\} \\ &\leq \frac{r_n^2}{t^2 s_n^2} < \frac{a}{t^2}\end{aligned}$$

per ogni t positivo. Scegliendo $\varepsilon = a/t^2$, $M_\varepsilon = \sqrt{a/\varepsilon}$, otteniamo la conclusione. Per il punto (ii) si procede in modo analogo fino a che si considera il rapporto r_n^2/s_n^2 che è $o(1)$ per ipotesi. Quindi $X_n/s_n \xrightarrow{p} 0$. *QED*

Teorema A.8.8 *Sia $\{X_n\}$ una successione di v.c. e $\{r_n\}$ una successione di reali tali per cui*

$$r_n(X_n - c) \xrightarrow{d} Z$$

dove c è una costante e Z una v.c. non degenere. Allora

$$X_n = c + O_p(r_n^{-1}).$$

Dimostrazione. Detta $F(\cdot)$ la funzione di ripartizione di Z e t un qualunque reale positivo di continuità per $F(\cdot)$, esiste una sequenza $\{s_n\}$ di reali positivi, tendenti a 0, tali che

$$G(t) - s_n < \mathbb{P}\{|r_n(X_n - c)| > t\} < G(t) + \varepsilon \tag{A.34}$$

dove $G(t) = 1 - F(t) + F(t^-) = \mathbb{P}\{|Z| > t\}$. Siccome Z è non degenere, fissato un qualunque ε positivo possiamo determinare un t_ε positivo opportuno per cui $G(t_\varepsilon) < \varepsilon$. Inoltre, siccome s_n tende a 0, esiste un n_0 tale che, per $n > n_0$, abbiamo

$$\mathbb{P}\{|r_n(X_n - c)| > t_\varepsilon\} < G(t_\varepsilon) + s_n < \varepsilon$$

che è la condizione richiesta per $X_n = c + O_p(r_n^{-1})$. Notiamo che, applicando lo stesso ragionamento al termine $G(t) - s_n$ nella (A.34), si vede che $X_n - c$ non è $o_p(r_n^{-1})$. *QED*

A.8.4 Sviluppi in Serie Stocastici

Teorema A.8.9 *Sia $\{X_n\}$ una successione di v.c. tali che*

$$X_n = c + O_p(r_n)$$

dove c è una costante e $\{r_n\}$ è una successione di reali tendenti a 0. Se $f(\cdot)$ è una funzione con k derivate continue, allora

$$f(X_n) = f(c) + f'(c)(X_n - c) + \cdots + \frac{f^{(k)}(c)}{k!}(X_n - c)^k + o_p(r_n^k).$$

Dimostrazione. Sviluppiamo $f(x)$ in serie di Taylor dal punto $x = c$ fino al termine k-mo con resto

$$\frac{(X_n - c)^k}{k!}\left(f^{(k)}(Z_n) - f^{(k)}(c)\right)$$

dove Z_n giace tra c e X_n. Siccome $Z_n \xrightarrow{p} c$ e $f^{(k)}(\cdot)$ è continua, allora $f^{(k)}(Z_n) - f^{(k)}(c) = o_p(1)$, mentre $(X_n - c)^k = O_p(r_n^k)$; quindi il loro prodotto è $o_p(r_n^k)$. *QED*

Corollario A.8.10 *Si consideri una successione di v.c. $\{X_n\}$ tale che $\sqrt{n}(X_n - c) \xrightarrow{d} Z$ dove c è una costante e Z è una v.c. non genenere. Se $f(\cdot)$ è una funzione con derivata continua, allora*

$$\sqrt{n}\{f(X_n) - f(c)\} \xrightarrow{d} f'(c)\, Z.$$

Talvolta ci si riferisce all'utilizzo di questo risultato per il calcolo della distribuzione asintotica di $f(X_n)$ come al *metodo delta.*

Esempio A.8.11 Sia $\{X_n\}$ una successione di variabili casuali indipendenti e identicamente distribuite di Poisson con media λ e $\{\overline{X}_n\}$ la corrispondente successione di medie aritmetiche, cioè

$$\overline{X}_n = \frac{1}{n}\sum_{i=1}^{n} X_i.$$

Allora, per il teorema centrale di convergenza,

$$\sqrt{n}(\overline{X}_n - \lambda) = \frac{\sum_{i=1}^{n} X_i - n\lambda}{\sqrt{n}}$$

converge in distribuzione alla $N(0, \lambda)$. Applicando il corollario precedente alla funzione $f(x) = \sqrt{x}$ con $c = \lambda$, si ottiene che

$$\sqrt{n}\left(\sqrt{\overline{X}_n} - \sqrt{\lambda}\right)(2\sqrt{\lambda}) \xrightarrow{d} N(0, \lambda)$$

per cui

$$\sqrt{n}\left(\sqrt{\overline{X}_n} - \sqrt{\lambda}\right) \xrightarrow{d} N(0, 1/4).$$

Nel caso specifico, la trasformazione scelta ha fatto sì che, al primo ordine di approssimazione, la varianza di $f(\overline{X}_n) - f(c)$ non dipende da λ; si dice allora che la trasformazione ha 'stabilizzato la varianza'. Si osservi anche che l'ultima relazione ottenuta può essere scritta come

$$\sqrt{Y} - \sqrt{n\lambda} \xrightarrow{d} N(0, 1/4)$$

ponendo $Y = \sum X_i$ avente valor medio $n\lambda$. Ciò significa che possiamo trasformare una v.c. Y di Poisson con media "grande" in una v.c. $\sqrt{Y}$ avente varianza approssimata $1/4$, indipendentemente dalla sua media.

Osservazione A.8.12 Il corollario precedente fa riferimento alla sequenza $r_n = \sqrt{n}$. Questo non è assolutamente cruciale e si potrebbe riformulare la conclusione in modo più generale. Tuttavia la sequenza $r_n = \sqrt{n}$ è quella che certamente ha più rilevanza in Statistica, come si intuisce ad esempio dalla formulazione del teorema centrale di convergenza e come emerge dalla teoria asintotica sviluppata nei Capitoli 3 e 4.

Osservazione A.8.13 Sotto le ipotesi del Teorema A.8.9, supponiamo che $\mathbb{E}\{X_n\}$ exista e sia costante; poniamo $\mathbb{E}\{X_n\} = \mu$. Limitandoci per semplicità al caso $r_n = 1/\sqrt{n}$, scriviamo

$$f(X_n) = f(\mu) + f'(\mu)(X_n - \mu) + \tfrac{1}{2}f''(\mu)(X_n - \mu)^2 + o_p(1/n^2).$$

Il calcolo del valore medio e della varianza del termine di destra suggerisce che valgono le relazioni

$$\begin{aligned}\mathbb{E}\{f(X_n)\} &= f(\mu) + \tfrac{1}{2}f''(\mu)\,\mathrm{var}\{X_n\} + o(1/n),\\ \mathrm{var}\{f(X_n)\} &= f'(\mu)^2\,\mathrm{var}\{X_n\} + o(1/n),\end{aligned}$$

dove $\text{var}\{X_n\} = O(1/n)$. Una dimostrazione rigorosa di queste relazioni richiederebbe ulteriori condizioni di regolarità e un'argomentazione piú elaborata, ma noi non ci addentreremo ulteriormente in questa direzione.

Esercizi

A.1 Dimostrare che la (A.4) implica la (A.3).

A.2 Verificare in base alla definizione di valor medio che la distribuzione di Cauchy non ammette valor medio.

A.3 Per la distribuzione geometrica formulare una proprietà di assenza di memoria analoga a quella della distribuzione esponenziale.

A.4 Dimostrare l'affermazione del § A.4.2 per cui l'esistenza degli elementi diagonali della matrice di varianza implica l'esistenza delle covarianze.

A.5 Sia $Z \sim N(0,1)$ e

$$Y = \begin{cases} -Z & \text{se } |Z| < c, \\ Z & \text{se } |Z| \geq c, \end{cases}$$

dove c è una costante positiva.

(a) Mostrare che $Y \sim N(0,1)$ per qualunque scelta di c.

(b) Qual è il supporto della v.c. (Y, Z)?

(c) Calcolare la correlazione tra Z e Y.

(d) Mostrare che per un'opportuno valore di c tale correlazione è 0 e commentare questo risultato.

A.6 Completare la dimostrazione del teorema A.8.6, punti (ii) e (iii).

A.7 Sia $Y = (Y_1, Y_2)^\top$ una v.c. normale doppia a marginali standardizzate e coefficiente di correlazione ρ. Determinare nel piano (y_1, y_2) l'ellisse di minima area la cui probabilità associata è $1 - \alpha$.

A.8 Siano $(Y_1, \ldots, Y_n)$ variabili casuali indipendenti e identicamente distribuite con distribuzione esponenziale di parametro λ.

(a) Si determini la distribuzione congiunta delle prime r componenti della statistica ordinata $(Y_{(1)}, \ldots, Y_{(r)})$.

(b) Mostrare ceh le v.c.

$$\begin{aligned} V_1 &= n\,Y_{(1)} \\ V_2 &= (n-1)(Y_{(2)} - Y_{(1)}) \\ &\vdots \\ V_r &= (n-r+1)(Y_{(r)} - Y_{(r-1)}) \end{aligned}$$

sono v.c. $G(1, \lambda)$ indipendenti e identicamente distribuite.

A.9 Si consideri una v.c. Y con funzione di densità in t

$$f_r(t;\theta) = \exp\left(-\frac{1}{r}|t|^r\right)/c_r \qquad (-\infty < 7 < \infty)$$

dove r è un numero reale positivo e c_r è un'opportuna costante di normalizzazione.

(a) Determinare c_r.

(b) Di che tipo è la funzione di densità f_r quando $r = 1$, $r = 2$, $r \to \infty$?

(c) Ottenere $\mathbb{E}\{Y^m\}$ per m numero naturale.

A.10 Se $X \sim N_k(\mu, \Omega_X)$, $Y = X + \varepsilon$ dove $\varepsilon \sim N_k(0, \Omega_\varepsilon)$, ottenere la distribuzione di X condizionata al fatto che $Y = y$, per $y \in \mathbb{R}^k$.

A.11 Dimostrare la proprietà (e) enunciata al § A.6.2.

A.12 Indichiamo con $(Y_1, \ldots, Y_n)$ delle variabili casuali indipendenti e identicamente distribuite con funzione di ripartizione comune $F(\cdot)$ e con $(Y_{(1)}, \ldots, Y_{(n)})$ la corrispondente statistica ordinata. Determinare la distribuzione del campo di variazione $R = Y_{(n)} - Y_{(1)}$.

A.13 Completare la dimostrazione del Teorema A.8.6, parti (ii) e (iii).

A.14 Se $Y \sim Bin(n, p)$ con $0 < p < 1$, ottenere la distribuzione asintotica approssimata all'ordine $O_p(n^{-1/2})$ di

(a) $\log\{(Y + \frac{1}{2})/(n - Y + \frac{1}{2})\}$, detto *logit empirico*;

(b) $\arcsin \sqrt{Y/n}$, che stabilizza la varianza.

per $n \to \infty$.

Abbreviazioni e Simboli

d.p.	distribuzione di probabilità
g.d.l.	gradi di libertà
MLG	modello lineare generalizzato
MQPI	minimi quadrati pesati iterati
q.c.	quasi certamente
SMQ	stima dei minimi quadrati
SMV	stima di massima verosimiglianza
TRV	(funzione) test del rapporto di verosimiglianza
v.c.	variable casuale (o variabili casuali)
I_n	la matrice identità di ordine n
$I_A(\cdot)$	la funzione indicatrice dell'insieme A
$\mathbb{E}\{\ \}$	valore medio
$\text{var}\{\ \}$	varianza
$\text{cov}\{\ \}$	covarianza
$\text{corr}\{\ \}$	correlazione
$\mathbb{P}\{\ \}$	probabilità di un evento
$\mathcal{Y}$	spazio campionario (cfr. § 2.1)
Θ	spazio parametrico (cfr. § 2.1)
$\mathcal{F}$	modello statistico (cfr. § 2.1)
$\xrightarrow{p}$	convergenza in probabilità (cfr. § A.8.1)
$\xrightarrow{d}$	convergenza in distribuzione (o in legge) (cfr. § A.8.1)
O_p, o_p	ordine in probabilità (cfr. § A.8.3)
$L(\theta)$, $L(\theta; y)$	funzione di verosimiglianza per il parametro θ
$\hat{\theta}$, $\hat{\psi}, \ldots$	stima di massima verosimiglianza di θ, $\psi, \ldots$
$\lambda(y)$	rapporto di verosimiglianza

$N(\mu, \sigma^2)$	una v.c. normale di media μ e varianza σ^2 (cfr. § A.2.1)
$N_k(\mu, \Omega)$	una v.c. normale k–dimensionale di vettore medio μ e matrice di varianza Ω (cfr. § A.5)
$\phi(\cdot)$	la funzione di densità di una v.c. $N(0, 1)$ (cfr. (A.7))
$\Phi(\cdot)$	la funzione di ripartizione di una v.c. $N(0, 1)$ (cfr. (A.7))
$U(a, b)$	una v.c. uniforme in (a, b) (cfr. § A.2.1)
$G(\omega, \lambda)$	una v.c. gamma di indice ω e parametro di scala λ (cfr. § A.2.3)
$\chi^2_k(\delta)$	una v.c. chi-quadrato con k g.d.l. e non centralità δ (cfr. § A.5.6 e § A.5.8)
$Bin(n, p)$	una v.c. binomiale di indice n e parametro p (cfr. § A.3.1)
$Bin_k(n, p)$	una v.c. multinomiale di indice n e vettore di parametri p (cfr. § A.6)

Soluzioni di Alcuni Esercizi

2.2 $\mathcal{Y} = \mathbb{R}^+ \times \mathbb{R}^+$, $A_t = \{(x,t) : x \in (0,t)\} \cup \{(t,y) : y \in (0,t)\}$ per $t \in \mathbb{R}^+$,

2.3 (a) $\mathbb{R}^n$. (b) $L(\theta) = ce^{n\theta} I_{(-\infty, y_{(1)})}(\theta)$.

2.4 Si può scrivere $f(y;\theta) = f(y;\theta_0) g(u(y), \theta)$ che è del tipo (2.4) in quanto $f(y;\theta_0)$ non dipende da θ.

2.6 (a) $c_\theta = -\log(1-\theta)$.

2.8 No, perché la statistica sufficiente minimale $(\sum y_i, \sum y_i^2)$ ha dimensione 2, mentre θ ha dimensione 1.

2.9 $\mathbb{E}\{T\} = \text{var}\{T\} = \theta \sum_i x_i$, con parametro naturale $\log \theta$.

2.10 (b) Usando la relazione $\cos(t - \alpha) = \cos t \cos \alpha + \sin t \sin \alpha$, si può scrivere

$$f(t;\kappa,\alpha) = \frac{1}{2\pi} \exp\{\psi_1(\kappa,\alpha)\cos t + \psi_2(\kappa,\alpha)\sin t - \log I_0(\kappa)\}$$

con $\psi_1(\kappa,\alpha) = \kappa \cos \alpha$, $\psi_2(\kappa,\alpha) = \kappa \sin \alpha$, da cui si evidenzia una struttura di tipo esponenziale di ordine 2.

2.11 L'ordine è $k + k(k+1)/2$. La statistica sufficiente minimale è data da $\sum_i y_i$ e dal triangolo inferiore (o superiore), inclusa la diagonale, di $\sum_i y_i y_i^\top$.

3.1 $\tilde{\omega} = m_1^2/s_*^2$, $\tilde{\lambda} = m_1/s_*^2$ con $s_*^2 = m_2 - m_1^2$.

3.3 (a) no; (b) $\{M, M+1, M+2, \ldots\}$; (c) $\tilde{N} = 1082.8$; $\hat{N} = 1082$.

3.4

$$\begin{pmatrix} \dfrac{T-1-(T-3)\rho^2}{(1-\rho^2)^2} & \dfrac{\rho}{\sigma^2(1-\rho^2)} \\ \dfrac{\rho}{\sigma^2(1-\rho^2)} & \dfrac{T}{2\,\sigma^2} \end{pmatrix}$$

3.5 Posto $T_x = \sum_i x_i$ e $T_y = \sum_i y_i$, abbiamo

$$L(\theta) = c\,\frac{\theta^{T_x+T_y} e^{-m\theta}}{(1+\theta)^{T_y+n}},$$

$$\ell'(\theta) = -m + \frac{T_x+T_y}{\theta} - \frac{T_y+n}{1+\theta}$$

e quindi l'equazione di verosimiglianza è equivalente a

$$m\theta^2 - (T_x - n - m)\theta - (T_x + T_y) = 0$$

il cui membro di sinistra è non positivo per $\theta = 0$ e diverge per $\theta \to \pm\infty$. Pertanto l'equazione ha una e una sola soluzione in $(0, \infty)$, a parte il caso in cui tutti gli elementi campionari sono nulli.

3.6 (c) La derivabilità della serie di potenze $f(\theta) = \sum_r \theta^r a_r$ è assicurata là dove la serie converge.

(d) Dall'espressione della verosimiglianza

$$L(\theta) = c\,\frac{\theta^T}{f(\theta)^n}$$

dove $T = \sum_i y_i$ otteniamo

$$\ell(\theta) = c + T\log\theta - n\,\log f(\theta),$$

e da qui l'equazione di verosimiglianza

$$0 = T/\theta - n\,f'(\theta)/f(\theta)$$

che è equivalente all'equazione del testo.

3.9 (a) $y_{(1)}$

(b) Dalla condizione che l'integrale della funzione di densità sia 1, si ottiene

$$k(\theta) = \frac{1}{\int_\theta^\infty g(y)\,\mathrm{d}y}$$

con denominatore non crescente, e da qui si ha la conclusione.

(c) $y_{(1)}$

3.14 La stima delle medie e delle varianze è data dalle corrispondenti medie e varianze campionarie (non corrette), mentre la SMV di ρ è data dal *coefficiente di correlazione campionario*

$$\hat{\rho} = r = \frac{\sum(x_i - \overline{x})(y_i - \overline{y})}{\sqrt{\sum(x_i - \overline{x})^2 \sum(y_i - \overline{y})^2}}.$$

Per la distribuzioni asintotiche valgono i risultati

$$\begin{aligned} \mathrm{var}\{\hat{\sigma}_i^2\} &\sim 2\sigma^4/n \quad (i = 1, 2), \\ \mathrm{var}\{\hat{\rho}\} &\sim (1 - \rho^2)^2/n, \\ \mathrm{corr}\{\hat{\sigma}_1^2, \hat{\sigma}_2^2\} &\sim \rho^2, \\ \mathrm{corr}\{\hat{\rho}, \hat{\sigma}_i^2\} &\sim \rho/\sqrt{2} \quad (i = 1, 2). \end{aligned}$$

3.15 Una stima non distorta di σ (non SMV) è

$$\tilde{\sigma} = \sqrt{\sum_i (y_i - \overline{y})^2}\, \frac{\Gamma(\frac{n-1}{2})}{\sqrt{2}\,\Gamma(\frac{n}{2})} \approx \sqrt{\frac{\sum_i (y_i - \overline{y})^2}{n - 1{,}45}}$$

dove $\overline{y} = \sum_i y_i/n$.

4.4 La SMV è $\hat{\theta} = n/Q$ e

$$W = -2\log\lambda = 2(c - n\log Q + Q)$$

con c costante. Da qui si vede che W è funzione prima decrescente e poi crescente di Q; pertanto la regione di accettazione di H_0 al livello α è data dall'intervallo (q_1, q_2) con estremi scelti in modo che $\mathbb{P}\{Q \in (q_1, q_2)\} = 1 - \alpha$ sotto H_0 e inoltre

$$-n\log q_1 + q_1 = -n\log q_2 + q_2$$

con soluzione da ricercarsi numericamente. Per evitare complicazioni numeriche spesso si sostituiscono queste due equazioni con

$$\mathbb{P}\{Q < q_1\} = \mathbb{P}\{Q > q_2\} = \alpha/2.$$

In ogni caso, siccome $-\log Y_i \sim G(1,\theta)$, allora $Q \sim G(n,\theta)$. Da qui segue che $2Q \sim \chi^2_{2n}$ sotto H_0, senza alcuna approssimazione, e inoltre ciò consente di determinare la probabilità di ogni intervallo prefissato (q_1, q_2), e quindi la potenza del test.

4.5 Trasformare i dati logaritmicamente e poi usare la t di Student, ottenendo un test di livello esatto, in quanto i nuovi dati sono distribuiti in modo normale.

4.6 Le SMV di θ_1, θ_2 sono $\hat{\theta}_1 = S_1/n$, $\hat{\theta}_2 = S_2/T$ dove $S_1 = \sum_i y_i$, $S_2 = \sum t_i y_i$ e $T = \sum t_i^2$. Da qui il rapporto di verosimiglianza, dopo trasformazione logaritmica, dà luogo a

$$W = -2\log\lambda = \frac{S_1^2}{n} + \frac{S_2^2}{T}.$$

Per ottenere la distribuzione di W, notiamo che (S_1, S_2) ha distribuzione normale doppia con

$$\begin{aligned} &\mathbb{E}\{S_1\} = n\theta_1, \quad \mathbb{E}\{S_2\} = T\theta_2, \\ &\text{var}\{S_1\} = n, \quad \text{var}\{S_2\} = T \\ &\text{cov}\{S_1, S_2\} = 0 \end{aligned}$$

e quindi $W \sim \chi^2_2(n\theta_1 + \theta_2 T)$ senza approssimazione; naturalmente sotto l'ipotesi nulla il parametro di non centralità si annulla.

4.7 La funzione test è pari all'espressione di t del § 4.4.3, ma con regione di rigetto unilaterale, come al § 4.4.2.

4.8 Posti s_x^2 e s_z^2 pari rispettivamente alla varianza campionaria delle x_i e delle z_i, e posto inoltre $s^2 = (n\, s_x^2 + m\, s_z^2)/(n+m)$, otteniamo che

$$\lambda(y)^2 = \frac{(s_x^2)^n\,(s_z^2)^m}{(s^2)^{n+m}}$$

$$= \left(\frac{s_x^2(n+m)}{ns_x^2+ms_z^2}\right)^n \left(\frac{s_z^2(n+m)}{ns_x^2+ms_z^2}\right)^m$$
$$= \frac{(n+m)^{n+m}}{nm(1+Rm/n)(1+R^{-1}n/m)}$$

con $R = s_z^2/s_x^2$. Allora $-2\log\lambda(y)$ è funzione prima decrescente e poi crescente di R, ovvero di $F = R(n-1)/(m-1)$, e quindi il test corrispondente rifiuta l'ipotesi nulla per valori di F esterni all'intervallo (c_1, c_2). Per la scelta di c_1 e c_2 si tenga presente che la distribuzione di F sotto H_0 è di Snedecor con $(m-1, n-1)$ g.d.l. e quindi si sceglierà un intervallo (c_1, c_2) di probabilità $1-\alpha$ rispetto a questa distribuzione; come nel caso dell'Esempio 4.5.3 generalmente si scelgono i due punti in modo che ciascuno degli intervalli $(0, c_1)$ e (c_2, ∞) ha associata probabilità $\alpha/2$. Sotto H_1 la distribuzione è di Snedecor moltiplicata per σ_z^2/σ_x^2 e questo consente di calcolare la potenza.

4.11 [Primo quesito]. Posto $z = \sum_i y_i/(n\mu_0)$, risulta $W = -2n(\log z + z - 1)$. Usando il Teorema A.8.9, $W = n(z-1)^2 + o_p(1)$ e la conclusione si ottiene utilizzando il teorema centrale di convergenza e il Teorema A.8.2(e).

4.15 La v.c. $Z = \lambda X + \mu Y$ è una quantità-pivot con distribuzione gamma $G(2, 1)$; calcolando la sua distribuzione in a mediante la (A.13) si ottiene il risultato richiesto.

4.17 Sia N il numero di elementi campionari che appartengono all'intervallo $(-\infty, 1]$; allora $N \sim Bin(n, \theta)$ con $\theta = F(1)$. Si applichino poi i test del § 4.4.7 per costruire un intervallo di confidenza per θ.

5.1 Impostando un problema di ottimo vincolato, tramite i moltiplicatori di Lagrange si perviene alla soluzione $T = \sum_i c_i T_i$ con $c_i = \dfrac{1/v_i}{\sum_j 1/v_j}$.

5.2 Sia $a \in \mathbb{R}^p, a \neq 0$; allora $a^\top X^\top X a = (Xa)^\top (Xa) = \|Xa\|^2 > 0$, tenuto conto che $Xa \neq 0$ poiché le colonne di X sono linearmente indipendenti per l'ipotesi sul rango di X.

5.3 $\sum_{i=1}^n x_i^2 \to \infty$ per $n \to \infty$.

5.6 $(y-\hat{\mu}_0)^\top Xc = y^\top(I-P+P_H)^\top Xc = 0$ tenuto conto che $P_H Xc = 0$ per l'ipotesi fatta e $PXc = Xc$ in quanto $Xc \in \mathcal{C}(X)$.

5.7 Basta mostrare che $(P-P_0)^\top P_0 = 0$, cioè che $P_H(P-P_H)=0$. L'affermazione vale in quanto P_H è idempotente e $P_H P = P_H$ come si verifica per moltiplicazione esplicita.

5.13 $1_n \in \mathcal{C}(X)$.

5.15 Indichiamo con $Py, P_1 y, P_2 y$ le tre proiezioni di y sugli spazi lineari generati rispettivamente da X, x_1, x_2; inoltre indichiamo con $\bar{P}_1 y, \bar{P}_2 y$ le due componenti di Py relativamente alle direzioni x_1, x_2, per cui $Py = \bar{P}_1 y + \bar{P}_2 y$. Valgono allora le relazioni

$$\|\bar{P}_1 y\| + r\|\bar{P}_2 y\| = \|P_1 y\|,$$
$$\|\bar{P}_2 y\| + r\|\bar{P}_1 y\| = \|P_2 y\|$$

dove r è il coseno dell'angolo tra x_1 e x_2, cioè

$$r = \frac{\|P_1 x_2\|}{\|x_2\|} = \frac{x_1^\top x_2}{\sqrt{(x_1^\top x_1)(x_2^\top x_2)}}.$$

cioè il coefficiente di correlazione tra x_1 e x_2. Scrivendo le lunghezze delle varie proiezioni come lunghezze dei vettori coordinati moltiplicati per gli opportuni coefficienti di regressione, abbiamo

$$\|x_1\|\,\hat{\beta}_1 + r\,\|x_2\|\,\hat{\beta}_2 = \|x_1\|\,\hat{\beta}_1^*,$$
$$\|x_2\|\,\hat{\beta}_2 + r\,\|x_1\|\,\hat{\beta}_1 = \|x_2\|\,\hat{\beta}_2^*,$$

da cui si ricava

$$\hat{\beta}_1 = \frac{\hat{\beta}_1^* - \hat{\beta}_2^* r R}{1-r^2}, \quad \hat{\beta}_2 = \frac{\hat{\beta}_2^* - \hat{\beta}_1^* r/R}{1-r^2}$$

avendo posto $R = \|x_2\|/\|x_1\|$.

5.16 $\hat{\beta} = (X^\top W^{-1} X)^{-1} X^\top W^{-1} y$, $\mathrm{var}\left\{\hat{\beta}\right\} = (X^\top W^{-1} X)^{-1}$.

5.17 Essendo $V_n = (X^\top X)^{-1}$ già disponibile, allora $V_{n+1} = (X^\top X + \tilde{x}_{n+1}\tilde{x}_{n+1}^\top)^{-1}$ può essere rapidamente calcolata sfruttando la (A.25), da cui risulta

$$V_{n+1} = V_n - h\, V_n \tilde{x}_{n+1}\tilde{x}_{n+1}^\top V_n$$

dove $h = 1/(1+\tilde{x}_{n+1}^\top V_n \tilde{x}_{n+1})$. Sostituendo questo risultato nell'usuale formula della SMQ, otteniamo la nuova stima calcolata su $n+1$ osservazioni, che dopo qualche semplificazione algebrica si può scrivere come

$$\begin{aligned}\hat{\beta}_{n+1} &= V_{n+1}(X^\top y + \tilde{x}_{n+1} y_{n+1}) \\ &= \hat{\beta}_n + h\, V_n \tilde{x}_{n+1}(y_{n+1} - \tilde{x}_{n+1}^\top \hat{\beta}_n)\end{aligned}$$

dove abbiamo usato il simbolo $\hat{\beta}_n$ al posto di $\hat{\beta}$ per indicare la stima basata su n osservazoioni. Si osservi come la nuova stima sia una combinazione lineare della vecchia stima e dell'*errore di predizione* $y_{n+1} - \tilde{x}_{n+1}^\top \hat{\beta}_n$.

Naturalmente queste espressioni di aggiornamento di V_n e $\hat{\beta}_n$ possono essere riutilizzate se si presenta un ulteriore coppia $(y_{n+2}, \tilde{x}_{n+2})$, e così successivamente. Si parla allora di aggiornamento ricorsivo o stime *ricorsive*, talvolta utilizzate in applicazioni di calcolo in tempo reale.

6.2 Modelli con errori moltiplicativi gamma hanno $Y = (\mu/\omega)\,\varepsilon$ dove $\varepsilon \sim G(\omega, 1)$, e ω è noto. La corrispondnete funzione di densità di Y è della forma vista all'Esempio 6.2.6.

6.3 Consideriamo un MLG con componente stocastica normale e funzione legame $g(t) = r^{-1}(t)$, sotto la condizione che $r(\cdot)$ dipenda da $x_1, \ldots, x_p$ solo tramite una loro combinazione lineare.

6.4 Si consideri un MLG con termine stocastico normale, funzione legame identità e peso w_i per la i-ma osservazione dato da m_i dell'Esercizio 5.16.

A.4 Basta dimostrare l'affermazione per un singolo elemento della matrice. Si ponga $Y_j = (X_j - \mathbb{E}\{X_j\})$ per $j = 1, 2$. In base alla disuguaglianza di Schwarz si ha che $\{\mathbb{E}\{Y_1 Y_2\}\}^2 \leq \mathbb{E}\{Y_1^2\}\ \mathbb{E}\{Y_2^2\}$, e ciò è equivalente al risultato richiesto.

A.5 (c) $\mathrm{cov}\{Y, Z\} = -\int_{|t|<c} t^2\phi(t)\,\mathrm{d}t + \int_{|t|>c} t^2\phi(t)\,\mathrm{d}t = 1 - 4\int_0^c t^2\phi(t)\,\mathrm{d}t.$

(d) Tale covarianza si annulla per c che risolve l'equazione

$$\int_{|t|<c} t^2\phi(t)\,\mathrm{d}t = \int_{|t|>c} t^2\phi(t)\,\mathrm{d}t$$

cioè l'equazione

$$\int_0^c u^{\frac{1}{2}} e^{-\frac{1}{2}u}\,\mathrm{d}u = \int_c^\infty u^{\frac{1}{2}} e^{-\frac{1}{2}u}\,\mathrm{d}u$$

e quindi il valore cercato è la mediana della distribuzione χ_3^2. L'esercizio evidenzia che è possibile costruire v.c. normali e incorrelate *non* indipendenti; ciò è legato al fatto che la distribuzione congiunta di (Y, Z) non è normale multipla.

A.7 L'equazione dell'ellisse è

$$y_1^2 - 2\rho y_1 y_2 + y_2^2 = -2(1-\rho^2)\log\alpha$$

tenuto conto del Teorema A.5.4 e della (A.28).

A.9 (a) $c_r = 2\,r^{1/r-1}\,\Gamma(1/r)$;

(b) rispettivamente la funzione di densità di Laplace, $N(0,1)$, $U(-1,1)$;

(c)

$$\mathbb{E}\{Y^m\} = r^{m/r}\,\frac{\Gamma((m+1)/r)}{\Gamma(1/r)}$$

se m è pari, altrimenti 0.

A.10 La distribuzione congiunta di (X, Y) è normale multipla, specificamente

$$\begin{pmatrix} X \\ Y \end{pmatrix} \sim N_{2k}\left(\begin{pmatrix} \mu \\ \mu \end{pmatrix}, \begin{pmatrix} \Omega_X & \Omega_X \\ \Omega_X & \Omega_X + \Omega_\varepsilon \end{pmatrix}\right).$$

Quindi anche la distribuzione condizionata di X dato che $Y = y$ è normale, e i suoi parametri possone essere ottenuti dalla (A.29), ottenendo

$$\mathbb{E}\{X|y\} = \mu + \Omega_X(\Omega_\varepsilon + \Omega_X)^{-1}(y - \mu),$$
$$\mathrm{var}\{X|y\} = \Omega_X + \Omega_X(\Omega_\varepsilon + \Omega_X)^{-1}\Omega_X.$$

Anche se a rigore queste espressioni forniscono la risposta al quesito, è pratica comune utilizzarle in una diversa scrittura, cioè

$$\begin{aligned} \mathbb{E}\{X|y\} &= (\Omega_X^{-1} + \Omega_\varepsilon^{-1})^{-1}(\Omega_X^{-1}\mu + \Omega_\varepsilon^{-1}y), \\ \text{var}\{X|y\} &= (\Omega_X^{-1} + \Omega_\varepsilon^{-1})^{-1}, \end{aligned}$$

che possono essere ottenute dalle precedenti usando la (A.25).

Bibliografia Essenziale

Agresti, A. (1990). *Categorical data analysis*. J. Wiley & Sons, New York.

Basawa, I. V. & Prakasa Rao, B. L. S. (1980). *Statistical Inference for Stochastic Processes*. Academic Press, London & New York.

Cox, D. R. & Hinkley, D. V. (1974). *Theoretical Statistics*. Chapman & Hall, London.

Cramér, H. (1946). *Mathematical Methods of Statistics*. Princeton University Press, Princeton.

Distributions in Statistics:

- Johnson, N. L., Kotz, S. & Kemp, A. W. (1992). *Univariate discrete distributions*, 2nd edition. J. Wiley & Sons, New York.
- Johnson, N. L., Kotz, S. & Balakrishnan, N. (1994, 1995). *Continuous univariate distributions*, 2nd edition (2 vol.). J. Wiley & Sons, New York.
- Johnson, N. L., Kotz, S. & Balakrishnan, N. (1997). *Discrere multivariate distributions*, 2nd edition. J. Wiley & Sons, New York.
- Kotz, S., Balakrishnan, N. & Johnson, N. L., (2000). *Continouous multivariate distributions*, 2nd edition (Volume 1: *Models and Applications*). J. Wiley & Sons, New York.

Johnson, N. L., Kotz, S. & Read, C. B., editors in chief (1982–1988). *Encyclopedia of Statistical Sciences*, 9 volumes. J. Wiley & Sons, New York.

Kendall's Advanded Theory of Statistics.

I. Stuart, A. & Ord, J. K. (1987). *Distribution Theory.* Edward Arnold, London.

II. Stuart, A. & Ord, J. K. (1991). *Classical Inference and Relationships.* Edward Arnold, London.

IIb. O'Hagan, A. (1994). *Bayesian Inference.* Edward Arnold, London.

Lehmann, E. L. (1986). *Testing Statistical Hypotheses,* 2nd edition. J. Wiley & Sons, New York.

Lehmann, E. L. & Casella, G. (1998). *The Theory of Point Estimation,* 2nd edition. Springer-Verlag, Heidelberg.

Mardia, K. V., Kent, J. T. & Bibby, J. M. (1979). *Multivariate Analysis.* Academic Press, London & New York.

Priestley, M. B. (1981). *Spectral Analysis and Time Series,* 2 volumes. Academic Press, London.

Rao, C. R. (1973). *Linear Statistical Inference,* 2nd edition. J. Wiley & Sons, New York.

Scheffé, H. (1959). *The Analysis of Variance.* J. Wiley & Sons, New York.

Zacks, S. (1971). *The Theory of Statistical Inference.* J. Wiley & Sons, New York.

Riferimenti Bibliografici

Abramowitz, M. & Stegun, I. A. (1965). *Handbook of Mathematical Functions.* Dover Publications, New York.

Agresti, A. (1990). *Categorical data analysis.* J. Wiley & Sons, New York.

Amari, S.-I. (1985). *Differential-Geometric Methods in Statistics.* Lecture Notes in Statistics 28. Springer-Verlag, Heidelberg.

Anderson, C. W. & Loynes, R. M. (1987). *The Teaching of Practical Statistics.* J. Wiley & Sons, New York.

Anderson, T. W. (1971). *The Statistical Analysis of Time Series.* J. Wiley & Sons, New York.

Andrews, D. F. & Herzberg, A. M. (1985). *Data. A Collection of Problems from Many Fields for the Student and Research Worker.* Springer, New York.

Atkinson, A. C. (1985). *Plots, Transformations and Regression.* Clarendon Press, Oxford.

Barndorff-Nielsen, O. E. (1978). *Information and Exponential Families.* J. Wiley & Sons, New York.

Barndorff-Nielsen, O. E. & Cox, D. R. (1994). *Inference and Asymptotics.* Chapman & Hall, London.

Basawa, I. V. & Prakasa Rao, B. L. S. (1980). *Statistical Inference for Stochastic Processes.* Academic Press, London & New York.

Basu, D. (1975). Statistical information and likelihood (with discussion). *Sankhyā* **A 37**, 1–71.

Berkson, J. (1980). Minimum chi-square, not maximum likelihood! (with discussion). *Ann. Statist.* **8**, 457–487.

Bissell, A. F. (1972). A negative binomial model with varying element sizes. *Biometrika*, **59**, 435–431.

Bliss, C. I. (1935). The calculation of the dosage-mortality curve. *Annals of Applied Biology* **22**, 134-67.

Bowman, A. W. & Azzalini, A. (1997). *Applied Smoothing Techniques for Data Analysis: the Kernel Approach with S–Plus Illustrations*. Oxford University Press, Oxford.

Box, G. E. P. & Cox, D. R. (1964) The analysis of transformations (with discussion). *J. Roy. Statist. Soc. B* **26**, 211–252.

Brown, L. D. (1986). *Fundamentals of statistical exponential families, with applications in statistical decision theory*. Institute of Mathematical Statistics (Lecture notes–monograph series), Hayward.

Chatfield, C. (1988). *Problem solving: a statistician's guide*. Chapman & Hall, London.

Cleveland, W. S. (1995). *Visualizing Data*. Hobart Press, Summit, New Jersey.

Cochran, W. G. & Cox, G. M. (1950). *Experimental Designs*. J. Wiley & Sons, New York.

Cook, R. D. & Weisberg, S. (1982) *Residuals and Influence in Regression*. Chapman & Hall, London.

Cook, R. D. & Weisberg, S. (1994) *An Introduction to Regresssion Graphics*. J. Wiley & Sons, New York.

Cox, D. R. (1958). Some problems connected with statistical inference. *Ann. Math. Statist.* **29**, 357–372.

Cox, D. R. (1977). The role of significance tests. *Scand. J. Statist.* **4**, 49–70.

Cox, D. R. & Snell, E. J. (1981). *Applied Statistics*. Chapman & Hall, London.

Cox, D. R. & Snell, E. J. (1989). *Analysis of Binary Data*, 2nd edition. Chapman & Hall, London.

Cressie, N. & Read, T. R. C. (1989). Pearson's X^2 and the log-likelihood ratio statistic G^2: A comparative review. *Int. Statist. Rev.* **57**, 19–43.

Dall'Aglio, G. (1987). *Calcolo delle Probabilità*. Zanichelli, Bologna.

Edwards, A. W. F. (1972). *Likelihood*. Cambridge University Press, Cambridge.

Edwards, A. W. F. (1974). The history of likelihood. *Int. Statist. Rev.* **42**, 9–15.

Efron, B. (1975). Defining the curvature of a statistical problem (with applications to second order efficiency). *Ann. Statist.* **3**, 1189–1242.

Efron, B. & Hinkley, D. V. (1978). Assessing the accuracy of the maximum likelihood estimator: Observed versus expected Fisher information. *Biometrika* **65**, 457–487.

Feller, W. (1968). *An Introduction to Probability Theory and its Applications*, volume I, 3rd edition. Wiley, New York.

Fisher, R. A. (1922). On the mathematical foundations of theoretical statistics. *Phil. Trans. Roy. Soc. London, Series A* **222**, 309–368.

Fisher, R. A. (1925). Theory of statistical estimation. *Proc. Cambridge Phil. Soc.* **22**, Pt. 5, 309–368.

Fisher, R. A. (1958). *Statistical Methods for Research Workers*, 13th edition. Oliver and Boyd, Edinburgh.

Fuller, W. A. (1987). *Measurement Error Models*. J. Wiley & Sons, New York.

Hald, A. (1952). *Statistical Theory with Engineering Applications*. J. Wiley & Sons, New York.

Hampel, F. R., Ronchetti, E. M., Rousseeuw, P. J. & Stahel, W. A. (1986). *Robust Statistics*. J. Wiley & Sons, New York.

Härdle, W. (1990). *Applied Nonparametric Regression*. Cambridge University Press, London.

Jackson, D. (1921). A note on the median of a set of numbers. *Bull. Amer. Math. Soc.* **27**, 160–164.

Kalbfleish, J. D. & Prentice, R. L. (1980). *The Statistical Analysis of Failure Time Data*. J. Wiley & Sons, New York.

Lehmann, E. L. (1983). *The Theory of Point Estimation*. J. Wiley & Sons, New York.

Lehmann, E. L. (1986). *Testing Statistical Hypotheses*, 2nd edition. J. Wiley & Sons, New York.

Mäkeläinen, T. , Schmidt, K. & Styan, P. H. (1981). On the existence and uniqueness of the maximum likelihood estimate of a vector-valued parameter in fixed-size samples. *Ann. Statist.* **9**, 758–767.

Mann, H. B. & Wald, A. (1943). On stochastic limit and order relationships. *Ann. Math. Statist.* **14**, 217–226.

McCullagh, P. & Nelder, J. A. (1989) *Generalized Linear Models*, 2nd edition. Chapman & Hall, London.

Mills, F. C. (1965). *Statistical Methods.* Pitman, London.

Naddeo, A. (1963). *Statistica*, in: *Enciclopedia della Scienza e della Tecnica*. IX, 580–587. Mondadori, Milano.

Nelder, J. A. & Wedderburn, R. W. M. (1972). Generalized linear models. *J. Roy. Statist. Soc.* **A 135**, 370–384.

Pace, L. & Salvan, A. (1996). *Teoria della Statistica*. CEDAM, Padova.

Page, E. (1977). Approximations to the cumulative normal function and its inverse for use on a pocket calculator. *Appl. Statist.* **26**, 75–76.

Patil, G. P. (1962). Maximum likelihood estimation for generalized power series distribution and its application to a truncated binomial distribution. *Biometrika* **49**, 227–237.

Pearson, E. S. & Hartley, H. O. (1970–1972). *Biometrika Tables for Statisticians*, 2 volumes. Cambridge University Press.

Priestley, M. B. (1981). *Spectral Analysis and Time Series*, 2 volumi. Academic Press, London.

Priestley, M. B. (1988). *Non-linear and Non-stationary Time Series Analysis*. Academic Press, London.

Ramsey, F. P. (1931). *The Foundations of Mathematics and Other Logical Essays*. Kegan Paul, Trench, Trubner & Co. Ltd, London.

Rao, C. R. (1961). Asymptotic efficiency and information. *Proc. Fourth Berkeley Symp. Math. Statist. Prob.* **1**, 531–545.

Ryan, B. F., Joiner, B. L. & Ryan, T. A., Jr. (1985). *Minitab Handbook*, 2nd edition. PWS-Kent Publishing Company, Boston.

Sbr, A. M., Owen, R. D. & Edgar, R. S. (1965). *General Genetics*, 2nd edition. Freeman & Co., San Francisco.

Scheffé, H. (1959). *The Analysis of Variance*. J. Wiley & Sons, New York.

Seber, G. A. F. (1973). *The Estimation of Animal Abundance and Related Parameters*, 2nd edition. Griffin, London.

Serfling, R. J. (1980). *Approximation Theorems in Mathematical Statistics*. J. Wiley & Sons, New York.

Seshadri, V. (1993). *The Inverse Gaussian Distribution, A case Study in Exponential Family*. Oxford Univarity Press, Oxford.

Scholz, F. W. (1980). Towards a unified definition of maximum likelihood. *Canad. J. Statist.* **8**, 193–203.

Silvapulle, M. J. (1981). On the existence of maximum likelihood estimators for the binomial response model. *J. Roy. Statist. Soc., series B* **43**, 310–313.

Silverman, B. (1986). *Nonparametric Density Estimation*. Chapman & Hall, London.

Thisted, R. A. (1988). *Elements of Statistical Computing*. Chapman & Hall, London.

Wald, A. (1949). Note on the consistency of the maximum likelihood estimate. *Ann. Math. Statist.* **20**, 595–601.

Weisberg, S. (1985). *Applied Linear Regression*. J. Wiley & Sons, New York.

Zacks, S. (1971). *The Theory of Statistical Inference*. J. Wiley & Sons, New York.

Zehna, P. W. (1966). Invariance of maximum likelihood estimators. *Ann. Math. Statist.* **37**, 744.

Indice Analitico

Unitext - Collana di Statistica

a cura di

Adelchi Azzalini
Francesco Battaglia
Michele Cifarelli
Klaus Haagen
Ludovico Piccinato
Elvezio Ronchetti

Volumi pubblicati

C. Rossi, G. Serio
La metodologia statistica nelle applicazioni biomediche
1990, 354 pp, ISBN 3-540-52797-4

L. Piccinato
Metodi per le decisioni statistiche
1996, 492 pp, ISBN 3-540-75027-4

A. Azzalini
Inferenza statistica:
una presentazione basata sul concetto di verosimiglianza
2a edizione
1a ristampa 2004
2000, 382 pp, ISBN 88-470-0130-7

E. Bee Dagum
Analisi delle serie storiche:
modellistica, previsione e scomposizione
2002, 312 pp, ISBN 88-470-0146-3

B. Luderer, V. Nollau, K. Vetters
Formule matematiche per le scienze economiche
2003, 222 pp, ISBN 88-470-0224-9

A. Azzalini, B. Scarpa
Analisi dei dati e *data mining*
2004, 242 pp, ISBN 88-470-0272-9

A. Rotondi, P. Pedroni, A. Pievatolo
Probabilità, statistica e simulazione
2a edizione
2005, 512 pp, ISBN 88-470-0262-1
(1a edizione 2001, ISBN 88-470-0081-5)